内蒙古自治区“十四五”职业教育规划立项建设教材

中国轻工业“十四五”规划立项教材

高等职业教育生物技术类专业教材



# 微生物基础与实验技术

主编

纪铁鹏　张文华

中国轻工业出版社

**图书在版编目（CIP）数据**

微生物基础与实验技术 / 纪铁鹏，张文华主编．北京：中国轻工业出版社，2025.1. —ISBN 978-7-5184-5070-1

Ⅰ. Q93-33

中国国家版本馆 CIP 数据核字第 2024TA1810 号

责任编辑：贺　娜

策划编辑：江　娟　　责任终审：唐是雯　　封面设计：锋尚设计

版式设计：华　艺　　责任校对：吴大朋　　责任监印：张　可

出版发行：中国轻工业出版社（北京鲁谷东街 5 号，邮编：100040）

印　　刷：北京君升印刷有限公司

经　　销：各地新华书店

版　　次：2025 年 1 月第 1 版第 1 次印刷

开　　本：720 × 1000　1/16　印张：23.75

字　　数：478 千字

书　　号：ISBN 978-7-5184-5070-1　　定价：48.00 元

邮购电话：010-85119873

发行电话：010-85119832　010-85119912

网　　址：http：//www.chlip.com.cn

Email：club@chlip.com.cn



230507J2X101ZBW

## 本书编写人员


**主　　编：**纪铁鹏　张文华

**副 主 编：**钟彩霞　王凤梅

**参　　编：**王　莉　岳泰新　李　海　池永红　赵姝娜

**主　　审：**张邦建

# 前　言

中国共产党第二十次全国代表大会提出要加快构建新发展格局，着力推动高质量发展，实施科教兴国战略，强化现代化建设人才支撑，强调科技是第一生产力、人才是第一资源、创新是第一动力；强调育人的根本在于立德，要全面贯彻党的教育方针，落实立德树人根本任务，培养德智体美劳全面发展的社会主义建设者和接班人；强调推进文化自信自强，铸就社会主义文化新辉煌；强调围绕举旗帜、聚民心、育新人、兴文化、展形象建设社会主义文化强国。

教材在人才培养中起着重要的知识传授、技能培养和思想引导作用，为此《微生物基础与实验技术》作为生物技术类、食品加工技术类专业的基础课，我们在编写过程中以党的二十大精神和教育部改革文件精神为指导，按高职教育培养生产、管理一线高端技术技能人才要求，结合相关职业岗位（群）要求，力求做到以下几点。

**构体系**：采用以实践为主，基于实验工作过程来构建具有实践特色的课程内容，将知识和技能融合于具体的实训中，形成技能牵引、知识支撑、文化熏陶、实践培养的课程内容体系。

**强技能**：以职业岗位（群）典型工作为依据，并结合人社部职业技能工种（如微生物培菌工等）要求，设计实训内容，既突出了技能培养，又体现了较强的职业性。

**兼知识**：按照基础理论知识必须、适用为度的原则，将职业岗位及相关工种所需知识整合于实训任务中。

**重引导**：挖掘课程中思政载体和思政元素，将社会主义核心价值观、工匠精神、职业道德等引入教材，培养学生爱国主义精神，引导学生树立正确的人生观、价值观。

**讲教法**：基于实践体系的课程内容体系设计，旨在引导课堂搬家，在实验室中，采用基于真实工作环境的“教、学、做”一体教学模式，实现学生真学、真做、学到真本领，保证教学任务的完成。

**顾兼容**：考虑到全国生物类、食品类高职学校较多，专业方向和定位上有差别，我们采取了广泛取材、整合融合的技术处理，旨在兼容各院校所需，也为轻工类、粮油类、服务类等专业选用教材提供了方便。

本教材编写分工如下：包头轻工职业技术学院纪铁鹏（项目一和项目四），张文华（项目二和项目五），钟彩霞（项目三），王凤梅和岳泰新（项目六），李海和王莉（附录和参考文献），池永红和赵姝娜（数字资源）。包头轻工职业技术学院张邦建教授担任主审工作。

限于作者水平，书中不妥和疏漏之处在所难免，欢迎批评指正。

编　者

2024 年 2 月

# 目　录

# 项目一

# 预备知识

## 学习目标

①掌握微生物的概念和主要类群。
②熟悉微生物的特点。
③了解微生物学概念、分支学科和发展史。
④了解微生物分类的方法、依据。
⑤掌握微生物分类的单位及相关概念。
⑥掌握林奈创立的双名法命名规则。

## 思政目标

增强学生的爱国主义思想，增加学生的民族自豪感和自信心，激发学生振兴中华的斗志。

在地球上，生活着上百万种生物，部分生物体形较大，肉眼可见，结构功能分化得比较清楚。这些生物包括人类在内，还有我们比较熟悉的动物和植物。它们之中，有的生活在江河湖海，有的生活在高山平原，有的钻于土层中，有的飞行于空中。然而，在我们周围，除了这些较大的生物以外，还存在着一类体形微小、数量庞大、肉眼难以看见的微小生物，这就是本书所要讨论和研究的微生物。

微生物虽然微小，“看不见”“摸不着”，似乎让人感到陌生，但是其与我们人类的生活和生产却有着非常密切的关系。

**案例**

微生物的利用在我国历史悠久，我国利用微生物进行酿酒的历史，可以追溯到4000多年前的龙山文化时期，北魏贾思勰《齐民要术》一书中，详细地记载了制醋、利用谷物制曲、酿酒、制酱、造醋和腌菜等方法；明李时珍的《本草纲目》中，有对病人穿过的衣服应该进行消毒的记载；我国古代人民，创新使用了预防天花的人痘接种法，随后才传入其他国家。从以上事例中可以看出我国在微生物学发展史上取得了极大的成就，对世界微生物学发展做出了卓越贡献。

请问：

①什么是微生物？你所知道的日常生产和生活中的微生物有哪些？

②微生物有何特点？

## 预备知识一 微生物的概念和主要类群

### 一、微生物的概念

人们常说的微生物，是对所有个体微小、结构较为简单，必须借助光学或电子显微镜才能观察到的低等生物的总称。

考点提示：微生物概念

### 二、微生物主要类群

微生物包括原核类的细菌（真细菌和古生菌）、放线菌、蓝细菌、支原体、衣原体和立克次氏体，真核类的真菌（霉菌、酵母菌和蕈菌）、原生动物和显微藻类，以及不具有细胞结构的病毒、朊病毒和类病毒等。

微生物的定义、特点

绝大多数微生物都需要借助显微镜才能观察到，但其中也有少数成员是肉眼可见的。例如，1993年正式确定为细菌的费氏刺尾鱼菌及1998年报道的纳米比亚嗜硫珠菌，均为肉眼可见的细菌。又如大型真菌是肉眼可见的。所以前述微生物的定义是指一般的概念，是历史的沿革，也仍为今天所适用。

微生物的应用

按细胞结构不同，微生物的主要类群如表1–1所示。

**表 1–1　微生物的主要类群**

| 细胞结构 | 核结构 | 微生物类群 | 代表种类 |
|---|---|---|---|
| 无细胞结构 | 无核 | 病毒 | 亚病毒、拟病毒、类病毒、朊病毒 |
| 有细胞结构 | 原核 | 原核类 | 古细菌、真细菌、放线菌、衣原体、立克次氏体、支原体、螺旋体、蓝细菌 |
| | 真核 | 真菌类 | 酵母菌、霉菌、大型真菌 |
| | | 原生生物 | 藻类、原生动物 |

## 三、微生物与食品的关系

很多微生物可应用在食品制造方面，如制造饮料、酒类、醋、酱油、味精、馒头、面包、酸奶等；另有一些微生物能使食品变质、腐败，如腐败微生物；还有少数微生物能引起人类食物中毒或使人、动植物感染而发生传染病，即所谓病原微生物。食品是人类营养的主要来源，所以对食品微生物进行研究、检验，在提升食品的质量及安全性方面，具有十分重要的意义。

微生物的分类

在食品工业中，较为常见和常用的微生物主要有细菌、放线菌、酵母菌、霉菌、大型真菌、病毒等。

**思考题**

什么是微生物，微生物包括哪些类群？

# 预备知识二　微生物的特点

微生物与动物、植物相比，具有以下特点。

## 一、体积小，面积大

考点提示：微生物的特点

微生物的个体极其微小，要测量它们需要用微米（μm，即 $10^{-6}$m）或纳米（nm，即 $10^{-9}$m）作单位。就拿微生物的典型代表——细菌为例来形象地说明其个体的大小。

细菌中最普通的是杆菌，它们的平均长度约 2μm，1500 个杆菌头尾衔接起来，仅有一粒芝麻长。它们的宽度只有 0.5μm，60 ~ 80 个杆菌“肩并肩”地排列成横队，也只相当于一根头发丝的宽度。至于细菌的体重就更微乎其微了，每毫克的细菌为 10 亿 ~ 100 亿个。

任何固定体积的物体，如对其进行三维切割，则切割的次数越多，其所产生的颗粒数就越多，每个颗粒的体积就越小。这时，如把所有小颗粒的面积相加，其总数将极其可观（表 1–2）。

**表 1–2　　对 1cm³ 固体做 10 倍系列三维分割后的比面值变化**

| 边长 | 立方体数 | 总表面积 | 比面值 | 近似对象 |
|---|---|---|---|---|
| 1.0cm | 1 | $6cm^2$ | 6 | 豌豆 |
| 1.0mm | $10^3$ | $60cm^2$ | 60 | 细小药丸 |
| 0.1mm | $10^6$ | $600cm^2$ | 600 | 滑石粉粒 |
| 0.01mm | $10^9$ | $6000cm^2$ | 6000 | 变形虫 |
| 1.0μm | $10^{12}$ | $6m^2$ | 60000 | 球菌 |
| 0.1μm | $10^{15}$ | $60m^2$ | 600000 | 大胶粒 |
| 0.01μm | $10^{18}$ | $600m^2$ | 6000000 | 大分子 |
| 1.0nm | $10^{21}$ | $6000m^2$ | 60000000 | 分子 |

若把某一单位体积所占有的表面积称为比面值，则物体的体积越小，其比面值就越大，现以球体的比面值为例，见式（1–1）。

$$比面值 = 表面积 / 体积 = 4\pi r^2/（4/3\pi r^3）= 3/r \qquad（1–1）$$

由上述公式可以推算出细胞半径（$r$）为 1μm 的球菌，其比面值为 3；半径为 2μm 者，比面值为 1.5；而半径为 3μm 者，则比面值仅为 1 了。

## 二、生长旺，繁殖快

微生物的生长繁殖速度非常惊人。拿细菌来讲，一般每隔 20 ~ 30min 即可分裂 1 次，细胞的数目就要比原来增加 1 倍。假如 1 个细菌 20min 分裂 1 次，而且每个子细胞都具有同样的繁殖能力，那么 1h 后，就变成 $2^3$（即 8）个，2h 后变成 $2^6$（即 64）个。24h 可繁殖 72 代，这样原始的 1 个细菌变成了 $2^{72}$ 个细菌。如果按每 10 亿个细菌重 1mg 计算，则 $2^{72}$ 个细菌的质量超过 4722t。假使再这样繁殖 4 ~ 5d，它就会形成和地球同样大小的物体。但事实上，由于营养、空间和代谢产物等条件的限制，微生物的几何级数分裂速度充其量只能维持数小时而已，因而在液体培养中，细菌细胞的浓度一般仅达 $10^8$ ~ $10^9$ 个 /mL。

微生物的这一特性在发酵工业中具有重要的实践意义，主要体现在它的生产效率高、发酵周期短上，例如，用作发面剂的酿酒酵母，其繁殖速率虽为 2h 分裂 1 次，但在单罐发酵时，仍可为 12h“收获”1 次，每年可“收获”数百次。这是其他任何农作物所不可能达到的“复种指数”。它对缓解当前全球面临的人口增长与粮食匮乏有重大的现实意义。有人统计，一头500kg的食用公牛，每昼夜只能从食物中“浓缩”0.5kg蛋白质；等重的大豆，在合适的栽培条件下24h可生产50kg蛋白质；而同样重的酵母菌，只要以糖蜜（糖厂下脚料）和氨水作主要养料，在24h内却可真正合成50000kg的优良蛋白质。据计算，一个年产$10^5$t酵母菌的工厂，如以酵母菌的蛋白质含量为45%计，则相当于在562500亩（1亩≈1/15hm$^2$）农田上所生产的大豆蛋白质的量，此外，其还具有不受气候和季节影响等优点。

微生物繁殖快的特性对生物学基本理论的研究也带来了极大的优越性，它使科学研究的周期大为缩短、空间减小、经费降低、效率提高。当然，若是一些危害人、畜和农作物的病原微生物或会使物品霉腐变质的有害微生物，它们的这一特性就会给人类带来极大的损失或祸害，因而必须认真对待。

## 三、分布广，种类多

微生物在自然界中有着极其广泛的分布且种类也非常繁多。上至几万米的高空，下至数千米的深海；温度高达90℃的温泉，冷至–80℃的南极；盐湖、沙漠；人体内外，动植物组织；化脓的伤口，隔夜的饭菜……到处都留下微生物的足迹。

微生物在自然界的分布

微生物之所以分布广泛，与微生物本身小而轻密切相关。说它小，通常要以微米为单位，例如大肠杆菌只有1 ~ 3μm长。说它轻，每个细菌的重量只有$1\times10^{-9}$ ~ $1\times10^{-10}$mg。

微生物的种类多主要体现在以下几个方面。

**1. 物种的多样性**

迄今为止，人类已描述过的生物约200万种。据估计，微生物有50万 ~ 600万种。

**2. 营养类型多样性**

从无机营养到有机营养，微生物能充分利用自然界的资源。凡是能被动植物利用的物质，例如蛋白质、糖类、脂肪及无机盐等，微生物也能利用。有些不能被动植物利用的物质，还能找到利用它们的微生物。例如纤维素、石油、塑料等，不少微生物能将它们分解。另外还有一些对动植物有毒的物质，例如氰、酚、聚氯联苯等，也有一些微生物能利用它们。美国康奈尔大学早在20世纪70年代初期就分离到能分解DDT的微生物，日本发现了分解聚氯联苯的红酵母。

**3. 代谢产物的多样性**

微生物究竟能产生多少种代谢产物，是一个不容易准确回答的问题，1980年曾有人统计为“7890种”，后来（1992年）又有人报道仅微生物产生的次生代谢产物就有16500种，且每年还在以500种新化合物的数目增长着。

利用微生物这个特点我们开展综合利用，变废为宝，为社会创造财富。农村中农副产品可以进一步加工，如利用微生物进行秸秆发酵作为猪的饲料；微生物可将纤维素分解成单糖用来进行酒精发酵等；污水处理、制造堆肥能将有害物质化为无害物质，把不能利用的物质变成被植物吸收的肥料，减少了环境污染，这些都是有利的一面。然而，对我们人类有用的食品、原材料，由于保管不当，微生物也会占为己有而造成浪费。这一方面也应引起我们的注意。

**4. 遗传基因的多样性**

从基因水平看微生物的多样性，内容更为丰富，这是近年来分子微生物学家正在积极探索的热点领域。在全球性的“人类基因组计划”（HGP）的有力推动下，微生物基因组测序工作正在迅速开展，并取得了巨大的成就。

**5. 生态类型的多样性**

微生物广泛分布于地球表层的生物圈（包括土壤圈、水圈、大气圈、岩石圈和冰雪圈）；对于那些极端微生物即嗜极菌而言，则更易生活在极热、极冷、极酸、极碱、极盐、极压和极旱等极端环境中。

微生物的分布广且种类繁多的特点，为人类在21世纪中进一步开发利用微生物资源提供了无限广阔的前景。

## 四、吸收多，转化快

有资料表明，1kg酒精酵母1d内能“消耗”数千千克的糖，把它转变为酒精。从工业生产的角度来看，它能够把基质较多地转变为有用的产品；用乳酸菌生产乳酸，每个细胞可以产生其体重$10^3$ ~ $10^4$倍的乳酸；产朊假丝酵母合成蛋白质的能力比大豆强100倍，比食用牛（公牛）强10万倍；一些微生物的呼吸速率也比高等动植物的组织强数十至数百倍。

吸收多、转化快这个特性为微生物的快速生长繁殖和合成大量代谢产物提供了充分的物质基础，从而使微生物在自然界和人类实践活动中更好地发挥其超小型“活的化工厂”的作用。

在生产实践中应用吸收快、转化快这个特点，不仅可以获得种类繁多的发酵产品，而且可以找到比较简便的生产工艺路线。在理论研究上，可以更好地揭示生命活动的本质。但是食品发酵污染了杂菌，代谢越强，损失就越大。

## 五、适应性强，易变异

微生物对环境条件尤其是地球上那些恶劣的“极端环境”（如高温、高酸、高盐、高辐射、高压、低温、高碱、高毒等）表现出惊人的适应力。微生物善于随“机”应变，从而使自己得以保存。有些微生物在其身体外面添上保护层，提高自己对外界环境的抵抗能力。例如肺炎双球菌有了荚膜，就可以抵抗白细胞的吞噬。但微生物可以及时形成休眠体，然后长期进入休眠状态。例如细菌的芽孢、放线菌的分生孢子、真菌的各种孢子等。这些孢子较之营养体更具有抵抗不良环境的能力，一般能存活数月或数年，甚至几十年。当外界条件十分险劣时，虽然大部分个体会被淘汰，但仍有少数个体会发生某种变异而存活。微生物之所以能够延种续代，除了数量极其庞大，善于“变”也是一个十分重要的原因。

在生产实践中，常利用这个特点来保藏菌种和诱变育种。例如人们常常利用物理或化学因素对微生物进行诱变，从而改变它的遗传性质和代谢途径，使之适应于人们提供的条件，满足人们提高产量和简化工艺的需要。如产青霉素的菌种产黄青霉，1943 年时每毫升发酵液仅分泌约 20U 的青霉素，至今已超过 50000U；有害的变异则会给人类的诸多生产带来比较严重的影响，如各种致病菌的耐药性变异使原本已得到控制的相应传染病变得无药可治，而各种优良菌种生产性状的退化则会使生产无法正常维持等。

### 六、培养容易

由于微生物营养类型多样，对营养的要求一般不高，因而原料来源广泛，容易培养。许多不易被人和动植物所利用的农副产品、工厂下脚料，例如麸皮、饼粉、酒糟等都可用来培养微生物。这样不仅解决了培养微生物的原料问题，而且为三废处理找了出路，做到综合利用，大大提高了经济效益。另外大多数微生物反应条件温和，一般能在常温常压下，进行生长繁殖、新陈代谢和各种生命活动，不需要什么复杂昂贵的设备。这比化学法具有无比的优越性，因而即使在条件较差的农村，也能应用。除此之外，培养微生物不受季节、气候的影响，因而可以长期进行工业化生产。

微生物这些特点使微生物显示了广大的本领，在生物界中占据了特殊的位置。它不仅广泛地被用于生产实践，而且将成为 21 世纪进一步解决生物学重大理论问题（如生命起源与进化，物质运动的基本规律等）和实际应用问题（如新的微生物资源的开发利用，能源、粮食等）的最理想的材料。

**思考题**

微生物与动、植物相比具有哪些特征？

## 预备知识三 微生物学的概念、任务及其分支学科

微生物学是一门在细胞、分子或群体水平上研究微生物的形态构造、生理代谢、遗传变异、生态分布和分类进化等生命活动基本规律，并将其应用于工业发酵、

医药卫生、生物工程和环境保护等实践领域的科学。微生物学的主要任务是发掘、利用、改善和保护有益微生物，控制、消灭或改造有害微生物，为人类社会的进步服务。

微生物学经历了一个多世纪的发展，已分化出大量的分支学科，据不完全统计，已达 181 门之多。现根据其性质简单归纳成下列 6 类。

（1）按研究微生物的基本生命活动规律为目的来分　总学科称普通微生物学，分支学科如微生物分类学、微生物生理学、微生物遗传学、微生物生态学和分子微生物学等。

（2）按微生物应用领域来分　总学科称应用微生物学，分支学科如工业微生物学、农业微生物学、医学微生物学、药用微生物学、诊断微生物学、抗生素学、食品微生物学等。

（3）按研究的微生物对象来分　如细菌学、真菌学（菌物学）、病毒学、原核生物学、自养菌生物学和厌氧菌生物学等。

（4）按微生物所处的生态环境来分　如土壤微生物学、微生态学、海洋微生物学、环境微生物学、水微生物学和宇宙微生物学等。

（5）按学科间的交叉、融合来分　如化学微生物学、分析微生物学、微生物生物工程学、微生物化学分类学、微生物数值分类学、微生物地球化学和生物信息学等。

（6）按实验方法、技术来分　如实验方法微生物学、微生物研究方法等。

**思考题**

①什么是微生物学，其主要任务是什么？

②微生物分支学科可归纳为哪六类？

## 预备知识四　微生物学发展简史

迄今大约 32 亿年以前，微生物就悄悄地出现在地球上了，这是在非洲南部发现杆菌化石后才知道的。那时整个地球还是它们独霸天下，后来才陆续出现了植物、动物和人类。尽管人们也早会利用微生物来酿酒、造醋，但却连它们长什么样子也不知道。人类对动植物的认识，可以追溯到人类的出现。可是，对数量庞大、分布广泛并始终包围在人体内外的微生物却长期缺乏认识。当人们还处在对微生物世界的未知状态时，对待眼前的微生物往往表现出“视而不见、嗅而不闻、食而不察、得其益而不感其好、受其害而不知其恶”。直到 300 多年以前，列文虎克用他自制的世界上第一台单式显微镜观察到了极微小的生物，人们才第一次看到了微生物的本来面貌。但微生物学真正作为一门科学是从 19 世纪中叶才开始的。微生物学发展简史可分为五个时期，即史前期、初创期、奠基期、发展期和成熟期（表 1–3）。

微生物的发展

表 1-3　微生物学发展简史

| 分期 | 时间 | 实质 | 开创者 | 特点 |
| --- | --- | --- | --- | --- |
| 史前期 | 1676 年以前 | 朦胧阶段 | 各国劳动人民 | ①未见细菌等微生物的个体；②凭践经验利用微生物的有益活动进行酿酒、发面、制酱、酿醋、沤肥、轮作、治病等 |
| 初创期 | 1676—1861 | 形态描述阶段 | 列文虎克——微生物学的先驱者 | ①自制单式显微镜，观察到细菌等微生物的个体；②出于个人爱好对一些微生物进行形态描述 |
| 奠基期 | 1861—1897 | 生理水平研究阶段 | ①巴斯德——微生物学奠基人；②科赫——细菌学奠基人 | ①微生物学开始建立；②创立了一整套独特的微生物学基本研究方法；③开始运用“实践－理论－实践”的思想方法开展研究；④建立了许多应用性分支学科；⑤进入寻找人类和动物病原菌的黄金时期 |
| 发展期 | 1897—1953 | 生化水平研究阶段 | 爱德华·布赫纳——生物化学奠基人 | ①对无细胞酵母菌“酒化酶”进行生化研究；②发现微生物的代谢统一性；③普通微生物学开始形成；④开展广泛寻找微生物的有益代谢产物；⑤青霉素的发现推动了微生物工业化培养技术的猛进 |
| 成熟期 | 1953—至今 | 分子生物学水平研究阶段 | 沃森和克里克——分子生物学奠基人 | ①广泛运用分子生物学理论和现代研究方法，深刻揭示微生物的各种生命活动规律；②以基因工程为主导，把传统的工业发酵提高到发酵工程新水平；③大量理论性、交叉性、应用性和实验性分支学科飞速发展；④微生物学的基础理论和独特实验技术推动了生命科学各领域飞速发展；⑤微生物基因组的研究促进了生物信息学时代的到来 |

## 思考题

微生物学发展经历了哪几个时期？每个时期各有什么特点？

## 预备知识五 微生物的分类与命名

### 一、微生物分类的目的

自然界的微生物种类繁多，形态结构和生活特性也各有不同。为了更好地利用、控制和改造微生物，人们在对大量的微生物进行观察、分析和描述的基础上，按照生物的亲缘关系把它们分群归类，有规则地编排成系统。这样根据分类系统，可以将生物的特性人为归纳，找出一种或一套特征来制定检索表，以便于迅速而简单地识别某种微生物。

微生物的命名及在生物界的地位

### 二、微生物分类的方法

在微生物分类中目前主要采用的有四类分类法。包括有经典分类法、遗传分类法、化学分类法及数值分类法。

**1. 经典分类法**

经典分类法是根据微生物形态结构、生理生化、培养特征、生态表现、生活史和血清学反应等表型特征进行分类的方法，这是微生物分类鉴定中通常采用的方法，是近一百年来人们不断努力积累的传统的分类方法。

**2. 遗传分类法**

遗传分类法是指根据核酸分析得到的遗传相关性所做的分类。因为遗传分类法是以决定生物表型特征的遗传物质——核酸作为比较的准绳，根据两种微生物的碱基配对程度，确定遗传关系，所以它是一种最客观和可信度最高的分类方法。

**3. 化学分类法**

化学分类法是应用电泳、色谱和质谱等分析技术，根据微生物细胞组分、代谢产物的组成与图谱等化学分类特征进行分类的方法。现已证明，蛋白质或糖类代谢产物的气 – 液相色谱分析在梭菌、拟杆菌以及其他一些细菌的分类鉴定中非常有用。近年来，以微生物细胞化学成分为特征的化学分类已成了微生物分类的一个重要方面。具体见表 1–4。

**表 1–4 细菌的化学组分分析及在分类水平上的作用**

| 细胞成分 | 分析内容 | 在分类水平上的作用 |
|---|---|---|
| 细胞壁 | 肽聚糖结构<br>多糖<br>胞壁酸 | 种和属 |

续表

| 细胞成分 | 分析内容 | 在分类水平上的作用 |
| --- | --- | --- |
| 膜 | 脂肪酸<br>极性类脂<br>霉菌酸<br>类异戊二烯苯醌 | 种和属 |
| 蛋白质 | 氨基酸序列分析<br>血清学比较<br>电泳图<br>酶谱 | 属和属以上单位 |
| 代谢产物 | 脂肪酸 | 种和属 |
| 全细胞成分分析 | 热解—气液色谱分析<br>热解—质谱分析 | 种和亚种 |

**4. 数值分类法**

数值分类法又称统计分类法，是一种现代微生物分类方法。数值分类法是根据数值分析，借助计算机将拟分类的微生物按其性状的相似程度归类的方法，这是一种伴随着电子计算机的发展而平行发展起来的多元分析法。特点是根据较多的特征进行分类，一般为50～60个，多者可达100个以上，在分类上，每一个特征的地位都是均等重要。通常是以形态特征、生理生化特征，对环境的反应和耐受性，以及生态特征为依据。最后，将所测菌株两两进行比较，并借用电子计算机计算出菌株间的总相似值，列出相似值矩阵。为便于观察，应将矩阵重新安排，使相似度高的菌株列在一起，然后将矩阵图转换成树状谱，再结合主观上的判断（如划分类似程度大于85%者为同种，大于65%者为同属等），排列出一个个分类群。数值分类法的优越性在于它是以分析大量分类特征为基础，对于类群的划分比较客观和稳定；而且促进对类群的全面考查和观察，为菌种分类鉴定积累大量资料。但在使用数值分类法对菌株分群归类定种或定属时，还应做有关菌株的DNA碱基的（G+C）mol%和DNA杂交，以进一步加以确证。

数值分类法具有很多优点，与传统法相比，得到结果偏少，并且它是以分析多数特征为基础的方法，比只以少数特征为基础的方法所提供的分类群更稳定。有些分类群在数值法和传统法之间已显示出很好的关联度。但是也有人认为数值法这种主次不分的分类方法不能突出主要矛盾，未必能真正地反映微生物“种”的特征。另外，现代的分类方法还存在一些技术和方法上的问题，仍处于探索阶段。在目前条件下，应用最广泛的仍是实用而且简单的传统分类方法。数值分类法与传统分类法的比较见表 1–5。

**表 1–5　　数值分类法与传统分类法的比较**

| 项目 | 传统分类法 | 数值分类法 |
| --- | --- | --- |
| 分类原则 | 所用特征有主次之分 | 所用特征无主次之分 |
| 鉴定项目 | 较少 | 大量（50 到数百） |
| 数据整理 | 人工统计 | 计算机运算 |
| 检索方法 | 使用双歧检索表 | 根据相似系数大小 |
| 确定种属 | 主要特征相同者为同属，次要特征相同者为同种 | 相似系数小者为同属，相似系数大者为同种 |

## 三、微生物分类的依据

微生物的分类依据主要有形态特征、生理生化特征、生态特征、血清学反应、生活史、寄生的特异性、遗传特征等。

### （一）经典分类法的依据

在分类学早期，主要根据微生物形态特征、生理生化反应、繁殖方式与生活史、血清学反应、噬菌体敏感性等表型特征来鉴定和区别微生物，称之为经典分类鉴定方法。微生物经典分类鉴定的检测内容见表 1–6。

**表 1–6　　微生物的经典分类鉴定的检测内容**

| 鉴定项目 | 检测内容 |
| --- | --- |
| 形态特征 | ①菌落的形状、大小、颜色、隆起、表面状况、质地、光泽、水溶性色素等，在固体或液体培养基中的生长状况<br>②个体细胞形态、大小、排列方式、运动性、特殊构造和染色反应等 |
| 生理生化反应 | ①营养要求：能源、碳源、氮源、生长因子等<br>②酶：产酶种类和反应特征等<br>③代谢产物：种类、产量、颜色和显色反应等<br>④环境要求：温度、氧、pH、渗透压、宿主等<br>⑤对药物的敏感性 |
| 繁殖方式与生活史 | 无性与有性繁殖 |
| 血清学反应 | 凝集反应、沉淀反应、补体结合 |
| 噬菌体敏感性 | 噬菌斑测定 |
| 其他 | 蛋白质分析 |

### 1. 形态特征

（1）个体形态特征　细菌菌体的个体形态特征包括：细菌菌体细胞的形状、大小和排列方式；染色反应（革兰氏染色和抗酸染色等）；运动性；鞭毛的着生位置与数目；是否产芽孢，芽孢的形状、大小与着生位置；细胞贮藏物（种类、数目和分布情况等）；对于有些细菌还要根据荚膜、菌毛、气泡和色素等作为分类依据（表1–7）。

**表1–7　　常用的微生物分类鉴定的形态学特征**

| 项目 | 形态学特征 |
|---|---|
| 培养特征 | 最重要的是菌落特征：菌落形状、大小、颜色、隆起、表面状况、质地、光泽、水溶性色素等 |
| 细胞形态 | |
| 形状 | 球形、杆形、弧形、螺旋形、丝状、分枝等特殊形状 |
| 大小 | 最重要的是细胞的宽度和直径 |
| 排列 | 单个、成对、成链或其他特殊排列方式 |
| 特殊的细胞结构 | |
| 鞭毛 | 有无鞭毛、着生位置及其数量 |
| 芽孢 | 有无芽孢、形状、着生位置、孢囊是否膨大 |
| 孢子 | 孢子形状、着生位置、数量及排列 |
| 其他 | 荚膜、细胞附属物（柄、丝状物、鞘、静止细胞和连鞘等） |
| 超微结构 | 细胞壁、细胞内膜系统、放线菌孢子表面特征等 |
| 细胞内含物 | 异染颗粒、聚 $\beta$–羟丁酸等类脂颗粒、硫粒、气泡、半孢晶体 |
| 染色反应 | 革兰氏染色、抗酸性染色 |
| 运动性 | 鞭毛运动、滑行、螺旋体运动方式 |

在放线菌与丝状真菌中，则主要以菌丝体特征（如菌丝长短、粗细、分支状况、疏密、有无横隔、断裂与否和颜色等）、无性和有性繁殖阶段的特征以及繁殖器官的形态与结构特征及孢子特征（种类、形态、大小、数目、着生状态、颜色与表面纹饰）等作为重要的分类依据。

对于病毒则为病毒粒子的大小、形态或对称性、有无包膜、寄主范围、核酸类型和相对分子质量、有无包含体以及基因组的组分（单组分基因组、双组分基因组或多组分基因组）等。

（2）群体形态特征（培养特征）

①琼脂平皿培养特征：包括形状、大小、边缘、表面及质地（光滑、粗糙、湿润、干燥、光泽、暗淡、皱褶、细小颗粒状与凹凸不平等）、隆起程度、易挑取性或黏稠度、透明度与色泽等。

②斜面划线培养特征：包括生长好坏、形态、光泽等，其种类如图1–1所示。

③琼脂穿刺培养特征：包括生长发育情况、色素形成情况等，其种类如图1–2所示。

④明胶穿刺培养特征：观察其能否水解明胶及水解后的状况，其种类如图1–3所示。

⑤液体培养特征：包括生长量、生长类型与分布、浑浊度、表面生长状态、沉淀物、气味和颜色等，其种类如图 1–4 所示。

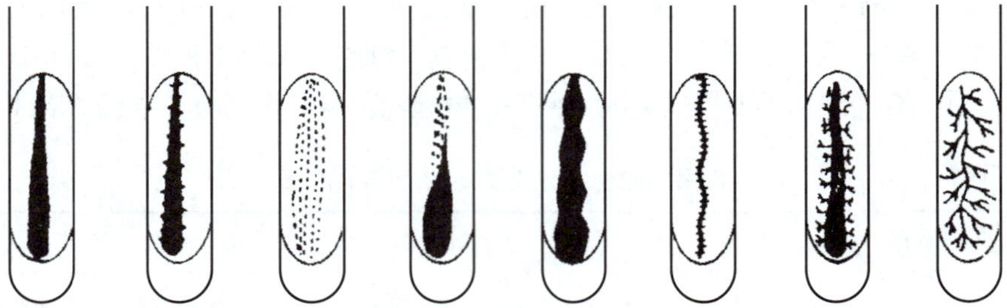


图 1–1　斜面划线培养特征种类

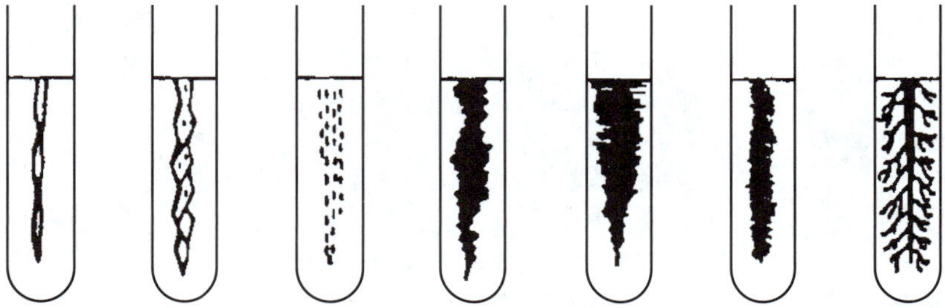


图 1–2　琼脂穿刺培养特征种类

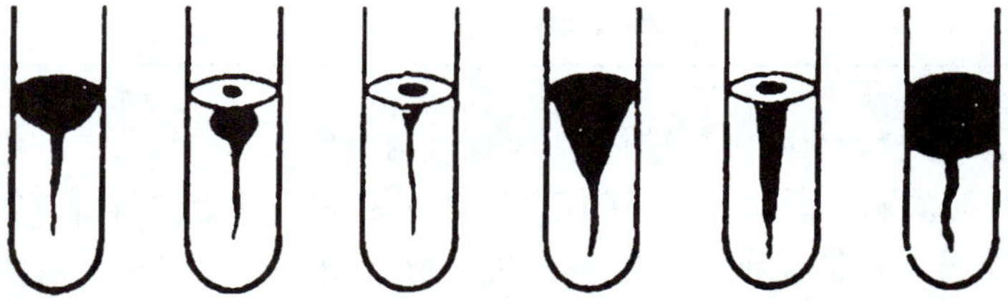


图 1–3　明胶穿刺培养特征种类

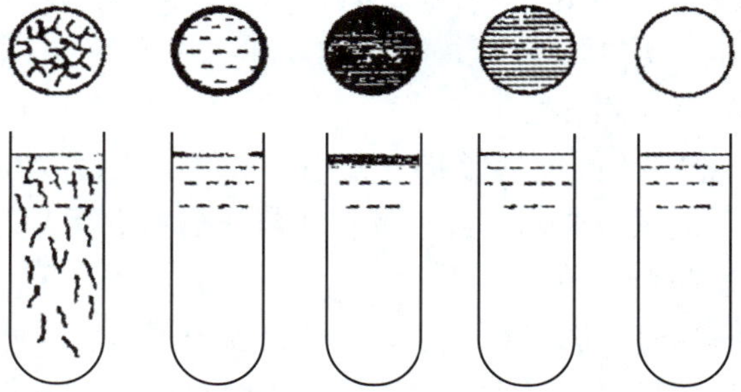


图 1–4　液体试管培养特征种类

**2. 生理生化特征**

（1）对营养或生长基质的要求　包括所能利用碳源、能源、氮源、无机盐以及生长因子等。

（2）代谢反应　包括反应类型、代谢产物和酶。经常测定的有：水解大分子的能力，如淀粉水解、油脂水解、明胶液化和酪素水解等试验；分解糖或醇类产酸和（或）气体；其他产物的种类与数量，如糖或醇类发酵试验、甲基红试验；分解蛋白质中氨基酸（如色氨酸或含硫氨基酸）的能力，如吲哚试验和 $H_2S$ 试验。此外，还有硝酸盐还原试验、柠檬酸盐或丙酸盐利用试验和丙二酸盐利用试验，产色素、抗生素等次级代谢产物也常是某些微生物的分类依据。用作分类特征的酶主要有：氧化酶、过氧化氢酶、氨基酸脱羧酶、精氨酸双水解酶、苯丙氨酸脱氨酶等。

（3）抗逆性　对噬菌体、抗生素、染料和化学药品等抗微生物因子的反应也是分类鉴定的依据。例如噬菌体与宿主细菌的关系有高度特异性，即一种噬菌体只能裂解一种（或属）或者与该种（或属）相近的细菌，故可用于未知菌的鉴定和分型。

**3. 生态特征**

生态特征包括微生物的天然生活环境，以及与微生物生活关联的环境因子（氧、温度、pH、盐度），以及与其他生物之间的相互关系。

**4. 血清学反应**

在有些多样化的微生物类群中，单纯按照形态和生理生化等特征难以区分诸多亲缘关系相近的成员，但它们在抗原结构或血清学上有明显差异，所以可借助于灵敏度高和特异性强的免疫血清反应，在种内进一步区分许多不同的型或菌株。用于免疫分类鉴定的抗原主要有表面抗原、菌体抗原。

**5. 生活史**

微生物在生长繁殖过程中，除了细胞数目变化外，还往往有个体发育的阶段变化，这些阶段变化的重复循环就是微生物的生活史。例如啤酒酵母的生活过程包含了单倍体和双倍体生长阶段两个部分。

**6. 寄生的特异性**

不同的病原微生物所寄生的对象是有选择的，它只能寄生于某种或某几种生物，这就是某些微生物寄生的特异性，它是病原微生物分类的一项重要依据。如各种噬菌体有其严格的寄生范围，利用这一特性可以用某一已知的特异性噬菌体鉴定相应的寄生菌，反之亦然。

### （二）遗传分类法的依据

基本表型特征的微生物分类是不够精确的，而遗传特征客观地反映了微生物的亲缘关系，所以遗传特征是微生物分类鉴定中一个可靠的特征。尤其在正式定为新属或新种时一定要有其遗传特征的描述。

**1. DNA（G+C）mol%值**

DNA（G+C）mol%值是微生物（除少数以RNA为遗传物质的病毒）的一个基本遗传特征，它通常以DNA中鸟嘌呤（G）加胞嘧啶（C）的摩尔（mol）数的百分比，即（G+C）mol%来表示（式1–2）：

$$(G+C)\ mol\% = \frac{(G+C)(mol)}{(A+T)+(G+C)} \times 100\% \tag{1-2}$$

对于一定的微生物来说，其DNA（G+C）mol%值是恒定的。一般而言，亲缘关系密切和表型又高度相似的微生物常有相似的（G+C）mol%值。

**2. DNA–DNA 杂交**

DNA杂交法的基本原理是用DNA解链的可逆性和碱基配对的专一性，将不同来源的DNA在体外加热解链，并在合适的条件下，使互补的碱基重新配对结合成双链DNA，然后根据能生成双链的情况，检测杂合百分数。如果两条单链DNA的碱基顺序全部相同，则它们能生成完整的双链，即杂合率为100%。如果两条单链DNA的碱基序列只有部分相同，则它们能生成的“双链”仅含有局部单链，其杂合率小于100%。由此，杂合率越高，表示两个DNA之间碱基序列的相似性越高，它们之间的亲缘关系也就越近。如两株大肠埃希氏菌的DNA杂合率可高达100%，而大肠埃希氏菌与沙门氏菌的DNA杂合率较低，约有70%。（G+C）mol%的测定和DNA杂交实验为细菌种和属的分类研究开辟了新的途径，解决了以表观特征为依据所无法解决的一些疑难问题。

**3. DNA–rRNA 杂交**

目前研究RNA碱基序列的方法有两种。一是DNA与rRNA杂交，二是16SrRNA寡核苷酸的序列分析。DNA与rRNA杂交的基本原理、实验方法同DNA杂交一样，不同的是：①DNA杂交中同位素标记的部分是DNA，而DNA与rRNA杂交中同位素标记的部分是rRNA。②DNA杂交结果用同源性百分数表示，而DNA与rRNA杂交结果用$T_m$（e）和RNA结合数表示。$T_m$（e）值是DNA与rRNA杂交物解链一半时所需要的温度。RNA结合数是100mgDNA所结合的rRNA的毫克数。根据这个参数可以作出RNA相似性图。在rRNA相似性图上，关系较近的菌就集中到一起，关系较远的菌在图上占据不同的位置。用rRNA同性试验和16SrRNA寡核苷酸编目的相似性比较rRNA顺反子的实验数据可得到属以上细菌分类单元的较一致的系统发育概念，并导致了古细菌的建立。

除了以上三种之外，人们也常采用16SrRNA（16SrDNA）寡核苷酸的序列分析的方法。

### （三）数值分类法的依据

数值分类法的特点是根据较多的特征进行分类，一般为50 ~ 60个，多者可达100个以上。在分类上，每一个特性的地位都是均等重要。通常是以形态、生理生化特征，对环境的反应和忍受性以及生态特性为依据。

## 四、微生物分类的单位

### （一）主要分类单位

微生物的主要分类单位与高等动、植物一样，依次分为界（kingdom）、门（division）、纲（class）、目（order）、科（family）、属（genus）、种（species）。在两个主要的分类单位之间还可以有次要的分类单位。例如："亚门""亚目""亚科""亚属"等。把相似的或相关的种归为一个属，又把相似的属归为一个科，依次类推，从而构成一个完整的分类系统。如啤酒酵母属于真菌门、子囊菌纲、内孢霉目、内孢霉科、酵母属。

### （二）种以下的分类单位

与其他生物的分类一样，微生物分类的基本单位也是种。种以下还可以进行不同的划分，但它们不作为分类上的单位。

**1. 种**

伯杰氏手册（Bergey's Manual）对细菌"种"定义为：典型培养菌及所有与它密切相同的其他培养菌一起称为细菌的一个"种"。即种是一个分类的基本单位，它是一大群表型特征高度相似、亲缘关系极其接近、与同属内其他种有着明显差异的菌株的总称。在微生物分类学中，一个种只能用该种内的一个典型菌株来作为具体标本，这个典型菌株就是该种的模式种。

种是相对稳定的，但是在生物进化过程中，生物的一切种都进行着连续的变异，引起生物体质的差别，差别的继续扩大，最后变成了显然不同的新种。

同一个种的各个微生物个体，在所有性状上并非绝对相同，而是存在着一定的差异，因此对于区分种内变异和种间的差别，很难有一个比较完善的标准。种的划分在不同程度上有着人为的、暂时的性质。

**2. 变种**

有时从自然材料分离得到的微生物纯种，基本特征与典型种相同，而某一特性与典型种不同，并且这种特性是稳定的。则该微生物就称为典型种的变种。如武汉杆菌除无鞭毛外，与苏云金杆菌的其他特性相同，于是武汉杆菌就称为苏云金杆菌的变种。

**3. 亚种或小种**

微生物学中把实验室中所获得的稳定变异菌株称为亚种或小种。例如大肠杆菌野生型的一个品系称"K12"，它是不需要某种氨基酸的，通过实验性变异可以从K12中获得需要某种氨基酸的生化缺陷型。这种生化缺陷型菌株称为K12的小种或亚种。

**4. 型**

“型”是指同一种微生物的各种存在类型，它们之间的差别不像变种那样显著。例如胸膜肺炎双球菌依其抗原的不同分为几十个血清型，布鲁氏杆菌依据寄主不同而分为牛型、人型和禽型。

**5. 菌株或品系**

由不同来源分离的同一种、同一亚种或同一型的细菌，称为菌株。它主要是指同种微生物不同来源的纯培养，例如从10个肺结核患者的痰液中分离出的10株结核分枝杆菌。具有某种细菌典型特征的菌株称为模式菌或标准菌株，它是该种菌株的参比菌株。在细菌的分类、鉴定和命名时以模式菌为依据，也可作为质量控制的标准。菌株常常在种名后面加上数目字、地名或符号来表示，例如枯草杆菌1.398、枯草杆菌1.628等，它们在酶的产生量上有差异。

**6. 群**

在自然界中常发现有些微生物种类的特征介于两种微生物之间，彼此不易严格区分，我们就把这两种微生物和介于它们之间的种类统称为一个群。例如大肠杆菌和产气杆菌这两个种的区别是明显的，但自然界中还存在着许多介于它们之间的中间类型，我们就把它们合起来统称为大肠菌群。

## 五、微生物的命名规则

**1. 俗名和学名**

微生物的名字有俗名和学名两种。俗名是通俗的名字，如结核分枝杆菌俗称结核杆菌，铜绿假单胞菌俗称绿脓杆菌，粗糙脉孢菌的俗名为红色面包霉等。俗称简洁易懂，记忆方便，但是它的涵义往往不够确切，而且还有使用范围和地区性等方面的限制，为了避免微生物名称上的混乱，需要有一个统一的、国际公认并通用的命名法则，以便给每一种微生物一个大家公认的科学名称，这便是学名。学名是微生物的科学名称，它是按照有关微生物分类拟定的法则命名的。学名由拉丁词、希腊词或拉丁化的外来词组成。

**2. 命名法**

学名的命名采用瑞典植物学家林奈创立的双名法（病毒除外）。采用双名法命名时，学名由属名和种名构成，用斜体表示。属名在前，而且第一个字母要大写。种名在后，全部小写。学名后有时还要附上首个命名者的名字和命名的年份，但这些都用正体字。如金黄色葡萄球菌（俗称“金葡菌”）的学名为 *Staphylococcus aureus* Rosenbach 1884。不过在一般情况下使用时，后面的正体字部分可以省略。

随着分类学的不断深入，常会发生种转属的情况。例如 Weldin 在1927年把原来的猪霍乱杆菌（*Bacillus choleraesuis* Smith 1894）这个种由杆菌属转入沙门氏菌属，定名为猪霍乱沙门氏菌（*Salmonella choleraesuis*），这时就要将原命名人的名字置于括号内，放在学名之后，并在括号后再附以现命名者的名字和年份，这样

就成了 *Salmonella choleraesuis*（Smith）Weldin 1927。

如果是新种，则要在新种学名之后加“sp.nov.”（其中“sp.”为物种 species 的缩写；“nov.”为 novel 的缩写，新的意思）。例如 *Methanobrevibacterium espanolae* sp.nov（埃斯帕诺拉甲烷杆菌，新种）。

有时在对某个或某些分离物进行分类鉴定时，属名已肯定，但种名由于种种原因而一时尚难确定，这时就可用在属名后暂加“sp.”或“spp.”的方式来解决，其中的“spp.”是物种复数的简写。

**思考题**

①微生物分类方法有哪些？

②微生物分类依据有哪些？

③微生物分类单位有哪些？

④林奈双名法的命名规则有哪些？

⑤名词解释：种、变种、亚种或小种、型、群、菌株或品系。

**【知识小结】**

①微生物是一切微小生物的总称，包括原核类的细菌（真细菌和古生菌）、放线菌、蓝细菌、支原体、衣原体和立克次氏体；真核类的真菌（霉菌、酵母菌和蕈菌）、原生动物和显微藻类；以及不具有细胞结构的病毒、朊病毒和类病毒等。

②微生物具有体积小，面积大；生长旺，繁殖快；分布广，种类多；吸收多，转化快；适应强，易变异和易培养的特点。

③微生物学是一门在细胞、分子或群体水平上研究微生物的形态构造、生理代谢、遗传变异、生态分布和分类进化等生命活动基本规律，并将其应用于工业发酵、医药卫生、生物工程和环境保护等实践领域的科学，经历了一个多世纪的发展，已分化出大量的分支学科，据不完全统计，已达 181 门之多。

④微生物学发展简史可分为五个时期，即史前期、初创期、奠基期、发展期和成熟期。

⑤微生物分类方法主要有经典分类法、遗传分类法、化学分类法及数值分类法等；微生物的分类依据主要有：形态结构、生理生化、培养特征、生态表现、生活史和血清学反应、遗传特征和化学分类特征等；微生物的主要分类单位与高等动、植物一样，依次分为界、门、纲、目、科、属、种；微生物命名采用瑞典植物学家林奈创立的双名法。

**【知识链接】**

## 知识链接一　微生物在生物界的地位

微生物在自然界中占有非常重要的地位。在自然界物种采用的六界分类系统中微生物就独占了四界，包括病毒界、原核生物界、原生生物界、真菌界。它们或无细胞结构，或是单细胞生物，或是简单多细胞生物，而地球上的生物是由非细胞生命形式从低级到高级逐渐进化而来的，可见微生物在生命进化的阶梯上处于较低的地位，属低等生物，但却占有着重要的地位。

微生物在生物六界系统中的地位见表1-8。

**表1-8　微生物在生物六界系统中的地位**

| 生物界名称 | 主要结构特征 | 微生物类群名称 |
|---|---|---|
| 病毒界 | 无细胞结构，大小为纳米（nm）级 | 病菌、类病菌等 |
| 原核生物界 | 为原核生物，细胞中无核膜与核仁的分化，大小为微米（μm）级 | 细菌、蓝细菌、放线菌、支原体、衣原体等 |
| 原生生物界 | 细胞中具核膜与核仁的分化，为小型真核生物 | 单细胞藻类、原生动物等 |
| 真菌界 | 单细胞或多细胞，细胞中具核膜与核仁的分化，为小型真核生物 | 酵母菌、霉菌等 |
| 植物界 | 细胞中具核膜与核仁的分化，为大型非运动真核生物 | — |
| 动物界 | 细胞中具核膜与核仁的分化，为大型能运动真核生物 | — |

## 知识链接二　微生物学研究的先驱者及其主要贡献

1. 列文虎克

列文虎克（1632—1723年，荷兰人，图1-5），微生物学先驱者。真正看见并描述微生物的第一人。他的主要贡献有以下三个方面。

（1）利用单式显微镜观察了许多微小物体和生物，并于1676年首次观察到形态微小、作用巨大的细菌，从而扫除了认识微生物世界的第一个障碍。

（2）一生制作了419架显微镜或放大镜，放大率一般为50～200倍，最高者达266倍。

（3）发表过约400篇论文，其中绝大部分寄往英国皇家学会发表。列文虎克的发现吸引着各国学者去研究、探索微生物

图1-5　列文虎克（Leeuwenhoek）

世界，推动着微生物学的建立和发展。

2. 巴斯德

巴斯德（1822—1895年，法国人，图1-6），微生物学的奠基人。原是化学家，后来转向微生物学研究领域，为微生物学的创立和发展做出了卓越的贡献，主要集中在以下几个方面。

图1-6 巴斯德（Louis Pasteur）

（1）彻底否定了“自生说”学说 古老的“自生说”认为一切生物是自然发生的。到了17世纪，由于植物和动物的生长发育过程的研究，使“自生说”逐渐削弱。但是，如何证实微生物不是自然发生的仍然是一个难题。巴斯德著名的曲颈瓶试验无可辩驳地证实，空气内确实含有微生物，它们引起有机质的腐败。

（2）免疫学——预防接种 爱德华·詹纳（Edward Jenner）虽然早在1798年发明了种痘法可预防天花，但却不了解这个免疫过程的基本机制。因此，这个发现没能获得继续发展。1877年，巴斯德研究了鸡霍乱，发现将病原菌减毒可诱发免疫性，以预防鸡霍乱病。其后他又研究了牛、羊炭疽病和狂犬病，并首次制成狂犬疫苗，证实其免疫学说，为人类防病、治病做出了重大贡献。

（3）证实发酵是由微生物引起的 酒精发酵是一个由微生物引起的生物过程还是一个纯粹的化学反应过程，曾是化学家和微生物学家激烈争论的问题。巴斯德在否定“自生说”的基础上，认为一切发酵作用都可能和微生物的生长繁殖有关。经不断地努力，巴斯德终于分离到了许多引起发酵的微生物，并证实酒精发酵是由酵母菌引起的。此外，巴斯德还发现乳酸发酵、醋酸发酵和丁酸发酵都是不同细菌所引起的，为进一步研究微生物的生理生化奠定了基础。

（4）其他贡献 巴斯德发明的巴斯德消毒法（60～65℃做短时间加热处理，杀死有害微生物的一种消毒法）一直沿用至今。找到了家蚕软化病的病原体，解决了法国酒变质问题，推动了微生物病原学说发展，并对医学的发展产生深刻影响。

3. 科赫

科赫（1843—1910年，德国人，图1-7）细菌学的奠基人。他曾经是一名医生，对病原细菌的研究做出了突出的贡献。

（1）建立了研究微生物学的一系列重要方法，在微生物基本操作技术方面做出重要贡献。改进了固体培养基的配方，发明了倾注平皿法进行纯种分离，其分离微生物纯种的方法沿用至今；建立了细菌细胞的染色技术，显微摄影技术和悬滴培养法，为微生物学的发展奠定了技术基础。

（2）发现了炭疽病、肺结核病和霍乱病等一系列严重传染疾病的病原体等的病原菌，并获得诺贝尔奖。

（3）提出了证明某种微生物是否为某种疾病病原体的基本原则——科赫法则，即证明某一种微生物是某一种病原体所必须具备的条件，此法则至今仍指导着动、植物病原的确定。

图 1-7　科赫（Robert Koch）

由于科赫在病原菌研究方面的开创性工作，自19世纪70年代至20世纪20年代成了发现病原菌的黄金时代，所发现的各种病原微生物不下百余种，其中还包括植物病原细菌。

由于巴斯德和科赫的杰出贡献，使微生物学作为一门独立的学科开始形成，并出现以他们为代表而建立的各分支学科，例如细菌学（巴斯德、科赫等）、消毒外科技术（约瑟夫·利斯特），免疫学（巴斯德、梅奇尼科夫、埃米尔·阿道夫·冯·贝林、埃尔利希等）、土壤微生物学（维诺格拉茨基、黑尔里格尔、维尔法特等）、病毒学（伊凡诺夫斯基、贝耶林克等）、植物病理学和真菌学（德巴利、伯克利等）、酿造学（汉森、乔根森等）以及化学治疗。

4. 布赫纳

布赫纳（1860—1917年，德国人）微生物生化研究新时代的开创者。他发现了酵母菌的无细胞制剂可将蔗糖转化为酒精，并对葡萄糖进行酒精发酵获得成功。从此微生物学进入了生化研究阶段，并诞生了生物化学学科。此后，微生物生理、代谢研究就蓬勃开展起来。

5. 其他

1928年，英国微生物学家亚历山大·弗莱明在研究葡萄球菌的菌落形态时，意外发现了青霉素。

1944年，赛尔曼·A. 瓦克斯曼分离出第二种实用的抗生素——链霉素，而且链霉素的发现可以说是对青霉素的一种理想补充，因为青霉素作用于革兰氏阳性菌，而链霉素则作用于革兰氏阴性细菌以及青霉素无效的分枝杆菌，这两种抗生素彼此交替使用可以使抗药菌株成为敏感菌株。

进入20世纪，特别是40年代后，微生物的应用也获得重大进展。抗生素的生产已进入规模化、现代化。从放线菌、细菌和真菌中已先后发现了5500种以上的抗生素，其中4000多种为放线菌产生，其余为细菌和真菌所产生，但临床上应用的不过100多种，常用的只有几十种。至今寻找抗生素的工作仍在继续进行，新的化合物不断涌现，这种状况犹如细菌和微生物学家之间的赛跑。细菌不断地产生对那些常用抗生素有抗药性的突变菌株，而微生物学家则百折不挠地寻找细菌还没有来得及形成抗药性的新化合物。

1944 年，艾弗里、麦克劳德和麦卡蒂在深入研究细菌转化中，发现遗传物质的化学本质就是 DNA。这是一个革命性的发现，因为在这之前，一直认为遗传物质是蛋白质，而这个发现彻底否定了这一看法，将科学家的视线转移到了 DNA 这一真正的遗传物质上来。

这一时期微生物的其他产物，如有机酸、氨基酸、维生素、核苷酸等，都利用微生物进行大量生产。直到 21 世纪，微生物的利用已成为现代生物技术的重要组成部分。

# 项目二

# 常见微生物形态观察

## 学习目标

①了解普通光学显微镜的构造、原理。
②培养学生普通光学显微镜的使用技能。
③培养学生学会显微镜的维护及保养。
④具有观察、描述和绘制各种微生物形态的能力。
⑤具有初步区分食品中常见微生物的能力。

## 思政目标

①培养学生精益求精、科学严谨、专注、协作的工匠精神。
②培养学生辩证看待问题的能力，具备国际视野和世界大同的博大胸怀。
③培养学生民族自豪感。

显微镜是微生物学实践和研究的重要工具，其种类很多。其中普通光学显微镜是最常用的一种，是进行微生物学研究不可缺少的工具之一。

**案例**

列文虎克是荷兰人，出生在一个非常穷苦的家庭里，在16岁那年，他到一家杂货店里当学徒。这家杂货店的近邻是一家眼镜店。列文虎克常常看到眼镜店的人磨镜片，他渐渐对镜片发生了兴趣。他一有时间就到眼镜店里观察磨制镜片，有时也试着磨一磨，这样就慢慢地掌握了磨镜片的技术。同时他也了解了什么样的镜片可以使人看的东西变大，什么样的镜片可以使人看远处的东西时看得真切。这让他产生了一个愿望，就是要制造一个能够放大物品的仪器，来观察肉眼看不到的小东西。经历了无数次的失败，最终一块质量完全合格的高精度镜片胜利地完成了。镜片的制作成功，使列文虎克完成了他所设想的仪器的最基本工作。他又把这高精度镜片装在了一块金属板上，还安上了调节镜片的螺旋杆。世界上第一台显微镜就这样诞生了。

由于这种仪器的极大成功，列文虎克成了显微镜发展史上最杰出的人物，从而开创了微生物学，打开了通向微观世界的大门。这表明了创新性在科学研究中的重要性。所以我们在今后的研究中，也要注意培养自身的创新性思维，为科学事业做出自己的贡献。

请问：

①显微镜的成像原理是什么？

②显微镜的结构都包括哪些？

## 实训一 普通光学显微镜的使用及维护

### 一、实训目的

①了解普通光学显微镜的构造、原理、维护及保养方法。

②掌握普通光学显微镜的基本使用方法。

③掌握油镜的使用方法。

普通光学显微镜的结构及原理

### 二、实训原理

#### （一）成像原理

普通光学显微镜成像的原理是将被检物体置于集光器与物镜之间，平行的光线自反射镜折射进入集光器，光线经过集光器穿过透明的物体进入物镜后，即在目镜的焦点平面（光阑部位或附近）形成一个初生倒置的实像。从初生实像射过来的光线，经过目镜的接目透镜而到达眼球。这时的光线已变成平行或接近平行，再透过眼球的水晶体时，便在视网膜后形成一个直立的实像。

## （二）显微镜的结构

光学显微镜的构造如图 2-1 所示，分光学系统和机械系统两部分。

> 考点提示：显微镜结构

### 1. 光学系统

显微镜的光学系统主要包括物镜、目镜、集光器、彩虹光阑、反光镜和光源等。

（1）物镜　统称为镜头，是在金属圆筒内装有许多块透镜而组成的。根据镜头和标本之间介质的性质不同，物镜可分为干燥系物镜和油浸系物镜。干燥系物镜指物镜和标本之间的介质是空气（折射率 $n$=1），包括低倍镜和高倍镜两种。油浸系物镜指物镜和标本之间的介质是一种和玻璃折射率（$n$=1.52）相近的香柏油（$n$=1.515），这种物镜也称为油镜。油镜的镜头上一般标有“HI”或“OI”的字样，镜头下缘刻有一黑圈。使用油镜时需将镜头浸在香柏油中，这是为了消除光由一种介质进入另一种介质时发生散射。

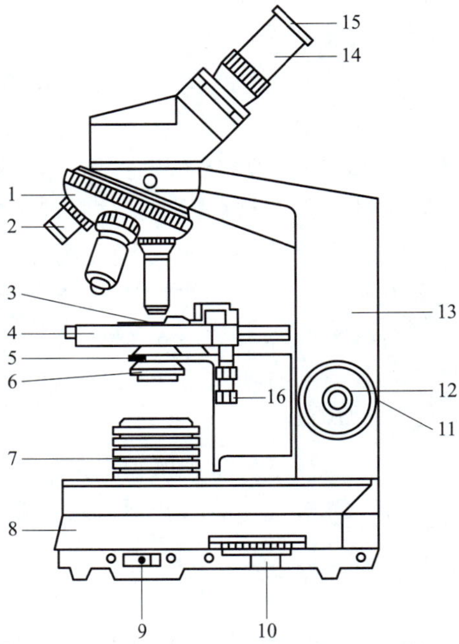


图 2-1　光学显微镜构造示意图

1—物镜转换器　2—物镜　3—游标卡尺　4—载物台　5—集光器　6—彩虹光阑　7—光源　8—镜座　9—电源开关　10—光源滑动变阻器　11—粗调螺旋　12—微调螺旋　13—镜臂　14—镜筒　15—目镜　16—标本移动螺旋

①放大倍数：物镜的放大倍数可由外形来辨别，镜头长度越短，口径越大，放大倍数越低（式 2-1）。物镜的放大倍数在都标在镜头上，常用的低倍镜为 10×、20×；高倍镜为 40×、45×；油镜为 90×、100×。

$$物镜的放大倍数 = 光学筒长 \div 物镜的焦距 \qquad (2-1)$$

物镜像方焦点到目镜物方焦点的距离，即物镜和目镜组合系统的光学间隔称为光学筒长，一般为 160mm。例如当物镜的焦距为 16mm，光学筒长为 160mm 时，它的放大倍数是 160/16=10。

②工作距离：工作距离是指观察标本最清晰时，物镜透镜的下表面与标

本之间（无盖玻片时）或与盖玻片之间的距离。物镜的放大倍数越大，工作距离越短。一般油镜的工作距离最短，约为0.2mm。因此，要求盖玻片的厚度为0.17 ~ 0.18mm，若盖玻片太厚，就不可能将被检物体聚焦，且易引起物镜的意外损伤。

③焦距：是指平行光线经过单一透镜后集中于一点，由这一点到透镜中心的距离。一般物镜的放大倍数越大，焦距越短。

④焦点深度：在视野中垂直范围内所能观察到清晰的物体界限，称为焦点深度。物镜放大倍数越大，焦点深度越浅。通常，焦点深度与显微照相有密切关系。

⑤镜口率：是物镜与标本介质折射率（$n$）和光的最大入射角 $\alpha$ 正弦的乘积，也称为数值口径，简称N.A。其计算公式如式（2–2）所示。

$$\mathrm{N.A}=n\cdot\sin(\alpha/2) \tag{2–2}$$

其中 $n$ 是物镜与标本间介质的折射率，干燥系物镜 $n$=1，使用油镜时，油浸系物镜与标本间的介质为香柏油（$n$=1.515）或液体石蜡（$n$=1.52），不仅能增加照明度，更主要的是增大数值口径，目前技术下最大的数值口径为1.4。$\alpha$ 是光线进入物镜的最大夹角，也称镜口角。油浸系物镜的镜口角为120°，因此镜口率最大也不超过1.31，只能分辨直径为0.2μm的物体。镜口率均标明在物镜的镜头上。

⑥分辨力：是指显微镜分辨被检物体细微结构的能力，也就是判别两个物体点之间最短距离的能力，分辨力以 $R$ 表示，若两个物体之间距离大于 $R$，可被这个物镜分辨；若距离小于 $R$ 时，就分辨不清了。所以，$R$ 越小，物镜的分辨力越高。分辨力的计算公式如式（2–3）所示：

$$R=\lambda/(2\mathrm{N.A})=\lambda/[2n\cdot\sin(\alpha/2)] \tag{2–3}$$

由上式可知，镜口率越大，物镜放大倍数越大，分辨力越强。如果射入的光线为单色绿光，其波长（$\lambda$）为0.55μm，代入公式后，则10×、40×、90×物镜的分辨力分别为1μm、0.42μm和0.22μm。因此，无论总的放大倍数多大，用普通光学显微镜是无法观察到小于0.2μm的物体的。用光学显微镜观察标本时，其波长不可能短于可见光的波长，因此必须依靠增大物镜的镜口率来提高显微镜的分辨力。

（2）目镜

①目镜的组成：也称接目镜，是由两块透镜组成的。上面的一块与眼接触，称为接目透镜；下面的一块靠近视野称为会聚透镜。在两块透镜中间，或在会聚透镜的下端装有一个用金属制成的光阑，物镜与会聚透镜就在这个光阑的面上成像，在这个光阑的面上还可以安装目镜测微尺。

②目镜的放大倍数：实验室中常用的目镜的放大倍数为10×、15×、20×。若10×的目镜与40×的物镜配合使用，显微镜的总放大倍数为400倍，一般用

40×10 来表示，即显微镜的物镜和目镜放大倍数的乘积（只有在能分辨的情况下，上述乘积才有效）。

（3）集光器　在较高级的显微镜的载物台下的次台上均装有集光器。集光器一般由 2 ～ 3 块透镜组成，作用是会聚从光源射来的光线，集合成光束，以增强照明光度，然后经过标本射入物镜中去。利用升降调节螺旋可以调节光线的强弱。

（4）彩虹光阑　在集光器下方装有彩虹光阑。彩虹光阑能连续且迅速改变口径，光阑越大，通过的光束越粗，光量越多。在用高倍物镜观察时，应开大光阑，使视野明亮；如果观察活体标本或未染色标本时，应缩小光阑，以增加物体明暗对比度，便于观察。有些显微镜的彩虹光阑下方装有滤光片支架，可以内外移动，以便安放滤光玻片。

（5）反光镜和光源　在显微镜最下方、镜座中央的底座内，装有灯泡，为显微镜的光源，目前显微镜一般都自身携带光源。而一些老式的显微镜需要采集外界光源，因此在镜座的中央装有反光镜。反光镜由凹、平两面圆形镜子组成，可以自由转动方向，将从外界光源来的光线送至集光器。在利用集光器时，通常用平面镜，因为集光器的构造最适于利用平行光，只有在照明条件较差或用油镜时，才用凹面镜。

**2. 机械系统**

显微镜的机械系统主要由镜座、镜臂、镜筒、物镜转换器、载物台和调焦装置等部分组成。

（1）镜座　是显微镜的基座，位于显微镜最底部，多呈马蹄形、三角形、圆形或丁字形。

（2）镜臂　是显微镜用以支持镜筒、载物台和照明装置的结构。对于镜筒能升降的显微镜，镜臂是活动的；对于镜台活动的显微镜，镜臂和镜座是固定的。

（3）镜筒　是连接目镜和物镜的金属空心圆筒，圆筒的上端可插入目镜，下端与物镜转换器相连。镜筒长度一般为 160mm。有的镜筒有分枝呈双筒，可同时装两个目镜。

（4）物镜转换器　在镜筒下端与螺纹口相接，是一个可以旋转的圆盘，其上装有 3 ～ 4 个不同放大倍数的物镜，可以随时转换物镜与相应的目镜构成一组光学系统。由于物镜长度的配合，镜头转换后仅需稍微调焦即可观察到清晰的物像。

（5）载物台　是放置被检标本的平台，中心部位有孔可透过光线。一般方形载物台上装有标本移动器装置，转动螺旋可使标本前后、左右移动。有的在移动器上装有游标尺，构成精密的平面直角坐标系，以便固定标本位置重复观察。

（6）调焦装置　在镜臂两侧装有使载物台或镜筒上下移动的调焦装置——微

调（也称细调）螺旋、粗调螺旋。一般粗调螺旋只用来粗调焦距，使用低倍物镜时，仅用粗调螺旋便可获得清晰的物像；当使用高倍镜和油镜时，用粗调螺旋找到物像，再用微调螺旋调节焦距，才能获得清晰的物像。微调螺旋每转一圈，载物台上升或下降 0.1mm。因此，微调螺旋只在用粗调螺旋找到物像后，使其获得清晰物像时使用。

### （三）显微镜的维护和保养要点

显微镜是贵重精密的光学仪器，正确的使用、维护与保养，不但观察物体清晰，而且能延长显微镜的使用寿命。

（1）显微镜应放在通风干燥的地方，避免阳光直射或曝晒，通常用玻璃罩或红、黑两层布罩罩起来，放入箱内。为避免受潮，在箱内放有用小袋装的干燥剂，如氯化钙或硅胶，以便吸收水分。要经常更换干燥剂。

（2）显微镜要避免与酸、碱和易挥发的、具腐蚀性的化学试剂等放在一起。

（3）接目镜和接物镜必须保持清洁，如有灰尘应该用擦镜纸揩去，不得用布或其他物品擦拭。

（4）使用油镜观察后，应先用擦镜纸将镜头上的油擦去，再用蘸有少许二甲苯的擦镜纸擦 2 ~ 3 次，最后用干净的擦镜纸将二甲苯擦去，二甲苯用量不能太多，这是因为物镜的几块透镜是用树胶黏合在一起的，一旦树胶溶解，透镜将脱落。

（5）显微镜应防止振动，否则会造成光学系统光轴的偏差从而影响精度，从箱内取出或放入显微镜时，应一手提镜臂，一只手托镜座，防止目镜从镜筒中滑出。

（6）粗、细调节螺旋和标本推进器等机械系统要灵活，如不灵活可在滑动部分滴加少许润滑油。

（7）显微镜用后，需将物镜转成“八”字形，勿使物镜镜头与集光器相对放置，同时将物镜降至载物台或将载物台提升以缩短物镜和载物台之间的距离，避免因镜筒脱落或操作不小心，损坏物镜和集光器。

（8）显微镜观察时以左眼为宜，但两眼务必同时睁开，否则易产生疲劳。一般是左眼观察，右眼睁开，同时绘图。

（9）镜检时，首先提升载物台或降低物镜，使载片标本和物镜接近，之后将眼睛移至目镜观察，此时只允许降低载物台或提升物镜，以免物镜与载片相撞。为了快速找到物像，先用低倍镜观察，因为低倍镜视野大，易发现目的物和找到物像，再转换为高倍镜或油镜，由于物镜转换器上的多个物镜共焦点，因此物镜转换只要使用微调就能获得清晰图像。但此时需将集光器上升或开大光圈，以获得合适亮度。

## 三、实训材料及仪器

枯草芽孢杆菌染色标本片，显微镜，香柏油，二甲苯，擦镜纸，吸水纸，无菌水等。

## 四、实训方法、步骤及要求

**1. 显微镜放置**

显微镜应放在身体的正前方，镜臂靠近身体一侧，镜身向前，镜与桌边相距 3cm 左右。

技能要求：科学严谨

**2. 选择物镜**

转动物镜转换器，将低倍镜（10×）转动到和光路对准的位置。

**3. 调节光源**

打开光源，通过底座上的光强度调节开关来调节光的强度。如果光源太亮，而且发射的光谱中有较多刺眼的红光，可根据情况选用滤光片，以减弱光的强度。

**4. 调节集光器和物镜数值口径相一致**

取下目镜，直接向镜筒内观察，先将可变光阑缩到最小，再慢慢打开，使集光器的孔径与视野恰好一样大。其目的是使入射光所展开的角度正好与物镜的镜口角一致，以充分发挥物镜的分辨力，并把超过物镜所能接受的多余光挡掉，否则会影响清晰度。在实际操作中，观察者往往只根据视野亮度和标本明暗对比度来调节可变光阑的大小，而不考虑集光器与所用物镜的数值口径的一致。只要能达到较好的效果，这种调节方法也是可取的，但对使用显微镜而言，必须了解这一操作的目的和原理，只有这样，当需要采用这一正规操作时，才能运用自如。

**5. 放置标本片**

降低载物台，将标本片放在镜台上，用玻片夹夹牢，然后提升载物台，使物镜下端接近标本片。

**6. 调焦**

双眼移向目镜，提升粗调节螺旋，当发现模糊的物像时，可以调节细螺旋（微调），使物像清晰为止。如发现视野太亮，切勿随意变动可变光阑，但可调节光的强度，或上下调节集光器。

**7. 观察**

左眼观察显微镜，右眼睁开同时绘图。并在所绘图下标注放大倍数，一般以“物镜的放大倍数 × 目镜的放大倍数”表示。

低倍镜观察后，转动物镜转换器，换用高倍镜观察（注意：无需专门升降载物台，而应直接旋动物镜转换器换用高倍镜即可看到模糊物像），这时只用轻轻调节微调就可观察到清晰的物像。进行观察和绘图。

**8. 油镜的使用**

（1）滴加镜油　转动粗调螺旋，使镜台下降（或使镜筒上升），在染色标本处滴加 1 ~ 2 滴香柏油。

（2）转换油镜　转动物镜转换器，把油镜置镜筒下方。

（3）调焦　转动粗调螺旋，使镜台上升（或镜筒下降），让镜头的前端浸入镜油中。操作时要从侧面仔细观察，只能让镜头浸入镜油中紧贴着标本而避免让镜头撞击载玻片，导致玻片和镜头损坏。然后在目镜下进行观察，并缓慢地转动粗调螺旋使镜台下降（或使镜筒上升）即可看到物像，再转动微调螺旋使物像清晰。

转动粗调螺旋使镜台下降（或使镜筒上升）时，若油镜已离开油滴，必须重新进行上述调焦操作。不得边用左眼在目镜上观察，边转动粗调螺旋使镜台上升（或镜筒下降），这样易使镜头撞击载玻片，损坏标本和镜头。

（4）调节孔径光阑和视场光阑　把孔径光阑开到最大，使与油镜的数值口径相匹配。通过调节视场光或照明度控制钮，选择合适的照明。

**9. 用后的处理**

下降载物台，取下标本；用擦镜纸擦目镜和物镜，并用柔软的绸布擦拭机械部分；油镜使用完毕后，先用擦镜纸揩去香柏油，再用另一张蘸有少许二甲苯的擦镜纸去除残留的香柏油之后，用干净的擦镜纸揩干；最后将物镜转成“八”字形，再将载物台提升到最高处。

## 五、实训报告

完成实训任务后，可填写实训报告表，如表 2–1 所示。

**表 2–1　　普通光学显微镜的使用及维护实训报告**

| | |
|---|---|
| 实训内容 | 显微镜的使用与维护 |
| 实训任务 | 用给定显微镜进行微生物观察，并绘出微生物形态 |
| 实训要求 | ①能熟练使用显微镜（干燥系、油浸系）看到清晰物象<br>②学会显微镜保养 |
| 实训引导 | ①显微镜机械结构有哪些，各有什么作用？<br>②显微镜光学结构有哪些，各有什么作用？<br>③影响显微镜分辨力的因素有哪些？<br>④名词解释：工作距离、焦距、焦点深度、镜口率、分辨力<br>⑤应如何根据所观察的微生物大小，选择不同的物镜进行有效的观察？<br>⑥使用油镜观察时应注意哪些问题？在载玻片与镜头之间滴加什么油？起什么作用？<br>⑦为什么要求制片完全干燥后才能用油镜观察？<br>⑧怎样进行显微镜的维护和保养？ |

续表

| | | |
|---|---|---|
| 实训方案 | 仪器、设备 | |
| | 试剂及其他 | |
| | 实训要求工作条件 | |
| | 操作步骤及注意事项 | |
| 实训评价 | 小组评价： | 教师评价： |

## 实训二 常见细菌形态观察

细菌是一类个体微小、形态简单、有坚韧细胞壁、以二分裂法繁殖和水生性较强的单细胞原核微生物。

细菌的细胞结构在原核生物中具有代表性，是微生物的一大类群，在自然界分布极广、种类很多，与人类生产和生活的关系也十分密切，因此是微生物学的主要研究对象之一。

细菌的形态结构

### 案例

1810年肖邦生于波兰，正好赶上了欧洲结核病流行。他6岁开始学钢琴，17岁时已经是华沙的首席钢琴师和天才作曲家。他的作品有的充满激情，有的富有诗意，具有鲜明的民族特色和独特个性，对近现代的音乐发展产生了很大的影响。肖邦从25岁开始，反复受到结核病的摧残。他身体虚弱，咳嗽不断，还因罹患肺结核遭到排挤。在1848年的一场演奏会接近尾声时，肖邦终因身体极度衰弱而倒下，他咳出的鲜血染红了琴键。肖邦的病情已十分严重，结核菌几乎彻底摧毁了他的肺、耗尽了他的体力，没多久，他就完全卧床不起了。次年10月17日，肖邦在一长串的咳嗽声中离开了人世，那年他才39岁。

请问：

①结核病是由哪种细菌感染导致的？

②这种细菌的形态是什么？除此之外细菌还有哪些基本形态？

### 一、实训目的

①进一步熟悉显微镜的使用。

②进一步熟悉油镜使用和显微镜的清洁与维护方法。

③认识常见细菌的个体形态。

④认识常见细菌的菌落形态。

⑤认识细菌的荚膜、鞭毛、芽孢。

## 二、实训原理

细菌的形态，依不同的菌种、不同的生活环境而有所不同。总的来讲，可以分为个体形态和群体形态两大部分，而在个体形态中则又包括了正常形态和异常形态。

### （一）个体形态

细菌是单细胞的原核微生物，能够独立地进行生活，体形较小，通常能在放大 1000 倍左右的普通光学显微镜或电子显微镜下观察。其个体形态反映的是单个微生物的形状、排列方式和大小。

**1. 正常形态**

> 考点提示：细菌的基本形态

正常形态是指细菌在适宜的条件下所呈现的形态。虽然细菌的种类繁多，但基本形状有三种：球状、杆状、螺旋状，分别被称为：球菌、杆菌、螺旋菌。

（1）球菌的形态和排列方式　细胞呈球形或椭圆形的细菌称球菌。它们中的许多种，在分裂后产生的新细胞常保持一定的空间排列方式，在分类鉴定上有重要意义。根据它们相互联结形成的排列形式可以分为单球菌、双球菌、链球菌、四联球菌、八叠球菌、葡萄球菌等（图 2-2）。

①单球菌：分裂后的细胞呈单个分散存在，如尿素小球菌。

②双球菌：细胞沿一个平面分裂，新个体成对排列，如肺炎双球菌。

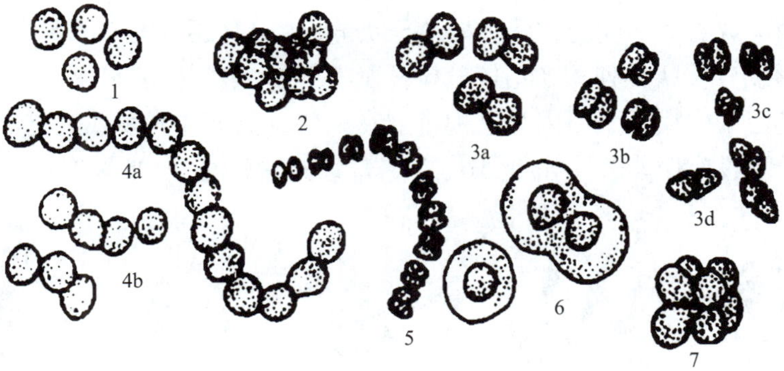


图 2-2　球菌的各种形态及排列方式

1—球菌　2—葡萄球菌　3（a ~ d）—双球菌　4（a，b）—链球菌
5—含有双球菌的链球菌　6—具有荚膜的球菌　7—八叠球菌

③四联球菌：细胞分裂沿两个互相垂直的平面进行，分裂后四个细胞特征性地连在一起，呈田字形排列，如四联微球菌。

④八叠球菌：细胞沿着三个互相垂直的方面进行分裂，分裂后每八个细胞特征性地叠在一起呈一立方体排列，如尿素八叠球菌。

⑤链球菌：细胞沿一个平面分裂，新个体不但可保持成对的样子，并可连成链状。如溶血链球菌、乳链球菌。链的长短往往具特征性，例如乳链球菌每 2 ~ 3 个细胞形成一串，而无乳链球菌则可形成很长的链。

⑥葡萄球菌：细胞无定向分裂，多次分裂后个体形成一个不规则的群集，排列犹如一串葡萄，如金黄色葡萄球菌、白色葡萄球菌。

需要注意的是，上述排列是细菌种的特征，但是，一定种的全部细胞，不一定都按照一种方式排列，例如不论在哪种类型的球菌培养物中，都能经常看到游离的个体。因此，只有占优势的排列方式才是重要的。

（2）杆菌的形态和排列方式　杆菌呈现的形态较多样化，但总体上细胞呈杆状或圆柱形。

各种杆菌的长度与直径比例差异很大，有的短粗，有的细长。根据杆菌的长短不同，可以分为长杆菌（长宽相差较大，如枯草芽孢杆菌）、短杆菌或球杆菌（长宽非常接近，如甲烷短杆菌属）。一般来说，同一种杆菌其粗细比较稳定，而长度则经常因培养时间、培养条件不同而有较大变化；根据菌体某个部位是否膨大，可以分为棒状杆菌（菌体一端膨大，如北京棒状杆菌）和梭状杆菌（菌体中间膨大，如丙酮丁醇梭菌）；根据芽孢的有无，可以分为无芽孢杆菌（如大肠杆菌）和芽孢杆菌（如枯草芽孢杆菌）；从弯曲程度来说，有的杆菌很直，有的稍弯曲而呈月亮状或弧状（如脱硫弧菌属）；杆菌的两端（菌端）也是分类的依据之一，多数菌体两端钝圆（如蜡状芽孢杆菌），只有少数是平截的（如炭疽芽孢杆菌）；有的杆菌在一端分支，故呈“丫”或叉状（如双歧杆菌属）。

从分裂方式看，杆菌细胞常沿一个平面分裂，大多数菌体是单独分散存在的，也有的杆菌呈现长短不同的链状（如念珠状链杆菌），还有的一个紧挨一个呈栅栏状或八字形或分枝状排列（如结核分枝杆菌）。对大多数杆菌来说，其细胞排列方式在分类鉴定中作用不大，因为这种排列在一些情况下并非表现的是形态学特征，而是由生长阶段或培养条件等原因造成。杆菌的形状和排列如图 2-3 所示。

图 2-3　杆菌的形态

杆菌是细菌中种类最多的。工农业生产中所用的细菌大多是杆菌，如生产发酵乳制品的保加利亚乳杆菌，生产谷氨酸的北京棒状杆菌，生产食醋用的醋酸杆菌等。但杆菌中也有不少是引起食品腐败变质的腐败菌或引起人类疾病的致病菌，如伤寒沙门氏菌等。

（3）螺旋菌的形态　细胞呈弯曲杆状的细菌统称螺旋菌。螺旋形细菌细胞壁坚韧，菌体较硬，常以单细胞分散存在。不同种的细胞个体，在长度、螺旋数目和螺距等方面有显著区别，据此可再分为弧菌与螺旋菌两种状态：

①弧菌：菌体只有一个弯曲，程度不足一圈的称为弧菌。形状犹如“C”字，或似逗号，例如霍乱弧菌，又名逗号弧菌，这类菌往往与一些略弯曲的杆菌很难区分。

②螺旋菌：菌体弯曲度大于一周呈螺旋状的称为螺旋菌，例如红色螺旋菌。螺旋数目和螺距大小因种而异。有的菌体较短，螺旋紧密；有些很长，并呈现较多的螺旋和弯曲。在观察形态时，应特别注意螺旋菌的细胞形态、旋转或波纹的数目以及细胞长度。

弧菌与螺旋菌区别的显著特征为前者往往是偏端单生鞭毛或丛生鞭毛，而后者往往两端都有鞭毛。

值得注意的是，螺旋菌与螺旋体的生物在形态上很相似，螺旋体也是一类原核微生物，但不是细菌。

弧菌与螺旋菌形态如图 2–4 所示。

图 2–4　螺旋菌的形态

（4）一些特殊形态细菌的介绍　除球菌、杆菌和螺旋菌这三种细菌的基本形态外，细菌还有以下几类特殊形态，例如，柄细菌细胞呈杆状、梭状或弧状。在细胞的一端有鞭毛，另一端有一特征性的细柄，可附着在基质上。再如鞘细菌或称衣细菌，是多个成链的杆状细胞包围在一个共同的鞘套中，形成不分枝的丝状体。有些类群的鞘套中还有铁的氧化物，如多孢锈铁菌。此外还有人从盐场的晒盐池中分离出一种特殊的近于正方形的细菌。

**2. 异常形态**

细菌的形态明显地会受环境条件的影响，如培养温度、培养时间、培养基的组成与浓度等发生改变，均可能引起细菌形态的改变。这些受环境因素影响改变后的不整齐、不规则的形态统称为异常形态。一般处于幼龄阶段和生长条件适宜时，细菌形态正常、整齐，表现出特定的形态。而在较老的培养物中，或不适宜的条件下，细胞常出现不正常形态，尤其是杆菌，有的细胞膨大，有的出现梨形，有的产生分枝，有时菌体显著伸长以至呈丝状等。

依其生理机能的不同，可将异常形态区分为畸形和衰颓形两种。

（1）畸形　由于受某些化学或物理因素的刺激，阻碍了细胞的正常发育而引起的形态异常变化。例如巴氏醋酸杆菌通常为短杆状，由于培养温度改变则可使之造成的形态异常，变为纺锤状、丝状或链锁状（图 2–5）。

（2）衰颓形　由于培养时间过长，菌体衰老，营养缺乏，或因自身代谢产物积累过多等原因而造成的形态异常。这种细胞繁殖能力丧失，形体膨大，形成液泡，着色力弱。有时菌体尚存，实已死亡了。例如乳酪芽孢杆菌，正常形态为长杆状，衰老时则成为分枝状、无繁殖能力的衰颓形（图 2–6）。

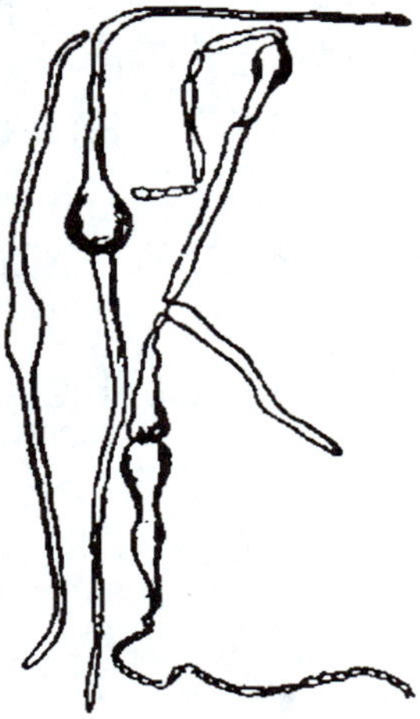

图 2–5　巴氏醋酸杆菌的异常形态

图 2–6　乳酪芽孢杆菌的异常形态

需要指出的是上述原因导致的形态异常往往是暂时的，如将它们转移到新鲜培养基中或适宜的培养条件下又可恢复原来的正常形态。因此，在观察比较细菌形态时，必须注意因培养条件的变化而引起的形态变化。

### （二）群体形态

细菌的群体形态主要指的是固体培养基上形成的菌落和一些其他培养条件下（如液体中）的生长行为。

**1. 菌落特征**

> 考点提示：菌落的概念及细菌菌落特征

（1）菌落和菌苔　如果把单个细菌细胞接种到适合的固体培养基中，然后给予合适的培养条件，使其迅速的生长繁殖，结果形成肉眼可见的细菌细胞群体，我们把这个群体称菌落。如果把大量分散的纯种细胞密集地接种在固体培养基表面上，结果长出的大量菌落相互连成一片，这就是菌苔。菌落在微生物学中，主要用于微生物的分离、纯化、鉴定、计数等研究和菌种选育等工作。

（2）细菌的菌落特征　各种细菌在标准培养条件下形成的菌落具有一定的特征（图 2–7）。

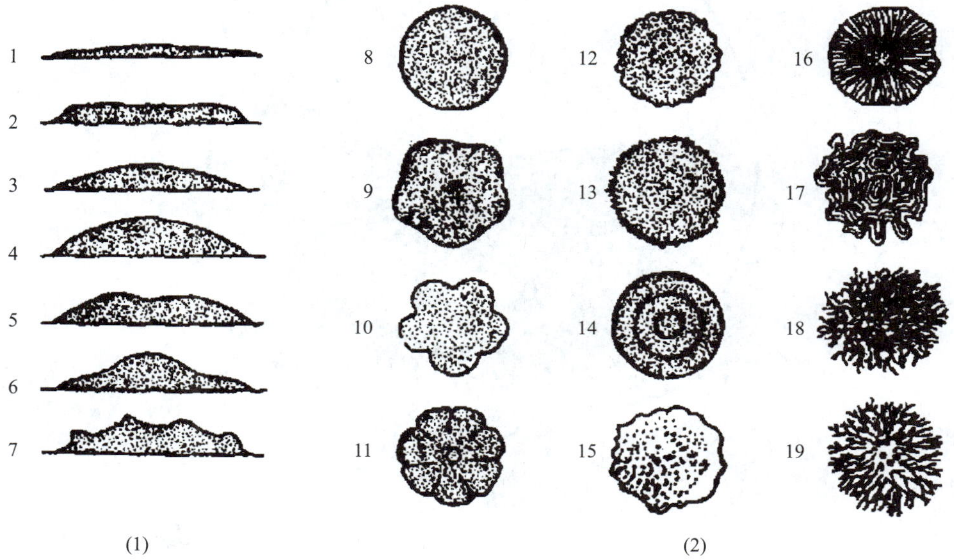


图 2–7　细菌的菌落特征

（1）侧面观：1—扁平　2—隆起　3—低凸起　4—高凸起　5—脐状　6—草帽状　7—乳头状

（2）正面观（表面结构、形态和边缘）：8—圆形、边缘完整　9—不规则、边缘波浪　10—不规则、颗粒状、边缘叶状　11—规则、放射状、边缘叶状　12—规则、边缘扇边状　13—规则、边缘齿状　14—规则、有同心环、边缘完整　15—不规则、毛毯状　16—规则、菌丝状　17—不规则、卷发状　18—不规则、丝状　19—不规则、根状

菌落特征包括菌落大小、形状（圆形、假根状、不规则状等）、边缘情况（整齐、波状、裂叶状、锯齿状等）、隆起情况（扩展、台状、低凸、凸面、乳头状等）、光泽（闪光、金属光泽、无光泽）、表面状态（光滑、皱褶、颗粒状、同心环、龟裂状）颜色、质地（油脂状、膜状、黏、脆等）、硬度、透明度等，这对菌种识别和鉴定具有一定意义。图 2–8 是菌落形态标准化描述的模式。

细菌的菌落一般较小，较薄，较有细腻感，较湿润、黏稠，易挑起，质地均匀，菌落各部位的颜色一致等。但也有的细菌形成的菌落表面粗糙、有褶皱感等特征。

**2. 其他培养特征**

培养特征除了菌落外，还包括在软琼脂穿刺培养中的生长特征、在明胶穿刺培养中的生长特征、在琼脂斜面上划线培养特征和在肉汤表面的生长特征。

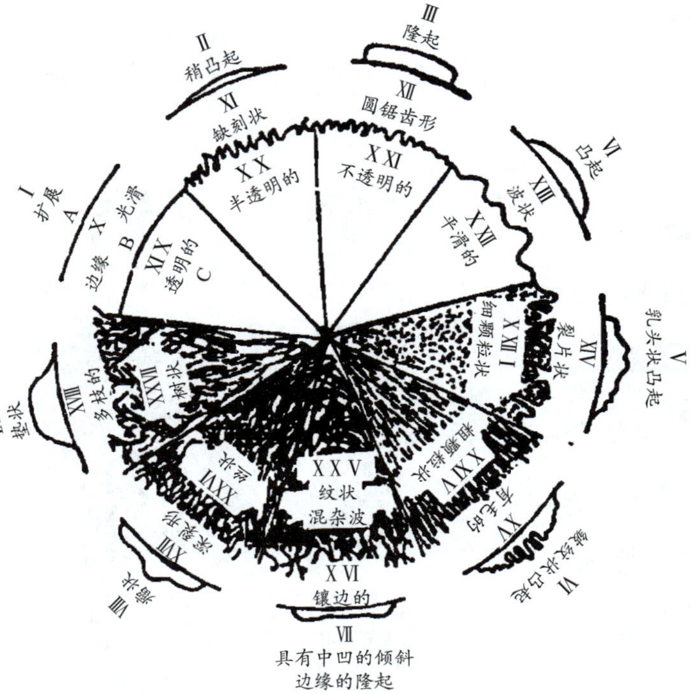


图 2-8　菌落形态标准化描述模式

在软琼脂培养基上进行穿刺培养主要是为了鉴定细菌的运动特征。因为不能运动的细菌只能沿穿刺线部分生长，而能运动的细菌则向穿刺四周扩散生长。各种细菌的运动扩散形状是不同的。

细菌若能在明胶培养基中生长繁殖，则说明它能产生明胶酶（即蛋白酶）水解明胶。明胶被水解后会形成一定形状的溶解区。

在肉汤中培养细菌是为了观察其液体培养特征。一般培养 1 ~ 3d 后可以观察其表面（膜和环等）的生长情况、浑浊程度、沉淀情况、有无气泡和颜色等。

在琼脂斜面上划线培养一般要在 2 ~ 5d 后观察。每种细菌的培养特征也不同。

### （三）细菌细胞的特殊结构

细菌细胞具有典型的原核生物细胞结构，具体可以参见“项目二实训二”中细菌细胞的一般结构内容。除此之外，有些细菌细胞还具有独有的特殊结构。

> 考点提示：细菌细胞的特殊形态

细菌细胞特殊结构包括：荚膜、鞭毛、芽孢等，对于细菌的分类鉴定有重要意义。

**1. 荚膜**

有些细菌生活在一定营养条件下，可向细胞壁表面分泌一层松散透明、黏度极大、黏液状或胶质状的物质，即荚膜。由于其折射率很低，不易着色，必须用特殊的荚膜染色法（如负染色法），才可在光学显微镜下看见。

根据荚膜在细胞表面存在的状况，可以分为以下四类：

（1）荚膜　细菌表面分泌的具一定外形、厚约 200nm 胶质状或黏液状物质，而且相对稳定地附着于细胞壁外者，称为荚膜或大荚膜。与细胞结合力较差，通过液体振荡培养或离心便可得到荚膜物质。

（2）微荚膜　如果这种胶质状物质的厚度在 200nm 以下者称为微荚膜。它与细胞表面结合较紧，光学显微镜不能看见，但可采用血清学方法证明其存在。微荚膜易被胰蛋白质酶消化。

（3）黏液层　没有明显边缘，又比荚膜疏松，而且向周围环境扩散，并增加培养基黏度，这种类型的黏性物质层称为黏液层。

（4）菌胶团　荚膜物质互相融合，连为一体，组成一个细菌群体共用的荚膜，多个菌体包含其中，称为“菌胶团”。如肠膜明串珠菌，在蔗糖液中串生，并在其外形成一个共同的厚的荚膜。细菌的荚膜及菌胶团如图 2–9 所示。

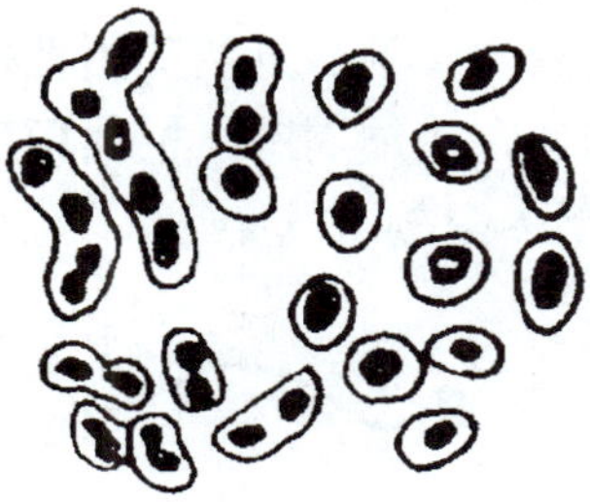

（1）细菌的荚膜

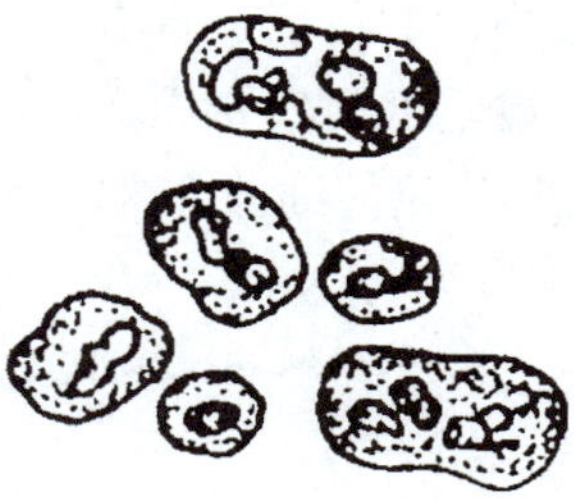

（2）细菌的菌胶团

图 2–9　细菌的荚膜及菌胶团

产荚膜细菌由于有黏液物质，在固体琼脂培养基上形成的菌落，表面湿润、有光泽、黏状液，称为光滑（S）型菌落。而无荚膜细菌形成的菌落，表面干燥、粗糙，称为粗糙（R）型菌落。产荚膜菌体常常可突变为无荚膜菌体，被称为 S 型向 R 型转化。

荚膜的化学组成因菌种而异，主要是多糖，有的也含有多肽、蛋白、脂，以及由它们组成的复合物——脂多糖、脂蛋白等。

能否产生荚膜是微生物的一种遗传特性，种的特征，可用于菌种的鉴定，但并非细胞绝对必要的结构，失去荚膜的变异株同样正常生长。而且即使用特异性水解荚膜物质的酶处理，也不杀死细胞。其形成与环境条件密切相关，如肠膜明串珠菌，只有在含糖量高、含氮量低时才形成荚膜；大肠杆菌需在丰富的碳水化合物和较低温度条件下才能形成。另外，产荚膜细菌也不是在整个生活期内都能形成荚膜，如某些链球菌，早期形成，后期消失；肺炎双球菌缓慢生长时才能形成。

荚膜具有以下功能：①保护细菌免受干旱损伤，对一些致病菌来说，则可保护它们免受宿主白细胞的吞噬；②贮藏养料，以备营养缺乏时重新利用；③堆积某些代谢废物；④通过荚膜或其有关构造可使菌体附着于适当的物体表面；⑤荚膜还与某些病原菌的致病性有关。

**2. 鞭毛**

鞭毛是某些细菌表面生长的一种纤长而呈波浪形弯曲的丝状物。起源于细胞膜内侧的基粒上，穿过细胞膜和壁而伸到外部。数目不一，从 1 ~ 2 根到数百根。鞭毛的直径很细，只有 10 ~ 20nm，而其长度一般为 3 ~ 20μm，最长可达 70μm，可超过菌体长度数倍到数十倍，约占菌体干重的 1%。用电子显微镜、鞭毛特殊染色技术或暗视野可观察到鞭毛的存在。此外，通过观察细菌在水浸片或悬滴标本中的运动情况，生长在平板的菌落形状以及半固体琼脂穿刺法也可以判断鞭毛的有无。

除尿素八叠球菌外，大多数球菌不生鞭毛；杆菌中有的生鞭毛，有的不具鞭毛；螺旋菌和弧菌一般都生鞭毛。

具有鞭毛的细菌其鞭毛数目和在细胞表面分布因种不同而有所差异，其着生的位置和数目是种的特征，具有分类鉴定的意义。例如革兰氏阴性杆菌中的假单胞菌属具端生鞭毛，而埃希氏菌属的鞭毛着生在菌体周围。根据鞭毛的数目和着生情况，可将具鞭毛的细菌分为以下几种类型（图 2–10）。

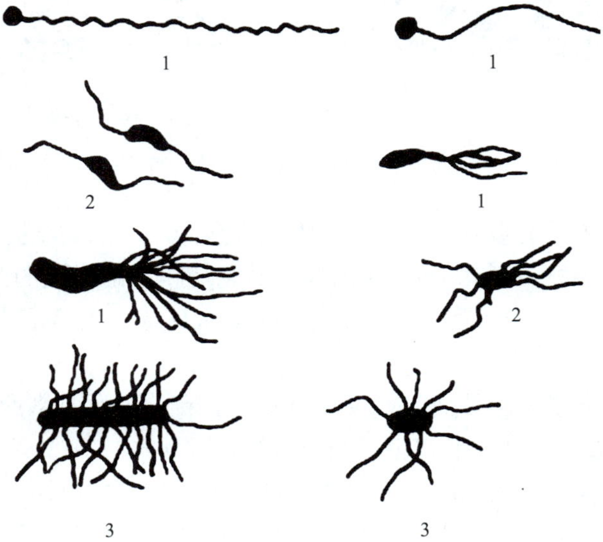


图 2–10　细菌的鞭毛类型

1—单生鞭毛　2—丛生鞭毛　3—周生鞭毛

（1）单生鞭毛菌　包括：偏端单生鞭毛菌——在菌体的一端只生一根鞭毛，如霍乱弧菌、荧光假单胞菌；两端单生鞭毛菌——在菌体两端各具一根鞭毛，如鼠兄咬热螺旋体。

（2）丛生鞭毛菌　包括：偏端丛生鞭毛菌——菌体一端生一束鞭毛，如铜绿假单胞菌、产碱杆菌；两端丛生鞭毛菌——在菌体两端各有丛生鞭毛，如红色螺菌。

（3）周生鞭毛菌　周身都生有鞭毛，如大肠杆菌、枯草杆菌等。

鞭毛的化学成分主要为鞭毛蛋白，有的还含有少量多糖以及类脂、RNA、DNA等，它是一种很好的抗原物质。各种细菌的鞭毛蛋白质由于氨基酸组成不同导致抗原性质上的差别，可通过血清学反应进行细菌分类鉴定。

鞭毛是细菌的运动器官，有鞭毛的细菌具有很高的运动速度，一般每秒可移动20 ~ 80μm。单毛菌和丛毛菌多做直线运动，运动速度快；周毛菌的运动速度缓慢，多做翻转运动。依赖鞭毛的运动称为真性运动；不具鞭毛的无规则的翻动称为布朗运动。衰老的细胞或在不良条件下，菌体常会失去鞭毛。所有弧菌、螺菌和假单胞菌，约半数杆菌和少数球菌具有鞭毛。

**3. 芽孢**

某些细菌，在其生长的一定阶段，菌体细胞原生质浓缩，在细胞内形成一个圆形、椭圆形或圆柱形的结构，对不良环境条件具有较强抗性的休眠体，即称芽孢。

芽孢的代谢活性很低，对干燥、热、化学药物（酸类和染料）和辐射等具有高度抗性。例如，很难觅到生物的沙漠中有大量枯草芽孢杆菌和巨大芽孢杆菌的芽孢。肉毒梭菌在100℃沸水中要5.0 ~ 9.5h才被杀死，121℃下也要10min才能杀死。芽孢的抗紫外线的能力，一般要比其营养细胞强一倍。

一个营养细胞内只能形成一个芽孢，而一个芽孢也只产生一个营养体，因此芽孢仅仅是芽孢细菌生活史中的一个环节，是细菌的休眠体，而不是一种繁殖方式，我们把菌体在未形成芽孢之前的状态称繁殖体或营养体。

芽孢形成的位置、形状、大小因菌种而异，在分类鉴定上有一定意义。例如巨大芽孢杆菌、枯草芽孢杆菌、炭疽芽孢杆菌等的芽孢位于菌体中央，卵圆形，比菌体小；丁酸梭菌等的芽孢位于菌体中央，椭圆形，直径比菌体大，孢子囊两头小中间大而呈梭形；可破伤风梭菌的芽孢却位于菌体一端，正圆形，直径比菌体大，孢子囊呈鼓槌状。具体形状如图2-11所示。

芽孢具有厚而致密的壁，不易着色。在相差显微镜下呈现折光性很强的小体；用芽孢染色法染色后，普通光学显微镜下也可看见。

对细菌芽孢的深入研究的理论和实践意义：①芽孢是细菌分类鉴定的重要形态特征之一。②芽孢是灭菌标准的主要依据。主要是以杀灭肉毒梭菌、破伤风梭菌、产气荚膜梭菌和嗜热脂肪芽孢杆菌等强致病性或高耐热性细菌的芽孢为

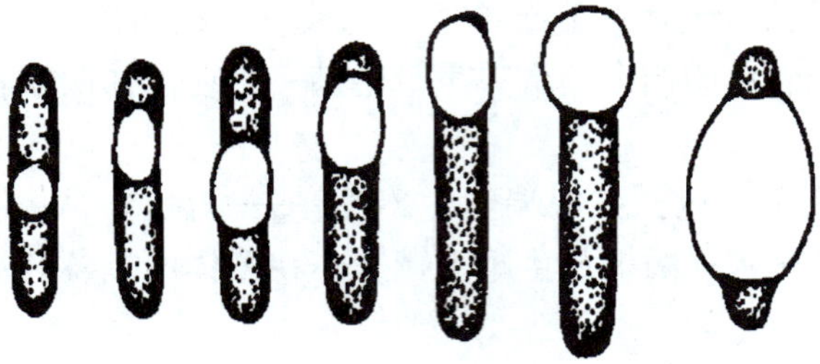

图 2-11 细菌芽孢的各种类型

标准的。肉毒梭菌的芽孢在 pH7.0 时，121℃需要 10min 才能杀死，所以一般非酸性罐头食品，工厂需 121℃灭菌 20 ~ 70min。嗜热脂肪芽孢杆菌的芽孢，121℃、12min 才能杀死，因此规定湿热灭菌在 121℃下至少 15min 才能算是达到无菌要求。③有些产芽孢细菌可伴随产生有用的产物，例如抗生素短杆菌肽、杆菌肽等。

## 三、实训材料及仪器

技能要求：精益求精

**1. 普通光学显微镜**

**2. 实验材料**

香柏油、二甲苯、擦镜纸、吸水纸、无菌水、绘图纸、笔等。

**3. 样本材料**

（1）各类球菌不同排列方式标本片　尿素小球菌染色标本片、肺炎双球菌革兰染色标本片、四联微球菌革兰染色标本片、尿素八叠球菌革兰染色标本片、乳链球菌革兰染色标本片、金黄色葡萄球菌革兰染色标本片。

（2）各类杆菌不同排列方式标本片　枯草芽孢杆菌革兰染色标本片、大肠杆菌革兰染色标本片、枯草芽孢杆菌革兰染色混合制片涂片、结核分枝杆菌染色标本片、双歧杆菌革兰染色标本片、念珠状链杆菌染色标本片、北京棒状杆菌染色标本片、丙酮丁醇梭菌染色标本片。

（3）几种不同螺旋菌标本片　霍乱弧菌革兰染色标本片、红色螺旋菌染色标本片。

（4）细菌特殊结构观察标本片　伤寒杆菌鞭毛染色片、肺炎双球菌荚膜染色片、破伤风梭菌芽孢染色片。

（5）细菌群体形态观察样本　培养 18 ~ 24h 大肠杆菌营养琼脂平板划线菌落、培养 18 ~ 24h 枯草芽孢杆菌营养琼脂平板划线菌落。

## 四、实训内容、步骤及要求

具体内容如表 2-2 所示，其中部分请参见“项目二实训一”相关内容。

表 2-2　　常见细菌形态观察实训内容、步骤及要求

| 操作步骤 | 操作要点 | 评价标准 |
| --- | --- | --- |
| 准备工作 | 准备好所用工具、标本片等 | 准备齐全摆放合理 |
| 观察球菌标本片 | 观察不同种类球菌标本片：单球菌、双球菌、四联球菌、八叠球菌、链球菌、葡萄球菌 | 显微镜使用正确<br>排列方式观察结果正确 |
| 观察杆菌标本片 | 革兰氏染色标本片、分枝、分叉、链状排列、一端或中间膨大 | 显微镜使用正确<br>排列方式观察结果正确 |
| 观察螺旋菌标本片 | 霍乱弧菌与红色螺旋菌染色标本片 | 正确区分螺菌与弧菌 |
| 群体形态初步观察 | 比较大肠杆菌培养物与枯草芽孢杆菌培养物的群体形态外观 | 能够清楚二者群体形态表观上明显的不同点 |
| 显微镜下观察 | 进一步了解菌落特征描述中要点性内容（大小，形状，隆起形状，边缘情况，表面状态，表面光泽，质地，颜色，透明程度等） | 加深理解、描述要点符合实际 |
| 观察鞭毛、荚膜、芽孢 | 观察伤寒杆菌鞭毛染色片、肺炎双球菌荚膜染色片、破伤风梭菌芽孢染色片 | 描述正确、详细 |
| 用后处理 | 镜头擦拭<br>显微镜归位还原<br>实验台面整理 | 操作熟练、正确 |

## 五、实训报告

完成实训任务后，可填写实训报告表，如表 2-3 所示。

表 2-3　　常见细菌形态观察实训报告

| | |
| --- | --- |
| 实训内容 | 细菌形态观察 |
| 实训任务 | 对给定细菌进行个体和群体形态观察，并进行形态描述 |
| 实训要求 | ①能熟练使用显微镜<br>②学会观察、绘制和描述细菌的个体形态和排列方式<br>③学会观察、绘制和描述细菌的群体形态<br>④认识并绘制细菌特殊结构（荚膜、鞭毛、芽孢） |
| 实训引导 | ①哪些微生物被称为细菌？<br>②细菌的正常形态有哪些？<br>③常见的球菌有几种排列方式？<br>④杆菌有哪些种类，常见的排列方式有哪些？<br>⑤螺旋菌有哪几种？<br>⑥什么是细菌的异常形态？依生理机能的不同异常形态如何分类？ |

续表

| | | |
|---|---|---|
| 实训引导 | ⑦什么叫菌落和菌苔？<br>⑧一般从哪些方面描述菌落特征？<br>⑨细菌的菌落特征是怎样的？<br>⑩什么是鞭毛？其主要作用是什么？<br>⑪鞭毛菌可分为哪几类？<br>⑫什么叫荚膜？分为几种形式？<br>⑬荚膜的生理作用是什么？<br>⑭什么叫芽孢？芽孢是如何形成的？研究芽孢有何意义？ | |
| 实训方案 | 仪器、设备 | |
| | 试剂及其他 | |
| | 实训要求工作条件 | |
| | 操作步骤及注意事项 | |
| 实训评价 | 小组评价： | 教师评价： |

## 实训三 常见放线菌形态观察

### 案例

20世纪20年代一家结核病协会在试验中突然发现，结核菌掉入泥土中，很快就检测不到了。“土壤中的微生物和进入土壤中的结核菌是一种什么关系？病菌进入土壤中完全被消灭，是否被土壤中的微生物杀死了呢？还是土壤中有什么能杀灭结核菌的物质？这些能杀死病菌的微生物或物质是否能够对人类的医疗事业起作用？”人们对这一现象提出了一系列的问题，于是，美国学者瓦库斯曼决心从土壤入手，寻找能杀死结核菌的物质。1943年，瓦库斯曼在进行到一万多种实验之后，总算发现了他们认为理想的新药物，并顺利地通过了对动物的实验和长期观察，确认这种新的药物对治疗结核病有特效，并且对动物无害，至此经过20多年艰难摸索，链霉素这个新的抗生素产生了，20世纪初期宣布为不治之症的结核病有了特效药。为了表彰瓦库斯曼的贡献，1952年12月，在瑞典首都斯德哥尔摩为他颁发了诺贝尔生理学或医学奖。

请问：

①链霉素是由哪种微生物产生的？

②这种微生物的形态主要有哪些？

放线菌的形态结构

## 一、实训目的

①认识常见放线菌菌丝形态、孢子形态。

②认识常见放线菌菌落特征。

## 二、实训原理

考点提示：放线菌形态

放线菌是一类呈菌丝状生长，主要以孢子繁殖和陆生性较强的具多核的原核微生物，因菌落呈放射状而得名。

放线菌多为腐生，少数寄生，与人类关系十分密切。放线菌一般分布在含水量较低、有机物丰富和呈微碱性的土壤环境中。泥土特有的“泥腥味”主要是由放线菌产生的。

### （一）放线菌的个体形态

放线菌菌体是由无隔膜的分枝状菌丝组成，菌丝可伸长并产生分枝，许多分枝的菌丝相互交织在一起，称为菌丝体。菌丝直径很小（<1μm），细胞质中往往有多个分散的核质体，因此是单细胞原核微生物。细胞壁的主要成分是肽聚糖。放线菌的菌丝由于形态和功能的不同分为基内菌丝、气生菌丝和孢子丝三种，如链霉菌（*Streptomyces*）（图 2–12）。

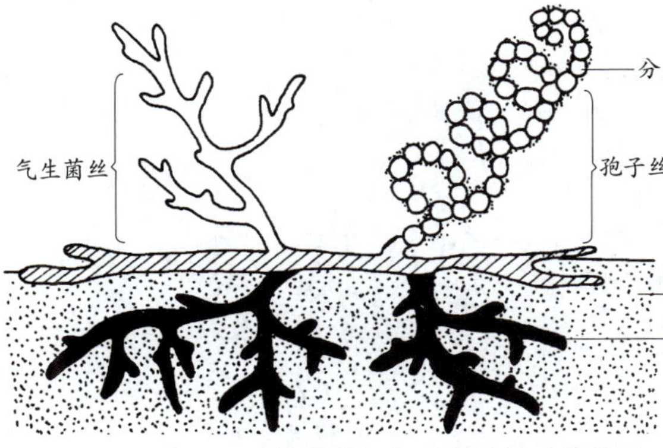


图 2–12　链霉菌一般形态结构的模式图

基内菌丝（又称基质菌丝）是紧贴固体培养基表面并向培养基里面生长的菌丝。主要功能是起固着和吸收营养的作用，故又有营养菌丝之称。一般无横隔膜［诺卡氏菌（*Nocardia*）除外］，直径 0.2 ~ 1.2μm，但长度差别很大，短的小于 100μm，长的可达 600μm 以上，分枝繁茂。无色或产生水溶性或脂溶性色素而呈现黄、绿、橙、红、紫、蓝、褐、黑等各种颜色。

气生菌丝是由基内菌丝生长到一定时期，分枝长出培养基，向培养基上空伸展的二级菌丝。镜检观察，其颜色较深且较基内菌丝粗，直径为 1 ~ 1.4μm，长度差别却很悬殊，形状直形或弯曲状，有分枝，有的产生色素。

孢子丝是由气生菌丝生长发育到一定阶段，分枝部分特化形成的，其形状以及在气生菌丝上的排列方式，随不同种类而异。有直的、波曲、钩状、螺旋、丛生、轮生等各种形态（图 2–13）。其中以螺旋状的孢子丝较为常见。

孢子丝上进一步产生各种颜色和形态的分生孢子（图 2–14）。

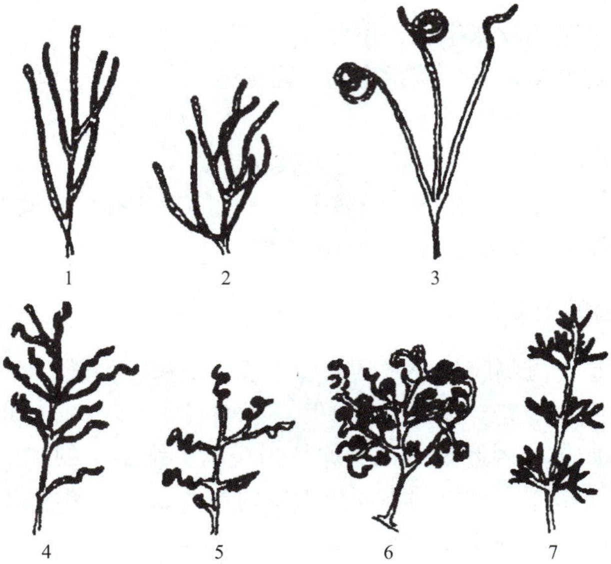


图 2–13　放线菌孢子丝的不同形态

1—孢子丝直、单搓分枝　2—孢子丝丛生、波曲　3—孢子丝顶端大螺旋　4—孢子丝松螺旋（一级轮生）
5—孢子丝紧螺旋　6—孢子丝紧螺旋成团　7—孢子丝短而直（二级轮生）

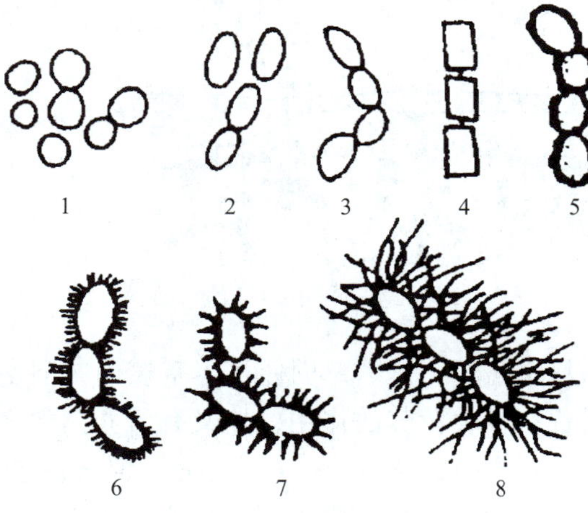


图 2–14　放线菌的孢子形态

1—光滑型及粗糙型球状　2，3，4—光滑型、椭圆形、瓜子形及柱状
5—疣突形　6，7—刺形、椭圆形　8—毛发形

### （二）放线菌的群体特征

放线菌的菌落由菌丝体组成。一般圆形、光滑平整或有许多皱褶，光学显微镜下观察，菌落周围具辐射状菌丝。总的特征介于霉菌与细菌之间，由于放线菌的气生菌丝较细，生长缓慢，菌丝分枝相互交错缠绕，所以形成的菌落质地致密，表面呈较紧密的绒状，坚实、干燥、多皱，菌落较小而不延伸。

菌落形成随菌种而不同，因种类不同可分为两类。一类是产生大量分枝的基内菌丝和气生菌丝的菌种（如链霉菌）所形成的菌落。这类菌的基内菌丝伸入基质内，菌落紧贴培养基表面，极坚硬，若用接种铲来挑取，可将整个菌落自表面挑起而不破裂。菌落表面起初光滑或如发状缠结，其后在上面产生孢子，表面呈粉状、颗粒状或絮状。气生菌丝有时呈同心环状（图 2-15）。

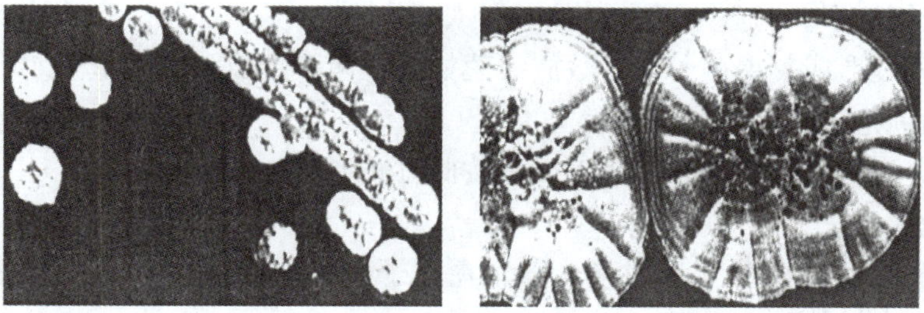

图 2-15　链霉菌菌落示例

另一类是不产生大量菌丝的菌种（如诺卡氏菌）所形成的菌落。这类菌菌落的黏着力不如上述的强，结构成粉质，用针挑取则粉碎（图 2-16），所以放线菌菌落不同于细菌。

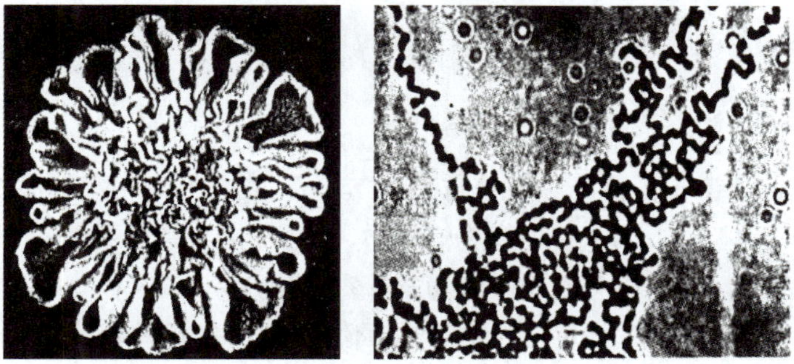

图 2-16　某种诺卡氏菌菌落与基内菌丝

在放线菌菌落表面常产生聚集成点状的白色或黄色菌丝，它们是次生菌丝，不产生孢子。普通染色剂如次甲基蓝、结晶紫和石炭酸品红都可作为气生菌丝、基内菌丝和孢子的染料。

幼龄菌落中气生菌丝尚未分化成孢子丝，其菌落表面与细菌难以区分。当孢子丝形成大量孢子布满菌落表面后，就呈现表面絮状、粉状或颗粒状的菌落特征；菌丝和孢子常呈现不同颜色，使菌落表面和背面呈现不同色泽。

若将放线菌接种于液体培养基中静态培养，在瓶壁液面处形成斑状或膜状菌落，或沉降于瓶底而不会使培养基浑浊；若振荡培养，常形成由短的菌丝体所构成的球状颗粒。

### （三）放线菌的繁殖方式

放线菌主要通过形成无性孢子的方式进行繁殖，也可借菌丝断裂片段繁殖。

放线菌长到一定阶段，一部分气生菌丝形成孢子丝，孢子丝成熟便分化形成许多孢子。孢子的产生有以下几种方式。

放线菌的繁殖方式

**1. 凝聚孢子**

凝聚分裂形成凝聚孢子，多数放线菌如链霉菌多形成此类型孢子。

**2. 横隔孢子**

横隔分裂形成横隔孢子，诺卡氏菌按此方式形成孢子。

**3. 孢囊孢子**

有些放线菌在菌丝上形成孢子囊，在孢子囊内形成孢子，孢子囊成熟后，破裂，释放出大量的孢囊孢子。

**4. 菌丝断裂**

放线菌也可借菌丝断裂的片断形成新的菌体，这种繁殖方式常见于液体培养基中。工业化发酵生产抗生素时，放线菌就以此方式大量繁殖。如果静置培养，培养物表面往往形成菌膜，膜上也可产生出孢子。

放线菌孢子具有较强的耐干燥能力，但不耐高温，60 ~ 65℃处理 10 ~ 15min 即失去生活能力。

## 三、实验材料及仪器

技能要求：科学严谨

（1）链霉菌、诺卡氏菌、细黄链霉菌（“5406”抗生菌）培养至 3d、5d、7d 平皿菌落培养物。

（2）链霉菌、诺卡氏菌、细黄链霉菌（“5406”抗生菌）培养至 3d、5d、7d 的玻璃纸琼脂透析培养物。

（3）印片法制好的石炭酸复红染色链霉菌、诺卡氏菌、细黄链霉菌（“5406”抗生菌）标本片。

（4）链霉菌、诺卡氏菌、细黄链霉菌（“5406”抗生菌）菌丝水浸片。

（5）仪器及用具　无菌镊子、无菌剪刀、载玻片、显微镜等。

## 四、实训方法、步骤及要求

具体内容如表 2–4 所示。

**表 2–4　　常见放线菌形态观察实训步骤及要求**

| 操作步骤 | 操作要点 | 评价标准 |
|---|---|---|
| 准备工作 | 用到的用品、仪器等准备齐全 | 工具准备齐全，摆放合理 |
| 菌丝形态观察 | 观察链霉菌、诺卡氏菌、细黄链霉菌（“5406”抗生菌）菌丝水浸片，进行菌丝形态观察 | 描述正确、详细 |
| 孢子形态观察 | 观察印片法制好的石炭酸复红染色链霉菌、诺卡氏菌、细黄链霉菌（“5406”抗生菌）标本片，进行孢子形态观察 | |
| 菌落形态及菌苔特征观察 | 观察链霉菌、诺卡氏菌、细黄链霉菌（“5406”抗生菌）培养至 3d、5d、7d 平皿菌落培养物，进行菌落形态观察 | |
| | 链霉菌、诺卡氏菌、细黄链霉菌（“5406”抗生菌）培养至 3d、5d、7d 的玻璃纸琼脂透析培养物进行菌落形态观察 | |
| 玻璃纸培养物分离 | 取平皿，无菌环境下打开平皿，用无菌镊子将玻璃纸与培养基分离 | |
| 剪取样本 | 用无菌剪刀取小片置于载玻片上 | |
| 观察标本片 | 观察标本片找到气生菌丝、基内菌丝、孢子丝及孢子等 | |
| 观察完毕后的处理 | 镜头擦拭<br>显微镜归位还原<br>实验台面整理 | 操作熟练、正确 |

## 五、实训报告

完成实训任务后，可填写实训报告表，如表 2–5 所示。

**表 2–5　　常见放线菌形态观察实训报告**

| | |
|---|---|
| 实训内容 | 放线菌形态观察 |
| 实训任务 | 对给定放线菌进行个体和群体形态观察，并进行形态描述 |
| 实训要求 | ①能熟练使用显微镜<br>②学会观察、绘制和描述放线菌的个体形态<br>③学会观察、绘制和描述放线菌的群体形态 |
| 实训引导 | ①哪些微生物被称为放线菌？<br>②放线菌菌体由什么构成？<br>③由于形态和功能的不同放线菌菌丝可分为哪几部分？各有哪些不同形态？ |

续表

| | | |
|---|---|---|
| 实训引导 | ④放线菌菌落有哪些特征?<br>⑤放线菌繁殖方式有哪些? | |
| 实训方案 | 仪器、设备 | |
| | 试剂及其他 | |
| | 实训要求工作条件 | |
| | 操作步骤及注意事项 | |
| 实训评价 | 小组评价: | 教师评价: |

## 实训四 常见酵母菌形态观察

### 案例

发酵是酵母菌最主要的功用。人类很早就开始将酵母菌应用于食品生产中，例如酒精饮料、酱油、食醋、馒头和面包的发酵等。在面包和馒头的生产中，酵母发酵产生大量二氧化碳，使面团膨胀，形成松软的组织。另外酵母菌体内维生素、蛋白质含量很高，其药用价值也很高，还可以用于做饲料，提取核酸、麦角醇、谷胱甘肽、凝血质和三磷酸腺苷等。

微生物是我们的敌人，更是我们的朋友，所以我们应该学会利用微生物有益的一面，同时又要控制或消灭有害微生物带来的影响，即要学会辩证地看待问题。

请问:

①酵母菌属于哪类微生物?

②酵母菌的形态主要有哪些?

### 一、实训目的

①了解酵母菌形态及繁殖方式。

②认识啤酒酵母、面包酵母、热带假丝酵母形态。

③认识面包酵母的子囊和子囊孢子。

④认识啤酒酵母、面包酵母、热带假丝酵母的菌落，并会描述其特征。

酵母菌的形态结构

## 二、实训原理

酵母菌是一群单细胞的真核微生物，通常以芽殖或裂殖来进行无性繁殖的单细胞真菌，其不是分类学上的名称，而是一类非丝状真核微生物。

酵母菌种类很多，约56属500多种。酵母菌主要分布在含糖质较高的偏酸性环境，诸如果品、蔬菜、花蜜和植物叶子上，特别是葡萄园和果园的土壤中，因而有人称其为糖菌。在牛乳和动物的排泄物中也可找到酵母空气中也有少数存在。它们多为腐生型，少数为寄生型。

### （一）个体形态

> 考点提示：酵母菌的形态

酵母菌的形态与种属、培养条件（固态、液态等）和培养时间有关。大多数酵母菌为单细胞，形状因种而异。酵母菌的基本形态有：近球形、椭圆形、卵圆形、柠檬形、香肠形等（图2-17）。常见的形态多是卵圆形为主（图2-18），但形状与大小常受培养条件及培养时间的影响而改变。酵母菌菌体无鞭毛，不能游动。

1　　2　　3　　4　　5

图2-17　酵母菌的基本形态

1—圆形　2—椭圆形　3—卵圆形　4—柠檬形　5—香肠形

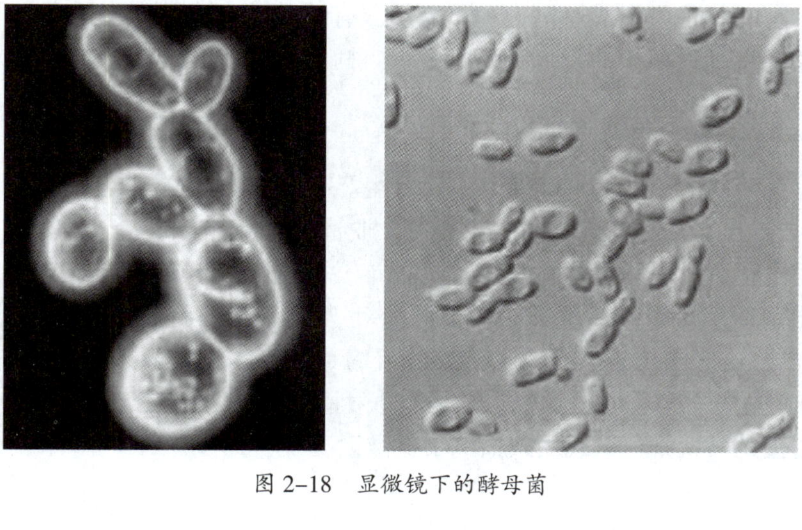

图2-18　显微镜下的酵母菌

有些酵母菌（热带假丝酵母）进行一连串的芽殖后，长大的子细胞与母细胞并不立即分离，其间仅以极狭小的接触面相连，这种藕节状的细胞串称为“假菌丝”（图 2–19）。

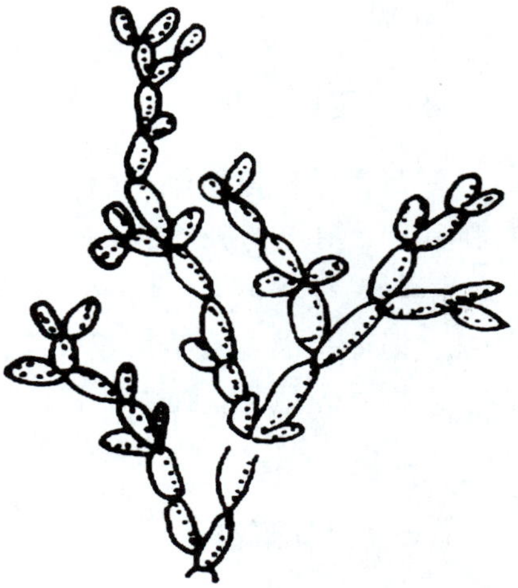

图 2–19　酵母菌的假菌丝

## （二）酵母菌的群体特征

### 1．固体培养特征

大多数酵母菌在适宜固体培养基上形成的菌落与细菌的相似，但由于酵母菌的个体细胞较大，胞内颗粒明显，胞间含水量比细菌的少，因而较细菌菌落大且厚，菌落表面光滑、湿润、黏稠、易被挑起。有些种因培养时间太长使菌落表面皱缩。其色多为乳白，少数呈红色，如红酵母、掷孢酵母等。假丝酵母因其边缘常产生丰富的藕节状假菌丝，故细胞易向外围蔓延，使菌落较大，扁平而无光泽，边缘不整齐。

菌落的颜色、光泽、质地、表面和边缘特征都是酵母菌菌种鉴定的依据。

### 2．液体培养特征

在液体培养基中，有的长在培养基底部并产生沉淀；有的在培养基中均匀生长；有的在培养基表面生长并形成菌膜或菌醭，其厚薄因种而异，有的甚至干而变皱。菌醭的形成及特征具有分类意义。以上生长情况，与它们同氧的关系有联系。

## （三）酵母菌繁殖方式

酵母菌的繁殖方式有无性繁殖和有性繁殖两种。无性繁殖又分芽殖、芽裂和裂殖，有的甚至可形成厚垣孢和节孢子。有性繁殖方式是产生子囊孢子。凡具有性繁殖产生子囊孢子的酵母称为真酵母。尚未发现有性繁殖方式的酵母称为假酵母。

### 1．无性繁殖

（1）芽殖　出芽繁殖是酵母菌进行无性繁殖的主要方式。成熟的酵母菌细胞，先长出一个小芽，芽细胞长到一定程度，脱离母细胞继续生长，尔后出芽又形成新个体。如此循环往复。一个成熟的酵母菌通过出芽繁殖可平均产生 24 个子细胞。芽殖发生在细胞壁的预定点上，这个点可由细胞脱落点遗留的芽痕来识别。每个酵母细胞有一个至多个芽痕，在光学显微镜下无法看到芽痕，但用荧光染料染色，或用扫描电子显微镜观察，都可看到芽痕。

酵母菌的繁殖方式

酵母菌出芽的方式因种不同，形成的子细胞形状也随之而异。

①多边出芽：即在母细胞的各个方向出芽。形成的子细胞为圆形、椭圆形或香肠形，多数酵母菌以此方式繁殖。

②两端出芽：芽细胞产生于母细胞的两端。细胞通常呈柠檬形。

③三边出芽：即在母细胞的三边产生芽细胞。细胞通常呈三角形。这种情况很少。

（2）裂殖　少数种类的酵母菌与细胞一样，借细胞横分裂而繁殖。如裂殖酵母属，圆形或卵圆形细胞，长到一定大小后，细胞进一步增大或伸长，核分裂，然后在细胞中产生一隔膜，将两个细胞分开，末端变圆。两个新细胞形成后又长大而重复上述循环。在快速生长中，细胞可以没有形成隔膜而核分裂，或者形成隔膜而子细胞暂时分不开，类似于菌丝，但最后仍会分开。

（3）无性孢子繁殖　少数酵母菌（如掷孢酵母）可以产生无性孢子。如掷孢酵母可在卵圆形营养细胞上生出小梗，其上产生小孢子。孢子成熟后通过特有喷射方式将孢子射出，这种孢子称为掷孢子。用倒置培养器培养掷孢酵母时，器盖上会出现掷孢子发射形成的酵母菌落的模糊镜像。还有的酵母菌（如白假丝酵母等）能在假菌丝的顶端产生具有厚壁的厚垣孢子。

**2. 有性繁殖**

酵母菌以形成子囊和子囊孢子的方式进行有性繁殖。其过程是通过邻近的两个形态相同而性别不同的细胞各伸出一根管状原生质突起，相互接触、融合并形成一个通道，细胞质结合（质配），两个核在此通道内结合（核配），形成双倍体细胞，并随即进行减数分裂，形成 4 个或 8 个子核，每一子核与其附近的原生质一起，在其表面形成一层孢子壁后，就形成了一个子囊孢子，而原有营养细胞就成了子囊。这种含有孢子的细胞称为子囊，子囊内的孢子称为子囊孢子。

酵母菌的子囊和子囊孢子形状，因菌种不同而异，是酵母菌分类鉴定的重要依据之一。通常处于幼龄的酵母细胞，在适宜的培养基和良好的环境条件下，才易形成子囊孢子。

子囊孢子有各种不同的形状，如球形、椭圆形、半球形、帽子形、柑橘形、柠檬形、纺锤形、土星形、镰刀形、针形等。孢子表面平滑或刺状，孢子的皮膜单层或双层。这些都是酵母菌种、属的鉴定特征。酵母的孢子形状如图 2–20 所示。

图 2–20　酵母菌产生的孢子形状

## 三、实训材料及仪器

（1）啤酒酵母、面包酵母、热带假丝酵母平皿划线培养物。

（2）啤酒酵母、面包酵母、热带假丝酵母斜面培养物。

（3）啤酒酵母、面包酵母、热带假丝酵母水浸片、面包酵母子囊孢子水浸片、子囊孢子染色片。

（4）显微镜、接种环、酒精灯。

技能要求：方法、步骤及要求

## 四、实训方法、步骤及要求

具体内容如表 2–6 所示。

**表 2–6　　常见酵母菌形态观察实训步骤及要求**

| 操作步骤 | 操作要点 | 评价标准 |
|---|---|---|
| 准备工作 | 用到的用品、仪器等准备齐全 | 工具准备齐全，摆放合理 |
| 菌落特征及菌苔特征观察 | 观察啤酒酵母、面包酵母、热带假丝酵母菌落和菌苔 | 描述正确、详细 |
| | 用接种环挑菌落，观察与培养基结合是否紧密 | |
| | 观察斜面培养啤酒酵母、面包酵母、热带假丝酵母菌苔特征（基本同菌落） | |
| 个体形态观察 | 观察啤酒酵母、面包酵母、热带假丝酵母形态及排列方式 | |
| | 观察啤酒酵母、面包酵母、热带假丝酵母芽体 | |
| | 观察面包酵母子囊和子囊孢子 | |
| 观察完毕后的处理 | 镜头擦拭<br>显微镜归位还原<br>实验台面整理 | 操作熟练、正确 |

## 五、实训报告

完成实训任务后，可填写实训报告，如表 2–7 所示。

**表 2–7　　常见酵母菌形态观察实训报告**

| | |
|---|---|
| 实训内容 | 酵母菌形态观察 |
| 实训任务 | 对给定酵母菌进行个体和群体形态观察，并进行形态描述 |
| 实训要求 | ①能熟练使用显微镜<br>②学会观察、绘制和描述酵母菌的个体形态和孢子形态<br>③学会观察、绘制和描述酵母菌的群体形态 |

续表

| | | |
|---|---|---|
| 实训引导 | ①哪些微生物被称为酵母菌？<br>②酵母菌的个体形态有哪些？<br>③何谓假菌丝？<br>④酵母菌的菌落特征有哪些？<br>⑤酵母菌的繁殖方式有哪些？<br>⑥何为出芽生殖？有几种方式？ | |
| 实训方案 | 仪器、设备 | |
| | 试剂及其他 | |
| | 实训要求工作条件 | |
| | 操作步骤及注意事项 | |
| 实训评价 | 小组评价： | 教师评价： |

## 实训五 常见霉菌形态观察

### 案例

腐乳，又称豆腐乳，是我国历史悠久的传统美食。它的制作主要归功于毛霉菌。毛霉菌（如腐乳毛霉、鲁氏毛霉、五通桥毛霉、总状毛霉等）能够分泌蛋白酶、肽酶、脂肪酶等，将豆腐中的蛋白质分解为多肽和各种氨基酸，将脂肪分解为脂肪酸和甘油，并产生一些B族维生素。同时，在其他微生物如根霉菌（如米根霉、华根霉等）、青霉菌、红曲霉、米曲霉菌以及酵母菌等的协作下共同制成营养丰富、有"东方奶酪"美誉的腐乳。

请问：

①腐乳制作过程中的霉菌属于哪类微生物？

②霉菌的形态主要有哪些？日常生活和生产中霉菌还有哪些方面的应用？

## 一、实训目的

①认识常见霉菌的个体形态（菌丝形态、孢子形态）。

②认识常见霉菌的群体形态。

## 二、实训原理

凡在营养基质上形成绒毛状、棉絮状或蜘蛛网形丝状菌体的真菌，统称为霉菌，意即“发霉的真菌”。霉菌属于丝状真菌的总称，不是分类学上的名词。

霉菌与酵母一样，喜偏酸性、糖质环境。生长最适合温度为 30 ~ 39℃。大多数为好氧微生物。多为腐生菌，少数为寄生菌。

霉菌的形态结构

### （一）霉菌的形态和构造

考点提示：霉菌的形态

#### 1. 霉菌的菌丝

不同于细菌及酵母菌，除鞭毛菌门的霉菌外，绝大部分霉菌都是多细胞的微生物。构成霉菌营养体的基本单位是菌丝。菌丝是一种管状的细丝，把它放在显微镜下观察，很像一根透明胶管，它的直径一般为 3 ~ 10μm，比细菌和放线菌的细胞约粗几倍到几十倍。菌丝可伸长并产生分枝，许多分枝的菌丝相互交织在一起，就叫菌丝体。

霉菌的菌丝有两类：一类菌丝中无横隔，称无隔菌丝，整个菌丝为长管状单细胞，含有多个细胞核。其生长过程只表现为菌丝的延长和细胞核的裂殖增多以及细胞质的增加，如根霉、毛霉、犁头霉等的菌丝属于此种形式［图 2-21（1）］。另一类菌丝有横隔，称有隔菌丝，菌丝由横隔膜分隔为成串多细胞，每个细胞内含有一个或多个细胞核。这些菌丝，从外观看虽然像多细胞，但横隔膜上有小孔，使细胞质和细胞核可以自由流通，而且每个细胞的功能也都相同，如青霉菌、曲霉菌、白地霉等的菌丝均属此类［图 2-21（2）］。

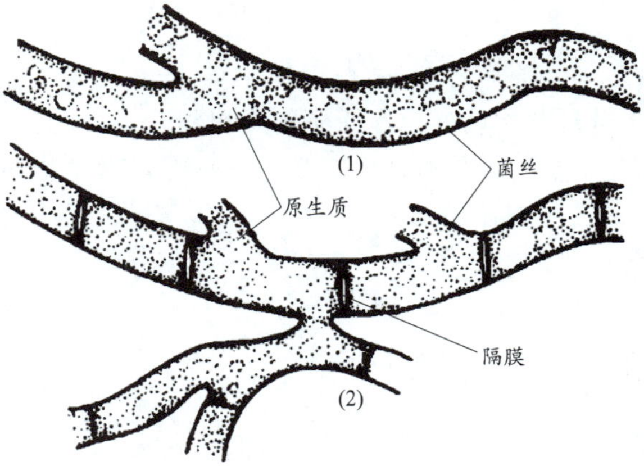


图 2-21　霉菌的菌丝

（1）无隔菌丝　（2）有隔菌丝

霉菌菌丝在生理功能上有一定程度的分化。在固体培养基上，部分菌丝伸入培养基内吸收养料，称为营养菌丝；另一部分则向空中生长，称为气生菌丝。有的气生菌丝发育到一定阶段，分化成繁殖菌丝（图 2–22）。

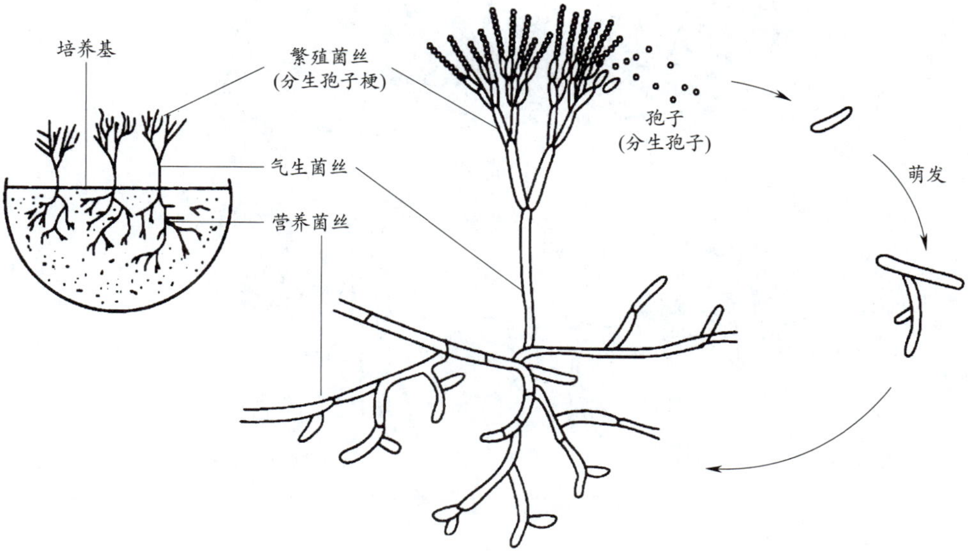


图 2–22　霉菌的营养菌丝、气生菌丝和繁殖菌丝

**2. 菌丝的变态（特殊结构）**

不同的真菌在长期进化中，对各自所处的环境条件产生了高度的适应性，其营养菌丝体和气生菌丝体的形态与功能发生了明显变化，形成了各种特化的构造。

（1）吸器　专性寄生真菌（锈菌、霜霉菌和白粉菌等）从菌丝旁侧生出拳头状或手指状的突起，能侵入寄主细胞内吸取养料，而菌丝本身并不进入寄主细胞，这种结构称为吸器（图 2–23）。

（2）菌核　菌核是由菌丝团聚集成的一种坚硬紧密组织，是一种休眠体的形式（图 2–24）。它们的生存能力很强，可耐受极端不良的环境。即使在不良环境条件下也可存活数年之久。菌核形状有大有小，大如茯苓（大如小孩头），小如油菜菌核（形如鼠粪）。菌核的外层色深、坚硬，内层疏松，大多呈白色。有的菌核中夹杂有少量植物组织，称为假菌核。许多产生菌核的真菌是植物病原菌。

（3）子座　很多菌丝集聚在一起形成比较疏松的组织，称为子座（图 2–25）。子座呈垫状、壳状或其他形状，在子座内外可形成繁殖器官。

（4）菌索　大量菌丝平行集聚并高度分化成根状的特殊组织称菌索。菌索周围有外皮，尖端是生长点，多生在地下或树皮下，根状，白色或其他颜色。菌索有助于霉菌迅速运送物质和蔓延侵染的功能，在不适宜的环境条件下呈休眠状态。多种伞菌都有菌索。

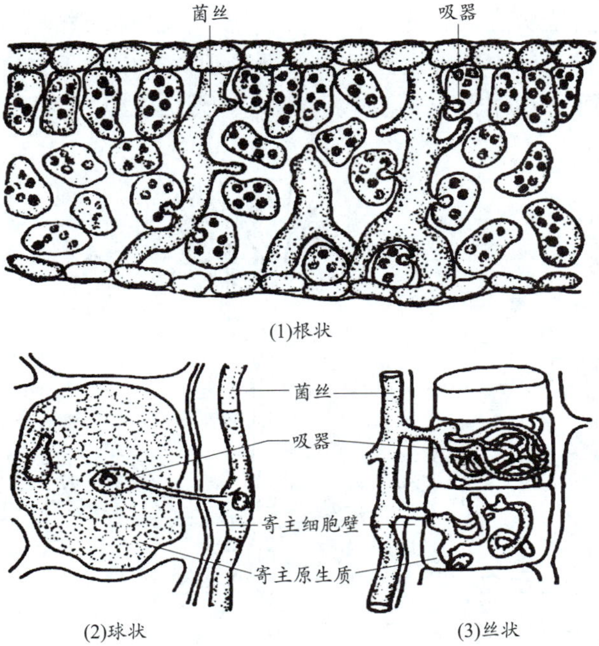


图 2-23　三种吸器类型

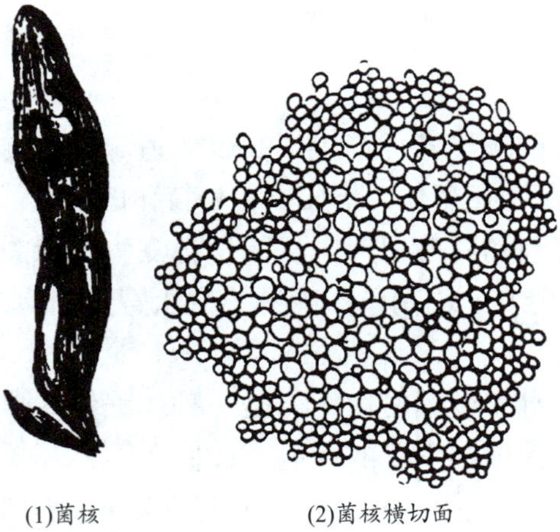


图 2-24　菌核

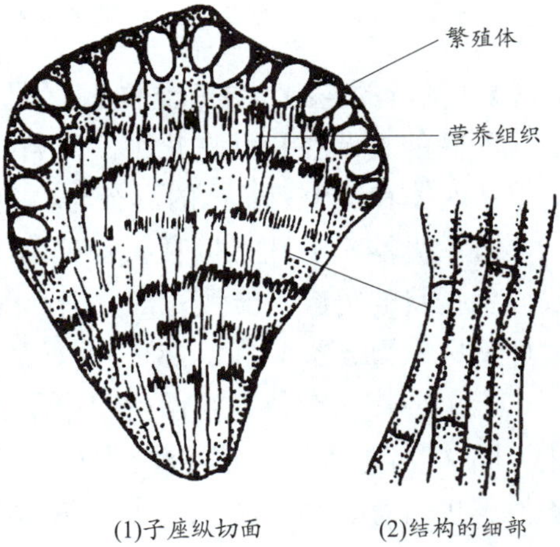


图 2-25　子座

## （二）霉菌的繁殖方式

霉菌的繁殖方式

霉菌具有很强的繁殖能力，繁殖方式多种多样，除了菌丝断片可以生长成新的菌丝体外，主要是通过无性繁殖或有性繁殖来完成生命的传递。一般霉菌菌丝生长到一定阶段，先行无性繁殖，到后期，在同一菌丝体上产生有性繁殖结构，形成有性孢子。无性繁殖所产生的孢子称无性孢子。有性繁殖则是经过不同性别细胞的结合，经质配、核配、减数分裂形成孢子的过程，而产生的孢子叫有性孢子。根据孢子形成方式、孢子的作用、孢子的形态和产孢子器官的特征以及本身的特点，又可分为各种类型，在分类上具有重要意义。

**1. 无性孢子**

霉菌的无性繁殖主要是通过产生无性孢子的方式来实现的。它的特点是分散，数量大，而且孢子有一定抗性。这一特点用于工业发酵可短期得到大量菌体，所以常利用无性孢子来进行繁殖、扩大培养，或进行菌种保藏。

常见的无性孢子有：孢囊孢子、分生孢子、厚垣孢子、节孢子等（图 2–26）。

（1）孢囊孢子　孢囊孢子又称孢子囊孢子，是一种内生孢子，为藻状菌纲的毛霉、根霉、犁头霉等所具有。其形成过程：菌丝发育到一定阶段，气生菌丝的顶端细胞膨大成圆形、椭圆形或犁形孢子囊，然后膨大部分与菌丝间形成隔膜，囊内原生质形成许多原生质小团（每个小团内包含 1 ~ 2 个核），每一小团的周围形成一层壁，将原生质包围起来，形成孢囊孢子。孢子囊成熟后破裂，散出孢囊孢子（图 2–27）。该孢子遇适宜环境发芽，形成菌丝体。孢囊孢子有两种类型，一种为生鞭毛、能游动的称游动孢子，如鞭毛菌亚门中的绵霉属；另一种是不生鞭毛、不能游动的称静孢子，如接合菌亚门中的根霉属。

（2）分生孢子　分生孢子是一种外生孢子，是霉菌中最常见的一类无性孢子。分生孢子由菌丝顶端或分生孢子梗出芽或缢缩形成，其形状、大小、颜色、结构以

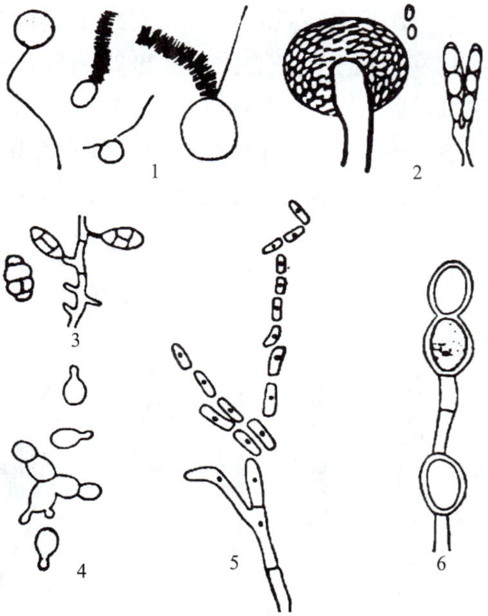


图 2–26　霉菌的无性孢子类型

1—游动孢子　2—孢囊孢子　3—分生孢子
4—芽孢子　5—节孢子　6—厚垣孢子

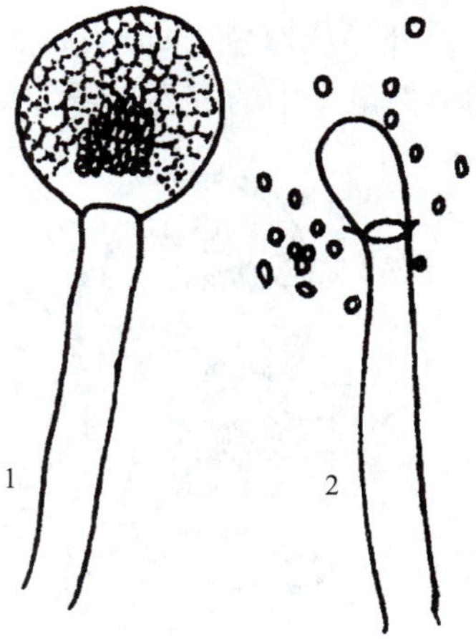


图 2–27　孢囊孢子的形成

1—孢囊梗和幼年孢子囊
2—孢子囊轴和孢囊孢子

及着生方式因菌种不同而异，如红曲霉和交链孢霉等，其分生孢子着生在菌丝或其分枝的顶端，单生、成链或成簇，具有无明显分化的分生孢子梗；曲霉和青霉等，具有明显分化的分生孢子梗，它们的分生孢子着生于分生孢子梗的顶端，壁较厚。

（3）厚垣孢子　厚垣孢子又称厚壁孢子，是外生孢子，它是由菌丝顶端或中间的个别细胞膨大，原生质浓缩，变圆，细胞壁加厚形成的球形或纺锤形的休眠体，对外界环境有较强抵抗力。厚垣孢子的形态、大小和产生位置各种各样，常因霉菌种类不同而异，如总状毛霉往往在菌丝中间形成厚垣孢子。

（4）节孢子　节孢子也称粉孢子，是白地霉等少数种类所产生的一种外生孢子，由菌丝中间形成许多横隔顺次断裂而成，孢子形态多为圆柱形。

**2. 有性孢子**

在霉菌中，有性繁殖不及无性繁殖普遍，仅发生于特定条件下，一般培养基上不常出现。真菌的有性结合是较为复杂的过程，它们的发生需要种种条件。霉菌的有性孢子主要有卵孢子、接合孢子、子囊孢子。

（1）卵孢子　卵孢子由两个大小形状不同的配子囊结合后发育而成的有性孢子。其小型配子囊称为雄器，大型的配子囊称为藏卵器。藏卵器中原生质与雄器配合以前，往往收缩成一个或数个原生质小团，即卵球。雄器与藏卵器接触后，雄器生出一根小管刺入藏卵器，并将细胞核与细胞质输入卵球内。受精后的卵球生出外壁，发育成双倍体的厚壁卵孢子（图 2–28）。

（2）接合孢子　接合孢子是由菌丝生出形态相同或略有不同的配子囊接合而成（图 2–29）。当两个邻近的菌丝相遇时，各自向对方生长出极短的侧枝，称为原配子囊。两个原配子囊接触后，各自的顶端膨大，并形成横隔，融成一个细胞，称为配子囊。相接触的两个配子囊之间的横隔消失，细胞质和细胞核互相配合，同时外部形成厚壁，即为接合孢子。接合孢子主要分布在接合菌类中，如高大毛霉和黑根霉产生的有性孢子为接合孢子。

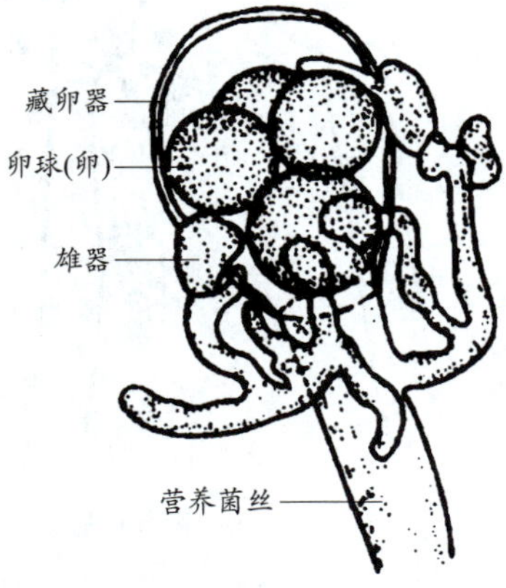


图 2–28　藏卵器、雄器及卵孢子

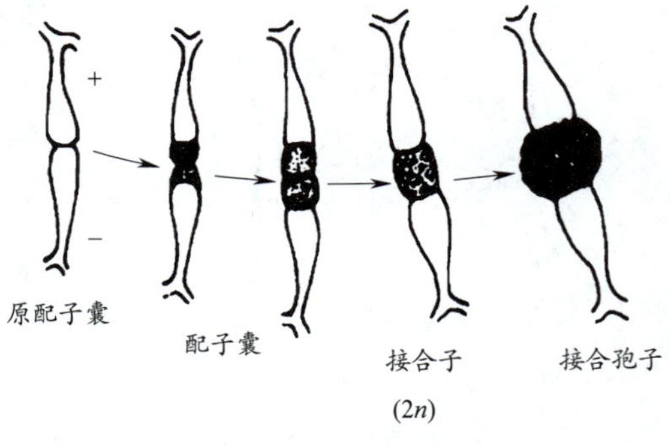


图 2–29　根霉接合孢子的发育过程

根据产生接合孢子菌丝来源或亲和力不同，一般可分为同宗配合和异宗配合两类。例如毛霉目中就存在这两种类型。所谓同宗配合，指雌雄配子囊来自同一菌丝体。所谓异宗配合，指菌丝分化形成的配子囊来自不同的菌丝。二者在形态、大小上无法区别，更无雌雄之分，但生理上确有差异，所以常用接合作用来判断。一般以“+”和“–”表示两个不同质的细胞，即认定一种配子囊为“+”，凡能与之结合形成接合孢子的配子囊则为“–”，否则为“+”。如根霉的接合孢子形成如图 2–30 所示。

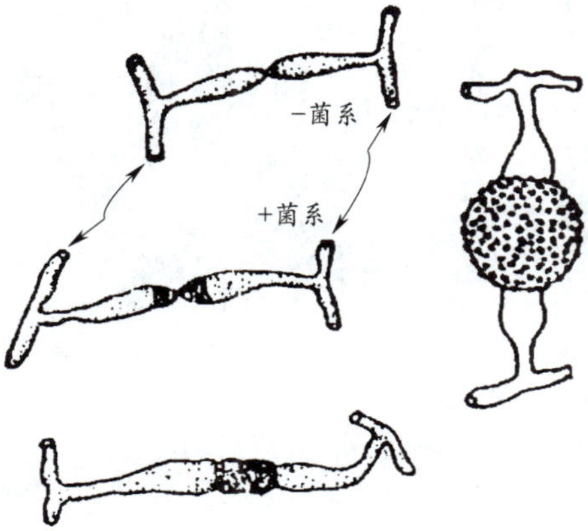

(1)异宗配合

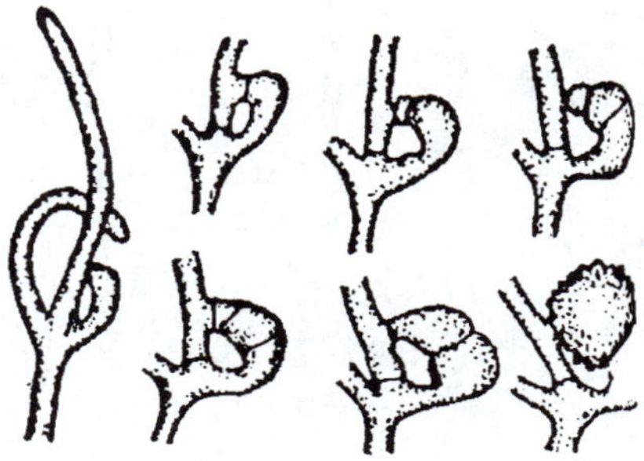
(2)同宗配合

图 2–30　根霉的接合孢子形成

（3）子囊孢子　在子囊中形成的有性孢子称子囊孢子。形成子囊孢子是子囊菌的主要特征。子囊是一种囊状结构。绝大多数子囊菌的子囊呈长形、棒形或圆筒形，有的具特征性的球形或卵形，还有的为长方形。每个子囊内通常含 2 ~ 8 个子囊孢子，有的是 4 个或 2 个，其孢子数目常以 $2n$ 表示。子囊孢子和子囊一样，其形状、大小、颜色也是多种多样的。

大多数子囊包在由很多菌丝聚集而形成的特殊的保护组织中，称为子囊果。子囊果的结构、形态、大小随种而异，而且有其特定的名称，子囊果的形态主要有三种类型（图 2–31）。第一种为完全封闭的圆球形，称为闭囊壳；第二种为烧瓶

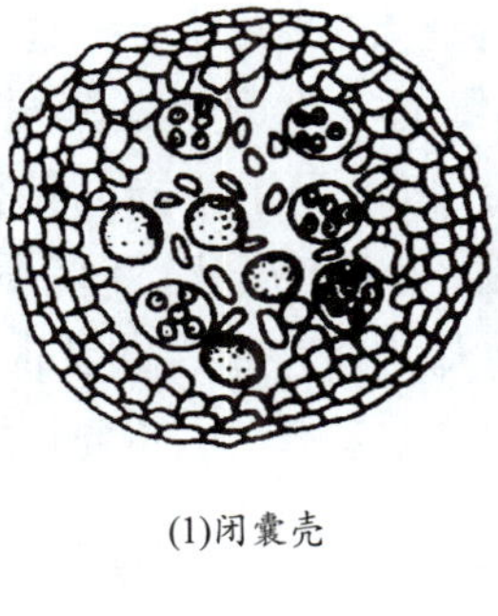
(1)闭囊壳

(2)子囊壳

(3)子囊盘

图 2–31　子囊果的类型

状，有孔，称为子囊壳；第三种呈盘状，称为子囊盘。子囊孢子、子囊及子囊果的形态、大小、质地和颜色等随菌种而异，在分类上有重要意义。各种类型的子囊孢子如图 2–32 所示。

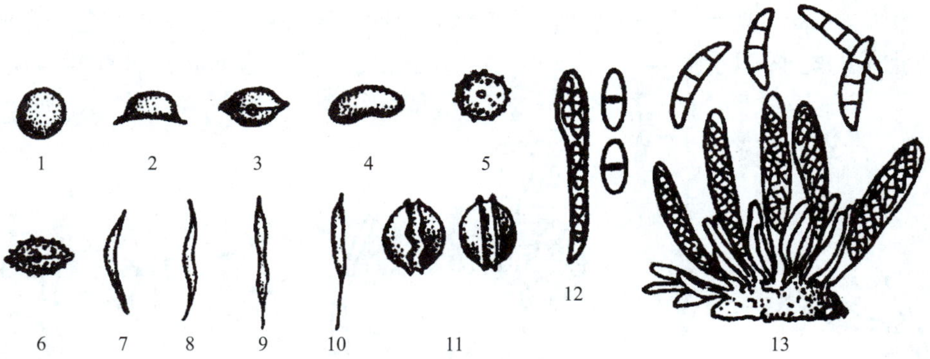


图 2–32　各种类型的子囊孢子

1—球形　2—礼帽形　3—土星形　4—肾形　5—球形疮面　6—卵形，疮面
7—镰刀形　8—弓形　9—针形　10—针形具鞭毛　11—双凸镜形
12—子囊孢子由 2 个细胞组成　13—子囊孢子由 4 个细胞组成

### （三）霉菌的菌落特征

霉菌的菌落与细菌和酵母菌不同，与放线菌接近。菌落由分枝状的菌丝组成，在固体培养基上生长时形成营养菌丝和气生菌丝，气生菌丝间无毛细管水*，由于霉菌的菌丝较粗而长，故此菌落形态较大，比细菌的菌落大几倍到几十倍。有些霉菌，如根霉、毛霉、链孢霉生长很快，菌丝可在固体培养基表面蔓延，以至菌落没有固定大小。

霉菌的菌落质地比放线菌疏松。外观干燥，不透明，呈现或紧或松的蛛网状、绒毛状或棉絮状。有的菌落，因有子实体或菌核产生，会出现颗粒状。菌落与培养基连接紧密，不易挑取。霉菌孢子有不同的形状、构造与颜色，往往使菌落表面呈现肉眼可见的不同结构与色泽特征。有些菌丝的水溶性色素可分泌至培养基中，使得菌落背面呈现与正面不同的颜色。其原因是由气生菌丝分化出来的子实体和孢子的颜色往往比深入在固体基质内的营养菌丝的颜色深；一些生长较快的霉菌菌落，菌落中心气生菌丝的菌龄大于菌落边缘的气生菌丝，其发育分化和成熟度较高，而生长在菌落边缘的菌丝则较为幼小，也可显示不同的特征。

同一种霉菌，在不同成分的培养基上形成的菌落特征可能有变化。但各种霉菌，在一定培养基上形成的菌落大小、形状、颜色、结构等却相对稳定，同其他的霉菌相比有很大差别，可作为鉴别的依据。故霉菌菌落特征也是鉴定霉菌的重要依据之一。

* 毛细管水指的是土壤中借毛细管力而保持在土壤空隙间的水。

## 三、实验材料及仪器

（1）培养 2 ~ 5d 的黑曲霉、橘青霉、黑根霉、总状毛霉马铃薯葡萄糖琼脂平板培养物和玻璃纸透析培养物。

（2）黑曲霉、橘青霉、黑根霉、总状毛霉乳酸石炭酸棉蓝水浸片。

（3）仪器及用具　酒精灯、火柴、无菌镊子、无菌剪刀、解剖针、载玻片、显微镜等。

## 四、实训方法、步骤及要求

技能要求：专注、协作

具体内容如表 2-8 所示。

**表 2-8　常见霉菌形态观察实训步骤及要求**

| 操作步骤 | | 操作要点 | 评价标准 |
|---|---|---|---|
| 准备工作 | | 用到的用品、仪器等准备齐全 | |
| 菌落形态及菌苔观察 | | 用肉眼观察生长在琼脂平板上培养 2 ~ 5d 的黑曲霉、橘青霉、黑根霉、总状毛霉马铃薯葡萄糖琼脂平板培养物，并描述每种菌落特征 | 描述正确、详细 |
| 菌丝形态及孢子形态观察 | 玻璃纸透析培养物分离 | 取平皿，无菌环境下打开平皿，用无菌镊子将玻璃纸与培养基分离 | 操作正确 |
| | 剪取样本 | 用无菌剪刀取小片置于载玻片上 | 操作正确<br>无菌操作 |
| | 孢子的观察 | 先用低倍镜，必要时转换高倍镜镜检观察孢子着生的方式和形态、大小等，并记录 | 观察效果好<br>部位正确 |
| | 菌丝形态观察 | 观察标本片找到气生菌丝、基内菌丝、孢子丝，注意有无隔膜、假根、足细胞等特殊形态的菌丝 | 描述正确、详细 |
| 石炭酸棉蓝染色液水浸片观察 | | 观察菌丝形态，孢子形态 | 描述正确、详细 |
| 观察完毕后的处理 | | 镜头擦拭<br>显微镜归位还原<br>实验台面整理 | 操作熟练、正确 |

## 五、实训报告

完成实训后，可填写实训报告表，如表 2-9 所示。

表 2–9　　常见霉菌形态观察实训报告

| 实训内容 | 霉菌形态观察 | |
|---|---|---|
| 实训任务 | 对给定霉菌进行个体和群体形态观察，并进行形态描述 | |
| 实训要求 | ①能熟练使用显微镜<br>②学会观察、绘制和描述霉菌的个体形态（菌丝形态、孢子形态）<br>③学会观察、绘制和描述霉菌的群体形态 | |
| 实训引导 | ①哪些微生物被称为霉菌？<br>②按菌丝结构不同，霉菌菌丝可分哪几种？<br>③按菌丝生理功能不同，霉菌菌丝可分哪几种？<br>④霉菌菌丝的特化结构有哪几种？<br>⑤霉菌的繁殖方式有哪些？<br>⑥霉菌菌落特征是怎样的？ | |
| 实训方案 | 仪器、设备 | |
| | 试剂及其他 | |
| | 实训要求工作条件 | |
| | 操作步骤及注意事项 | |
| 实训评价 | 小组评价： | 教师评价： |

## 实训六　噬菌体的观察

### 案例

天花是由天花病毒引起的一种烈性传染病，也是在世界范围内被人类消灭的一种传染病。患者在痊愈后脸上会留有麻子，“天花”由此得名。

过去的长久时间里，天花都是严重影响人们生命的传染病之一，而随着医疗技术的发展，中国发明的人痘接种法和英国医生发明的牛痘接种法，为消灭天花发挥了重要作用。中国历史上的名医孙思邈用取自天花口疮中的脓液敷着在皮肤上来预防天花。到明代以后，人痘接种法盛行起来。1796 年，英国乡村医生爱德华·詹纳发现了一种危险性更小的接种方法。他成功地给一个 8 岁的男孩注射了牛痘。现在的天花疫苗也不是用人的天花病毒，而是用牛痘病毒做的。直到 20 世纪 60 ~ 80 年代，人类齐心协力完成天花灭绝行动的过程，世界卫生组织正式宣布天花病毒已经成功被消灭。

在与天花病毒作斗争的过程中我国古代人民做出了巨大的贡献，伟大的先辈们值得我们永远为之骄傲。

请问：

①科学家们通过实验发现了什么？得出什么结论？

②病毒有哪些特点？

## 一、实训目的

①了解噬菌体的形态、结构和繁殖方式。

②认识噬菌现象和噬菌斑。

## 二、实训原理

1915 年英国人陶尔特在培养葡萄球菌时，发现菌落上出现了透明斑。用接种针接触透明斑后再接触另一菌落上，不久，被接触的部分又出现了透明斑。1917 年，法国人第赫兰尔在巴斯研究所也观察到，痢疾杆菌的新鲜液体培养物能被加入的某种污水的无细菌滤液所溶解，浑浊的培养物变清了。若将此澄清液再行过滤，并加到另一敏感菌株的新鲜培养物中，结果同样变清。以上现象，被称为陶尔特－第赫兰尔现象。第赫兰尔将该溶菌因子命名为噬菌体。

噬菌体是寄生在原核生物细菌、放线菌体内的病毒，营专性活体寄生，广泛分布于自然界。1938 年以后，人们对其进行了大量研究，而且主要集中于大肠杆菌 T- 系噬菌体，获得了很多有关深入研究病毒复制增殖、生物合成、基因表达、颗粒装配、感染性以及其他活性等问题。

### （一）形态、结构

考点提示：病毒形态及结构

噬菌体的个体很小，不能用一般光学显微镜观察，只有通过电子显微镜放大数千倍甚至几万倍才能看见。

与其他病毒一样，噬菌体也是由蛋白质和核酸组成的。核酸以单链或双链分子组成环状或丝状，病毒粒子外壳有不同形状和大小。基本形态有蝌蚪形、微球形和丝状三种，从结构看，又可分为六种不同类型（图 2–33）。

（1）蝌蚪形收缩性长尾噬菌体　有六角形头部及可收缩的长尾，DNA 双链。

（2）蝌蚪形非收缩性长尾噬菌体　有六角形头部及不能收缩的长尾，DNA 双链。

（3）蝌蚪形非收缩性短尾噬菌体　有六角形头部及不能收缩的短尾，DNA 双链。

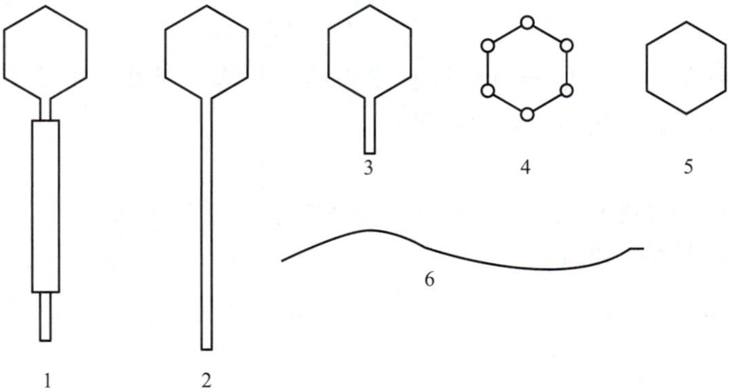


图 2-33　噬菌体的基本形态

1—长尾，收缩性　2—长尾，非收缩性　3—短尾　4—外壳较大，微球形
5—外壳较小，微球形　6—丝状

（4）六角形大顶壳粒噬菌体　有六角形头部，6 个顶角各有一个较大的壳粒，无尾部，DNA 单链。

（5）六角形小顶壳粒噬菌体　有六角形头部，无尾部，RNA 单链。

（6）丝状噬菌体　无头部，蜿蜒如丝，DNA 单链。

噬菌体形态不一，但结构相似，这里以大肠杆菌 $T_4$ 噬菌体为例，介绍蝌蚪形噬菌体的结构。它们除具二十面体的蛋白质衣壳组成的头部外，还有一个螺旋对称的尾部。在头部蛋白质外壳内，一条长 50μm 的 DNA 分子折叠盘绕其中。尾部则由不同于头部的蛋白质组成，其外包围有可收缩的尾鞘，中间为一空髓，即尾髓。有的噬菌体的尾部还有颈环、尾丝、基板和刺突。大肠杆菌 $T_4$ 噬菌体结构如图 2-34 所示。

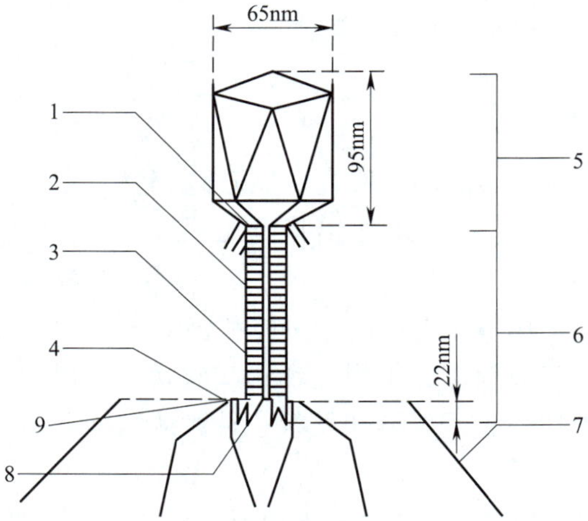


图 2-34　大肠杆菌 $T_4$ 噬菌体结构

1—颈环　2—伸展的尾鞘尾壳　3—尾鞘　4—刺突　5—头部　6—尾部
7—尾丝　8—刺突　9—基板

## （二）繁殖方式

根据噬菌体与宿主细胞的关系可分为烈（毒）性噬菌体和温和噬菌体两类。

噬菌体的繁殖方式

### 1. 烈性噬菌体

烈性噬菌体进入菌体后就会改变宿主的性质，使之成为制造噬菌体的“工厂”，大量产生新的噬菌体，最后导致菌体裂解死亡。

烈性噬菌体的繁殖一般包括吸附、侵入、复制、装配和释放等五个阶段。以大肠杆菌 $T_4$ 噬菌体为例说明噬菌体的繁殖过程。

（1）吸附　吸附是指病毒通过其吸附器官与宿主细胞表面的特异性受体发生特异性结合的过程。与其他病毒一样，噬菌体对宿主细胞的吸附具有高度的特异性。噬菌体与敏感的寄主细胞接触后，与寄主细胞的特异性受体上结合。$T_4$ 噬菌体是以尾部末端与寄主的受体吸附。一种细菌可被多种噬菌体感染，不同的感染噬菌体在同一寄主细菌的不同受体上吸附。因此，一个寄主细菌（例如大肠杆菌）与一种噬菌体（例如 $T_4$）饱和吸附后，并不妨碍和另一种噬菌体（例如 $T_6$）再吸附。

（2）侵入　噬菌体侵入方式较其他病毒复杂。大肠杆菌 $T_4$ 噬菌体以其尾部吸附到敏感菌表面后，将尾丝展开，通过尾部刺突固着在细胞上。尾部的酶水解细胞壁的肽聚糖，使细胞壁产生一小孔，然后尾鞘收缩，将头部的核酸通过中空的尾髓压入细胞内，而蛋白质外壳则留在细胞外（尾鞘并非病毒侵入所必需的，有些噬菌体没有尾鞘，也不收缩，仍能将核酸注入细胞）。从吸附到侵入的时间间隔很短，只有几秒到几分钟。大肠杆菌 $T_4$ 噬菌体吸附、侵入和注入 DNA 过程如图 2–35 所示。

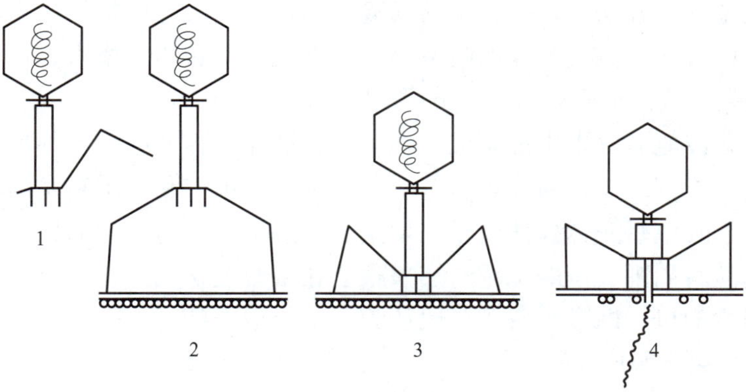


图 2–35　大肠杆菌 $T_4$ 噬菌体吸附、侵入和注入 DNA 过程的模式图

1—未吸附的 $T_4$ 噬菌体　2—尾丝吸附于宿主细胞壁上　3—尾丝收缩，刺突与细胞壁接触
4—尾鞘收缩，并释放溶菌酶，溶解内壁，注入 DNA

（3）复制　噬菌体核酸注入寄主细胞后，操纵寄主细胞的代谢机能，大量复制噬菌体核酸，并合成所需要的蛋白质，但此时不形成带壳体的粒子。

（4）装配（成熟）　寄主细胞合成噬菌体壳体，组装成完整的病毒粒子。如大肠杆菌 $T_4$ 噬菌体，当分开合成的噬菌体 DNA、头部蛋白质亚单位、尾鞘、尾髓、基板、尾丝等部件完成后，接下来进行装配：① DNA 收缩聚集，被头部外壳蛋白质包围，形成廿面体的噬菌体头部；②尾部部件也装配起来；③再与头部连接；④最后装上尾丝，整个噬菌体装配完毕，成为新的子代噬菌体。T 偶数噬菌体的装配过程如图 2–36 所示。

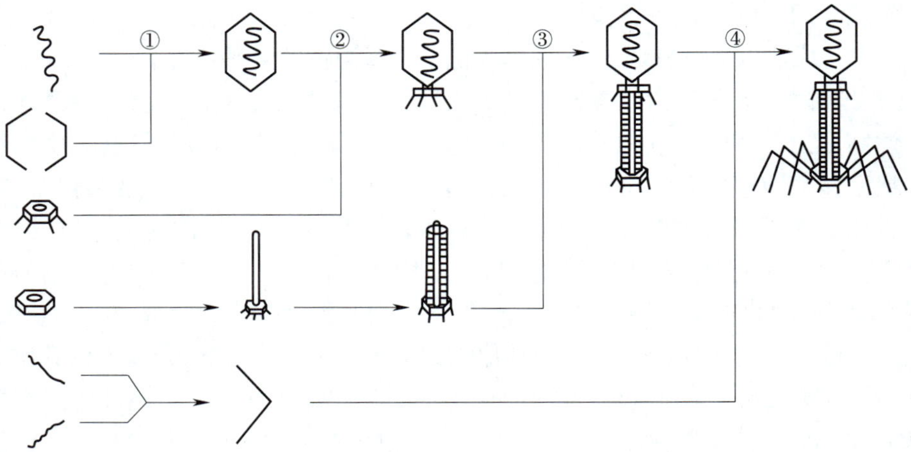


图 2–36　T 偶数噬菌体的装配过程

（5）释放（裂解）　噬菌体粒子成熟，引起寄主细胞裂解，从寄主细胞内释放出来，新的子代噬菌体粒子，在适宜条件下便能重复上述过程。释放过程主要通过两种作用：一是酶的作用，如 $T_4$ 噬菌体在生长末期产生溶菌酶，从细胞内部向外溶解细胞壁，打开缺口，释放出新的噬菌体；二是细胞内机械压力增大。由于在一个细胞内合成了数百个新的噬菌体，使细胞内机械压力增大，这也有助于使细菌细胞破裂，这样子代噬菌体便被释放出来。

由于噬菌体能裂解寄主细菌或放线菌，在液体培养基中，这种噬菌现象可使浑浊菌液变为澄清，而在固体培养基上，适量的噬菌体和敏感宿主菌液混合后接种培养，由于其中每一噬菌体粒子先侵染和裂解一个细胞，然后以此为中心，再反复侵染和裂解周围大量的细胞，结果就会在菌苔上形成一个具有一定形状大小边缘和透明度的斑，即噬菌斑。一般认为，每个空斑都是由一个噬菌体颗粒一再侵染、增殖、裂解所形成的，故可用于进行噬菌体的计数。

不同噬菌体噬菌斑的形态与大小不尽相同，有的形成晕圈，有的呈多层同心圆，也有的近似圆形，大小不一。若将噬菌体按一定倍数稀释，通过噬菌斑计数，可测知一定体积内的噬菌斑形成单位数目，即噬菌体的数量。通过能使菌液由浊变清或在含菌的固体培养基上出现透明空斑（噬菌斑）等特征，可检测是否存在噬菌体。

**2. 温和噬菌体与溶源性**

温和噬菌体进入菌体后，因生长条件不同，可具有两条截然不同的、可选择的生长途径。一条是与烈性噬菌体相同的生长路线，引起宿主细胞裂解死亡；另一条是将其核整合到细菌 DNA 上，该细菌细胞继续生长繁殖，并被溶源化。

（1）温和噬菌体　指凡吸附并侵入细胞后，噬菌体的 DNA 只整合在宿主的核 DNA 上，并可长期随宿主 DNA 的复制而进行同步复制，因而在一般情况下不进行增殖和引起宿主细胞裂解的噬菌体。

（2）溶源性　溶源性是温和噬菌体侵入宿主细胞后产生的一种特性。当温和噬菌体侵入宿主细胞后，其 DNA 随着宿主细胞的 DNA 复制而复制，但噬菌体的蛋白质不能合成，宿主细胞也不裂解，继续进行正常的分裂，但在某些情况下，某一代其中有一个宿主细胞发生裂解释放出新的子代噬菌体，而在这许多代不发生裂解的宿主细胞中又检查不到噬菌体，但它们都具有产生成熟噬菌体粒子的潜在能力。人们把温和噬菌体侵入宿主细菌所引起的这种特性称作溶源性。

（3）溶源性细菌　含有温和噬菌体的 DNA 而又找不到形态上可见的噬菌体粒子的宿主细菌称为溶源性细菌。

（4）原噬菌体　附着或融合在溶源性细菌染色体上的温和噬菌体的核酸称为原噬菌体或前噬菌体。

（5）温和噬菌体的三种存在状态　①游离态：游离的具感染性的病毒粒子；②融合态：原噬菌体附着或整合在细菌染色体上，并与之一道复制；③营养态：指前噬菌体经外界理化因子诱导后，处于积极复制和装配的状态。

（6）溶源性细菌的基本特性

①自发裂解：在没有任何外来噬菌体感染的情况下，极少数溶源细胞中的原噬菌体偶尔也可恢复活动，进行大量的复制成为营养噬菌体核酸，并接着成熟为噬菌体粒子，引起宿主细胞裂解。

②诱发裂解：用某些适量的理化因子如紫外线、丝裂霉素 C 等处理溶源性细菌能导致原噬菌体活化，产生具有感染力的噬菌体粒子，结果使整个细胞裂解并释放出大量噬菌体。

③免疫性：溶源性细菌对其本身产生的噬菌体或外来的同源噬菌体不敏感。这时噬菌体虽可侵入溶源性细菌，但不能增殖，也不导致溶源性细菌裂解。

④复愈性：溶源性细胞有时消失了其中的原噬菌体，变成非溶源性细胞，这时既不发生自发裂解也不发生诱发裂解。

⑤溶源转变：如白喉杆菌只有在含有特定的原噬菌体时才能产生白喉毒素而引起被感染机体发病。

## 三、实训材料及仪器

（1）培养 8h 的苏云金芽孢杆菌营养肉汤试管培养物。

（2）向培养 8h 的苏云金芽孢杆菌营养肉汤试管培养物中接种噬菌体后的培养物。

（3）双层平板法制得的噬菌体培养物。

噬菌体危害与防治

## 四、实训方法、步骤及要求

（1）每隔 0.5h 观察一次培养 8h 的苏云金芽孢杆菌营养肉汤试管培养物和向培养 8h 的苏云金芽孢杆菌营养肉汤试管培养物中接种噬菌体后的培养物。

（2）观察双层平板法制得的噬菌体培养物的噬菌斑。

技能要求：创新、专注

## 五、实训报告

完成实训后，可填写实训报告表，如表 2-10 所示。

**表 2-10　噬菌体观察实训报告**

| | | |
|---|---|---|
| 实训内容 | 噬菌体的观察 | |
| 实训任务 | 认识噬菌现象，认识噬菌斑 | |
| 实训要求 | ①能认识噬菌现象，并判断有噬菌体存在。<br>②学会观察、绘制和描述噬菌斑。 | |
| 实训引导 | ①何谓噬菌体？<br>②常见的噬菌体有哪几种形态？<br>③绘出并说明大肠杆菌 $T_4$ 噬菌体结构。<br>④叙述烈性噬菌体的典型繁殖过程。<br>⑤何谓噬菌斑？<br>⑥通过哪些方法可判断有噬菌体存在？ | |
| 实训方案 | 仪器、设备 | |
| | 试剂及其他 | |
| | 实训要求工作条件 | |
| | 操作步骤及注意事项 | |
| 实训评价 | 小组评价： | 教师评价： |

## 【知识链接】

### 知识链接一　电子显微镜

电子显微镜的发展是20世纪应用物理学的一项重大成就。电子显微镜的光源不是可见光，而是波长极短的电子。在理论上，电子波的波长最短可达到0.005nm，由于电子的速度可以加到很高，电子显微镜的分辨力可以达到纳米级（$10^{-9}$m）。所以电子显微镜的分辨能力要远高于光学显微镜（图2-37）。

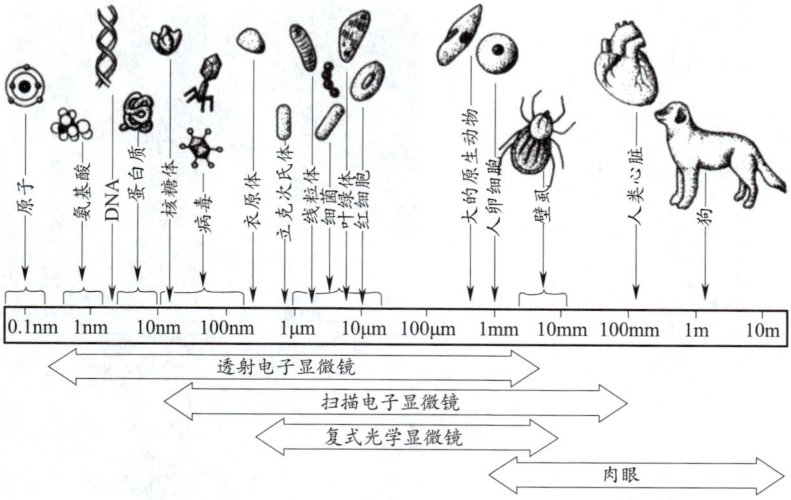


图2-37　显微镜的分辨力比较

电子显微镜是观察微生物极为重要的仪器。由于受光学显微镜分辨力的限制（受检物直径须在0.2μm以上），如欲观察比细菌更小的微生物如病毒，或观察微生物细胞的超微结构时就必须使用电子显微镜。电子显微镜是以电子波代替光学显微镜使用的光波，电磁场的功能类似光学显微镜的透镜，整个操作系统在真空条件下进行。由于用来放大标本的电子束波长极短，当通过电场的电压为100kV时，波长仅为0.04mm，约比可见光波短10000倍，所以电子显微镜分辨力较光学显微镜高得多，因而有非常大的放大率。通过它就可观察到更微细的物体和结构，在生命科学研究中已成为观察和描述细胞、组织、细菌和病毒等超微结构必不可少的工具。

电子显微镜诞生于20世纪30年代。1931年德国科学家Knoll和Ruska研制出了世界上第一台透射电子显微镜。1939年Ruska等人研制并生产出一系列商品类电子显微镜，其分辨力和放大倍数得到很大提高。20世纪70年代透射电镜的点分辨力已经优于0.3nm，而晶格分辨力可达0.1～0.2nm。目前，按性能不同电镜种类可分透射电镜和扫描电镜两大类，透射电镜是由入射电子束穿过样品直接成像。加速电压一般为 50 ~ 100kV，点分辨力为 0.2 ~ 0.3nm，晶格分辨力为 0.1 ~ 0.2nm，放大倍数可达 80 万倍。因电子透射力较弱，要求样品厚度较薄（50 ~ 100nm）。样品制备技术比较复杂，有超薄切片技术、负染法、投影法和冰冻复型法等。电子显微镜主要用于研究生物大分子结构、生物膜、动植物细胞和微生物细胞和病毒的超微结构。

图 2–38 为透射电子显微镜工作示意图和实物照片。

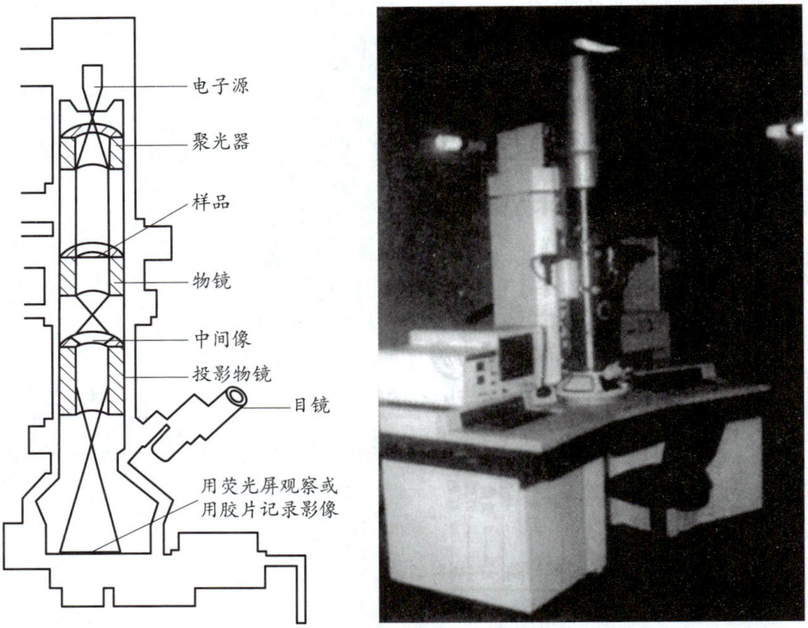


(1)示意图　　(2)实物照片

图 2–38　透射电子显微镜工作示意图和实物照片

## 知识链接二　显微镜的发展历史

显微镜的发现及发展

显微镜的分类

早在公元前一世纪，人们就已发现通过球形透明物体去观察微小物体时，可以使其放大成像。后来逐渐对球形玻璃表面能使物体放大成像的规律有了认识。

公元 13 世纪，出现了为视力不济的人准备的眼镜——一种玻璃制造的透镜片。随着笼罩欧洲一千年的黑暗消失，各种新的发明纷纷涌现出来，显微镜就是其中的一个。

大约在 16 世纪末，荷兰的眼镜商詹森（Zaccharias Janssen）和他的儿子把几块镜片放进了一个圆筒中，结果发现通过圆筒看到附近的物体出奇的大，这就是现在的显微镜和望远镜的前身。詹森制造的是第一台复合式显微镜。使用两个凸透镜，一个凸透镜把另外一个所成的像进一步放大，这就是复合式显微镜的基本原理。如果两个凸透镜一个能放大10倍，另一个能放大20倍，那么整个镜片组合的放大倍数就是10×20=200倍。

1610年前后，意大利的伽利略和德国的开普勒在研究望远镜的同时，改变物镜和目镜之间的距离，得出合理的显微镜光路结构，当时的光学工匠遂纷纷从事显微镜的制造、推广和改进。

1665年前后，英国科学家罗伯特·胡克（简称胡克）用他的显微镜观察软木切片的时候，惊奇的发现其中存在着一个一个“单元”结构，胡克把它们称作“细胞”。他在显微镜中加入粗动和微动调焦结构、照明系统和承载标本片的工作台。这些部件经过不断改进，成为现代显微镜的基本组成部分。

1673—1677年期间，列文虎克制成单组元放大镜式的高倍显微镜，当列文虎克把他的显微镜对准一滴雨水的时候，他惊奇地发现了其中令人惊叹的小小世界：无数的微生物游弋于其中。他把这个发现报告给了英国皇家学会，引起了一阵轰动。人们有时候把列文虎克称为“显微镜之父”，严格地说，这不太正确。列文虎克没有发明第一个复合式显微镜，他的成就是制造出了高质量的凸透镜镜头。在其一生中制作了超过400多台显微镜，观察了大量样本，并发表了大量的有关文章。

胡克和列文虎克，都对显微镜的发展做出了卓越的贡献。胡克和列文虎克利用自制的显微镜，在动、植物机体微观结构的研究方面取得了杰出成就。

在接下来的两个世纪中，复合式显微镜得到了充分的完善，例如人们发明了能够消除色差和其他光学误差的透镜组。高质量消色差浸液物镜的出现，使显微镜观察微细结构的能力大为提高。1827年阿米奇第一个采用了浸液物镜。19世纪70年代，德国人阿贝奠定了显微镜成像的古典理论基础。这些都促进了显微镜制造和显微观察技术的迅速发展，并为19世纪后半叶包括科赫、巴斯德等在内的生物学家和医学家发现细菌和微生物提供了有力的工具。与19世纪的显微镜相比，现在我们使用的普通光学显微镜基本上没有什么改进。原因很简单，因为光学显微镜已经达到了分辨力的极限，对于使用可见光作为光源的显微镜，它的分辨力极限是0.2μm。任何小于0.2μm的结构都没法识别出来。如何提高显微镜分辨力以便获得更加清晰的图像，成了人们思考的问题。为此科学家们进行了大量研究，并取得了大量成果。在显微镜本身结构发展的同时，显微观察技术也在不断创新，1850年出现了偏光显微术；1893年出现了干涉显微术；1935年荷兰物理学家泽尔尼克创造了相差显微术，他为此在1953年获得了诺贝尔物理学奖。

提高显微镜分辨力的途径之一就是设法减小光的波长，或者，用电子束来代替光。根据德布罗意的物质波理论，运动的电子具有波动性，而且速度越快，它的“波长”就越短。如果能把电子的速度加到足够高，并且汇聚它，就有可能用来放大物体。1938 年，德国工程师麦克斯·卡诺尔和恩斯特·鲁斯卡制造出了世界上第一台透射电子显微镜（TEM）。1952 年，英国工程师查尔斯·奥克利制造出了第一台扫描电子显微镜（SEM）。

电子显微镜是 20 世纪最重要的发明之一。由于电子的速度可以加到很高，电子显微镜的分辨力可以达到纳米级（$10^{-9}$m）。很多在可见光下看不见的物体（例如病毒）在电子显微镜下现出了原形。

1983 年，IBM 公司苏黎世实验室的两位科学家格尔德·宾宁和海因里希·罗雷尔发明了所谓的扫描隧道显微镜（STM）。这种显微镜比电子显微镜更激进，它完全失去了传统显微镜的概念。

很显然，我们不能直接“看到”原子。因为原子与宏观物质不同，它不是光滑的、滴溜乱转的削球，更不是达·芬奇绘画时候所用的模型。扫描隧道显微镜依靠所谓的“隧道效应”工作。如果舍弃复杂的公式和术语，这个工作原理其实很容易理解。隧道扫描显微镜没有镜头，它使用一根探针。探针和物体之间加上电压。如果探针距离物体表面很近——大约在纳米级的距离上——隧道效应就会起作用。电子会穿过物体与探针之间的空隙，形成一股微弱的电流。如果探针与物体的距离发生变化，这股电流也会相应的改变。这样，通过测量电流我们就能知道物体表面的形状，分辨力可以达到单个原子的级别。

因为这项奇妙的发明，宾尼和罗勒获得了 1986 年的诺贝尔物理学奖。这一年还有一个人分享了诺贝尔物理学奖，那就是电子显微镜的发明者鲁斯卡。

## 知识链接三　细菌的繁殖方式

微生物的繁殖方式分为有性繁殖和无性繁殖两种。

一、无性繁殖

无性繁殖是指不经两性细胞的配合便产生新个体的一种繁殖方式。

细菌的繁殖方式

细菌主要是通过无性繁殖产生后代，其繁殖方式是二分裂殖，简称裂殖。裂殖是细菌最普遍、最主要的繁殖方式，通常表现为横分裂。杆菌和螺旋菌在分裂前先延长菌体，然后垂直于长轴分裂。如果分裂发生在菌体中腰部与菌体长轴垂直处，分裂后形成的两个子细胞大小基本相等，称为同型分裂。大多数细菌繁殖属此类型。也有少数种类的细菌，分裂偏于一端，分裂后形成的两个子细胞大小不等，称为异型分裂。这种情况，偶尔出现于陈旧培养基中。

细菌的繁殖过程分为三个连续步骤（图 2–39）。

由于分裂的方向不同，分裂后的子细胞相互分离或相互连结，因此形成各种形式的排列。球菌的分裂面因种类不同而异：链球菌沿 1 个平面分裂，四联球菌沿两个垂直面分裂，八叠球菌沿3个相互垂直面分裂，葡萄球菌分裂面不定。细胞分裂后仍有胞间连丝存在时，便排列为一定方式，如链状、四联、八叠等；杆菌的分裂面与长轴垂直，分裂后的排列方式也因菌种的不同而形态各异，有单生、双生、短链、长链及八字形、栅栏状等；螺菌的分裂面依长度方向进行。球菌细胞分裂方式如图2-40所示。

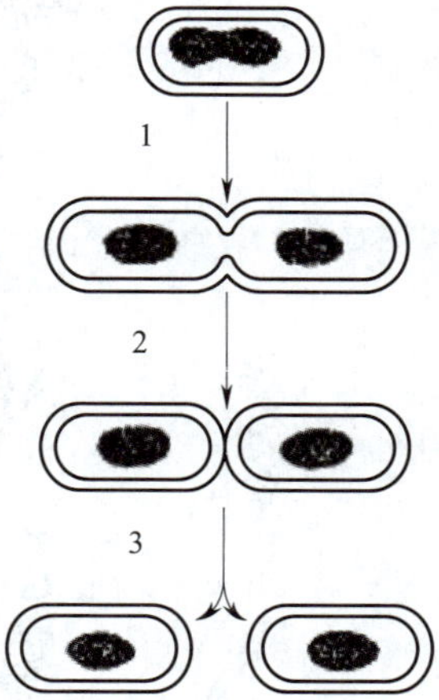

图2-39 细菌的细胞分裂过程

1—核的分裂和隔膜的形成 2—横隔壁形成 3—子细胞分裂

二、有性繁殖

有性繁殖是指经两性细胞的配合产生新个体的一种繁殖方式。

近年来，通过电子显微镜观察的遗传学研究证实，少数细菌种类也存在有性接合，但频率很低。除埃希氏菌属外，志贺氏菌属、沙门氏菌属、假单胞菌属、沙雷氏菌属和弧菌属的培养物，在实验室条件下都有有性接合现象发生。

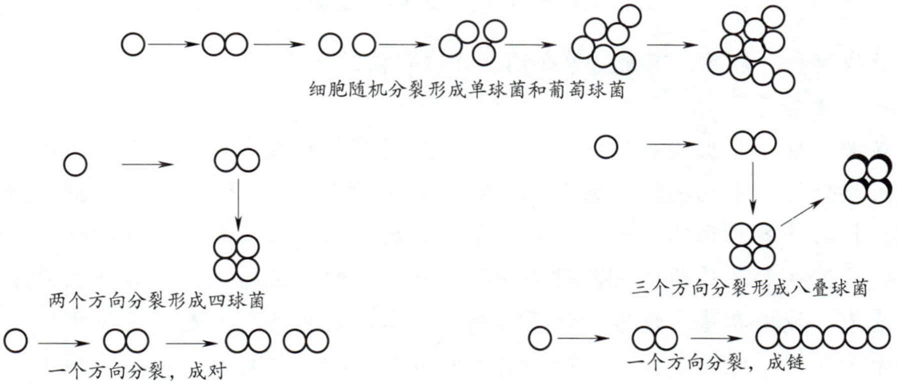

图2-40 球菌细胞分裂方式

## 知识链接四 放线菌的生活史

放线菌的发育周期是一个连续的过程。现以链霉菌为例，将放线菌生活史概括如下：孢子在适宜条件下萌发，长出1～3个芽管；芽管伸长，长出分枝，分枝越来越多形成基内菌丝体；基内菌丝体发育到一定阶段，向培养基外部空间生长成为气生菌丝体；气生菌丝体发育到一定程度，在它的上面形成孢子丝；孢子丝以一定方式形成孢子。如此周而复始，得以生存发展（以链霉菌的生活史为例说明，图2-41）。

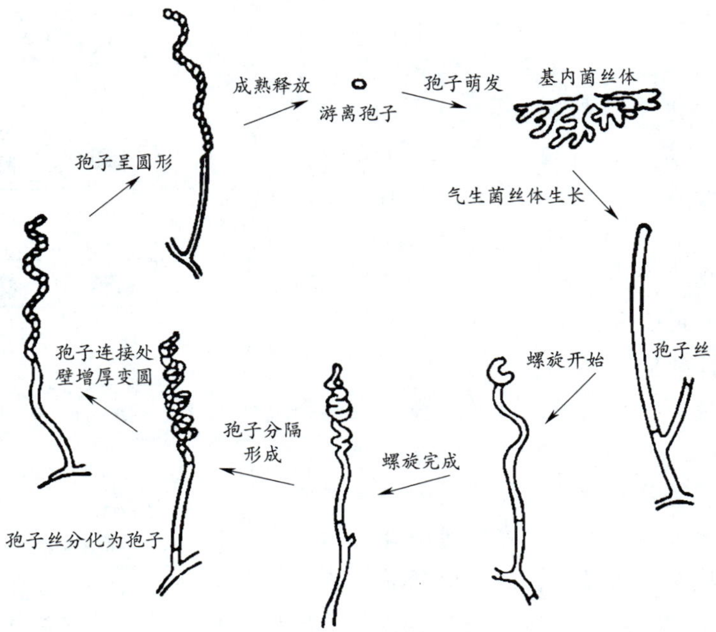


图 2-41　链霉菌的生活史

## 知识链接五　放线菌的重要类群

放线菌种类较多，下面简单介绍其比较重要的类群。

一、链霉菌属

在固体培养基上生长时，形成发达的基质菌丝和气生菌丝。气生菌丝生长到一定时候分化产生孢子丝，孢子丝有直、波曲、螺旋形等各种形态。孢子有球形、椭圆、杆状等各种形态，并且有的孢子表面还有刺、疣、毛发等各种纹饰。链霉菌的气生菌丝和基质菌丝有各种不同的颜色，有的菌丝还产生可溶性色素分泌到培养基中，使培养基呈现各种颜色。腐生。本属的主要特点是产生抗生素。已发现的千余种中，能产生抗生素的就有 600 多个菌种，占其他种类微生物所产抗生素的 90% 以上。如链霉素、红霉素、四环素等，是工业化发酵生产抗生素的主要菌种资源。

二、诺卡氏菌属

在固体培养基上生长时，只有基质菌丝，没有气生菌丝或只有很薄一层气生菌丝，靠菌丝断裂进行繁殖。大多好氧腐生，少数厌氧寄生。该属有 30 余种能产生抗生素，对结核分枝杆菌和麻风分枝杆菌特效的利福霉素就是由该属菌产生的。另外，一些种类能分解烃类物质，在石油脱蜡、烃类发酵和污水处理中都有应用。

三、小单孢菌属

小单孢菌属无气生菌丝，在基内菌丝上长出孢子梗，梗顶端产生一个球形或卵圆形分生孢子，一般好氧腐生。一些种能产生抗生素，如庆大霉素等。

## 知识链接六　酵母菌的细胞结构

酵母菌具有较典型的真核细胞结构，即有结构完整的细胞核，有线粒体及内质网等细胞器，在光学显微镜下，可清晰分辨个体细胞及模糊地看到细胞内的结构，其结构有细胞壁、细胞膜、细胞核、细胞质及内含物等。酵母菌细胞的模式构造如图2-42所示。

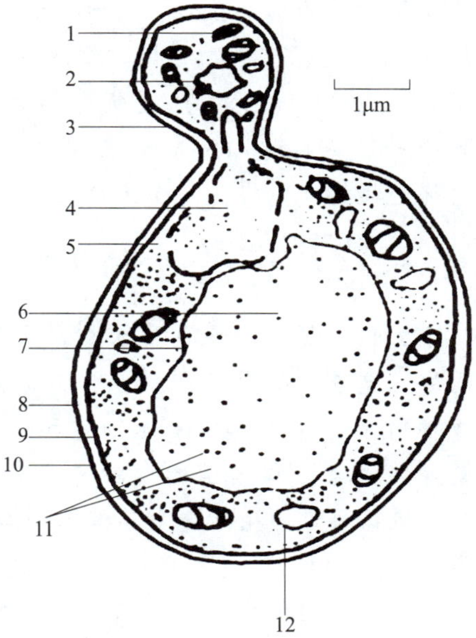


图2-42　酵母菌细胞的模式构造

1—线粒体　2—芽体液泡　3—芽体　4—细胞核　5—核膜孔　6—液泡　7—液泡膜　8—芽痕　9—细胞膜　10—细胞壁　11—液泡颗粒　12—内含物

一、细胞壁

细胞壁在最外层，较坚韧，其主要成分为酵母纤维素，是一种糖类物质。幼年细胞的细胞壁较薄，有弹性，然后逐渐变厚变硬，细胞壁由特殊的酵母纤维素构成，其具有三层结构——外层为甘露聚糖，内层为葡聚糖，都是复杂的分枝状聚合物，其间夹有一层蛋白质分子。位于细胞壁内层的葡聚糖是维持细胞壁强度的主要物质，还含有少量类脂和以环状形式分布于芽痕周围的几丁质。主要成分所占比例约为甘露聚糖（31%）、葡聚糖（29%）、蛋白质（13%）和类脂质（8.5%），几丁质的含量随种而异。

用玛瑙螺的胃液制得蜗牛消化酶，可用来制备酵母菌的原生质体。

二、细胞膜

细胞膜与细菌细胞膜一样，位于细胞壁内侧以磷脂双分子层为基本结构，中间镶嵌蛋白质，可功能选择性地由环境吸收细胞代谢所必须的营养物质，并将一些废物排出体外。

三、细胞质与细胞器、内含物

细胞质是细胞新陈代谢的场所，它是一种黏稠的胶体，幼细胞的细胞质较稠密而均匀，老细胞的细胞质则出现较大的液泡和各种贮藏物。液泡的成分为有机酸及其盐类水溶液，贮藏物则以颗粒存在。细胞质膜具有半渗透性，营养物质的吸收与废物的排除都靠此膜来完成。另外，在细胞质中具有完善的细胞器，如线粒体等。线粒体是呼吸酶系的载体，其功能是为细胞运动、物质代谢等提供足够能源，是细胞的“动力工厂”。

老龄酵母菌细胞呈现许多颗粒和液泡，大多数酵母菌，尤其是球形和椭圆形酵母菌只有一个液泡，长形酵母菌有时具有两个液泡，位于细胞的两端。液泡里有液体，含有盐类和有机酸等物质。细胞中的颗粒是酵母菌的贮藏物质，包括肝糖粒、脂肪粒、异染颗粒等。

四、细胞核

酵母菌为真核生物，与细菌的一个重要区别就在于酵母菌具有成形的细胞核，每一个细胞有一个细胞核。细胞核内有核膜、核仁和核质，细胞核的主要成分为脱氧核糖核酸（DNA）。它是细胞代谢活动的控制中心。细胞核呈圆形或卵形，其直径一般不超过1μm。细胞核的位置一般位于细胞中央，由于液泡的逐渐扩大，把细胞核挤在中央，常变为肾形。

## 知识链接七　酵母菌的生活史

上代个体经一系列生长、发育而产生下一代个体的全部历程，就称为该生物的生活史或生命周期。

由于酵母菌的单倍体细胞和二倍体细胞都有可能独立存在，各自进行生长、繁殖。因此，酵母菌的生活史包含了单倍体生长阶段和二倍体生长阶段两个部分。根据酵母菌生活史中单倍体和二倍体阶段存在的长短，可以把酵母菌分为三种类型。

一、单倍体型

在其生活史中，单倍体营养阶段较长，二倍体阶段很短。例如八孢裂酵母单倍体营养细胞借裂殖繁殖，当两个营养细胞接触，形成融合管，质配后立即核配，两个细胞接合成一个二倍体，其二倍体阶段时间很短，一形成二倍体后立即发生分裂，形成8个单倍体子囊孢子，子囊破裂后释放出来。在适宜条件下，每个子囊孢子萌发为单倍体营养细胞，又以裂殖方式进行无性繁殖。如此循环往复，周而复始。

二、双倍体型

在其生活史中，二倍体营养阶段较长，单倍体阶段较短。例如路德氏酵母的单倍体存在的时间非常短，其邻近子囊孢子在子囊内就成对结合，发生质配和核配，形成二倍体的细胞；该细胞萌发形成芽管，芽管穿过子囊壁而成为芽生菌丝，酵母细胞从此处出芽。芽细胞以一横隔与母细胞隔离，后即分开；这些二倍体核营养细胞经减数分裂转变为子囊，每个子囊内产生4个单倍体的子囊孢子，然后重复上述过程。

三、单双倍体型

在其生活史中，单倍体营养阶段和二倍体营养阶段都可以出芽方式继续繁衍，所以两个阶段是同等重要的，这就使生活史形成了世代交替。现以啤酒酵母为例。单倍体营养细胞借出芽繁殖；两个单倍体营养细胞结合，质配、核配，形成二倍体核；二倍体细胞并不立即进行核分裂，而是以出芽方式进行无性繁殖，成为二倍体营养细胞；二倍体营养细胞在适宜条件下转变为子囊，二倍体核经减数分裂形成四个单倍体子囊孢子；单倍体的子囊孢子作为营养细胞也可进行芽殖。二倍体营养细胞较大而且生活力强。因此，在发酵工业上对酵母的利用多采用二倍体营养细胞进行生产。3种类型酵母菌的生活史如图2-43所示。

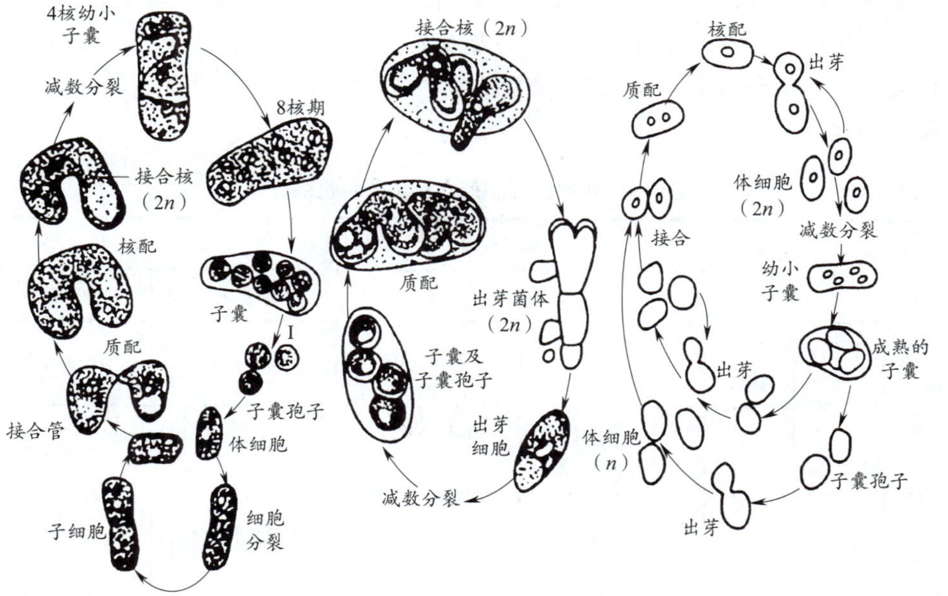


（1）八孢裂殖酵母　　（2）路德氏酵母　　（3）啤酒酵母

图2-43　3种类型酵母菌的生活史

## 知识链接八　霉菌的生活史

霉菌的生活史是指霉菌从一种孢子开始，经过一定的生长和发育，到最后又产生同一种孢子为止的过程。整个生活史包括无性阶段和有性阶段。较典型的生活史为：霉菌的菌丝体（即营养体）在适宜的条件下，产生无性孢子，无性孢子萌发形成新的菌丝体。如此多次重复，即无性阶段。霉菌生长后期，可能进入有性阶段，在菌丝体上形成配子囊，经过质配、核配而形成二倍体的细胞核，又经过减数分裂，形成单倍体的有性孢子（图2-44）。

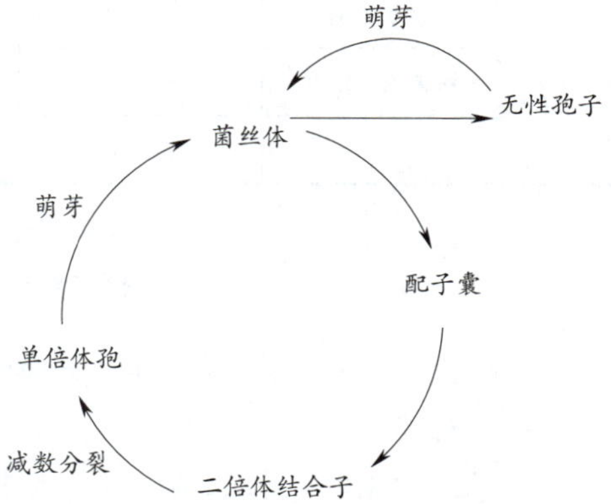


图2-44　霉菌的生活史

霉菌的无性孢子通常较能抗干燥和辐射，但不耐高温，不是休眠体。只要条件适宜就能萌发。霉菌的有性孢子一般是休眠体，较能耐热，经活化后才能萌发。

## 知识链接九　四大类微生物的细胞形态和菌落特征的比较

细胞和菌落特征是鉴定各类微生物的重要形态学指标，在实验室和生产实践中有重要的意义。为使我们能对学过的几大类微生物能有较清楚认识，现将细菌、放线菌、酵母菌和霉菌这四大类微生物的细胞和菌落形态等特征总结并做比较，如表 2–11 所示。

**表 2–11　　四大类微生物的细胞形态和菌落特征的比较**

| 菌落特征 \ 微生物类别 | | | 单细胞微生物 | | 菌丝状微生物 | |
|---|---|---|---|---|---|---|
| | | | 细菌 | 酵母菌 | 放线菌 | 霉菌 |
| 主要特征 | 细胞 | 形态特征 | 小而均匀、个别有芽孢 | 大而分化 | 细而均匀 | 粗而分化 |
| | | 相互关系 | 单个分散或按一定方式排列 | 单个分散或假丝状 | 丝状交织 | 丝状交织 |
| 主要特征 | 菌落 | 含水情况 | 很湿或较湿 | 较湿 | 干燥或较干燥 | 干燥 |
| | | 外观特征 | 小而突起或大而平坦 | 大而突起 | 小而紧密 | 大而疏松或大而致密 |
| 参考特征 | 菌落透明度 | | 透明或稍透明 | 稍透明 | 不透明 | 不透明 |
| | 菌落与培养基结合度 | | 不结合 | 不结合 | 牢固结合 | 较牢固结合 |
| | 菌落的颜色 | | 多样 | 单调 | 十分多样 | 十分多样 |
| | 菌落正反面颜色差别 | | 相同 | 相同 | 一般不同 | 一般不同 |
| | 细胞生长速度 | | 一般很快 | 较快 | 慢 | 一般较快 |
| | 气味 | | 一般有臭味 | 多带酒香 | 常有泥腥味 | 霉味 |

## 知识链接十　霉菌的代表属种

霉菌种类繁多，这里介绍的是人类生活及生产实践关系较为密切而又常见的几种。

### 一、毛霉

毛霉又称黑霉、长毛霉，是一种较低等的真菌，多为腐生，罕寄生。在土壤、粪便、禾草及空气等环境中存在。在高温、高湿度以及通风不良的条件下生长良好。菌丝为无隔膜的单细胞，多核，以孢囊孢子和接合孢子繁殖。毛霉的菌丝体在基质上或基质内能广泛蔓延，无假根和匍匐枝，孢囊梗直接由菌丝体生出，一般单生，分枝较少或不分枝。分枝顶端都有膨大的孢子囊，囊轴与孢囊梗相连处无囊托。孢囊孢子成熟后，孢子囊壁破裂，孢囊孢子分散开来。毛霉菌丝初期白色，成熟后灰白色至黑色。有性繁殖则产生接合孢子。

毛霉常出现在酒药中，能糖化淀粉并能生成少量乙醇，能产生蛋白酶，有分解大豆蛋白的能力，是用于制用腐乳、豆豉等食品的重要菌种。能产生草酸、乳酸、琥珀酸及甘油等，还能产生脂肪酶、果胶酶、凝乳酶等。梨形毛霉是生产柠檬酸的重要菌种。也常见于水果、蔬菜以及各种淀粉性食物和谷物上，引起霉腐变质。常用的毛霉主要有鲁氏毛霉和总状毛霉等。

二、根霉

根霉的菌丝体白色，菌丝无隔膜、有分枝和假根，营养菌丝体上产生匍匐枝，匍匐菌丝呈弧形，在培养基表面水平生长。匍匐菌丝着生孢子囊梗部位接触培养基处，菌丝伸入培养基内呈分枝状生长，犹如树根，故称假根，是根霉的重要特征。从假根处向上丛生直立、不分枝的孢囊梗，顶端膨大形成圆形的孢子囊，囊内产生孢囊孢子。孢子囊内囊轴明显，球形或近球形，囊轴基部与梗相连处有囊托（图 2–45）。根霉的孢子可以在固体培养基内保存，能长期保持生活力。根霉有性繁殖产生接合孢子，无性繁殖形成孢囊孢子。

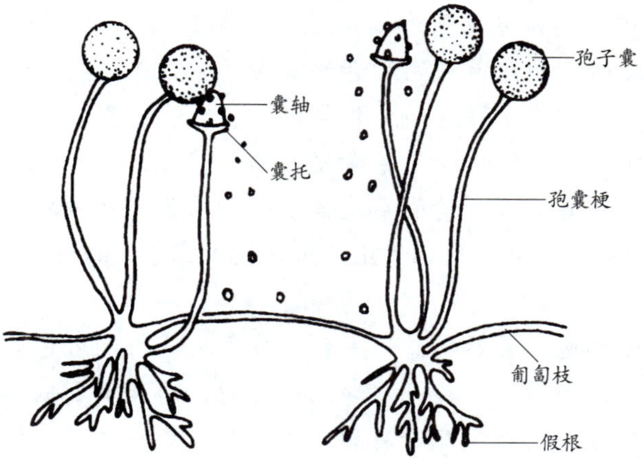


图 2–45　根霉的形态和构造

根霉在自然界分布很广，空气、土壤以及各器皿表面都有存在。用途广泛，其淀粉酶活性很强，是酿造工业中常用糖化菌。我国最早利用根霉糖化淀粉（即阿明诺法）生产酒精。根霉能生产延胡索酸、乳酸等有机酸，还能产生芳香性的酯类物质。根霉也是转化固醇类化合物的重要菌类。与生物技术关系密切的根霉主要有黑根霉、华根霉和米根霉。

黑根霉也称匍枝根霉，分布广泛，常出现于生霉的食品上，瓜果蔬菜等在运输和贮藏中的腐烂及甘薯的软腐都与其有关。黑根霉（ATCC6227b）是目前发酵工业上常使用的微生物菌种。最适生长温度约为28℃，超过32℃不再生长。

三、曲霉

曲霉是一种典型的丝状菌，属多细胞，菌丝有隔膜。营养菌丝大多匍匐生长，没有假根。曲霉的菌丝体通常无色，老熟时渐变为浅黄色至褐色。从特化了的菌丝细胞（足细胞）上形成分生孢子梗，顶端膨大形成顶囊，顶囊有棍棒形、椭圆形、半球形或球形。顶囊表面生辐射状小梗，小梗单层或双层，小梗顶端分生孢子串生。分生孢子具各种形状、颜色和纹饰。由顶囊、小梗以及分生孢子构成分生孢子头（图2–46）。曲霉仅有少数种具有有性阶段，产生闭囊壳，内生子囊和子囊孢子。

曲霉种类较多，其中与生物工程关系密切的主要有黑曲霉和黄曲霉。

黑曲霉在自然界中分布极为广泛，在各种基质上普遍存在，能引起水分较高的粮食霉变，其他材料上也常见。菌丛黑褐色，顶囊大球形，小梗双层，自顶囊全面着生，分生孢子球形。黑曲霉具有多种活性很高的酶系，如淀粉酶、蛋白酶、果胶酶、纤维素酶和葡萄糖氧化酶等。黑曲霉还能产生多种有机酸，如柠檬酸、葡萄糖酸和没食子酸等。工业生产中广泛使用的黑曲霉有邬氏曲霉、甘薯曲霉、宇佐美曲霉等。

黄曲霉菌群中主要是米曲霉和黄曲霉。米曲霉具有较强的蛋白质分解能力，同时也具有糖化活性，很早就被用于酱油和酱类生产上。黄曲霉产生的液化型淀粉酶较黑曲霉强，蛋白质分解能力仅次于米曲霉，并且它还能分解DNA产生核苷酸。但黄曲霉菌中的某些菌株是使粮食发霉的优势菌，特别是在花生等食品上容易形成，并产生黄曲霉毒素。黄曲霉毒素是一种很强的致癌物质，能引起人、家禽、家畜中毒以至死亡，我国现已停止使用产黄曲霉毒素的菌种。

四、青霉

青霉菌属为多细胞，营养菌丝体无色、淡色或具鲜明颜色。菌丝有横隔，分生孢子梗也有横隔，光滑或粗糙。基部无足细胞，顶端不形成膨大的顶囊，其分生孢子梗经过多次分枝，产生几轮对称或不对称的小梗，形如扫帚，称为帚状体（图2–47）。分生孢子球形、椭圆形或短柱形，光滑或粗糙，大部分生长时呈蓝绿色。有少数种产生闭囊壳，内形成子囊和子囊孢子，也有少数菌种产生菌核。

青霉的孢子耐热性较强，菌体繁殖温度较低，酒石酸、苹果酸、柠檬酸等饮料中常用的酸味剂又是它喜爱的碳源，因而常常引起这些制品的霉变。青霉菌能产生多种酶类及有机酸，在工业生产上主要用于生产青霉素，并用以生产葡萄糖氧化酶或葡萄糖酸、柠檬酸和抗坏血酸。发酵青霉素的菌丝废料含有丰富的蛋白质、矿物质和B族维生素，可用作家畜、家禽的饲料。该菌还可用作霉腐试验菌。

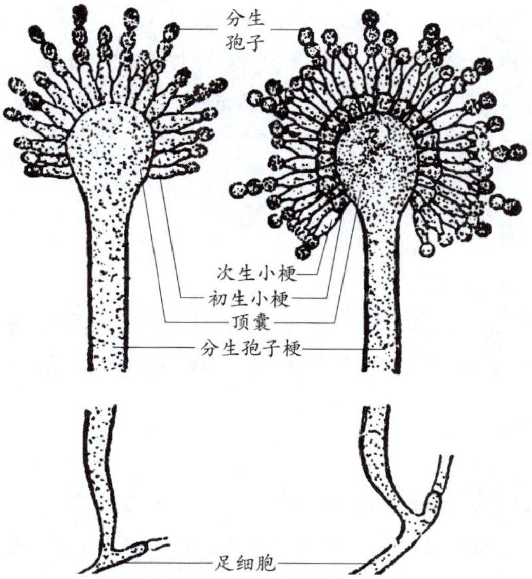


图 2-46　曲霉的形态

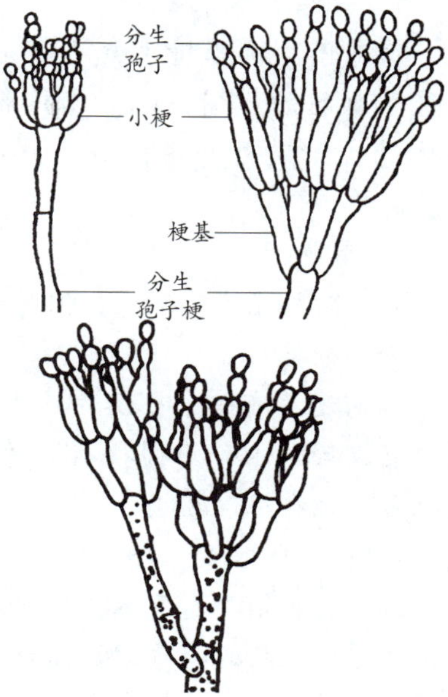


图 2-47　青霉的形态

## 知识链接十一　病毒的概念、分类和特点

一、概念

病毒是一类比细菌更小、能通过细菌过滤器、只含一种类型的核酸（DNA 或 RNA）、仅能在活细胞内生长繁殖的非细胞形态的微生物。

病毒的特点

二、特点

病毒是一种独特的生命体，具高度的侵染性，体积微小，无完整细胞结构，对于人类、动植物、微生物有极大危害。与其他生物相比具有许多不同的特点，主要表现在以下几个方面。

1. 个体极其微小

一般能通过细菌过滤器，个体比细菌小得多，在电子显微镜下放大数千倍甚至几万倍才能观察到。

2. 化学组成简单

病毒主要由核酸与蛋白质组成。

3. 仅含一种核酸

不是含 DNA 就是含 RNA，不像一般生物细胞含两种核酸。

4. 不具有细胞结构

属非细胞型微生物，内为核酸构成的核心，包蛋白质衣壳。有些病毒在衣壳外还有脂蛋白外膜包绕。

5. 专性活体寄生

病毒不具备维持生命活动完整的酶系统，只能在特定的活体寄主细胞内利用寄主细胞的代谢系统，以核酸复制的方式增殖，具有严格的细胞寄生性。在活体寄主细胞外，不能独立进行新陈代谢，只能以无生命的大分子颗粒状态存在。

6. 敏感性

对一般抗生素不敏感，但对干扰素敏感。

三、分类

目前还没有一个公认的病毒分类系统，人们在几乎所有生物中都发现有病毒的存在，因此人们习惯按宿主种类将病毒分为：微生物病毒、植物病毒、脊椎动物病毒和无脊椎动物病毒。

1. 微生物病毒

人们在细菌、支原体、蓝细菌等原核生物和真菌中都发现有病毒的感染。侵染细菌等原核生物的病毒通常称为噬菌体，在大肠杆菌中发现的噬菌体最多，研究也最深入。噬菌体的形态主要有球状、丝状和蝌蚪状 3 种。侵染真菌的称为噬真菌体。

2. 植物病毒

能够感染植物的病毒称为植物病毒。植物病毒粒子有 3 种基本形态：杆状、丝状和等轴对称的近球状二十面体。绝大部分属于丝状 ssRNA 病毒，一般没有包膜，只有少数种类才有包膜，例如植物弹状病毒组的莴苣坏死黄化病病毒等。已知的植物病毒多达 600 多种，绝大多数为种子植物，尤其是禾本科、葫芦科、豆科、十字花科等植物都易发生病毒病。很多植物病毒虽是严格的细胞内寄生物，但是它们的专一性不强，往往一种病毒可寄生在不同种、属，甚至不同科的植物上，例如烟草花叶病毒（TMV）就可以传染 10 多个科、100 多种草本和木本植物。植物患病毒病后，主要出现三类症状：因叶绿体被破坏或不能合成新的叶绿素，而引起花叶、黄化或红化等症状；植株发生矮化、丛枝或畸形等；形成枯斑或坏死等症状。

3. 脊椎动物病毒

脊椎动物病毒是指寄生在人类、哺乳动物、禽类、两栖类、爬行类和鱼类等各类脊椎动物细胞内的病毒。目前研究得较广泛和深入的是那些与人类健康、畜牧业直接相关的少数脊椎动物病毒。常见的如流感、麻疹、腮腺炎、脊髓灰质炎、肝炎、疱疹、流行乙型脑炎、艾滋病以及狂犬病等。此外，据统计，在人类的恶性肿瘤中，约有 15% 是由于病毒的感染而诱发的。家禽和其他哺乳动物中的病毒病也相当普遍，如猪瘟、牛瘟、口蹄疫、鸡新城疫、鸡瘟和鸡的劳斯氏肉瘤等。

4. 无脊椎动物病毒

无脊椎动物病毒主要发现于昆虫，但在甲壳动物、软体动物以及其他无脊椎动物中都存在。在农林害虫的生物防治、昆虫病毒病的控制以及在虫媒病毒引起疾病的研究和防治方面，昆虫病毒引起了人们的重视和开发利用。在昆虫病毒中80%以上是农林业中常见的鳞翅目害虫的病原体。

除此之外，也可按照核酸类型进行分类，分为DNA病毒（包括ssDNA病毒即单链DNA病毒，dsDNA病毒即双链DNA病毒）、RNA病毒（包括ssRNA病毒即单链RNA病毒，dsRNA病毒即双链RNA病毒）。

## 知识链接十二　病毒的形态、大小、结构和化学组成

病毒在其宿主细胞外是以完整的个体形式存在的，成熟、结构完整、具有感染宿主细胞能力的单个病毒颗粒称为“病毒粒子”或“病毒颗粒”。许多与人类关系密切的病毒的形态及构造已经得到了解。

病毒的形态结构

### 一、病毒的形态

病毒的基本形态多数呈球形或近似球形、棒杆形、丝线形，少数可为子弹状、砖块状。在电子显微镜下观察到的病毒粒子有球状、棒杆状、蝌蚪状和线状等多种形态。人、动物和真菌的病毒大多呈球状（如腺病毒、蘑菇病毒），少数为弹状或砖状（如弹状病毒、痘病毒）。植物病毒和昆虫病毒则多数为线状和杆状（如烟草花叶病毒、家蚕核型多角体病毒）、少数为球状（如花椰菜花叶病毒），部分呈蝌蚪状（$T_2$、$T_4$、$\lambda$ 噬菌体）等。

### 二、病毒的大小

病毒的个体微小，绝大多数病毒能通过细菌滤器，因此，必须通过电子显微镜才能观察其具体形态和大小。测量病毒大小的单位是纳米（nm，$10^{-9}$m）。不同种类的病毒大小差异很大，直径在10～300nm，通常在100nm左右。较大的病毒如痘类病毒，其大小为（250～300nm）×（50～200nm），比最小的细菌支原体（直径200～250nm）还大。最小的病毒如菜豆畸矮病毒，粒子大小仅为9～11nm，比血清蛋白分子（直径22nm）还小。

通常我们将小于50nm的病毒称为小型病毒，将50～150nm的病毒称为中等大小病毒（大多数），将大于150nm的病毒称为大型病毒（最大300nm）。

常见病毒颗粒大小比较如图2–48所示。

### 三、病毒的化学组成和结构

病毒粒子的主要成分是核酸和蛋白质。核酸位于病毒粒子的中心，构成了它的核心或基因组；蛋白质包围在核心周围，构成了病毒粒子的衣壳。衣壳是病毒粒子的主要支架结构和抗原成分，对核酸有保护作用。衣壳由许多在电镜下可辨别的形态学亚单位——衣壳粒所构成。核心和衣壳合在一起称为核衣壳，它是任何病毒（指“真病毒”）所必须具备的基本结构。有时也将只具有核衣壳这一基本

结构的病毒称作裸露病毒。有些较复杂的病毒，在其核衣壳外还被一层由类脂或脂蛋白组成的包膜包裹着，包膜易被乙醚等脂溶剂所破坏。

病毒粒子的模式构造见图 2-49。

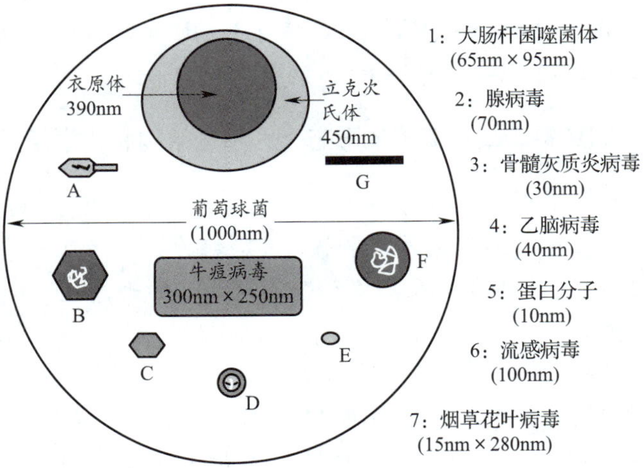


图 2-48　常见病毒颗粒大小比较

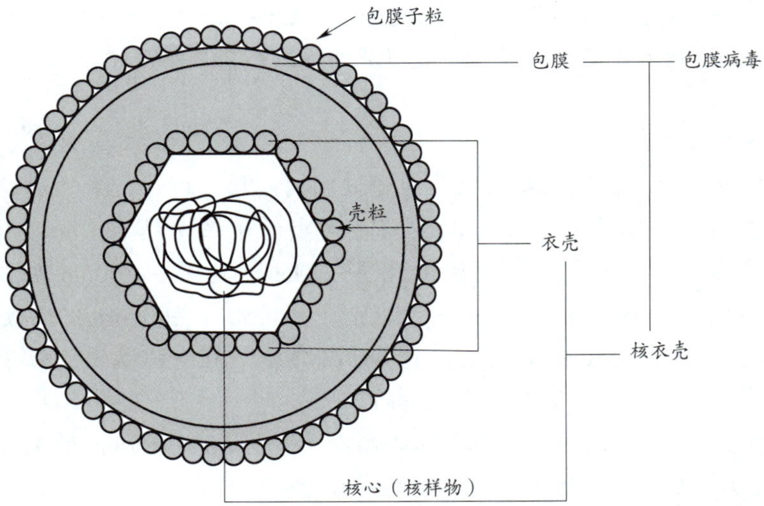


图 2-49　病毒粒子模式结构图

根据病毒的化学分析、X 射线衍射研究、电子显微镜观察，并与立体几何模型相结合的研究后发现，由相同的蛋白质亚基——衣壳粒装配而成的病毒粒子，通常只形成螺旋对称和二十面体对称（即等轴对称）两种体制，另有一些结构较复杂的病毒，其衣壳的特点是螺旋对称和二十面对称相结合，故称复合对称。

1. 螺旋对称的代表——烟草花叶病毒（TMV）

烟草花叶病毒是发现最早、研究最深入和了解最清楚的一种病毒，其形态构造如图 2-50 所示。

TMV 呈直杆状，长 300nm，宽 15nm，中空（内径 4nm）。衣壳粒有规律地沿中轴呈螺旋排列，形成高度有序的、稳定的壳体结构，即螺旋对称壳体结构。其中含 95%蛋白质和 5%单链 RNA（ssRNA）。核酸通过多个弱键与蛋白质亚基结合，能够控制螺旋排列的形式及壳体长度，核酸与壳体的相互作用也增加了壳体结构的稳定。有人报道 TMV 的抽提物在室温下放置 50 年后仍有感染力。

- 病毒粒子
  - 核衣壳（基本构造）
    - 核心：由DNA或RNA构成
    - 衣壳：由许多衣壳粒蛋白构成
  - 包膜（非基本构造）：由类脂或脂蛋白构成

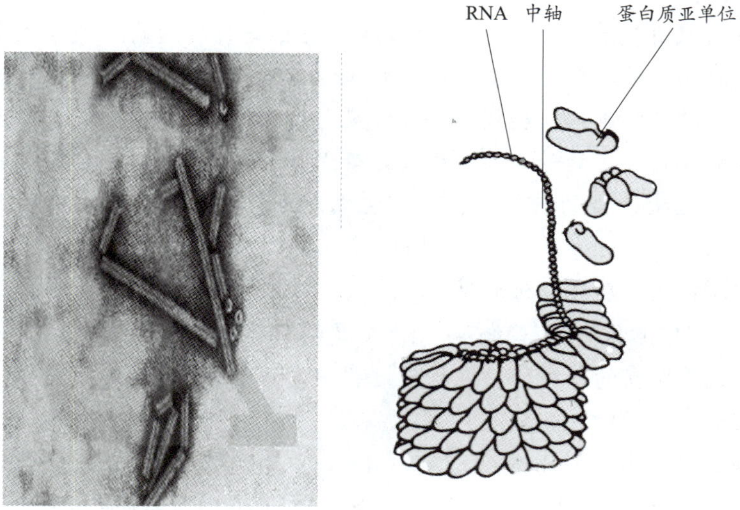


（1）　（2）

图 2-50　烟草花叶病毒的电镜形态（1）和外壳蛋白示意图（2）

2. 二十面体对称的代表——腺病毒

腺病毒是一种动物病毒，它可侵染呼吸道、眼结膜和淋巴组织，是急性咽炎、咽结膜炎、流行性角膜结膜炎和病毒性肺炎等的病原体。

腺病毒的外形呈典型的二十面体，粗看像“球状”，没有包膜，直径为 70 ~ 80nm（图 2-51），核酸浓集成球形或近似球形，外周的壳粒排列成二十面体对称型。二十面体的每个面都呈等边三角形，由许多壳粒镶嵌组成。大多数病毒体三角形面由 6 个壳粒组成，称为六邻体，在三角形顶角可由 5 个壳粒组成，称为五邻体。大多数球形病毒属于这种对称型。

3. 复合对称的代表——T 偶数噬菌体

T 偶数噬菌体病毒体结构较复杂，既有螺旋对称又有立体对称形式，因此称为复合对称。大肠杆菌的 T 偶数噬菌体共有三种，即 $T_2$、$T_4$ 和 $T_6$，在自然界分布极广。它们是病毒学和分子遗传学研究中的极好材料，因此对它们的了解极其深刻，尤其是 $T_4$ 早已有了十分清晰的电镜照片和最完整的基因组图。

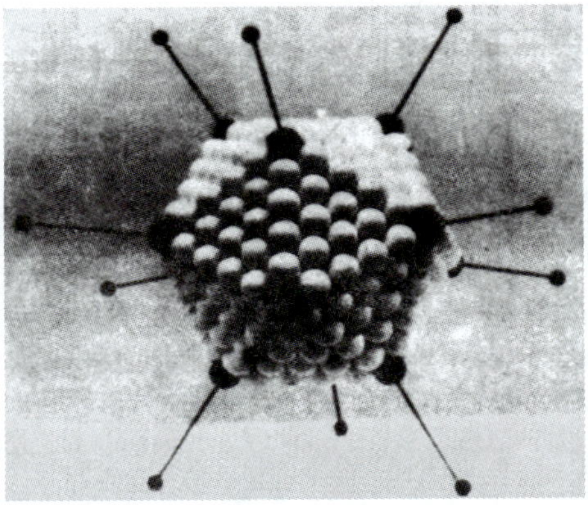
图 2–51　腺病毒的二十面体对称

四、病毒的化学组成

绝大多数病毒只含核酸和蛋白质两种成分。只有少数大型病毒还含有脂类、多糖等物质。

1. 蛋白质

病毒一般只含一种或少数几种蛋白质。病毒蛋白质的氨基酸组成与其他生物一样。但不同病毒蛋白质的氨基酸组成和含量各不相同。

病毒蛋白质在病毒结构构成、病毒侵染与增殖过程中具有如下几种重要功能。

（1）构成病毒粒子的外壳，对核酸起着保护作用。

（2）决定病毒感染的特异性，与宿主细胞表面的受体具有特异性亲和力，使病毒吸附。

（3）破坏宿主细胞膜与细胞壁。

（4）构成 DNA 和 RNA 聚合酶、RNA 复制酶、逆转录酶等核酸复制酶，以及合成病毒蛋白质所需的各种酶，在增殖过程中发挥重要作用。

2. 核酸

一种病毒只含有一种核酸：DNA 或 RNA。植物病毒绝大部分含 RNA；动物病毒有些含 DNA，有些含 RNA；噬菌体大多数含 DNA；真菌病毒绝大多数含 RNA，还不清楚是否具有含 DNA 的真菌病毒。

病毒核酸是病毒遗传的物质基础，其类型极为多样化。病毒 DNA 和 RNA 有单链（ss）和双链（ds）之分。病毒 DNA 分子多数是双链，少数是单链；而病毒 RNA 分子多数是单链，少数为双链。病毒 DNA 分子还有线状和环状之分；而病毒 RNA 分子都是线状的，罕见环状。此外，病毒核酸还有正链（+）和负链（–）之区别。凡碱基排列顺序与 mRNA 相同的单链 DNA 和 RNA，称（+）DNA 链或（+）RNA 链；凡碱基排列顺序与 mRNA 互补的单链 DNA 和 RNA，称（–）DNA 链或（–）RNA 链。如烟草花叶病毒 TMV 的核酸属于（+）RNA，正链核酸具有侵染性，可直接作为 mRNA 合成蛋白质，负链没有侵染性，必须依靠病毒携带的转录酶转录成正链后才能作为 mRNA 合成蛋白质。

3. 其他成分

一些较复杂的病毒（如有包膜的大型病毒）除含有蛋白质和核酸外，还含有脂类和糖类等其他成分。病毒所含的脂类主要存在于包膜中，糖类主要以糖蛋白的形式存在于包膜的表面，决定病毒的抗原性。

**【知识小结】**

①显微镜是观察微生物常用仪器，其机械系统包括镜座、镜臂、镜筒、物镜转换器、载物台、调焦装置，光学系统物镜、目镜、集光器、彩虹光阑，其使用步骤先用低倍镜找到物象，再在高倍镜或油镜进行观察。

②细菌主要观察个体形态、排列方式、菌落形态和特殊结构。

③放线菌主要观察菌丝形态、孢子形态、菌落形态。

④酵母菌主要观察菌丝形态、孢子形态、菌落形态。

⑤霉菌主要观察菌丝形态、孢子形态、菌落形态。

⑥认识噬菌斑，了解噬菌现象。

# 项目三

# 染色与制片技术

## 学习目标

①使学生理解染色原理。
②培养学生熟悉并会学会选择染色剂。
③培养学生微生物染色、制片技能。

## 思政目标

培养学生精益求精、敬业、标准、一丝不苟的职业精神和理念。

一般活的微生物细胞含水量都在 80% ~ 90%，因此细胞对于光的吸收和反射与水溶液相差不大，特别是在油镜下观察细胞与背景，几乎无反差，成一片透明状态。

最初微生物学家在用光学显微镜观察细菌的时候，由于悬浮在液体中的细胞既微小又透明，观察起来非常困难。后来发现细胞可以用染料染色，而且不同的细胞结构对不同染料有特异的反应，甚至不同种类微生物对同种染料的着色情况也不同。

## 案例

革兰氏染色是由丹麦医生汉斯·克里斯蒂安·革兰（1853—1938）于1884年在哥本哈根大学任职期间创建的，是细菌学中应用最广泛和最经典的染色法。

革兰氏染色指在细菌涂片干燥固定后，通过结晶紫初染，碘液媒染，95%酒精脱色，番红复染等染色步骤，可将细菌分为两大类：凡是不被酒精脱色保留紫色者为革兰氏阳性菌（$G^+$菌），被酒精脱色复染成红色者为革兰氏阴性菌（$G^-$菌）。革兰氏染色主要用于细菌的分类和鉴定。

革兰氏染色的关键步骤是脱色，如果脱色不够会造成假阳性；脱色过度会造成假阴性，这样会对菌体的鉴定造成错误的判断，所以我们在学习中要养成科学严谨、精益求精的职业精神和理念。

请问：

①微生物染色的目的是什么？

②革兰氏染色的原理是什么？

## 实训一 单染色技术

### 一、实训目的

①理解染色的目的和原理。
②学会单染色技术。
③了解染色的方法。
④了解染料性质、种类。

### 二、实训原理

#### （一）染色的目的

一般活的微生物细胞含水量都在80% ~ 90%，因此细胞对于光的吸收和反射与水溶液相差不大，特别是在油镜下观察细胞与背景，几乎无反差，呈一片透明状态。

染色的目的就是通过染料的吸着，产生与背景较明显的反差而便于观察。可惜的是染色后的细胞形态和结构往往会发生一些变化，影响我们的观察。

### （二）染色的基本原理

微生物细胞被染色是由物理因素和化学因素共同作用的结果。物理因素主要指染料通过毛细现象、渗透作用、吸附作用、吸收作用等物理方式渗入细胞。化学因素主要指由于细胞物质和染料的不同性质而发生的化学反应，从而使细胞着色，而且颜色较为稳定，如细胞物质为酸性成分会与碱性染料进行结合，而使细胞着色。在实际中，细胞内的一些成分（如蛋白质）常为两性物质，其酸碱性与环境pH密切相关，可以通过改变环境pH使它们的离解情况改变，这样就可以让细胞内酸性成分吸附碱性染色剂或让细胞内碱性成分吸附酸性染色剂，从而达到使细胞着色目的。

染色过程除受上述因素影响外，还要受到细胞通透性、培养基组成、菌龄、染色液中的电解质含量、pH、温度、药物作用等因素的影响。

### （三）染色剂的一般性质

微生物学中使用的染色剂大多是苯的衍生物，由三部分组成，一是苯环，二是发色基团，三是助色基团。苯环上若只连接发色基团，它能着色，但是由于它溶解性很小，不能电离，与细胞的亲和力差，着色后容易除去。一般为了使它们易于电离，带有一定的电荷而与相应物质结合，通常在苯环上再连接助色基团，使之具有电离性质，就能与有关物质结合成盐类，这样与细胞有较牢固的结合，使其呈牢固的颜色。如三硝基苯不易染色，如果在苯环上再连接1个羟基（—OH）生成三硝基苯酚，三硝基苯酚能电离，因此就容易染色，而作为一种染料，这时硝基就是发色基团，羟基就是助色基团。

### （四）染色剂的种类和选择

染料按来源分天然和人工染料两种，天然染料成分较复杂，一般很少用。目前主要采用人工染料，它们大多数从煤焦油中提取，是苯的衍生物。为了使它们易于溶于水，通常制成盐类。

**1. 酸性染色剂**

酸性染色剂电离后，染料带负电，如伊红、刚果红、藻红、苯胺黑、苦味酸和酸性复红等，其作用能与带正电荷的细胞成分（如多种蛋白质）结合。

**2. 碱性染色剂**

碱性染色剂电离后，染料带正电，可与酸性物质结合成盐。如美蓝、结晶紫、碱复红、中性红、孔雀绿、番红等。细菌细胞通常用碱性染料进行简单染色，这是因为：在中性、碱性或弱酸性溶液中，细菌细胞通常带负电荷，而碱性染料在电离时，其分子的染色部分带正电荷，因此碱性染料的染色部分很容易与细菌结合使细菌着色。

**3. 中性染色剂**

中性染色剂指电离后，兼有正负电荷的染色剂。它是由酸性染料与碱性染料的结合物，也称复合染料。如瑞氏染料与姬姆萨氏染料，后者常用于细胞核染色。

此外，近几十年来，随着人们对微生物认识的能力和手段不断提高，显微技术的不断完善，一些灵敏的荧光染料使用比较广泛，如：DAP（4',6–二联脒–2吲哚苯）。目前还开发和利用了能够区别活细胞和死细胞的荧光染料，如碘化丙锭和溴化乙胺等。

## （五）常见染色方法

常见染色的方法如下所示：

- 细菌染色法
  - 死菌
    - 正染色
      - 简单染色法
      - 复染色法
        - 革兰氏染色法
        - 抗酸性染色法
        - 芽孢染色法
        - 姬姆萨氏染色法
    - 负染色
  - 活菌　用美蓝或TTC（氧化三苯四氮唑）等作活菌染色剂

简单染色法即是我们所说的单染色，是最基本的染色方法。它是利用单一染料对细菌进行染色。此法操作简便，适用于菌体一般形状和细菌排列的观察。常用碱性染料进行简单染色。

## 三、实训材料及仪器

**1. 菌种**

大肠杆菌 18 ~ 24h 营养琼脂斜面培养物，金黄色葡萄球菌 24h 营养琼脂斜面培养物，蜡样芽孢杆菌 12 ~ 20h 营养琼脂斜面培养物。

**2. 染色剂**

美蓝或复红染色液等。

**3. 仪器或其他用具**

显微镜、酒精灯、载玻片、接种环、废液缸、香柏油、二甲苯、擦镜纸、吸水纸、无菌水等。

## 四、实训方法、步骤及要求

技能要求：专注、标准

具体内容如表 3–1 所示。

**表 3-1 单染色技术实训步骤及要求**

| 操作步骤 | | 操作要点 | 评价标准 |
|---|---|---|---|
| 涂片 | 载玻片滴水 | 取一洁净载玻片，中央滴一小滴无菌生理盐水，放在操作台上备用 | 载片拿法正确<br>滴水适量 |
| | 点酒精灯 | 无 | 无 |
| | 拿试管 | 左手拿菌种试管，右手松棉塞，置于酒精灯无菌区 | 拿法正确 |
| | 拿接种环 | 右手拿接种环，将接种环垂直地放在火焰上灼烧至端部发红，其他可能进入试管的部分也应通过火焰灼烧，以彻底灭菌，反复3次 | 拿法正确<br>烧环彻底 |
| | 拔棉塞 | 用右手的小指、无名指在酒精灯无菌区内拔出试管棉塞，左手管口过火 | 无菌区内 |
| | 取菌 | 右手接种针深入试管，在菌苔上轻轻刮一下，取出，置于酒精灯无菌区 | 取菌适量<br>不划破培养基<br>不污染试管 |
| | 放试管 | 试管口、棉塞过火，塞棉塞，试管放到试管架上 | 操作正确<br>无菌区内 |
| | 涂布 | 左手取载玻片，把菌在生理盐水中涂布均匀 | 涂布均匀 |
| | 烧环 | 将接种环垂直地放在火焰上灼烧至发红，以彻底灭菌，反复3次 | 烧环彻底 |
| 干燥固定 | | 自然干燥固定<br>火焰干燥固定：载玻片边缘快速过火，加热载玻片进行干燥（玻片背面不烫手为宜） | 固定方法正确<br>温度适宜 |
| 染色 | | 将涂片放在废液缸上的搁架上，向载片上含菌部位加适量复红染色液，染色1min或加美蓝染色1 ~ 2min | 染料正确<br>染料适量 |
| 水洗 | | 倾去染料，斜拿载玻片，用水冲洗载玻片含菌部位上方，让水靠重力流过含菌部位，直到流出水无颜色 | 载片拿法正确<br>冲洗部位合适<br>终点判断准确 |
| 吸干 | | 将洗过的涂片放在空气中晾干或用吸水纸吸干 | 吸干方法正确 |
| 观察 | | 低倍镜找到物象<br>高倍镜观察<br>油镜观察 | 结果正确 |
| 依此法三种菌分别进行染色观察 | | | |
| 实验完毕后的处理 | | 镜头擦拭<br>显微镜归位<br>实验台面整理 | 操作熟练、正确 |

用接种环取菌及涂片过程示意图如图 3-1 和图 3-2 所示。

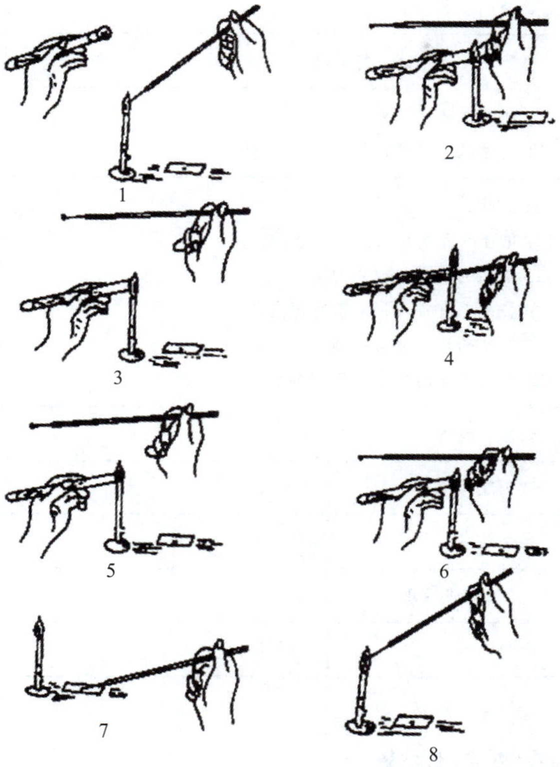


图 3-1　用接种环以无菌操作取菌过程

1—灼烧接种环　2—拔棉塞　3—管口过火　4—取菌　5—管口过火
6—棉塞过火　7—涂菌　8—灼烧接种环

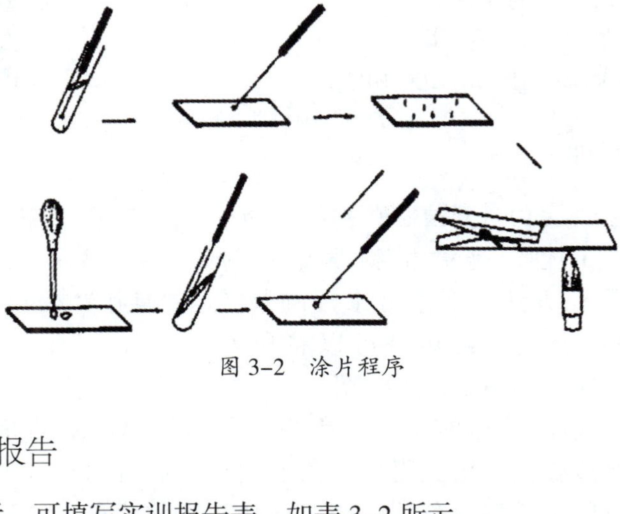

图 3-2　涂片程序

## 五、实训报告

完成实训后，可填写实训报告表，如表 3-2 所示。

表 3–2　单染色技术实训报告

| | | |
|---|---|---|
| 实训内容 | 单染色技术 | |
| 实训任务 | 对给定几种细菌进行单染色 | |
| 实训要求 | ①能熟练使用显微镜<br>②能熟练进行单染色 | |
| 实训引导 | ①为什么对细菌进行染色？<br>②微生物是怎样被染上颜色的？<br>③染色剂有哪几部分构成？<br>④染色剂有哪几种，各有哪些特点？<br>⑤常见的染色方法有哪些？<br>⑥单染色法的基本步骤有哪些？有何注意事项？ | |
| 实训方案 | 仪器、设备 | |
| | 试剂及其他 | |
| | 实训要求工作条件 | |
| | 操作步骤及注意事项 | |
| 实训评价 | 小组评价： | 教师评价： |

## 实训二　革兰氏染色技术

### 一、实训目的

①理解革兰氏染色的原理。
②掌握细菌革兰氏染色技术。
③了解细菌细胞的基本结构和功能。

细菌革兰氏染色原理

### 二、实训原理

考点提示：革兰氏染色操作步骤及注意事项

革兰氏染色技术是由丹麦医生革兰（Christian gram）于1884年首创，是微生物学中一种重要的常用的染色方法。细菌常采用的革兰氏染色技术进行分类，它几乎可以将所有细菌分成两大类：革兰氏阳性细菌（$G^+$）和革兰氏阴性细菌（$G^-$）。它的主要过程为：先用草酸铵结晶紫液初染，再加碘液媒染，使细菌着色，然后用95%乙醇脱色，最后用番红（或沙黄）等红色染料复染。如果用乙醇脱色后，仍保持其初染的紫色，称为革兰氏阳性细菌；如果用乙醇处理后脱去原来的颜色，而染上番红的红色，则为革兰氏阴性细菌。

一般认为细菌的革兰氏染色反应与细菌细胞壁的化学组成和结构等有关。革兰氏阳性细菌细胞壁较厚，尤其是肽聚糖含量较高，网格结构紧密，含脂量又低，当它被脱色剂95%乙醇脱色时，引起了细胞壁肽聚糖层网状结构的孔径缩小，通透性降低，从而使媒染后形成的不溶性结晶紫－碘复合物不易逸出，菌体呈初染后的深紫色；而革兰氏阴性细菌的细胞壁肽聚糖层较薄，且壁上的孔隙较大，含有较多易被乙醇溶解的类脂质，当用乙醇处理后，类脂物质溶解，细胞壁孔径增大，增加了细胞壁的通透性，初染的结晶紫－碘复合物易于渗出，用乙醇脱色时细菌被脱色，再用番红复染后呈复染液的红色。革兰氏染色的程序和结果如表3–3所示。

**表3–3　　革兰氏染色的程序和结果**

| 步骤 | 方法 | 结果 | |
|---|---|---|---|
| | | 阳性（$G^+$） | 阴性（$G^-$） |
| 初染 | 结晶紫1min | 紫色 | 紫色 |
| 媒染剂 | 碘液1min | 仍为紫色 | 仍为紫色 |
| 脱色 | 95%乙醇30s | 保持紫色 | 脱去紫色 |
| 复染 | 番红（或沙黄）1～3min | 仍显紫色 | 红色 |

## 三、实训材料及仪器

**1. 菌种**

培养12～16h的苏云金芽孢杆菌或枯草芽孢杆菌，培养24h的大肠杆菌。

**2. 染色液和试剂**

草酸铵结晶紫染液、卢戈氏碘液、95%乙醇、番红（或沙黄）染色液。

**3. 仪器或其他用具**

显微镜、酒精灯、擦镜纸、二甲苯、香柏油、载玻片、接种环、吸水纸、蒸馏水（或生理盐水）。

## 四、实训方法、步骤及要求

技能要求：标准、一丝不苟

革兰氏染色过程如图3–3所示，具体内容如表3–4所示。

图 3-3 革兰氏染色过程

1—初染色 2—水洗 3—媒染 4—水洗 5—脱色 6—水洗 7—复染色 8—水洗 9—吸干

**表 3-4 革兰氏染色技术实训步骤及要求**

| 操作步骤 | 操作要点 | 评价标准 | 备注 |
|---|---|---|---|
| 涂片 | 与单染色相同 | | — |
| 干燥固定 | 自然干燥固定<br>火焰干燥固定：载玻片边缘快速过火，加热载玻片进行干燥（玻片背面不烫手为宜） | 固定方法正确<br>温度适宜 | 目的：<br>①杀死细菌，固定细胞结构<br>②使微生物固定在载玻片上<br>③增大细胞的通透性，易着色 |
| 初染色 | 将涂片放在废液缸上的搁架上，向载片上含菌部位加适量草酸铵结晶紫染液，染色 1 ~ 2min | 染料正确<br>染料适量 | — |
| 水洗、吸干 | 与单染色相同 | | — |

续表

| 操作步骤 | 操作要点 | 评价标准 | 备注 |
| --- | --- | --- | --- |
| 媒染 | 向载片上含菌部位加适量加陆哥氏碘液，媒染1min | 染料正确<br>染料适量 | 增加染色剂与细胞的亲和力 |
| 水洗、吸干 | 同上 | 同上 | — |
| 脱色（关键步骤） | 倾去染料，斜拿载玻片，在白色背景下，用95%的乙醇，滴于涂片上方，让乙醇靠重力流过含菌部位，直到流出的乙醇无颜色为止 | 匀：乙醇应均匀流过含菌部位；快：操作一般20～30s内完成；准：终点把握要准，流出的乙醇一无颜色马上停止脱色 | 易出现错误：假阳性：阴性菌脱色不够，呈现阳性；假阴性：阳性菌脱色过度，呈现阴性 |
| 水洗、吸干 | 立即用水清洗 | 同上 | — |
| 复染 | 番红（或沙黄）染色1～3min | 要求同初染 | — |
| 水洗、吸干 | 同上 | 同上 | — |
| 观察 | 低倍镜找到物象<br>高倍镜观察<br>油镜观察 | 结果正确 | — |
| 依此法两种菌分别进行染色观察 | | | — |
| 实验完毕后的处理 | 镜头擦拭<br>显微镜归位<br>实验台面整理 | 操作熟练、正确 | — |

其他注意事项：

①染色过程中不可使染色液干涸。

②选用幼龄的细菌。若菌龄太长，常使革兰氏阳性细菌转呈阴性反应。

## 五、实训报告

完成实训后，可填写实训报告表，如表3-5所示。

**表3-5　　革兰氏染色技术实训报告**

| | |
| --- | --- |
| 实训内容 | 革兰氏染色 |
| 实训任务 | 对给定细菌进行革兰氏染色 |
| 实训要求 | ①能熟练使用显微镜 |

续表

| | | |
|---|---|---|
| 实训要求 | ②熟练掌握革兰氏染色操作<br>③了解细菌细胞结构 | |
| 实训引导 | ①革兰氏染色原理是什么?<br>②革兰氏染色操作可分为哪几步?<br>③媒染作用是什么，用什么染色剂?<br>④革兰氏染色关键步骤是哪一步，如操作不当，会出现什么现象?<br>⑤革兰氏染色涂片为什么不能过于浓厚?<br>⑥水洗、吸干的目的是什么?<br>⑦干燥固定有几种方法，火焰干燥固定需注意什么? | |
| 实训方案 | 仪器、设备 | |
| | 试剂及其他 | |
| | 实训要求工作条件 | |
| | 操作步骤及注意事项 | |
| 实训评价 | 小组评价: | 教师评价: |

## 实训三 涂片法

微生物个体很小，要观察微生物大小、形态必须把微生物制成标本片，然后才能放在显微镜下观察，把微生物放到载玻片上制成标本片的技术称制片技术。

### 案例

在我们生活的世界中，存在着一些肉眼看不见或看不清的微小生物，人们将之统称为微生物。微生物种类繁杂，诸如真菌、细菌、病毒，以及小型原生生物等均囊括其中，它们的世界是那么神秘、多彩，又引人入胜！人们提及微生物时，神秘之余可能首先联想到的是疾病、食品安全等令人紧张的事物。然而，凡事都有两面性，微小的它们在自然界中的作用和影响可谓非常之大，对人们而言其益处更多。那我们如何才能探索微生物世界的奥妙呢？如果我们想要看到微生物的真面目就得需要将微生物菌种制作成标本片，通过显微镜观察神秘的微生物世界。

请问：

①微生物标本片制作方法有哪些?

②微生物制片过程中需要注意哪些事项?

## 一、实训目的

①掌握涂片方法操作技术。
②养成无菌操作意识。

## 二、实训原理

考点提示：涂片法操作要点

涂片法是微生物学实验中基本制片技术，是将少量待观察微生物直接涂布在载玻片上而制成微生物标本片的方法。其操作过程如下：

在干净的载玻片中央加一滴蒸馏水，用灭菌的接种环在固体培养物表面取少量菌体，放在载玻片上，与水混合涂成直径约 1cm 的均匀薄层（图 3–4），即成涂片。如果将待观察的微生物培养在液体培养基中，只须将一滴适当稀释的含菌悬液直接加在载玻片中央即可。涂片经干燥固定可根据需要进行染色和镜检。

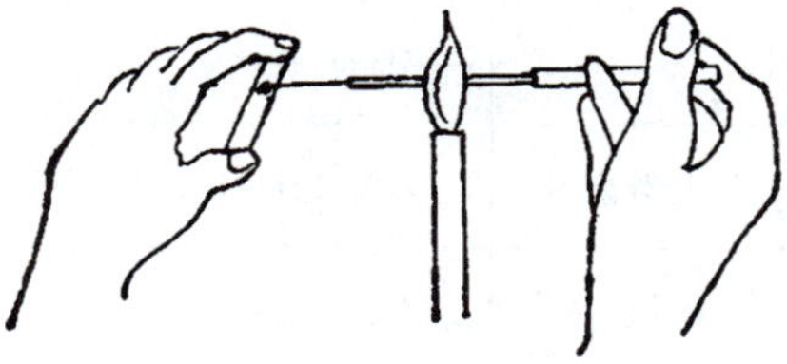

图 3–4　涂片操作示意

涂片法在微生物学、医学检测、分子生物学研究等方面广泛使用，适用于单细胞微生物、霉菌、放线菌孢子等的结构和形态的观察。涂片法操作简单，容易掌握，但由于在干燥或固定过程中，细胞会常会因受热而发生变形、收缩的情况，因此涂片法很难观察到真正原始的细胞形状，我们只能观察到微生物近似的大小和形状。同时涂布时往往会使霉菌、放线菌菌丝拉断，所以很难观察到霉菌、放线菌整体形态，同时涂片法也不能观察微生物的运动情况。

## 三、实训材料及仪器

**1. 菌种**

培养 18 ～ 24h 的枯草杆菌和大肠杆菌斜面划线培养物。

**2. 仪器或其他用具**

酒精灯、火柴、接种环、无菌水、无菌滴管、载玻片、显微镜、酒精棉球等。

## 四、实训方法、步骤及要求

技能要求：标准、协作

**1. 划线培养物涂片法**

具体内容如表 3–6 所示。

表 3-6　　划线培养物涂片法实训步骤及要求

| 操作步骤 | 操作要点 | 评价标准 |
|---|---|---|
| 准备工作 | ①将工具和其他用品全部放在实验台上摆好<br>②进行环境消毒（无菌室、超净台）<br>③实验员先用肥皂或 2% 来苏尔洗手，擦干后再用 70% ~ 75% 酒精棉球擦拭双手 | 工具准备齐全摆放合理 |
| 准备载玻片 | 取一洁净载玻片 | 无油无污 |
| 滴生理盐水 | 中央滴一滴无菌生理盐水（或蒸馏水），平放在操作台上备用 | 滴水适量 |
| 点酒精灯 | 无 | 无 |
| 拿试管 | 将枯草芽孢杆菌斜面菌种（或大肠杆菌斜面菌种）握左手中，管内斜面向上，试管口处于接近水平位置。也可将试管放在左手掌中央，用手指托住试管 | 拿法正确 |
| 松棉塞 | 右手将棉塞拧转 360° ~ 720° 松动以利拔出 | 操作正确 |
| 拿接种环 | 右手拿接种环 | 拿法正确 |
| 烧接种环 | 将接种环垂直地放在火焰上灼烧至端部发红，其他可能进入试管的部分也应通过火焰灼烧，以彻底灭菌，反复 3 次 | 操作正确<br>灭菌彻底 |
| 拔棉塞 | 用右手的小指、无名指及掌心在火焰旁拔出棉塞 | 操作正确<br>无菌区内 |
| 管口过火 | 使管口在火焰上转动灼烧可能存在的杂菌 | 操作正确 |
| 取菌 | 将烧过的接种环伸入菌种管内，先接触管内斜面上端的培养基或管壁，冷却以免烫死菌种，然后轻轻接触菌体取出少许菌苔 | 操作正确<br>不污染试管<br>无菌区内<br>不划破培养基<br>取菌适量 |
| 管口过火 | 将管口在酒精灯火焰上灭菌 | 操作正确 |
| 棉塞过火 | 棉塞迅速通过火焰两三次以便灭菌 | 操作正确 |
| 塞棉塞 | 在火焰旁将棉塞塞上。塞棉塞时不要用试管去迎棉塞，以免试管在移动时吸入不洁空气，试管放到试管架上 | 操作正确<br>无菌区内 |
| 涂布 | 左手拿起载玻片，右手用接种环把所取菌在生理盐水（蒸馏水）中涂布，直径约 1cm 薄膜状 | 操作正确<br>涂布均匀 |

续表

| 操作步骤 | 操作要点 | 评价标准 |
| --- | --- | --- |
| 烧接种环 | 在酒精灯火焰上烧接种环，以免污染环境 | 操作正确 |
| 干燥 | 自然或火焰干燥（远离火焰上方微加温干燥） | 操作正确 |
| 固定 | 快速过火 2 ~ 3 次进行固定 | 操作正确 |
| 其他步骤 | 按照不同要求进行染色、干燥、镜检观察等 | 操作正确 |
| 灭酒精灯 | 无 | 无 |
| 实验完毕后的处理 | 镜头擦拭<br>显微镜归位<br>实验台面整理 | 操作熟练、正确 |

注：也可两种菌分别在玻片两端标记后按上述方法制片（革兰氏染色时常用）。

## 2. 菌悬液或液体培养物直接涂片法

具体内容如表 3–7 所示。

**表 3–7　　菌悬液或液体培养物直接涂片法实训步骤及要求**

| 操作步骤 | 操作要点 | 评价标准 |
| --- | --- | --- |
| 准备工作 | ①将工具和其他用品全部放在实验台上摆好<br>②进行环境消毒（无菌室、超净台）<br>③实验员先用肥皂或 2% 来苏尔洗手，擦干后再用 70% ~ 75% 酒精棉球擦拭双手 | 工具准备齐全摆放合理 |
| 准备载玻片 | 取一洁净载玻片，平放在操作台上备用 | 无油无污 |
| 点酒精灯 | 无 | 无 |
| 松棉塞 | 右手将枯草芽孢杆菌斜面菌种试管棉塞拧转 360° ~ 720° 松动以利拔出，放到试管架上 | 操作正确 |
| 拿无菌水 | 左手拿无菌水瓶，放到酒精灯无菌区 | 操作正确 |
| 取水 | 右手拿无菌滴管，在无菌区内无名指和小指挟取无菌水瓶盖，用滴管吸取无菌水适量，置于酒精灯无菌区内，盖上瓶盖，放下无菌水瓶 | 操作正确<br>无菌区内 |
| 拿试管 | 将枯草芽孢杆菌斜面菌种（或大肠杆菌斜面菌种）握左手中，管口斜向上 | 操作正确<br>拿法正确 |
| 拔棉塞 | 用右手的小指无名指及掌心在火焰旁拔出棉塞 | 操作正确<br>无菌区内 |

续表

| 操作步骤 | 操作要点 | 评价标准 |
| --- | --- | --- |
| 管口过火 | 使管口在火焰上转动灼烧可能存在的杂菌 | 操作正确 |
| 加无菌水 | 向试管中加入无菌水，将滴管放入消毒液中 | 操作正确 |
| 拿接种环 | 右手拿接种环 | 拿法正确 |
| 烧接种环 | 将接种环垂直地放在火焰上灼烧至端部发红，其他可能进入试管的部分也应通过火焰灼烧，反复3次，以彻底灭菌 | 操作正确<br>灭菌彻底 |
| 刮取菌苔 | 将烧过的接种环伸入菌种管内，先接触管内斜面上端的培养基或管壁，冷却以免烫死菌种，然后轻轻刮取菌苔 | 操作正确<br>不污染试管<br>在无菌区内<br>不划破培养基<br>取菌适量 |
| 管口过火 | 将管口在酒精灯火焰上灭菌 | 操作正确 |
| 棉塞过火 | 棉塞迅速通过火焰2～3次以便灭菌 | 操作正确 |
| 塞棉塞 | 在火焰旁将棉塞塞上。塞棉塞时不要用试管去迎棉塞，以免试管在移动时吸入不洁空气，试管放到试管架上 | 操作正确<br>无菌区内 |
| 振荡 | 振荡，制成均匀的菌悬液 | 操作正确 |
| 拿试管 | 将枯草芽孢杆菌斜菌悬液（或大肠杆菌斜面菌种）试管握左手中，管口斜向上 | 操作正确<br>拿法正确 |
| 松棉塞 | 右手将棉塞拧转360°～720°松动以利拔出 | 操作正确 |
| 管口过火 | 将管口在酒精灯火焰上灭菌，置于酒精灯无菌区内 | 操作正确 |
| 拿滴管 | 右手拿无菌滴管，置于酒精灯无菌区内 | 操作正确<br>无菌区内 |
| 取菌 | 右手无名指和小指挟取棉塞，用滴管吸取适量菌悬液，置于酒精灯无菌区内 | 操作正确<br>无菌区内 |
| 管口过火 | 将管口在酒精灯火焰上灭菌 | 操作正确 |
| 棉塞过火 | 棉塞迅速通过火焰2～3次以便灭菌 | 操作正确 |
| 塞棉塞 | 在火焰旁将棉塞塞上（塞棉塞时不要用试管去迎棉塞，以免试管在移动时吸入不洁空气），将试管放到试管架上 | 操作正确<br>无菌区内 |
| 拿载玻片 | 左手拿起载玻片 | 操作正确 |
| 滴液 | 将滴管里的菌悬液滴在载玻片中央，将滴管放入消毒液中 | 操作正确 |

续表

| 操作步骤 | 操作要点 | 评价标准 |
|---|---|---|
| 烧接种环 | 右手拿接种环，在酒精灯火焰上烧接种环 | 操作正确 |
| 涂布 | 将菌悬液在载玻片上涂布均匀 | 操作正确 |
| 烧接种环 | 在酒精灯火焰上烧接种环，以免污染环境 | 操作正确 |
| 干燥 | 自然或火焰干燥（远离火焰上方微加温干燥） | 操作正确 |
| 固定 | 快速过火 2 ~ 3 次进行固定 | 操作正确 |
| 其他步骤 | 按照不同要求进行染色、干燥、镜检观察等 | 操作正确 |
| 灭酒精灯 | 无 | 无 |
| 实验完毕后的处理 | 镜头擦拭<br>显微镜归位<br>实验台面整理 | 操作熟练、正确 |

**3. “三区”涂片法**

在进行革兰氏染色时有时采用“三区”涂片法。涂片时基本方法和步骤与上述内容基本近似，仅将不同部分列出来：在玻片的左、右端各加一滴蒸馏水，用无菌接种环挑取少量甲种菌，与左边水滴充分混合成仅有甲种菌的区域，并将少量菌液延伸至玻片的中央。再用无菌的接种环挑取少量乙种菌，与右边的水滴充分混合成仅有乙种菌的区域，并将少量的乙种菌液延伸到玻片中央，与甲种菌相混合，形成含有两种菌的混合区（图 3–5），干燥、固定，进行下一步染色操作。

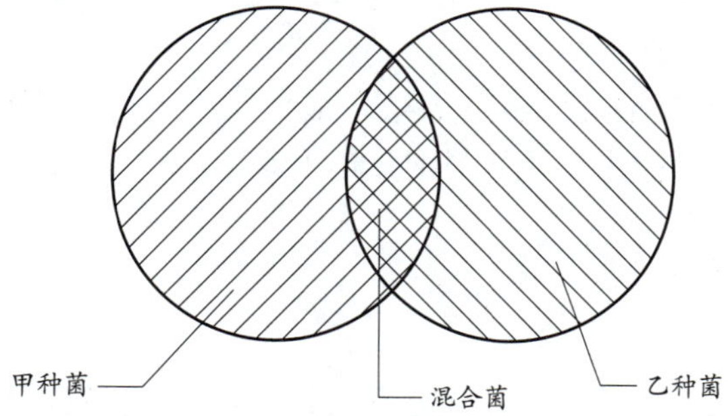


图 3–5 “三区”涂片法

# 实训四 水浸片法

## 一、实训目的

①掌握水浸片制片技术。
②养成无菌操作意识。

## 二、实训原理

考点提示：水浸片法操作要点

水浸片法又称压滴法，是将欲观察微生物置于载片上的水滴或染色液中，然后盖上盖玻片而制成微生物标本片的一种制片方法。其过程如下：

在载玻片中央滴加含菌悬液，或加一滴蒸馏水后用灭菌接种针加入少量菌体，使菌体均匀分布在蒸馏水中（不要涂开）。取一洁净盖玻片，先把盖玻片的一端放在载玻片上液滴的边缘，再慢慢往下压盖（图 3-6），注意不要产生气泡。

图 3-6 加盖玻片的方法

水浸片法操作简单，容易掌握，可以观察到细胞真实形态，适用于单细胞微生物、霉菌、放线菌孢子等的结构和形态的观察，也可以进行霉菌、放线菌菌丝形态的观察，但往往不是菌丝的自然着生状态，同时用该法也可进行染色和细胞死活鉴定等。

本实训主要介绍霉菌水浸片制作。

霉菌菌丝细胞易收缩变形，且孢子容易飞散，所以制标本时常用乳酸石炭酸棉蓝染色液（也可将菌体置于水中），此染色液制成的霉菌标本片的特点是：细胞不变形；具有杀菌防腐作用，且不易干燥，能保持较长时间；能防止孢子飞散；溶液本身呈蓝色，能增强反差，具有较好的染色效果。必要时，还可用树胶加以封固，制成永久标本长期保存。

酵母水浸片制作常用吕氏美兰做染色液，这样既能观察酵母的形态、构造、内含物和出芽情况，又能进行死活细胞鉴定（参见：酵母死活细胞鉴定）。

## 三、实训材料及仪器

**1. 菌种**

黑曲霉、橘青霉、黑根霉和总状毛霉培养 2 ～ 5d 的马铃薯琼脂平板培养物。

**2. 溶液或试剂**

50%乙醇、乳酸石炭酸棉蓝染色液、蒸馏水。

**3. 仪器或其他用具**

酒精灯、火柴、接种针、载玻片、盖玻片、显微镜、烧杯、无菌吸管、酒精棉球等。

## 四、实训方法、步骤及要求

技能要求：标准、协作

具体内容如表 3–8 所示。

**表 3–8　　水浸片法实训步骤及要求**

| 操作步骤 | 操作要点 | 评价标准 |
|---|---|---|
| 准备工作 | ①将工具和其他用品全部放在实验台上摆好<br>②进行环境消毒（无菌室、超净台）<br>③实验人员也先用肥皂或 2% 来苏尔洗手，擦干后再用 70% ~ 75% 酒精棉球擦拭双手 | 工具准备齐全摆放合理 |
| 准备载玻片 | 取洁净载玻片，平放在操作台上备用 | 无油无污 |
| 滴染色液 | 在载玻片中央加一滴乳酸石炭酸棉蓝染色液（或蒸馏水） | 滴液适量 |
| 点酒精灯 | 无 | 无 |
| 拿平板 | 取一霉菌平板托于左手中，皿盖略向上翘起，处于接近水平位置，手指托住皿底，放到酒精灯无菌区 | 拿法正确<br>无菌区内 |
| 拿接种针 | 右手拿接种针（接种钩） | 拿法正确 |
| 烧接种针 | 将接种针垂直地放在火焰上灼烧至端部发红，其他可能进入试管的部分也应通过火焰灼烧，以彻底灭菌，反复 3 次 | 操作正确<br>灭菌彻底 |
| 掀皿盖 | 用大拇指和食指夹住皿盖，其余手指托住皿底，将皿盖向上掀起约 30° | 操作正确<br>无菌区内 |
| 平皿过火 | 将平板朝向外部分（需接种针进入的取菌部位）过火灭菌 | 操作正确 |
| 取菌 | 将烧过的接种针伸入平板内，先接触皿内培养基或壁，冷却以免烫死菌种，然后轻轻从霉菌菌落边缘处挑取少量已产孢子的霉菌菌丝，置于酒精灯无菌区内 | 操作正确<br>不污染平皿<br>在无菌区内<br>不划破培养基 |
| 平皿过火 | 同前，过火完毕后将平皿放置一边 | 操作正确 |
| 浸洗 | 先置于 50% 的乙醇中浸润，再用蒸馏水将浸过的菌丝洗一下，洗去脱落的孢子 | 操作正确 |
| 拿载玻片 | 左手拿起有染色液的载玻片 | 操作正确 |

续表

| 操作步骤 | 操作要点 | 评价标准 |
|---|---|---|
| 染色 | 将菌体放在载玻片上染液中，用接种针小心地将菌丝分散开，过程要细心，尽可能保持霉菌自然生长状态 | 操作正确<br>无菌区内 |
| 烧接种环 | 在酒精灯火焰上烧接种环，以免污染环境，放下接种环 | 操作正确 |
| 加盖玻片 | 取洁净盖玻片，先将盖玻片一端与菌液接触，然后慢慢将盖玻片放下盖染液上，盖玻片不宜平放和移动，而应倾斜缓慢压下，尽量避免产生气泡影响观察 | 操作正确 |
| 其他 | 重复上述步骤，制备其他几种霉菌的水浸片 | |
| 灭酒精灯 | 无 | 无 |
| 镜检 | 对制好的不同霉菌水浸片镜检观察，多用低倍镜，必要时转换高倍镜观察 | 操作正确 |
| 实验完毕后的处理 | 镜头擦拭<br>显微镜归位<br>实验台面整理 | 操作熟练、正确 |

## 实训五 压片法

### 一、实训目的

①掌握压片法制片技术。

②养成无菌操作意识。

### 二、实训原理

考点提示：压片法操作要点

压片法（也称压印法、印片法）是将待观察微生物压印在载（盖）玻片上而制成微生物标本片的一种制片方法，其主要操作如下：

用接种铲挖取斜面或平皿培养物（带一小块培养基），将盖玻片盖在有菌苔的培养基小块上，用镊子轻轻压几下（也可将培养物对准干净载玻片轻轻压下），使小块培养基上的部分菌丝体压印在盖玻片上，不要移动。然后固定载玻片上的印痕，并对其染色观察。

压片法可用于放线菌或霉菌的菌丝和产生的孢子形状、排列方式、数目等的观察。优点是能够较清楚的观察到孢子的生长情况如孢子形状、排列及数目等。缺点是往往不易观察到气生菌丝、繁殖菌丝和基内菌丝等的完整生长情况。

## 三、实训材料及仪器

**1. 菌种**

培养 5 ~ 7d 的细黄链霉菌、青色链霉菌或弗氏链霉菌平板培养物。

**2. 仪器或其他用具**

载玻片、盖玻片、接种铲、镊子、无菌滴管、酒精灯、显微镜等。

## 四、实训方法、步骤及要求

技能要求：敬业、专注

具体内容如表 3–9 所示。

**表 3–9　压片法实训步骤及要求**

| 操作步骤 | 操作要点 | 评价标准 |
|---|---|---|
| 准备工作 | ①将工具和其他用品全部放在实验台上摆好<br>②进行环境消毒（无菌室、超净台）<br>③实验人员也先用肥皂或 2% 来苏尔洗手，擦干后再用 70% ~ 75% 酒精棉球擦拭双手 | 工具准备齐全摆放合理 |
| 准备载玻片 | 取洁净载玻片，平放在操作台上备用 | 无油无污 |
| 点酒精灯 | 无 | 无 |
| 拿平板 | 取一放线菌平板托于左手中，皿盖略向上翘起，处于接近水平位置，手指托住皿底，置于酒精灯无菌区 | 拿法正确 |
| 拿接种铲 | 右手拿接种铲 | 拿法正确 |
| 烧接种铲 | 将接种铲垂直地放在火焰上灼烧至端部发红，其他可能进入平板的部分也应通过火焰灼烧，以彻底灭菌。 | 操作正确<br>灭菌彻底 |
| 掀皿盖 | 用大拇指和食指夹住皿盖，其余手指托住皿底，将皿盖向上掀起约 30° | 操作正确<br>在无菌区内 |
| 平皿过火 | 将平板朝向外部分（需接种铲进入的取菌部位）过火灭菌 | 操作正确 |
| 挑取菌苔小块 | 将烧过的接种铲伸入平板内，先接触皿内培养基或壁，冷却以免烫死菌种，然后轻轻从放线菌菌苔连同培养基一起切下一小块儿，置于酒精灯无菌区 | 操作正确<br>不污染平皿<br>无菌区内 |
| 平皿过火 | 同前，过火完毕后将平皿放置一边 | 操作正确 |
| 拿载玻片 | 左手拿一洁净载玻片，置于酒精灯无菌区 | 操作正确 |
| 放菌 | 将放线菌菌苔放在载玻片 | 无菌区内 |

续表

| 操作步骤 | 操作要点 | 评价标准 |
|---|---|---|
| 接种铲灼烧 | 将接种铲在酒精灯上灼烧灭菌，放下接种铲 | 操作正确 |
| 盖片加热 | 右手用镊子取一盖玻片在火焰上稍微加热 | 操作正确<br>温度适宜 |
| 盖片压印 | 将盖玻片盖在有菌苔的培养基小块上，用镊子轻轻压几下，使小块培养基上的部分菌丝体压印在盖玻片上。压片时不要用力过大压碎琼脂，也不要错动，避免改变放线菌自然形态 | 操作正确<br>压印细致 |
| 制片 | 压印有放线菌菌丝体（孢子）的盖玻片放于洁净的载玻片上（盖玻片印有菌体的一面贴向载玻片），然后放于显微镜下用高倍镜观察 | 操作正确 |
| 固定、染色、干燥 | 按照要求进行 | 操作正确<br>在无菌区内 |
| 其他 | 重复上述步骤，制备其他几种放线菌的压印制片 | |
| 灭酒精灯 | 无 | 无 |
| 镜检 | 对制好的不同放线菌压印制片镜检观察 | 操作正确 |
| 实验完毕后的处理 | 镜头擦拭<br>显微镜归位<br>实验台面整理 | 操作熟练、正确 |

## 实训六 插片法

### 一、目的要求

①掌握插片培养法制片技术。

②观察放线菌的个体特征和菌落特征。

### 二、实训原理

考点提示：插片法操作要点

插片法是将盖玻片斜插入培养基，将菌种接种到盖玻片与培养基交界处，培养后将长有菌体的盖玻片置于显微镜下直接或染色后观察一种制片技术。其主要操作过程如下：

将制备好的培养基倒入培养皿中，到凝固后取无菌盖玻片以45°角斜插入培养基（图3-7），深度以培养基厚度1/2为宜，然后将欲观察的材料接种于盖玻片和培养基的交界处，置于恒温箱中培养，观察时用镊子拔出盖玻片，擦净背面后镜检观察，也可放在滴有染色液的载玻片上观察。

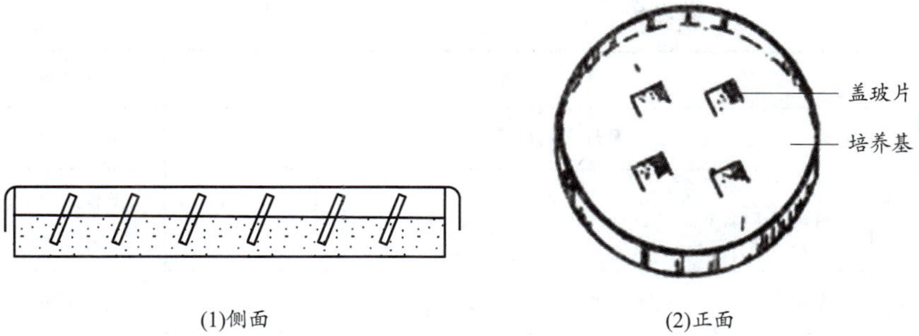


图 3-7　插片方法

插片法主要用于霉菌或放线菌的菌落或菌丝形态观察，可观察到菌丝的自然着生状态，并可进行菌体各个部位的观察，但有时培养基过厚影响观察效果。

## 三、实验材料及仪器

**1. 菌种**

细黄链霉菌（“5406”抗生菌）或青色链霉菌或弗氏链霉菌的试管孢子悬液。

**2. 培养基**

灭菌的高氏一号琼脂平板培养基（若干）。

**3. 仪器或其他用具**

无菌平皿、玻璃纸、9mL 无菌水若干支、酒精灯、火柴、接种环、镊子、无菌载玻片、无菌盖玻片、显微镜等。

技能要求：专注、精益求精

## 四、实训方法、步骤及要求

具体内容如表 3-10 所示。

**表 3-10　　插片法实训步骤及要求**

| 操作步骤 | 操作要点 | 评价标准 |
|---|---|---|
| 准备工作 | ①将工具和其他用品全部放在实验台上摆好<br>②进行环境消毒（无菌室、超净台）<br>③实验员先用肥皂或 2% 来苏尔洗手，擦干后再用 70% ~ 75% 酒精棉球擦拭双手 | 工具准备齐全摆放合理 |
| 平板标记 | 用记号笔在皿底外标记菌种、培养日期、组别等 | 操作正确 |
| 点酒精灯 | 无 | 无 |
| 取载玻片 | 在酒精灯无菌区内打开载玻片包扎纸，放在左手，置于酒精灯无菌区 | 操作正确 |

续表

| 操作步骤 | 操作要点 | 评价标准 |
| --- | --- | --- |
| 镊子消毒 | 右手拿无菌镊子在酒精灯上灼烧至无菌 | 操作正确 |
| 挟取载玻片 | 用镊子挟取载玻片，置于酒精灯无菌区内，放下包扎纸 | 操作正确<br>无菌区内 |
| 拿培养皿 | 左手拿培养皿，过火后置于酒精灯无菌区内 | 操作正确 |
| 掀皿盖 | 用大拇指和食指夹住皿盖，其余手指托住皿底，将皿盖向上掀起约 30° | 操作正确<br>在无菌区内 |
| 插片 | 用无菌镊子将灭菌盖玻片以 45° 角度插入培养皿内的培养基中，深度以培养基厚度 1/2 为宜，插片数量可根据需要而定 | 操作正确<br>无菌区内 |
| 放培养皿 | 培养皿过火，放下培养皿和镊子 | 操作正确 |
| 拿试管 | 将孢子悬液拿左手中，管口斜面向上 | 拿法正确 |
| 松棉塞 | 右手将棉塞拧转 360° ~ 720° 松动以利拔出 | 操作正确 |
| 拿接种环 | 右手拿接种环 | 拿法正确 |
| 烧接种环 | 将接种环垂直地放在火焰上灼烧至端部发红，其他可能进入试管的部分也应通过火焰灼烧，以彻底灭菌，反复 3 次 | 操作正确<br>灭菌彻底 |
| 拔棉塞 | 用右手的小指、无名指及掌心在火焰旁拔出棉塞 | 操作正确<br>无菌区内 |
| 管口过火 | 使管口在火焰上转动灼烧可能存在的杂菌 | 操作正确 |
| 取菌 | 将烧过的接种环伸入菌种管内，沾取孢子悬液，置于酒精灯无菌区内 | 操作正确<br>不污染试管<br>无菌区内 |
| 管口过火 | 将管口在酒精灯火焰上灭菌 | 操作正确 |
| 棉塞过火 | 棉塞迅速通过火焰 2 ~ 3 次以便灭菌 | 操作正确 |
| 塞棉塞 | 在火焰旁将棉塞塞上。塞棉塞时不要用试管去迎棉塞，以免试管在移动时吸入不洁空气，试管放到试管架上 | 操作正确<br>无菌区内 |
| 拿培养皿 | 左手拿培养皿，过火后置于酒精灯无菌区内 | 操作正确 |
| 掀皿盖 | 用大拇指和食指夹住皿盖，其余手指托住皿底，将皿盖向上掀起约 30° | 操作正确<br>无菌区内 |
| 接种 | 用接种环将链霉菌孢子悬液接种在盖玻片与琼脂平板上交界沿线上 | 方法正确<br>无菌区内 |

续表

| 操作步骤 | 操作要点 | 评价标准 |
|---|---|---|
| 放培养皿 | 培养皿过火，放下培养皿 | 操作正确 |
| 烧环 | 接种针火焰灼烧灭菌彻底 | 操作正确 |
| 培养 | 将已接种的琼脂平板于28 ~ 30℃下倒置培养，培养3 ~ 5d | 温度适宜<br>倒置培养 |
| 盖玻片菌体处理 | 培养后的菌丝体生长在培养基及盖玻片上，小心地用镊子将盖玻片取出，擦去较差一面的菌丝体，放在载玻片上（菌丝体向下覆盖在载玻片上） | 操作正确 |
| 制片 | 可直接用上述标本片观察或在玻片间滴一滴水制成假的水封片观察 | 制片方法正确，观察效果好 |
| 观察标本片 | 观察标本片、低倍镜找到物象、高倍镜下观察并绘图描述<br>注意：观察时，宜用较暗光线；用0.1%美蓝对培养后的盖玻片染色进行观察效果更好 | 显微镜使用和绘图方法正确、观察效果好 |
| 观察完毕后的处理 | 镜头擦拭<br>显微镜归位还原<br>实验台面整理 | 操作熟练、正确 |

## 五、实训报告

完成实训后，可填写实训报告表，如表3-11所示。

**表3-11　　制片技术实训报告**

| 实训内容 | 制片技术一 |
|---|---|
| 实训任务 | ①把给定的斜面试管培养物做成菌涂片<br>②把给定的液体试管培养物做成菌涂片<br>③把给定的液体试管培养物做成水浸片<br>④把给定的液体试管培养物做成悬滴片<br>⑤把给定的平皿霉菌培养物做成压印片 |
| 实训要求 | ①熟练涂片法制片操作<br>②熟练水浸片法制片操作<br>③熟练压印法制片操作<br>④熟练悬滴法制片操作 |
| 实训引导 | ①涂片法制片技术有哪些特点？<br>②水浸片法制片技术有哪些特点？<br>③压片法制片技术有哪些特点？<br>④简述制作水浸片加盖玻片时的方法和注意事项。 |

续表

| | | |
|---|---|---|
| 实训方案 | 仪器、设备 | |
| | 试剂及其他 | |
| | 实训要求工作条件 | |
| | 操作步骤及注意事项 | |
| 实训评价 | 小组评价： | 教师评价： |

# 实训七 载片培养法

## 一、目的要求

①了解载片培养法的应用范围。

②学会载片培养法制片技术。

③养成无菌操作意识。

## 二、实训原理

> 考点提示：载片法操作要点

载片培养法是将要观察的微生物直接放在载玻片上进行培养而制成微生物标本片的一种制片技术。其操作要点如下：

用无菌操作将培养基琼脂薄层置于载玻片上，接种后盖上盖玻片培养，霉菌（或放线菌）即在载玻片和盖玻片之间的有限空间内沿盖玻片横向生长。培养一定时间后，将载玻片上的培养物置显微镜下观察（其制成后如图 3–8、图 3–9 所示）。

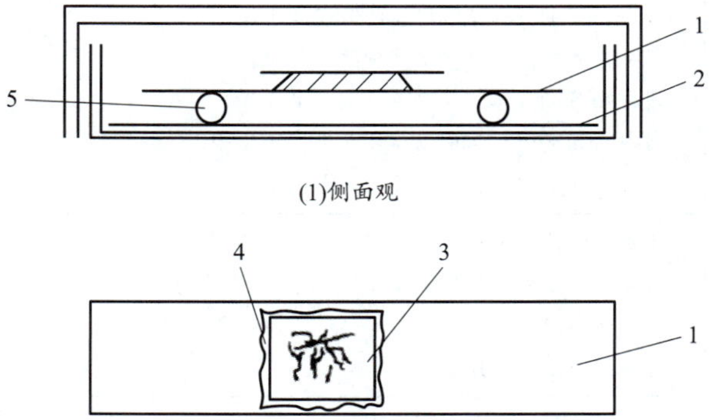


(1)侧面观

(2)载玻片

图 3–8 载玻片培养

1—载玻片 2—滤纸 3—盖玻片 4—琼脂培养基 5—玻璃棒

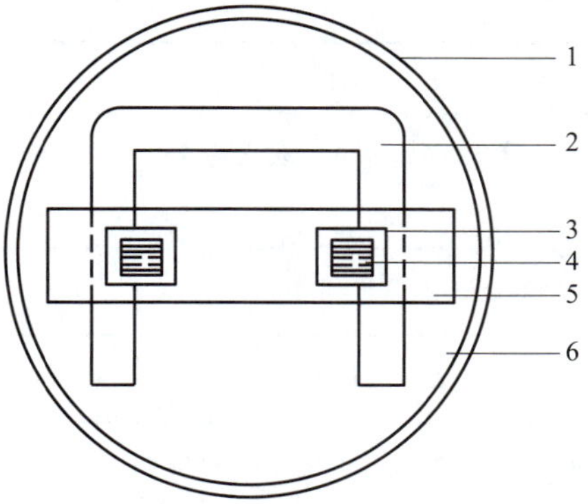


图 3-9　载玻片培养（正面观）

1—培养皿　2—玻璃棒　3—盖玻片　4—琼脂培养基　5—载玻片　6—滤纸

载片培养法主要用于观察霉菌、放线菌不同生长时期的菌体各部分形态（基内菌丝、气生菌丝、孢子丝等分支状况、孢子形态、数目、孢子梗着生状态等）。这种方法菌体完整，标本片清楚，但由于盖玻片限制气生菌丝和孢子丝的生长，因此所观察到的菌丝形态不是自然着生状态，且该法操作过程比较复杂，对于操作的要求较高。载片培养法也可用于假丝酵母等的培养观察。

## 三、实验材料及仪器

**1. 菌种**

曲霉、青霉、根霉和毛霉培养 2 ~ 5d 的马铃薯琼脂平板培养物。

**2. 培养基**

已灭菌的马铃薯琼脂或察氏琼脂。

**3. 仪器或其他用具**

无菌培养皿、载玻片、盖玻片、U 形玻棒、接种针、解剖刀、剪刀、无菌镊子、滤纸、20%已灭菌甘油、显微镜等。

## 四、实训方法、步骤及要求

技能要求：专注、敬业

具体内容如表 3-12 所示。

**表 3-12　载片培养法实训步骤及要求**

| 操作步骤 | 操作要点 | 评价标准 |
|---|---|---|
| 准备工作 | ①将工具和其他用品全部放在实验台上摆好<br>②进行环境消毒（无菌室、超净台）<br>③实验员先用肥皂或 2% 来苏尔洗手，擦干后再用 70% ~ 75% 酒精棉球擦拭双手 | 工具准备齐全合理 |

续表

| 操作步骤 | 操作要点 | 评价标准 |
|---|---|---|
| 放滤纸 | 将滤纸剪成圆形，比培养皿略小，铺在培养皿皿底，每个培养皿放 2 ~ 4 个 | 操作正确<br>大小合适 |
| 放入玻棒 | 在滤纸上放一 U 形玻棒 | 操作正确 |
| 放载片盖片 | 在 U 形玻棒上放一洁净载玻片和两块盖玻片，盖上培养皿盖 | 操作正确 |
| 包扎灭菌 | 将每个分别培养皿包扎后进行干热灭菌（160℃、2h，参见玻璃器皿的包扎和灭菌）备用 | 操作正确 |
| 熔化培养基 | 将制备好的马铃薯琼脂（或察氏琼脂）培养基用电炉或高压蒸汽灭菌锅加热熔化并冷却至 50 ~ 55℃，切忌温度过低，否则培养基会凝固 | 操作正确<br>温度适宜 |
| 点酒精灯 | 无 | 无 |
| 旋松棉塞 | 右手拿过熔化并冷却至 50 ~ 55℃装有马铃薯琼脂（或察氏琼脂）培养基的三角瓶放在酒精灯无菌区内，旋动三角瓶棉塞，以利迅速拔出 | 操作正确 |
| 拿三角瓶 | 右手小拇指和手掌取下棉塞后食指、大拇指、中指迅速拿起三角瓶，瓶口在酒精灯上过火，然后置于酒精灯无菌区内 | 操作正确<br>无菌区内 |
| 拿平板 | 左手拿一灭菌培养皿，在酒精灯上过火 | 拿法正确 |
| 掀皿盖 | 用大拇指和中指夹住皿盖，其余手指托住皿底，将皿盖向上掀起约 30°，留出一定缝隙 | 操作正确<br>无菌区内 |
| 倒平板 | 在酒精灯无菌区内，向灭菌培养皿中注入适量已灭菌的培养基（能盖住培养皿底即可，培养基不可过厚否则影响透光率） | 操作正确<br>无菌操作 |
| 冷却凝固 | 培养皿过火，将培养皿放在操作台上冷却 | 操作正确 |
| 放三角瓶 | 三角瓶过火，塞棉塞，放到一边 | 操作正确 |
| 拿培养皿 | 左手拿含已经冷却凝固好的培养基的培养皿，过火，右手拿无菌解剖刀，置于酒精灯无菌区内 | 拿法正确 |
| 切琼脂块 | 左手掀开培养皿，用解剖刀将凝固的培养基薄层切成 0.5 ~ 1cm 见方的琼脂块，用解剖刀取出琼脂块，置于酒精灯无菌区内 | 无菌操作 |
| 放培养皿 | 合上培养皿，过火，放到一边 | 无菌操作 |
| 拿培养皿 | 除去包扎纸，左手拿内装载玻片、盖玻片的培养皿，过火，置于酒精灯无菌区内，左手掀开培养皿 | 拿法正确 |

续表

| 操作步骤 | 操作要点 | 评价标准 |
| --- | --- | --- |
| 放置琼脂块 | 将切好的琼脂块移至载玻片上（每个培养皿放两块琼脂）合上培养皿 | 无菌操作 |
| 放培养皿 | 培养皿过火、解剖刀灭菌，放在一边 | 无菌操作 |
| 拿培养皿 | 左手拿内有菌种的培养皿，过火，置于酒精灯无菌区内，左手掀开培养皿 | 拿法正确 |
| 拿接种针 | 右手拿接种针，火焰灼烧灭菌彻底 | 操作正确 |
| 取菌 | 接种针伸入培养皿，在霉菌孢子上轻轻沾一下，取出，置于酒精灯无菌区内 | 无菌操作 |
| 放培养皿 | 培养皿过火，放在一边 | 无菌操作 |
| 拿培养皿 | 左手拿内装载玻片、盖玻片的培养皿，过火，置于酒精灯无菌区内，左手扦开培养皿 | 拿法正确 |
| 接种 | 接种针在琼脂块与载玻片的交界处点上数点（接种量一定要少，要尽可能将分散的孢子接种在琼脂块边缘上，否则培养后菌丝过于稠密会影响观察），合上培养皿 | 无菌操作<br>操作正确 |
| 烧针 | 接种针在火焰灼烧灭菌彻底，放到一边 | 操作正确 |
| 拿镊子 | 右手拿无菌镊子，置于酒精灯无菌区内 | |
| 加盖玻片 | 左手掀开培养皿，用无菌镊子将无菌盖玻片覆盖在已接种的琼脂块上，合上培养皿 | 无菌操作<br>操作正确 |
| 放镊子 | 镊子灭菌，放在一边 | 操作正确 |
| 拿甘油瓶 | 将装有无菌甘油试剂瓶放在酒精灯旁边，右手取下瓶盖后，迅速瓶口过火，置于酒精灯无菌区内（无菌水也可） | 操作正确 |
| 加甘油 | 左手掀开培养皿，将 3 ~ 5mL 已灭菌的 20% 甘油倒在平皿的滤纸上（保持平皿内的湿度） | 无菌操作<br>操作正确 |
| 放培养皿 | 培养皿过火，甘油瓶过火，放在一边 | 无菌操作 |
| 标记 | 用记号笔在培养皿底外标记菌种、培养日期、组别等 | 操作正确 |
| 灭酒精灯 | 无 | 无 |
| 培养 | 于培养箱中 28℃培养（时间根据需要定，一般为 2 ~ 5d） | 操作正确 |

续表

| 操作步骤 | 操作要点 | 评价标准 |
|---|---|---|
| 镜检观察 | 在不同的培养时间内取出载玻片置低倍镜下观察，观察营养（基内）菌丝、气生菌丝、孢子丝（繁殖菌丝）及孢子形态种类等，必要时换高倍镜 | 操作正确 |
| 观察完毕后的处理 | 镜头擦拭<br>显微镜归位还原<br>实验台面整理 | 操作熟练、正确 |

## 五、实训报告

完成实训后，可填写实训报告表，如表3–13所示。

**表3–13　　载片培养法实训报告**

| 实训内容 | 载片培养法制片技术 | |
|---|---|---|
| 实训任务 | 用载片培养法法制片技术制作霉菌（放线菌）观察片 | |
| 实训要求 | ①学会载片培养法制片技术<br>②养成无菌操作习惯<br>③学会观察、绘制和描述霉菌（放线菌）的个体形态<br>④学会观察、绘制和描述霉菌（放线菌）的群体形态 | |
| 实训引导 | ①载片培养法应用于哪些微生物？<br>②这种培养法的特点是什么？<br>③培养皿中应倒入多少培养基为宜，如果过厚会有何影响？<br>④滤纸上为什么要加甘油，有什么作用？ | |
| 实训方案 | 仪器、设备 | |
| | 试剂及其他 | |
| | 实训要求工作条件 | |
| | 操作步骤及注意事项 | |
| 实训评价 | 小组评价： | 教师评价： |

# 实训八　透明薄膜培养法

## 一、目的要求

①掌握玻璃纸琼脂平板透析培养法制片技术。
②养成无菌操作意识。

## 二、实训原理

透明薄膜培养法是将待观察微生物培养在透明薄膜上，然后将透明薄膜连同微生物一起转移到载玻片上而制得微生物标本片的一种制片技术。

考点提示：透明薄膜法操作要点

玻璃纸具有半透膜特性，其透光性与载玻片基本相同，允许部分营养物质透过。利用玻璃纸的这一特性，可进行玻璃纸琼脂平板透析培养法制片，其操作过程如下（图 3–10）：将玻璃纸贴在平板固体培养基上，然后接种待观察微生物，待微生物生长处后，将长菌的玻璃纸剪取小片，贴放在载玻片上，镜检。

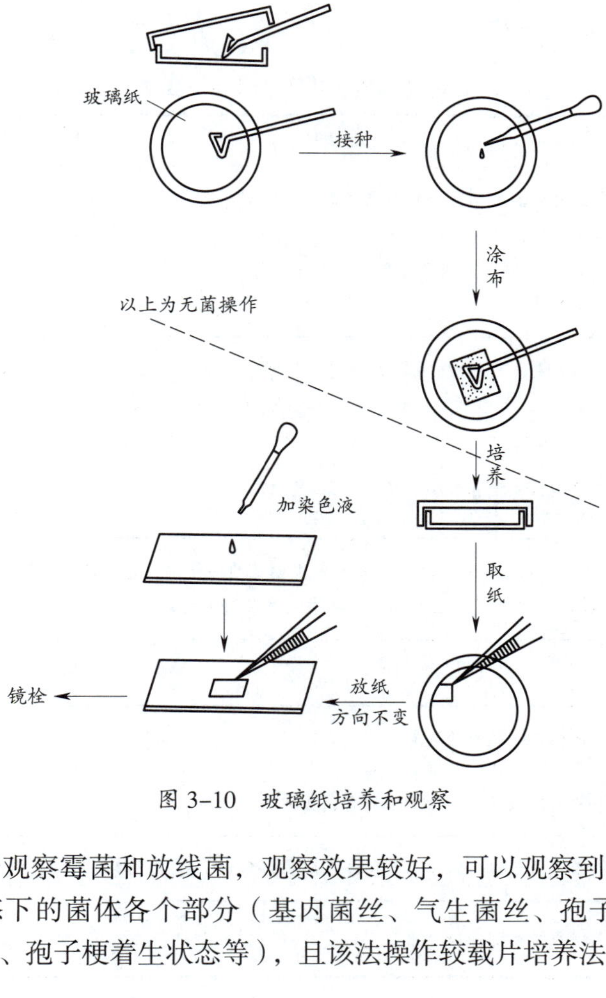

图 3–10　玻璃纸培养和观察

该法常用于观察霉菌和放线菌，观察效果较好，可以观察到各个时期清晰完整的、自然状态下的菌体各个部分（基内菌丝、气生菌丝、孢子丝等分支状况、孢子形态、数目、孢子梗着生状态等），且该法操作较载片培养法简单。

## 三、实验材料及仪器

**1. 菌种**

适宜浓度的细黄链霉菌（“5406”抗生菌）或青色链霉菌或弗氏链霉菌试管孢子悬液。

**2. 培养基**

灭菌的高氏一号琼脂平板培养基。

**3. 仪器或其他用具**

培养皿、玻璃纸、酒精灯、火柴、接种环、无菌镊子、玻璃涂布棒、1mL 无菌吸管若干支、无菌剪刀、载玻片、显微镜等。

## 四、实训方法、步骤及要求

技能要求：协作、敬业

具体内容如表 3–14 所示。

**表 3–14　透明薄膜培养法实训步骤及要求**

| 操作步骤 | 操作要点 | 评价标准 |
|---|---|---|
| 准备工作 | ①将工具和其他用品全部放在实验台上摆好<br>②进行环境消毒（无菌室、超净台）<br>③实验员先用肥皂或 2% 来苏尔洗手，擦干后再用 70% ~ 75% 酒精棉球擦拭双手 | 工具准备齐全摆放合理 |
| 玻璃纸的选择 | 选择能够允许营养物质透过的玻璃纸（可专门购买，也可收集商品包装用的玻璃纸），加水煮沸，然后用冷水冲洗。若玻璃纸变硬，则不可用 | 选择正确 |
| 玻璃纸的处理 | 将玻璃纸剪成适宜大小，经水浸湿后，放入培养皿中 | 大小合适 |
| 玻璃纸的灭菌 | 按照高压蒸汽灭菌锅操作要求将含玻璃纸的培养皿于 121℃高压蒸汽灭菌 30min，降温后取出物品。具体事项参见有关实训项目 | 操作熟练、准确 |
| 点酒精灯 | | 操作正确 |
| 拿培养皿 | 左手拿内装玻璃纸的培养皿，过火，置于酒精灯无菌区内 | 拿法正确 |
| 拿镊子 | 右手拿无菌镊子，置于酒精灯无菌区内 | 无菌操作 |
| 取玻璃纸 | 左手掀开培养皿，右手用无菌镊子取出玻璃纸，置于酒精灯无菌区内 | 无菌操作 |
| 放培养皿 | 合上培养皿放到一边 | 操作正确 |

续表

| 操作步骤 | 操作要点 | 评价标准 |
|---|---|---|
| 拿培养皿 | 左手拿内装培养基的培养皿，过火，置于酒精灯无菌区内，左手掀开培养皿 | 拿法正确 |
| 贴玻璃纸 | 将成玻璃纸贴在凝固的琼脂平板培养基上（注意：贴平、无气泡），即制成玻璃纸琼脂平板培养基 | 无菌操作 |
| 放培养皿 | 培养皿过火、镊子灭菌，放下培养皿和镊子 | 无菌操作 |
| 烧包扎纸 | 将移液管包扎纸从中间烧断、拧松 | 操作正确 |
| 拿试管 | 将含孢子悬液试管拿在左手中，管口斜向上 | 拿法正确 |
| 松棉塞 | 右手将棉塞拧转松动，以利接种时拔出，放在酒精灯无菌区内 | 操作正确 |
| 拿移液管 | 右手拿移液管，除去顶端包扎纸 | 拿法正确 |
| 拔棉塞 | 用右手的小指、无名指在火焰旁同时拔出试管的棉塞 | 操作正确<br>无菌区内 |
| 去纸 | 右手的小指无名指除去移液管底端包扎纸 | 操作正确<br>无菌区内 |
| 取液 | 用移液管吸取孢子悬液 0.2mL（少量），置于酒精灯无菌区内 | 操作正确<br>无菌区内 |
| 过火 | 试管口在火焰上转动灼烧可能存在的杂菌 | 无菌区内 |
| 塞棉塞 | 在火焰旁将棉塞塞上（塞棉塞时不要用试管去迎棉塞，以免试管在移动时吸入不洁空气），放到试管架上 | 操作正确<br>无菌区内 |
| 拿培养皿 | 左手拿内贴玻璃纸的培养皿，过火，置于酒精灯无菌区内，左手掀开培养皿 | 操作正确<br>无菌区内 |
| 接种 | 右手将孢子悬液滴于玻璃纸中央 | 无菌区内 |
| 放移液管 | 合上培养皿，移液管放入消毒液中 | 操作正确 |
| 拿涂布棒 | 右手拿无菌涂布棒，置于酒精灯无菌区内 | 操作正确 |
| 涂布 | 左手掀开培养皿，用涂布棒涂匀菌悬液 | 无菌区内 |
| 放培养皿 | 合上培养皿，培养皿过火、涂布棒放入消毒液中灭菌，放下培养皿和涂布棒 | 无菌操作 |

续表

| 操作步骤 | 操作要点 | 评价标准 |
| --- | --- | --- |
| 灭酒精灯 | 无 | 无 |
| 平板标记 | 用记号笔在皿底外标记菌种、培养日期、组别等 | 操作正确 |
| 培养 | 将已接种的玻璃纸琼脂平板于 28 ~ 30℃下倒置培养，培养至 3d、5d、7d | 温度适宜<br>培养皿倒置 |
| 点酒精灯 | 无 | 无 |
| 拿培养皿 | 左手拿内含培养物的培养皿，过火，置于酒精灯无菌区内，左手掀开培养皿 | 操作正确<br>无菌区内 |
| 拿镊子 | 右手拿无菌镊子，置于酒精灯无菌区内 | 操作正确 |
| 玻璃纸分离 | 左手掀开培养皿，用镊子将玻璃纸与培养基分离 | 无菌区内 |
| 做载片 | 用剪刀剪取适宜的部分，贴在载玻片上进行观察 | 操作正确 |
| 观察 | 观察菌落形态、基内菌丝、气生菌丝、孢子丝、孢子等 | 操作正确 |
| 观察完毕后的处理 | 镜头擦拭<br>显微镜归位还原<br>实验台面整理 | 操作熟练、正确 |

## 五、实训报告

完成实训后，可填写实训报告表，如表 3–15 所示。

**表 3–15　　透明薄膜培养法实训报告**

| 实训内容 | 透明薄膜培养法 |
| --- | --- |
| 实训任务 | 用玻璃纸琼脂平板透析培养法制作霉菌（放线菌）观察片 |
| 实训要求 | ①学会玻璃纸琼脂平板透析培养法制片技术<br>②养成无菌操作习惯<br>③学会观察、绘制和描述霉菌（放线菌）的个体形态<br>④学会观察、绘制和描述霉菌（放线菌）的群体形态 |
| 实训引导 | ①使用涂布棒时注意事项有哪些？<br>②为什么培养基上放了玻璃纸后霉菌仍能生长？<br>③叙述透明薄膜培养法制片技术的操作过程。<br>④透明薄膜培养法制片技术的特点有哪些？ |

续表

| | | |
|---|---|---|
| 实训方案 | 仪器、设备 | |
| | 试剂及其他 | |
| | 实训要求工作条件 | |
| | 操作步骤及注意事项 | |
| 实训评价 | 小组评价： | 教师评价： |

## 实训九 悬滴法

### 一、实训目的

①掌握悬滴法制片技术。
②观察细菌的运动性，判断是否具有鞭毛。

### 二、实训原理

悬滴法就是将菌悬液滴加在洁净的盖玻片中央，然后将它倒盖在有凹槽的载玻片上而制得微生物标本片的制片技术（图 3–11）。

考点提示：悬滴法操作要点

悬滴法操作简单，容易掌握，可以观察到细胞真实形态，适用于单细胞微生物、霉菌、放线菌孢子等的结构和形态的观察，但主要用于细菌运动性观察，借此可快速、简便地判断细菌是否具有鞭毛，与鞭毛染色法相比，后者虽然能观察到鞭毛的形态、着生位置和数目，但既费时又麻烦，如果仅须了解某菌是否有鞭毛用此法就可判断。

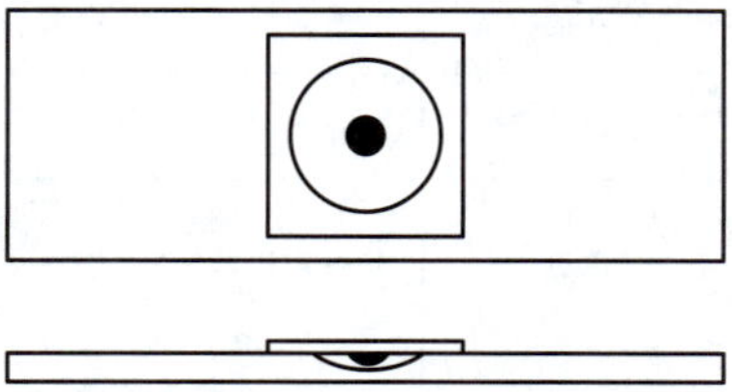

图 3–11 悬滴法

### 三、实训材料及仪器

**1. 菌种**

枯草芽孢杆菌、假单胞菌、金黄色葡萄球菌牛肉膏蛋白胨培养基液体培养物（新配培养基连续移接 3 ~ 5 代，最后一代置于恒温箱中培养 12 ~ 16h 的幼龄菌体）。

**2. 染色液和试剂**

蒸馏水或生理盐水、香柏油、二甲苯。

**3. 器材**

凹玻片、盖玻片、擦镜纸、吸水纸、记号笔、玻片搁架、镊子，显微镜、凡士林、无菌滴管等。

## 四、实训方法、步骤及要求

技能要求：敬业、标准

具体内容如表 3–16 所示。

**表 3–16　悬滴法实训步骤及要求**

| 操作步骤 | 操作要点 | 评价标准 |
|---|---|---|
| 涂凡士林 | 取 1 块洁净盖玻片，四周均匀涂少量凡士林 | 涂抹均匀 |
| 标记位置 | 用记号笔在预涂菌液的边缘做记号，以方便寻找菌液位置 | 做好标记 |
| 点酒精灯 | 无 | 无 |
| 拿试管 | 左手拿含菌悬液试管，右手松棉塞，置于酒精灯无菌区 | 操作正确 |
| 拿滴管 | 右手拿无菌滴管，置于酒精灯无菌区内 | 操作正确<br>无菌区内 |
| 拔棉塞 | 右手无名指和小指挟取棉塞 | 操作正确<br>无菌区内 |
| 管口过火 | 将管口在酒精灯火焰上灭菌，置于酒精灯无菌区内 | 操作正确<br>无菌区内 |
| 取菌 | 用滴管吸取适量菌悬液（菌液不能取得太多），置于酒精灯无菌区内 | 操作正确 |
| 管口过火 | 将管口在酒精灯火焰上灭菌 | 操作正确 |
| 棉塞过火 | 棉塞迅速通过火焰 2 ~ 3 次以便灭菌 | 操作正确<br>无菌区内 |
| 塞棉塞 | 在火焰旁将棉塞塞上（塞棉塞时不要用试管去迎棉塞，以免试管在移动时吸入不洁空气），将试管放到试管架上 | 操作正确 |
| 拿载玻片 | 左手拿起盖玻片 | 操作正确 |
| 滴液 | 将滴管里的菌悬液滴一小滴在盖玻片中央，将滴管放入消毒液中 | 滴液适量 |
| 盖凹玻片 | 凹玻片的凹槽对准盖玻片中央的菌液，轻轻盖在盖玻片上 | 操作正确 |
| 翻转凹玻片 | 迅速翻转凹玻片，菌液悬在凹槽中央，铅笔或火柴棒轻压盖玻片，使四周边缘闭合 | 操作正确<br>液滴不流走 |
| 镜检观察 | 低倍镜找到物象<br>高倍镜观察<br>油镜观察 | 显微镜使用正确<br>结果正确 |

续表

| 操作步骤 | 操作要点 | 评价标准 |
| --- | --- | --- |
| 实验完毕后的处理 | 镜头擦拭<br>显微镜归位<br>实验台面整理 | 操作熟练、正确 |

**注意事项：**

①检查细菌运动的载玻片和盖玻片都要洁净无油，否则将影响细菌的运动。②制水封片时菌液不可加得太多，过多的菌液会在盖玻片下流动，因而在视野内只见大量的细菌朝一个方向运动，从而会影响对细菌正常运动的观察。③观察时应辨别是细菌运动还是分子运动（即布朗运动），前者在视野下可见有鞭毛的细菌自一处可作直线、波浪式或翻滚运动游动至他处，而后者仅在原处左右摆动。运动速度依菌种不同而异，应仔细观察。④若使用油镜观察，应在盖玻片上加香柏油一滴。⑤因菌体透明，可缩小光圈或降低聚光器以增大反差，便于观察。

## 五、实训报告

完成实训后，可填写实训报告表，如表 3–17 所示。

**表 3–17　悬滴法实训报告表**

| 菌名 | 运动情况 | 鞭毛判断 |
| --- | --- | --- |
| 枯草芽孢杆菌 | | |
| 假单胞菌 | | |
| 金黄色葡萄球菌 | | |

注：+ 表示运动、有鞭毛；– 表示不运动、无鞭毛。

## 六、思考题

观察的菌种是否具有鞭毛？判断的依据是什么？

**【知识小结】**

染色是观察和鉴别微生物的重要技术，染色剂由三部分组成，可分为三类，染色方法有单染色和复染色等几种方法。把微生物放到载玻片上制成微生物标本片的技术称制片技术。制片方法有涂片法、插片法、悬滴法、水浸片法、载片培养法、透明薄膜法等。

**【知识链接】**

## 细菌细胞的结构

细菌的细胞构造可分为两类：一类是基本结构，为所有的细菌细胞所共有，而可能为生命所绝对必需；另一类是特殊结构（参见细菌形态观察），只在一些种、一些细胞中发现，或者在特殊环境条件下才形成，具有某些特定功能。

细菌细胞的基本结构包括：细胞壁、细胞膜、细胞质、间体、核糖体、核质、内含物颗粒。特殊结构有荚膜、鞭毛、芽孢等。一个典型的细菌细胞构造如图 3–12 所示。

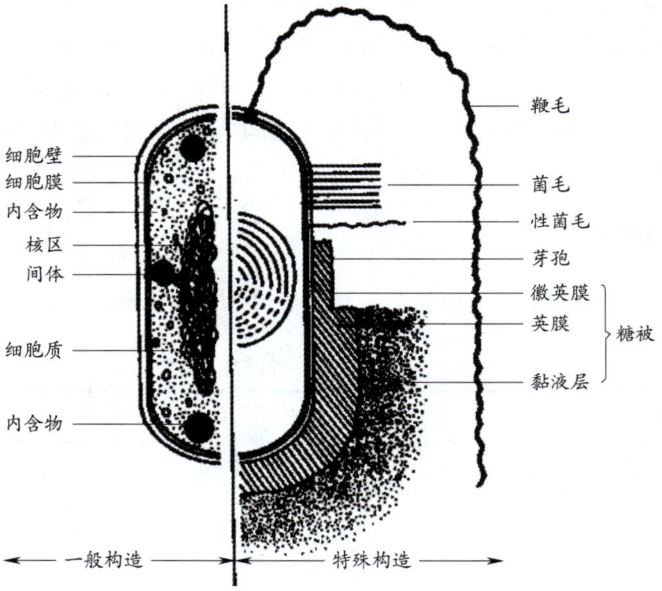


图 3–12　细菌细胞的基本结构及特殊结构的模式图

一、细胞壁

细胞壁是细菌细胞的外被，较坚韧而略有弹性，细胞壁的质量占细胞干重的 10% ~ 25%，是细胞的重要结构之一。各种细菌的壁厚度不等，如金黄色葡萄球菌为 15 ~ 20nm；大肠杆菌为 10 ~ 15nm。用光学显微镜很难分辨细胞壁，可用电子显微镜通过细胞的超薄切片观察（图 3–13）。细胞壁的功能主要有以下几类。

1. 固定细胞外形，保护细胞免受外力损伤

细胞壁具有保护细胞免受机械性或渗透压的破坏，维持细胞外形功能。失去细胞壁后，各种形状的细菌都将变成球形。细菌在一定范围的高渗溶液中原生质收缩，出现质壁分离现象，在低渗溶液中，细胞膨大（但不会改变形状）或破裂，这些都与细胞壁具有一定坚韧性和弹性有关。

2. 协助鞭毛运动

细胞壁的存在是鞭毛运动所必需的。细胞壁可能为鞭毛运动提供可靠的支点，具有鞭毛的细菌失去细胞壁后，仍保持其鞭毛，但不能运动。

3. 阻止大分子物质进入细胞

细胞壁实际上是多孔性的，具一定屏障作用，水和某些化学物质可以通过，但对大分子物质有阻拦作用，同时也可阻挡一些有害物进入。

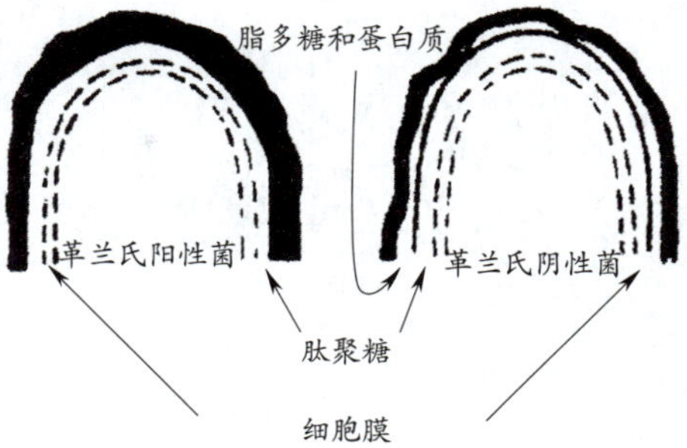

图 3–13　细胞壁

4. 与生理特性有关

细胞壁的化学组成，使之具有一定的抗原性、致病性以及对噬菌体的敏感性。

不同的细菌细胞壁的化学组成和结构不同，但其共性是都有以肽聚糖为骨架结构构成的网袋状结构。肽聚糖是一个大分子复合体，由若干个 *N*– 乙酰葡萄胺（简写 NAG）和 *N*– 乙酰胞壁酸（简写 NAM）以及少数氨基酸短肽链组成的亚单位聚合而成。NAG 和 NAM 相间排列，以 $\beta$–1,4 葡萄糖苷键连接，形成肽聚糖多糖链，其长度因菌种而异。一般每条多糖链有 10 ~ 56 个二糖单位（或氨基糖），例如金黄色葡萄球菌最短，只有 9 个二糖单位，而地衣芽孢杆菌可多达 79 个单位。以肽键连接的氨基短肽，形成了肽聚糖的肽链，其氨基酸的组成和排列顺序，通常为 L– 丙氨酸、D– 谷氨酸、L– 二氨基酸（即 L– 赖氨酸或二氨基庚二酸等）和 D– 丙氨酸。这些短肽，连在部分或全部 *N*– 乙酰胞壁酸的残基上。相邻的短肽通过一定的方式将肽聚糖亚单位交叉联结成重复结构。肽聚糖亚单位的结构及连接方式如图 3–14 所示。

革兰氏阳性细菌（$G^+$）细胞壁以肽聚糖为主，占细胞壁物质总量的 40% ~ 90%。另外还结合有其他多糖及一类特殊的多聚物——磷壁（酸）质。革兰氏阳性细菌肽聚糖分子中 75% 的亚单位纵横交错连接，从而形成了紧密编织、质地坚硬和机械性强度很大的多层三维空间结构。从其结构来看，$G^+$ 有较厚（20 ~ 80nm）而致密的肽聚糖层，如枯草芽孢杆菌的肽聚糖分子可达 20 层之多。

革兰氏阴性细菌（$G^-$）细胞壁的化学组成和结构比革兰氏阳性细菌更复杂。其结构层次明显，分为内壁层和外壁层。内壁层紧贴细胞膜，厚 2 ~ 3nm，是一单分子层或双分子层，占细胞壁干重 5% ~ 10%，由肽聚糖组成。肽聚糖多糖链结构与革兰氏阳性细菌相同，但肽链中的 L– 赖氨酸往往被其他二氨基酸取代。由于它们只有 30% 的肽聚糖亚单位彼此交织联结，故其网状结构不及革兰氏阳性细菌的坚固，显得比较疏松。内壁的肽聚糖层比革兰氏阳性细菌相应部分要薄得多。外壁层覆盖于肽聚糖层的外部，主要含脂多糖、磷脂层和脂蛋白，某些细菌的抗原性、致病性以及对噬菌体的敏感性均与这些成分有关，脂多糖是其主要成分。$G^+$ 与 $G^-$ 细胞壁的结构如图 3–15 所示，$G^+$ 与 $G^-$ 细胞壁的成分如表 3–18 所示。

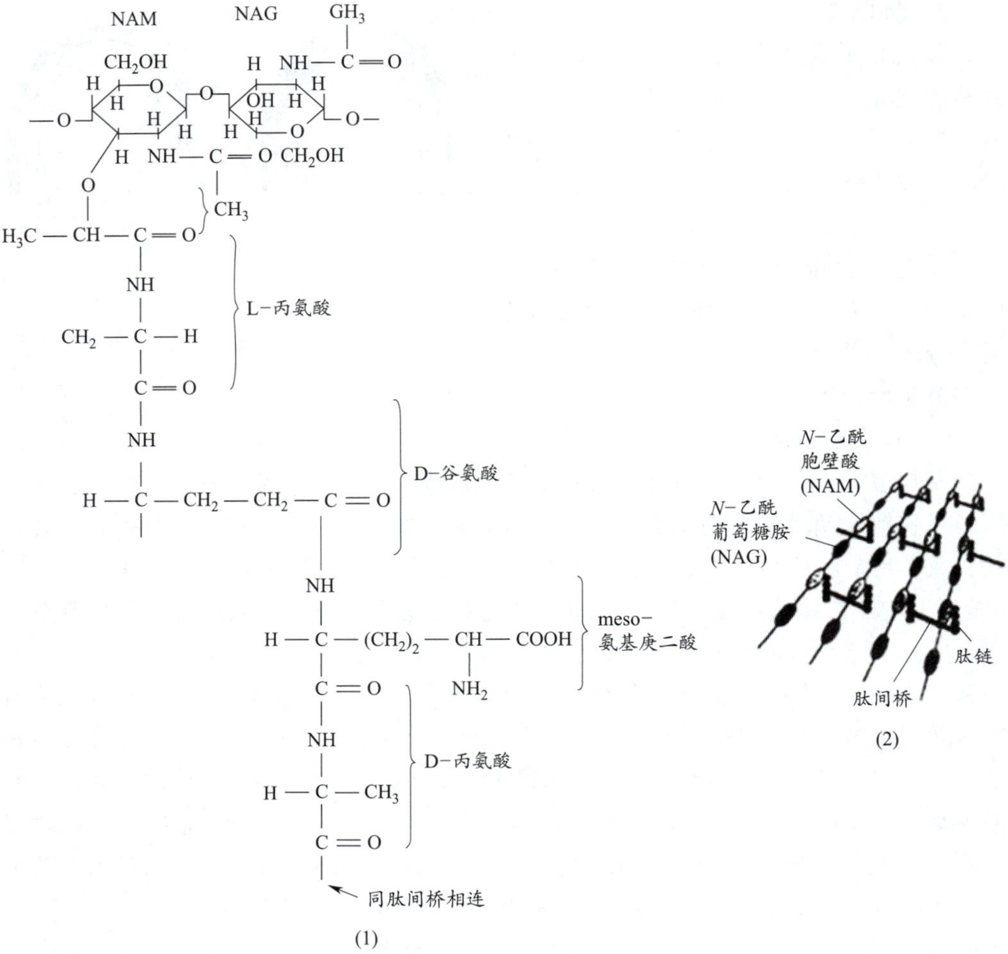


图 3−14　肽聚糖亚单位的结构（1）及连接方式（2）

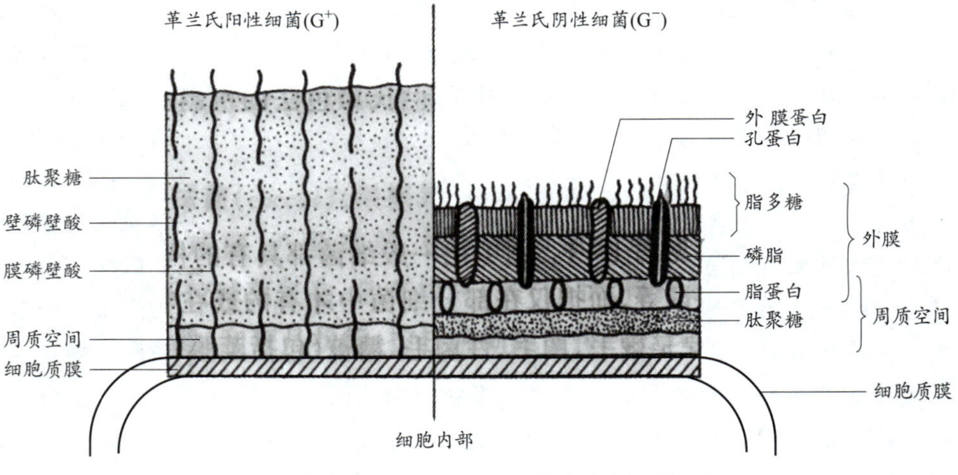


图 3−15　$G^+$ 与 $G^-$ 细胞壁的结构简图

表 3-18　　胞壁的结构和化学成分

| 性质 | 革兰氏阳性菌 | 革兰氏阴性菌 | |
|---|---|---|---|
| | | 内壁 | 外壁 |
| 肽聚糖 | 含量很高（占干重的 40% ~ 90%） | 有 | 无 |
| 磷壁酸 | 含量较高（<50%） | 无 | 无 |
| 多糖 | 有 | 无 | 无 |
| 蛋白质 | 有或无 | 无 | 有 |
| 脂多糖 | 无 | 无 | 有 |
| 脂蛋白质 | 无 | 有或无 | 有 |
| 厚度 /nm | 10 ~ 50 | 2 ~ 3 | 3 |

注：少数细菌，如嗜盐菌、产甲烷菌和硫化叶菌属（*Sulfolobus*）没有肽聚糖。

二、细胞膜

细胞膜又称原生质膜，是紧贴在细胞壁内侧、包围细胞质的柔软而富有弹性的半透性薄膜，其质量为干重的 10% 左右。化学组成主要是脂类（20% ~ 30%）和蛋白质（60% ~ 70%），此外还有少量糖蛋白和糖脂（约 2%）以及微量核酸。其厚度为 5 ~ 8nm。

细胞膜以磷脂双分子层为基本结构（图 3-16），在电子显微镜下观察时，细胞膜呈明显的双层结构——在上下两暗色层间夹着一浅色的中间层。磷脂具有亲油的非极性端和亲水的极性端，磷脂双分子层的两个极性端分别朝向膜的内外两侧，呈亲水性；而两个非极性的疏水端则在膜的内层，形成具有高度定向性的双分子层。磷脂双分子层通常呈液态，不同的内嵌蛋白和外周蛋白可在磷脂双分子层液体中做侧向运动。

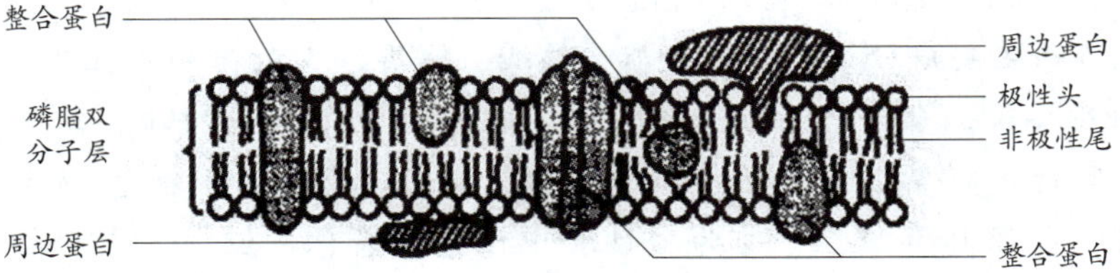


图 3-16　细胞膜的模式构造图

细胞膜是一层具有高度选择性的半透明薄膜，其功能主要有以下几类。

（1）控制细胞内外物质的运送、交换　它能控制营养物质及代谢产物的进出，使细菌能在各种化学环境中吸收所需的营养物质，排出过多的代谢产物。

（2）细胞膜的屏障作用可以维持细胞内正常渗透压。

（3）在细胞呼吸过程中起到关键的作用　膜的内侧和外侧存在呼吸酶系统，是许多酶（$\beta$-半乳糖苷酶、细胞壁和荚膜的合成酶及 ATP 酶等）和电子传递链的所在部位，具有电子传递和氧化磷酸化的功能，是能量代谢、合成代谢的场所。

（4）细胞膜鞭毛的着生点和其运动所需能量的来源。

三、核质体

细菌的核位于细胞质内，不是真正的细胞核，其特指原核微生物特有的无核膜结构、无固定形态的原始细胞核，其仅有一个区域不明显的核区存在，结构也很简单，故也被称为拟核或核区等，这也是真核生物细胞和原核生物细胞的最重大区别之一。

核质体主要成分是DNA，含性质与高等生物细胞核功能相似的核物质，在细胞内的DNA高度折叠缠绕，以超螺旋状结构存在。核区位于细胞中央，呈球状、哑铃状或带状。当细菌处于对数生长期时，则一个菌体细胞内往往出现2～4个核区。其主要功能为记录和传递个体的遗传性状。

存在于细菌染色体外或附加于染色体上的遗传物质还有质粒。质粒绝大多数由共价闭合环状双螺旋DNA分子构成，分子质量较小。很多细菌如大肠杆菌、痢疾杆菌、金黄色葡萄球菌、乳酸链球菌等都有，已成为基因工程中重要的运载工具之一。质粒的功能和特点有：①能自我复制、稳定遗传；②可插入细菌染色体中或与其携带的外源DNA片段共同复制增殖；③可通过转化、转导或接合作用单独转移或携带着染色体片段一起转移；④可从菌体内自行消失；⑤可通过物理、化学手段使其消除或抑制。

由于细菌核质体不具核仁、核膜，同时由于细菌细胞质具有更高的凝胶化程度故而核质也不与细胞质相混合。另外，由于DNA含有磷酸基，故带有很高的负电荷。

四、细胞质

除核区以外，包在细胞膜以内的无色、透明、黏稠的胶状物质均为细胞质，细胞质的主要成分为水、蛋白质、核酸、脂类、少量糖和无机盐。细胞质是细胞的内在环境，含有各种酶系统，具有生命活动的所有特征，能使细胞与周围环境不断地进行新陈代谢活动。由于细胞质内含有占固形物量15%～20%的核糖核酸，所以具有酸性，易为碱性和中性染料着色。但由于老龄细胞中核酸可作为氮源和磷源消耗，所以其着色力不如幼龄细胞强。细胞质内存在各种内含物。

五、内含物颗粒

细菌细胞的细胞质常含有各种颗粒，它们大多为细胞储藏物质，称为内含物颗粒。颗粒的多少随菌龄和培养条件的不同而有很大的变化。其成分为糖类、脂类、含氮化合物及无机物等，这些颗粒物质主要有以下5种。

1. 异染颗粒

异染颗粒是一种强嗜碱性颗粒，主要成分为多聚偏磷酸盐，可能还含有RNA、蛋白质、脂类和镁，可用甲苯胺蓝或次甲基蓝等蓝色染料染成红色，呈现异色现象。幼龄细胞中的异染颗粒很小，随着菌龄的增加而变大，在生长后期尤为明显。异染颗粒的功能是储存磷元素和能量。当培养基中缺磷时，它可作为磷的补充源，也可降低细胞的渗透压。

2. 聚 $\beta$ – 羟丁酸颗粒

它不溶于水，易被脂溶性染料（如苏丹黑、尼罗蓝）着色，并可用显微镜观察，是碳源、能源性储藏物，具有降低细胞渗透压的作用。由于聚 $\beta$ – 羟丁酸酯是一种可降解塑料，可制成易降解、无毒的医用塑料器皿和外科用的手术针和缝线。

3. 肝糖原与淀粉粒

肝糖原与淀粉粒是葡萄糖的 $\alpha$-1,4 或 $\alpha$-1,6 糖苷键的聚合物。细菌的多糖贮存物通常均匀地分布在胞内，颗粒较小。当这类贮存物大量存在时，可以用碘液进行染色，并在光学显微镜下观测到。肝糖原的链短，分枝多，且颗粒较小，染色为红色；淀粉粒的链长，分枝少，染色为蓝色，这是由于多聚体链的长度和分枝程度的不同所致。

4. 脂肪粒

脂肪粒折光性较强，可用脂溶性染料（苏丹Ⅲ）染色。细菌在旺盛生长时脂肪粒的数目和量均随之增加，细胞破坏后脂肪粒可游离出来。

5. 液泡

许多活细菌细胞内有液泡，用中性红染色可观察到。液泡内充满水分和盐分，有时含有异染颗粒、类脂。液泡具有调节渗透压的功能，液泡内物质可与细胞质进行物质交换。

不同微生物的储藏性内含物不尽相同。如芽孢杆菌只含有聚 $\beta$ – 羟丁酸，肠道菌（如大肠杆菌、产气杆菌）只储藏肝糖，接近衰老时含量增多。当培养环境中缺乏营养时，细胞就可利用它们以维持生命活动。一般当环境中缺乏氮源，而碳源、能源丰富时。细胞储存较大量的内含物，有的可达到细胞干重的50%以上。细胞以多聚物形式储存营养物的优点是可以避免内渗透压过高的危害，细胞的大量储存物也可为人们所利用。

# 项目四

# 微生物培养与菌种保藏技术

## 学习目标

①学会微生物培养的基本知识。
②培养学生微生物培养容器的包扎、灭菌技能。
③培养学生培养基制备技能。
④培养学生微生物接种、分离技能。
⑤培养学生微生物培养技能。
⑥了解部分理化因素对微生物生长发育的影响。
⑦理解菌种保藏原理、意义。
⑧掌握几种常见的菌种保藏方法。

## 思政目标

①培养学生健康意识，关注食品安全，养成专注、精益求精、团结协作的工匠精神。
②培养学生诚信、敬业等社会主义核心价值观，遵守职业道德规范。

微生物培养是微生物研究和应用中的一项重要内容。凡是从事与微生物有关的工作，都是必须了解和掌握微生物培养的基本理论与方法，以便更好地掌控微生物。

**案例**

2003 年某日，某地出入境检验检疫局对该地某公司报检出口的芦笋罐头实施检验。此次报检的芦笋罐头中某批次的产品共 20 箱，经抽取 80 罐产品实施罐体外观检验，均正常，而开罐检验发现该批次所抽取的 5 罐罐头内容物均发生变质，有异味，汤汁浑浊，实施 pH 检测，发现酸度明显异常，比正常的芦笋罐头 pH 低 2 ~ 3。对该批罐头扩大抽样开罐检查，全批罐头几乎都产生了酸败，抽取该批次样品送交实验室实施微生物检测确认为“耐热性的平酸菌”所导致的罐头酸败。经调查发现，该批次罐头经车间空气、员工的手或者器具等方面污染了平酸菌后，在罐头储存过程中，残存的平酸菌生长繁殖，造成罐头“平盖酸败”，是造成该批次产品“平盖酸败”的直接原因。

食品安全问题在当今社会愈来愈凸显，已经成为了各个国家面临的难题。食品安全无小事，它事关人民的身体健康和生活质量，需要我们时刻关注。

请问：

①在食品生产过程中如果器皿未灭菌或灭菌不彻底会带来哪些影响?

②实验所需器皿该如何进行灭菌?

## 实训一 玻璃器皿的洗涤、包扎及灭菌

### 一、实训目的

①熟悉微生物实验所需的各种常用器皿名称和规格。
②掌握对各种器皿的清洗方法。
③学会电热干燥箱的操作。
④学会常用玻璃器皿的包扎。

### 二、实训原理

> 考点提示：玻璃仪器的清洗、包扎、灭菌操作要点

为了保证实验顺利进行，要求把实验用器皿清洗干净。保持灭菌后呈无菌状态，需要对培养皿、吸管等进行妥善包扎。试管和三角瓶要制作棉塞。这些工作看来很普通，但操作不

当或不按规定要求去做，会导致实验的失败，因此应看作是微生物实验的基本操作。

### （一）玻璃器皿洗涤方法

**1. 新玻璃器皿**

新玻璃器皿含有游离碱，一般先将其浸于2%的盐酸溶液中数小时，然后用自来水清洗干净。也可将器皿先用热水浸泡，再用去污粉或肥皂粉刷洗，最后经过热水洗刷、自来水清洗，待干燥后，灭菌备用。

**2. 用过的玻璃器皿**

（1）试管或三角瓶的洗刷　盛有废弃物的试管或三角瓶，因其内含大量微生物，洗刷前应先经过高压蒸汽灭菌。对只带有细菌标本或培养物的试管等玻璃器皿，用过后应立即将其浸于2%的来苏尔消毒水中，经24h后，才可以取出洗刷。

用蜡封口的试管或石油发酵用瓶，清洗前先将其置于高压蒸汽灭菌锅中消毒，然后取出，趁热拔去沾有蜡或油的塞，立即倒去培养物，再将试管投入温水中，洗刷后浸于5%的肥皂水内，煮沸5min，以去除试管上的油污。也可将倒空的瓶子用汽油浸泡，待油溶解后再刷洗。

加过消泡剂的发酵瓶或做过通气培养的大三角瓶，一般先将倒空的瓶子用碱粉去掉油污后，再行洗刷。

管壁或瓶壁上留有培养物的痕迹，用试管刷难以去除，此时可用一根粗铁丝把顶端弯曲，捆几层纱布，浸湿，蘸一点去污粉，或再蘸少许细沙，磨擦管壁或瓶壁，就可把器壁的痕迹擦掉。

（2）培养皿的清洗　用过的器皿中往往有废弃的培养基，需先经高压蒸汽灭菌或沸水煮沸30min后，倒掉污物，方可清洗。如果灭菌条件不便，可将皿中培养基刮出来，倒在一起，以便统一处理。洗刷时，先用热水洗一遍，再用洗衣粉或去污粉擦洗，然后用自来水冲洗干净，将平皿全部向下，一个压着一个，扣于洗涤架上或桌子上。

（3）吸管的清洗　吸过菌液的吸管，用完后应放入装有5%石炭酸溶液的高玻璃筒内消毒；未吸过菌液的吸管，用后放入清水中，防止干燥；吸过带油液体的吸管，应先在10%的氢氧化钠溶液中浸泡0.5h，去掉油污，方可清洗。如果吸管经以上处理仍留有污垢，可再置于洗液中浸泡1h，再进行清洗。

吸管上端的隔离棉花，可用普通钢针制成的小钩钩出，清洗时，将直径为6～7.5mm的橡皮管一端连在自来水龙头上，另一端套在吸管的底端，放水冲洗即可。洗净的试管顶端向下，下面垫一块干净的厚布或几层纱布，使吸管的水分能迅速被吸干。

（4）载玻片和盖玻片的清洗　用过的载玻片与盖玻片如滴有香柏油，要先擦去香柏油或浸在二甲苯内摇晃几次，使油垢溶解，再在肥皂水中煮沸 5 ~ 10min，用软布或脱脂棉花擦拭后，立即用自来水冲洗，然后在稀洗液中浸泡 0.5 ~ 2h，自来水冲洗去洗液，最后用蒸馏水换洗几次，待干后浸于 95% 乙醇中保存备用。使用时在火焰上烧去乙醇。用此法洗涤和保存的载玻片和盖玻片清洁透亮，没有水珠。

检查过活菌的载玻片或盖玻片应先在 2% 煤酚皂溶液或 0.25% 新洁尔灭溶液中浸泡 24h，然后按上述方法洗涤和保存。

### （二）玻璃器皿洗涤时注意事项

（1）任何洗涤方法，都不应对玻璃器皿有所损伤，所以不能用有腐蚀作用的化学药剂，也不能使用比玻璃硬度大的物品来擦拭玻璃器皿。

（2）一般新的玻璃器皿用 2% 的盐酸溶液浸泡数小时，用水充分洗干净。

（3）用过的器皿应立即洗涤，有时放置太久会增加洗涤难度。

（4）难洗涤的器皿不要与易洗涤的器皿放在一起。有油的器皿不要与无油的器皿放在一起，否则使本来无油的器皿也沾上了油垢，浪费药剂和时间。

（5）强酸、强碱、琼脂等腐蚀或阻塞管道的物质不能直接倒在洗涤槽内，必须倒在废液缸内。

（6）含有琼脂培养基的器皿，可先用小刀或铁丝将器皿中的琼脂培养基刮去，或把它们用水蒸煮，待琼脂融化后趁热倒出，然后用水洗涤。

（7）一般的器皿都可用去污粉、肥皂或配成 5% 热肥皂水来清洗，油质很重的器皿，应先将油层擦去。

（8）如果器皿沾有煤膏、焦油及树脂类的一些物质，可用浓硫酸或 40% 的氢氧化钠液洗涤或用洗涤液浸泡。

（9）当器皿上沾有蜡或油漆等物质，用加热方法使之融化揩去，或用有机溶剂（苯、二甲苯、丙酮、松节油等）拭揩。

（10）洗涤后的器皿应达到玻璃能被水均匀湿润而无条纹和水珠。

（11）凡遇有传染性材料的器皿，洗涤前应经高压灭菌后清洗。

### （三）玻璃器皿包扎

为了灭菌后仍保持无菌状态，各种玻璃器皿均需包扎。

**1. 培养皿**

培养皿洗净烘干后每 10 套叠在一起，用牢固的纸卷成一筒，外面用绳子捆扎，以免散开，做好标签后进行灭菌。到使用时在无菌室中才打开取出培养皿。也可将洗净烘干后的培养皿每 10 套放入一个特制的金属（不锈钢或铁皮）圆形平皿筒中（图 4–1），加盖，灭菌备用。

**2. 吸管（移液管）**

洗净烘干后的吸管，在口吸的一端用尖头镊子或针塞入少许脱脂棉花，以防止菌体误吸口中以及口中的微生物通过吸管而进入培养物中造成污染。塞入棉花的量要适宜，棉花不宜露在吸管口的外面，多余的棉花可用酒精灯的火焰把它烧掉。棉花要塞得松紧适当，若过紧，吹吸液体太费劲，过松，吹气时棉花会下滑。每支吸管用一条宽 4 ~ 5cm，以 45° 左右的角度螺旋形卷起来，吸管的尖端在头部，吸管的另一端用剩余纸条迭打成结（见图 4–2 吸管的包扎），以免散开，然后标上容量。最后若干支吸管扎成一束，送去灭菌。使用时从吸管中间拧断纸条抽出吸管。

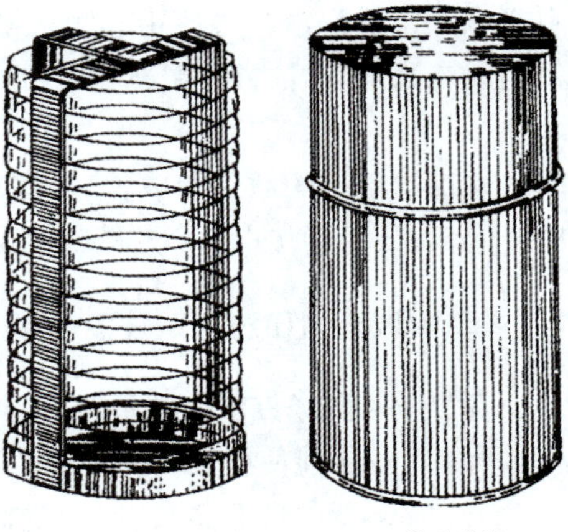


图 4–1　装培养皿的金属筒

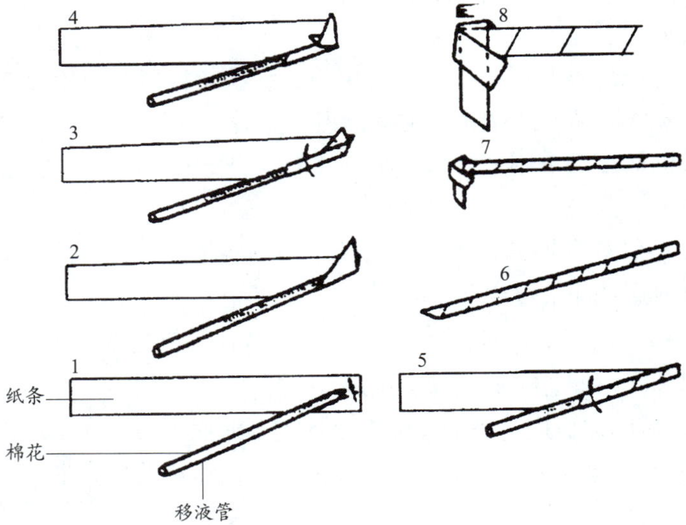


图 4–2　吸管的包扎

1 ~ 8 表示包扎顺序

**3. 试管和三角瓶**

试管和三角瓶都要做合适的棉花塞。棉花塞的作用是起过滤作用，避免空气中的微生物进入试管或三角瓶。棉花塞的制作要求使棉花塞紧贴玻璃壁，没有皱纹和缝隙，不能过松或过紧。过紧则易挤破管口和不易塞入，过松则易掉落和污染。棉花塞的长度不少于管口直径的二倍，约 2/3 塞进管口（棉塞的制作如图 4–3

所示）。若干支试管用绳子扎在一起，在棉花塞部分外包油纸或牛皮纸，再在纸外用线绳扎紧（图 4–4）。每个三角瓶单独用油纸包扎棉花塞。

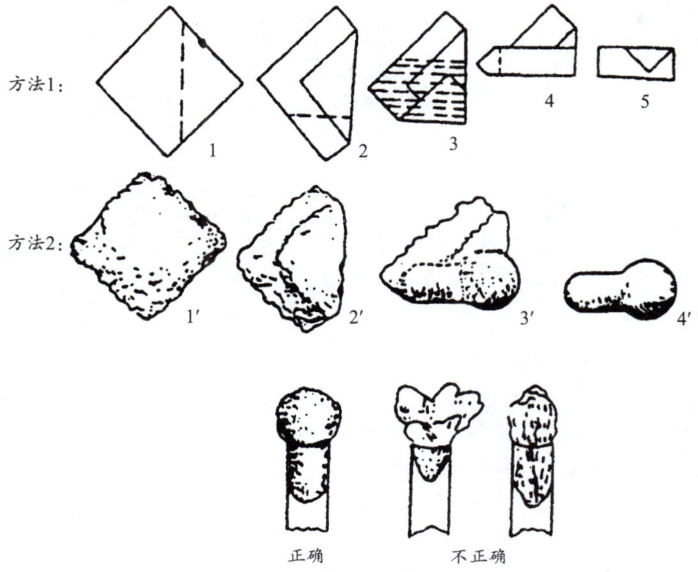


图 4–3　棉塞的制作

1 ~ 5，1′ ~ 4′表示操作顺序

图 4–4　捆扎

## （四）干热灭菌

干热灭菌又称热空气灭菌，是利用高温使微生物细胞内的蛋白质凝固变性的原理。细胞中蛋白质凝固与含水量有关。含水量越大，凝固越快；反之，凝固越慢。因此干热灭菌所需的温度和时间要高于湿热灭菌。干热灭菌可以在恒温的电烘箱中进行，一般在 160℃温度下，持续 2h，即可达到灭菌目的。它适用于各种耐热的空玻璃器皿（如培养皿、试管、吸管等）、金属用具（如牛津杯、手术刀等）和某些其他物品（如石蜡油）的灭菌。但带有胶皮、塑料的物品、液体及固体培养基不能用干热灭菌。电烘箱的外观和结构如图 4–5 所示。

干热灭菌的具体步骤如下。

**1. 装料**

将待灭菌的物品包扎好放入电烘箱内，关好箱门。注意物品不能摆得太挤，以免影响热空气流通；用纸包扎的物品不能接触电烘箱内壁，以免着火。

**2. 升温**

接通电源，打开电烘箱排气孔，排除箱内湿空气；旋动恒温调节器至红灯亮，让温度逐渐上升。当温度升至 100℃时，关闭排气孔。在升温过程中，如果红灯熄灭，绿灯亮，表示箱内停止加温，此时如果还未达到所需的 160℃温度，则需转动调节器使红灯再亮，如此反复调节，直至达到所需温度。

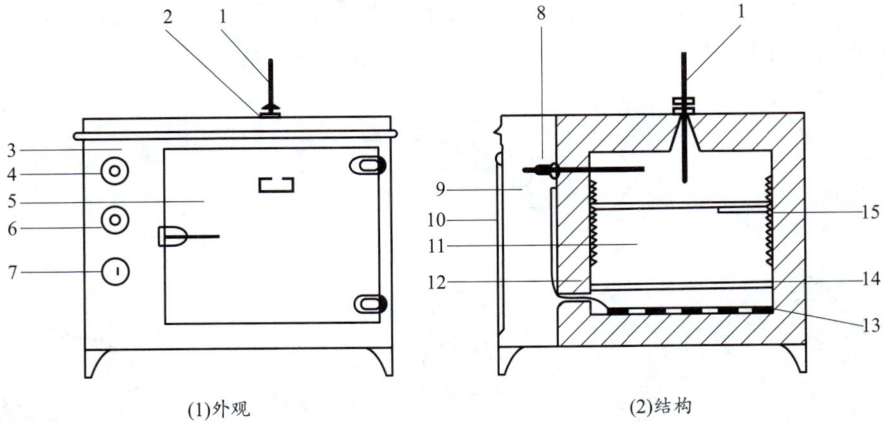


图 4-5 电烘箱的外观和结构

1—温度计 2—排气阀 3—箱体 4—控温器旋钮 5—箱门 6—指示灯 7—加热开关 8—温度控制阀 9—控制室 10—侧门 11—工作室 12—保温层 13—电热器 14—散热板 15—搁板

**3. 恒温**

当温度升到160℃时，利用恒温调节器的自动控制，保持此温度2h。灭菌物品用纸包扎或带有棉塞时温度不能超过170℃。

**4. 降温**

达到规定的时间后，切断电源，自然降温。

**5. 取料**

待电烘箱内温度降到60℃以下，打开箱门，取出灭菌物品。箱内温度未降到70℃以前，切勿打开箱门，以免骤然降温导致玻璃器皿破裂。

## 三、实训材料

（1）常用各种玻璃器皿 量筒、三角瓶、试管、培养皿、漏斗、玻璃棒、吸管、防水油纸、载玻片、盖玻片等。

（2）清洗工具和去污粉、肥皂、洗涤液、报纸、棉花等。

（3）电热干燥箱。

## 四、实训方法、步骤及要求

### （一）常用玻璃器皿的认识

**1. 试管**

微生物实验室所用的玻璃试管，根据其大小和用途不同，常见的有下列三种型号：

技能要求：严谨、精益求精

（1）大试管（约 18mm × 180mm） 可装倒平板用的培养基，也可作制备斜面用（需要大量菌体时用）和装液体培养基用于微生物的振荡培养；

（2）中试管［（13 ~ 15）mm ×（100 ~ 150）mm］ 装液体培养基培养细菌或做斜面用，也可用于细菌、霉菌、病毒等的稀释和血清学试验；

（3）小试管［（10 ~ 12）mm × 100mm］ 一般用于糖发酵或血清学试验以及其他需要节省材料的试验。

**2. 德汉氏小管**

观察细菌在糖发酵培养基内是否产气时，在小试管内倒置一小套管（6mm × 36mm）（图 4–6）。此小套管即德汉氏小管，又称发酵小倒管。

**3. 小塑料离心管**

小塑料离心管又称 Eppendorf 管（图 4–6）。有 1.5mL 和 0.5mL 两种型号，主要用于小量菌体的离心、DNA（或 RNA）分子的检测、提取等。

**4. 玻璃吸管**

微生物学实验室通常使用 1mL、2mL、5mL、10mL 的刻度玻璃吸管。

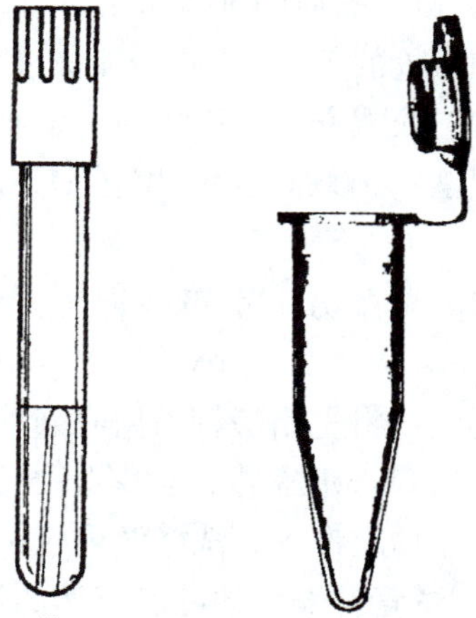

图 4–6 德汉氏小管（1）和小塑料离心管（2）

有时需要使用不计量的毛细吸管（又称滴管）来吸取动物的体液、离心上清液以及滴加少量抗原、抗体等。

**5. 培养皿**

培养皿又称平皿，由一底一盖组成一套。常用的培养皿皿底直径 90mm，高 15mm，皿底皿盖均为玻璃制成。需要使培养基表面干燥时，可使用陶器皿盖来吸收水分。在培养皿内倒入适量固体培养基制成平板，可用于分离、纯化、鉴定菌种、活菌计数以及测定抗生素、噬菌体的效价等。

**6. 三角瓶与烧杯**

三角瓶有 100mL、250mL、500mL 和 1000mL 等不同的规格，常用来装无菌水、培养基和振荡培养微生物等。常用的烧杯有 50mL、100mL、250mL、500mL 和 1000mL 等，用来配制培养基与各种溶液等。

**7. 载玻片与盖玻片**

普通载玻片大小为 75mm × 25mm，用于微生物涂片、染色、形态观察等。盖玻片为 18mm × 18mm。

如果在较厚的玻片中央制一圆形的凹窝，就形成了凹玻片。可做悬滴观察活细菌以及微室培养用。

**8. 滴瓶**

用来装各种染色液、生理盐水等。

**9. 玻璃涂布棒**

用涂布法在琼脂平板上分离单个菌落时需使用玻璃涂布棒，它是由玻璃棒弯曲或将玻璃棒一端烧红后压扁制成的。

## （二）玻璃器皿的洗涤、包扎及灭菌

**1. 玻璃器皿的洗涤（剂）液配制**

洗涤（剂）液可以用去污粉、肥皂等，也可以自己配制，其方法如下：

（1）浓配方　重铬酸钾（工业用）50g；浓 $H_2SO_4$（工业用）　1000mL。

配法：1000mL 工业用浓 $H_2SO_4$ 在文火上加热，然后加入 50g 重铬酸钾溶解即成。

（2）稀配方　重铬酸钾（工业用）50g；自来水 850mL；浓 $H_2SO_4$（工业用）100mL。

配法：将重铬酸钾溶解在自来水中，慢慢加入浓硫酸，边加边搅拌，配好后，贮存于广口玻璃瓶内，盖紧塞子备用。应用此液时，器皿必须干燥，同时切忌把大量还原物质带入。洗涤液可应用多次，直至溶液变为绿色时，才算失效。

**2. 试管洗涤、包扎和灭菌的步骤及要求**

具体内容见表 4–1。

**3. 三角瓶洗涤、包扎和灭菌步骤及要求**

具体内容见表 4–2。

**表 4–1　试管洗涤、包扎和灭菌的步骤及要求**

| 操作步骤 | 操作要点 | 评价标准 |
|---|---|---|
| 准备工作 | 把所需的洗涤液、棉花、牛皮纸等准备好 | 工具准备齐全摆放合理 |
| 洗涤 | 洗涤干净 | 玻璃能被水均匀湿润而无条纹和水珠 |
| 干燥 | 晾干或烘干 | 操作正确、熟练 |
| 制作棉塞 | 按图 4–3 进行棉塞的制作 | 操作正确、熟练<br>棉塞合格（棉花塞紧贴玻璃壁，没有皱纹和缝隙，不能过松、过紧，棉花塞的长度不少于管口直径的二倍，约 2/3 塞进管口） |
| 捆扎 | 若干支试管用绳子放在一起，在棉花塞部分外包油纸或牛皮纸，再在纸外用线绳扎紧 | 方法正确、熟练<br>捆扎结实 |

续表

| 操作步骤 | 操作要点 | 评价标准 |
|---|---|---|
| 制作标签 | 标明姓名、时间、组别等 | 标记正确 |
| 灭菌 | 140~160℃干热灭菌 1~2h | 操作过程熟练<br>排气<br>计时准确<br>温度合适 |

**表 4–2　　三角瓶洗涤、包扎和灭菌的步骤及要求**

| 操作步骤 | 操作要点 | 评价标准 |
|---|---|---|
| 准备工作 | 把所需的洗涤液、棉花、牛皮纸等准备好 | 工具准备齐全摆放合理 |
| 洗涤 | 洗涤干净 | 玻璃能被水均匀湿润而无条纹和水珠 |
| 干燥 | 晾干或烘干 | 操作正确、熟练 |
| 制作棉塞 | 按图 3–3 进行棉塞的制作（棉花塞紧贴玻璃壁，没有皱纹和缝隙，不能过松、过紧，棉花塞的长度不少于管口直径的二倍，约 2/3 塞进管口） | 操作正确、熟练<br>棉塞合格 |
| 捆扎 | 在棉花塞部分外包油纸或牛皮纸，再在纸外用线绳扎紧 | 捆扎结实 |
| 制作标签 | 标明姓名、时间、组别等 | 标记正确 |
| 灭菌 | 140~160℃干热灭菌 1~2h | 操作过程熟练<br>排气<br>计时准确<br>温度合适 |

### 4. 移液管洗涤、包扎和灭菌的步骤及要求

具体内容见表 4–3。

**表 4–3　　移液管洗涤、包扎和灭菌的步骤及要求**

| 操作步骤 | 操作要点 | 评价标准 |
|---|---|---|
| 准备工作 | 把所需的洗涤液、棉花、牛皮纸等准备好 | 工具准备齐全摆放合理 |
| 洗涤 | 洗涤干净 | 玻璃能被水均匀湿润而无条纹和水珠 |
| 干燥 | 晾干或烘干 | 操作正确、熟练 |

续表

| 操作步骤 | 操作要点 | 评价标准 |
|---|---|---|
| 制作棉塞 | 在口吸的一端用尖头镊子或针塞入少许脱脂棉花（塞入棉花的量要适宜，棉花要塞得松紧适当），多余的棉花可用酒精灯的火焰烧掉 | 操作正确、熟练<br>棉塞合格 |
| 包扎 | 每支吸管用一条宽 4 ~ 5cm 的纸，以 45° 左右的角度螺旋形卷起来，吸管的尖端在头部，吸管的另一端用剩余纸条打成结（图 6–2 吸管的包扎），以免散开 | 方法正确、熟练<br>包扎结实 |
| 制作标签 | 标明姓名、时间、组别、容量等 | 标记正确 |
| 捆扎 | 在棉花塞部分外包油纸或牛皮纸，再在纸外用线绳扎紧 | 捆扎结实 |
| 灭菌 | 140~160℃干热灭菌 1~2h | 操作过程熟练<br>排气<br>计时准确<br>温度合适 |

**5. 培养皿洗涤、包扎和灭菌的步骤及要求**

具体内容如表 4–4 所示。

**表 4–4　　培养皿洗涤、包扎和灭菌的步骤及要求**

| 操作步骤 | 操作要点 | 评价标准 |
|---|---|---|
| 准备工作 | 把所需的洗涤液、线绳、报纸等准备好 | 工具准备齐全摆放合理 |
| 洗涤 | 洗涤干净 | 玻璃能被水均匀湿润而无条纹和水珠 |
| 干燥 | 晾干或烘干 | 操作正确、熟练 |
| 包扎 | 每 5 ~ 10 套叠在一起，用牢固的纸卷成一筒，外面用绳子捆扎，以免散开 | 方法正确<br>包扎结实 |
| 制作标签 | 标明姓名、时间、组别、容量等 | 标记正确 |
| 灭菌 | 140 ~ 160℃干热灭菌 1~2h | 操作过程熟练<br>排气<br>计时准确<br>温度合适 |

## 五、实训报告

完成实训后，可填写实训报告表，如表 4–5 所示。

表 4-5　　玻璃器皿的洗涤、包扎及灭菌实训报告

| | | |
|---|---|---|
| 实训内容 | 玻璃器皿的洗涤、包扎及灭菌 | |
| 实训任务 | ①清洗试验用玻璃器皿<br>②对培养皿、移液管、试管和三角瓶进行包扎 | |
| 实训要求 | ①能熟练进行各种器皿的清洗<br>②能熟练制作试管、移液管和三角瓶棉塞<br>③能熟练对培养皿、移液管、试管和三角瓶进行包扎<br>④能熟练使用电烘箱进行干热灭菌 | |
| 实训引导 | ①吸管怎样进行清洗?<br>②载玻片和盖玻片怎样进行清洗?<br>③玻璃器皿洗净的标准是什么?<br>④玻璃器皿洗涤时应注意哪些事项?<br>⑤试管棉塞制作要求有哪些?<br>⑥电烘箱干热灭菌怎样操作?<br>⑦试管及三角瓶上棉花塞的作用是什么? | |
| 实训方案 | 仪器、设备 | |
| | 试剂及其他 | |
| | 实训要求工作条件 | |
| | 操作步骤及注意事项 | |
| 实训评价 | 小组评价: | 教师评价: |

## 实训二　培养基的配制与灭菌

### 案例

营养琼脂培养基是培养细菌时常用的一款基础培养基，可供一般细菌培养使用，可倾注平板或制成斜面。其配方（批量以 1L 计）如下：

| 组分名称 | 级别 | 用量 |
|---|---|---|
| 蛋白胨 | AR 及 AR 以上 | 10.0g |
| 牛肉浸出粉 | AR 及 AR 以上 | 3.0g |
| 氯化钠 | AR 及 AR 以上 | 5.0g |
| 琼脂粉 | AR 及 AR 以上 | 14.0g |
| 蒸馏水 | 三级及三级以上 | 1L |

请问：

①何为培养基？

②培养基的配制原则是什么？

## 一、实训目的

①熟悉培养基配制原理。

②学会培养基的配制。

③学会常用培养基的灭菌。

培养基的制备及适应性的检查

## 二、实训原理

考点提示：培养基概念及配制原则

培养基是由人工配成的，适合微生物生长繁殖或累积代谢产物需要的混合营养基质，它是进行科学研究、发酵生产的基础。

培养基的种类很多，制备的具体方法也不完全相同，但制备的基本过程是相同的。一般的培养基制备过程如下：

培养基的设计或选用→原料（天然原料或药品）称量→混合溶解（加热煮沸）→定容→调整 pH →过滤→分装容器→包扎标记→消毒或灭菌→搁置斜面→保温实验→备用

### （一）培养基的设计或选用

在配制培养基时，首先要根据培养微生物的种类、培养目的等选择适合的培养基配方，如没有合适的配方也可以自行设计培养基配方，培养基的设计或选用的原则如下。

**1. 选择适宜的营养物质**

总体而言，所有微生物生长繁殖均需要培养基含有碳源、氮源、无机盐、生长因子、水及能源，但由于微生物营养类型复杂，不同微生物对营养物质的需求是不一样的，因此首先要根据不同微生物的营养需求配制针对性强的培养基。自养型微生物能从简单的无机物合成自身需要的糖类、脂类、蛋白质、核酸、维生素等复杂的有机物，因此培养自养型微生物的培养基完全可以由简单的无机物组成。例如，培养化能自养型氧化硫杆菌的培养基可由下列化学成分组成：

| | | | |
|---|---|---|---|
| 粉状硫 | 10g | $MgSO_4 \cdot 7H_2O$ | 0.5g |
| $(NH_4)_2SO_4$ | 0.4g | $FeSO_4$ | 0.01g |
| $CaCl_2$ | 0.25g | $KH_2PO_4$ | 4g |
| $H_2O$ | 1000mL | pH | 7.0 ~ 7.2 |

异养型微生物合成能力较弱，不能以无机碳作为唯一碳源，因此培养它们的培养基至少需要含有一种有机物。那么在培养基中就应该含有这些物质，以满足它们的生长。另外，就微生物的主要类群来说，又有细菌、放线菌、酵母菌和霉菌等之分。它们所需要的培养基成分也不同，表 4–6 综合了培养异养型细菌、放线菌、酵母菌和霉菌时常用的培养基配方。

**表 4-6　四大类微生物的典型培养基**　单位：%

| 培养基名称 | 培养基成分 | | | | pH | 适用范围 |
|---|---|---|---|---|---|---|
| | 碳源 | 氮源 | 无机盐类 | 生长因子 | | |
| 牛肉膏蛋白胨琼脂 | 牛肉膏 0.3 | 蛋白胨 0.5 | NaCl　0.5 | 牛肉膏中已有 | 7.0 ~ 7.2 | 好氧细菌 |
| 葡萄糖蛋白胨 | 葡萄糖 1.0，牛肉膏 0.3 | 蛋白胨 0.5 | NaCl　0.5 | 牛肉膏中已有 | 7.2 | 厌氧细菌 |
| 高氏一号改良 | 淀粉 2.0 | $KNO_3$ 0.1 | $K_2HPO_4$　0.05<br>$MgSO_4$　0.05<br>NaCl　0.05<br>$FeSO_4 \cdot 7H_2O$　0.001 | — | 7.0 ~ 7.2 | 放线菌 |
| 马铃薯蔗糖琼脂 | 蔗糖 2.0<br>马铃薯浸出液 2.0 | | — | 马铃薯浸出液中已有 | 自然 pH | 放线菌、真菌 |
| 马丁氏培养基 | 葡萄糖 1.0 | 蛋白胨 0.5 | $K_2HPO_4$　0.1<br>$MgSO_47H_2O$ 0.05 | 蛋白胨中已有 | — | 真菌（使用时每 100mL 加 1% 链霉素）0.3mL |
| 察氏培养基 | 蔗糖 3.0 | $NaNO_3$ 0.3 | $KH_2PO_4$　0.1<br>$MgSO_4 \cdot 7H_2O$ 0.05<br>$FeSO_2 \cdot 7H_2O$ 0.001<br>KCl 0.05 | — | 6.0 | 真菌 |
| 麦芽汁培养基 | 大麦芽 1kg 加水 3L，保温 60℃，使自然糖化，至无淀粉反应止。过滤。加 2 ~ 3 个鸡蛋清（有助于麦芽汁澄清），搅匀，煮沸，再过滤。加水至 10 ~ 15° Bx | | | 麦芽汁中已有 | 自然 pH | 酵母 |
| 豆芽汁培养基 | 新鲜豆芽 100g 加水 1L，煮沸 0.5h。过滤，加糖 5% | | | 豆芽汁中已有 | 自然 pH | 霉菌 |
| 米曲汁培养基 | 把米曲霉接种在大米饭上，制成米曲。取干米曲 1kg 依麦芽汁制作方法制备 | | | 米曲汁中已有 | 自然 pH | 代替麦芽汁培养基 |

**2. 营养物质浓度及配比合适**

培养基中营养物质浓度合适时，微生物才能生长良好，营养物质浓度过低时不能满足微生物正常生长所需，浓度过高时则可能对微生物生长起抑制作用，例如高浓度糖类物质、无机盐、重金属离子等不仅不能维持和促进微生物的生长，反而起到抑菌或杀菌的作用。另外，培养基中各营养物质之间的浓度配比也直接影响微生物的生长繁殖和代谢产物的形成和积累，其中碳氮比（C/N）的影响较大。严格地讲，碳氮比指培养基中碳元素与氮元素的物质量的比值，有时也指培养基中还原糖与粗蛋白之比。例如，在利用微生物发酵生产谷氨酸的过程中，培养基碳氮比为4∶1时，菌体大量繁殖，谷氨酸积累少；当培养基碳氮比为3∶1时，菌体繁殖受到抑制，谷氨酸产量则大量增加。在设计营养物配比时，还应该考虑避免培养基中各成分之间的相互作用，如蛋白胨、酵母膏中含有磷酸盐时，会与培养基中钙或镁离子在加热时发生沉淀反应；在高温时，还原糖与蛋白质或氨基酸会相互作用产生褐色物质。另外，矿物质元素离子的比例影响到营养物的渗透和其他代谢活动。单种离子浓度过高时，会对微生物产生毒害作用。如：高浓度钠盐对细菌有毒，适量的钾、钙离子可以抵抗钠离子的毒性。所以，培养基中各种元素的比例需要平衡。

**3. 理化条件适宜**

（1）pH适宜　培养基的pH必须控制在一定的范围内，以满足不同类型微生物的生长繁殖或产生代谢产物。各类微生物生长繁殖或产生代谢产物的最适pH条件各不相同，一般来讲，细菌与放线菌适于在pH7 ~ 7.5范围内生长，酵母菌和霉菌通常在pH4.5 ~ 6范围内生长。值得注意的是，在微生物生长繁殖和代谢过程中，由于营养物质被分解利用和代谢产物的形成与积累，会导致培养基pH发生变化，若不对培养基pH条件进行控制，往往导致微生物生长速度下降或代谢产物产量下降。因此，为了维持培养基pH的相对恒定，通常在培养基中加入pH缓冲剂，常用的缓冲剂是一氢或二氢磷酸盐（如$K_2HPO_4$和$KH_2PO_4$）组成的混合物。$K_2HPO_4$溶液呈碱性，$KH_2PO_4$溶液呈酸性，两种物质的等量混合溶液的pH为6.8。当培养基中酸性物质积累导致$H^+$浓度增加时，$H^+$与弱碱性盐结合形成弱酸性化合物，培养基pH不会过度降低；如果培养基中$OH^-$浓度增加，$OH^-$则与弱酸性盐结合形成弱碱性化合物，培养基pH不会过度升高。

$$K_2HPO_4+H^+ \rightarrow KH_2PO_4+K^+$$

$$KH_2PO_4+K^++OH^- \rightarrow K_2HPO_4+H_2O$$

但$K_2HPO_4/KH_2PO_4$缓冲系统只能在一定的pH范围内（pH6.4 ~ 7.2）内起调节作用。有些微生物，如乳酸菌能大量产酸，上述缓冲系统就难以起到缓冲作用，此时可以在培养基中添加难溶的碳酸盐（如$CaCO_3$）来进行调节，$CaCO_3$难溶于水，不会使培养基 pH 过度升高，但它可以不断中和微生物产生的酸，同时释放出 $CO_2$，将培养基 pH 控制在一定范围内。

在培养基中还存在一些天然的缓冲系统，如氨基酸、肽、蛋白质都属于两性电解质，也可以起到缓冲剂的作用。

（2）氧化还原电位适宜　详见项目四之实训六理化因素对微生物生长的影响中氧化还原电位。

（3）渗透压及其他条件　绝大多数微生物适宜在等渗溶液中生长（0.85% ~ 0.9%NaCl 溶液），在高渗或低渗溶液中因细胞脱水或吸水而死亡。因此，要保持培养基中各营养物质的浓度适中。另外，培养基中的水活度应符合微生物的生理要求（*Aw* 值在 0.63 ~ 0.99）。

**4. 应满足培养的目的**

配制培养基时要根据培养目的有的放矢地选择和配制适合的培养基。

培养基的成分直接影响着培养目标，在设计和选择培养基时必须考虑是要培养菌体还是要积累代谢产物，是实验室培养还是工业大规模培养，是一般生产还是科学研究等问题。用于培养菌体的种子培养基营养成分应丰富，氮源含量要较高，碳氮比要较低；相反，用于积累代谢产物的发酵培养基，其氮源的含量一般低于种子培养基。一般生产用培养基其成分要求较粗犷。科学研究用培养基其成分要求明确，实验中可重复性好。

**5. 经济节约**

在设计和配制大规模发酵用培养基时应注意尽量利用廉价且易于获得的原料作为培养基成分，特别是在发酵工业中，培养基用量很大，利用低成本的原料更体现出其经济价值。例如，在微生物单细胞蛋白的工业生产过程中，常常利用糖蜜、乳清、豆制品工业废液及黑废液（造纸工业中含有戊糖和己糖的亚硫酸纸浆）等作为培养基的原料。为了降低生产成本，在保证微生物的生长与积累代谢产物的前提下，实施“以粗代精，以野代家，以废代好，以简代繁，以烃代粮，以纤代糖，以氮代朊和以国产代进口”的原则。

### （二）称量

培养基的各种成分必须精确称取，并要注意防止错乱，最好一次完成，不要中断。可将配方置于旁侧，每称完一种成分即在配方上面做出记号，并将所需称取的药品一次取齐，置于左侧，每种称取完毕后，即移放于右侧。完全称取完毕后，还应进行一次检查。一些不易称量的成分，需用刻度吸管从浓度较大的母液中取出所需要的量。

### （三）混合溶解

先在铝锅或其他容器中盛所需水量（蒸馏水或自来水，视实验要求而定），然后按照培养基配方，依次加入溶解。为避免生成沉淀造成营养损失，加入的顺序，一般是先加缓冲化合物，溶解后加入主要元素，然后再加微量元素，最后加入维生素、生长素等，淀粉类要先用适量温水调成糊状再兑入其他已溶解的成分中。配制固体培养基时，先将配好的溶液煮沸再加入适量的琼脂，继续加热至完全溶化。加热过程必须不断搅拌、防止糊底或溢出，加热过程蒸发的水分应在最后补足。易受高温破坏的试剂应单独配制，然后再采用无菌方法加入。

### （四）调节 pH

用滴管逐滴加入 1mol/L 的 NaOH 或 1mol/L 的 HCl，边搅动，边用精密的 pH 试纸测其 pH，直到符合要求时为止。

因培养基在加热消毒过程中 pH 会有所变化，培养基各成分完全溶解后，应进行 PH 的初步调整。例如，牛肉浸液约可降低 pH0.2，而肠浸液 pH 却会有显著的升高。因此，对这个步骤，操作者应随时注意探索经验，以期能掌握培养基的最终 pH，保证培养基的质量。pH 调整后，还应将培养基煮沸数分钟，以利培养基沉淀物的析出。

### （五）过滤

液体培养基必须绝对澄清，琼脂培养基也应透明无显著沉淀，因此，需要采用过滤或其他澄清方法以达到此项要求。一般液体培养基可用滤纸过滤法，滤纸应折叠成折扇或漏斗形，以避免因液压不均匀而引起滤纸破裂。

琼脂培养基可用清洁的白色薄绒布趁热过滤，也可用中间夹有薄层吸水棉的双层纱布过滤。新制肉、肝、血和马铃薯等浸液时，则须先用绒布将碎渣滤去，再用滤纸反复过滤。如过滤法不能达到澄清要求，则须用蛋清澄清法。即将冷却至 55 ~ 60℃的培养基放入大的三角烧瓶内，装入量不得超过烧瓶容量的 1/2，每 1000mL 培养基加入 1 ~ 2 个鸡蛋的蛋白，强力振摇 3 ~ 5min，置高压蒸汽灭菌器中 121℃加热 20min、取出趁热以绒布过滤即可。

### （六）分装

取玻璃漏斗一个，装在铁架上。漏斗下用乳胶管与玻璃管相接，胶管上加一弹簧夹。趁热将培养基放入玻璃漏斗内分装，以免琼脂冷凝。分装时，用左手拿住空试管，并将漏斗下的玻璃管嘴插入试管内，以右手拇指及食指开放弹簧夹，中指及无名指夹住玻璃管嘴，使培养基直接流入管内，注意不得沾污上段管壁和管口，以免浸湿棉塞引起杂菌污染。

分装培养基时，分装量随培养基种类和容器而不同：①液体培养基分装量以试管高度的 1/4 为宜；②固体培养基分装量为试管高度的 1/5，分装三角瓶的容量以三角瓶体积的 1/2 为宜；③半固体培养基分装量一般以试管高度的 1/3 为宜。分装容器应预先清洗干净并经干烤消毒，以利于培养基的彻底灭菌。每批培养基应另外分装 20mL 培养基于一小玻璃瓶中，随该批培养基同时灭菌，为测定该批培养基最终 pH 之用。培养基的分装装置如图 4-7 所示。

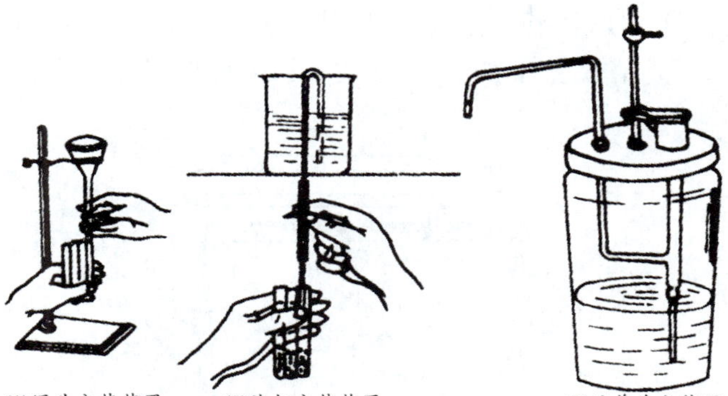


图 4-7　培养基分装装置

## （七）塞棉塞、包扎、做标签

培养基分装好以后，在试管口或烧瓶口上加上一只棉塞。棉塞的作用一方面阻止外界微生物进入培养基内，防止由此而引起的污染；另一方面保证有良好的通气性能，使培养在里面的微生物能够从外界源源不断地获得新鲜无菌空气。加好棉塞以后，试管用棉绳扎成捆，外包一层牛皮纸（图 4-8），防止灭菌时冷凝水的沾湿和灭菌后的灰尘侵入，然后再用棉绳扎好，最后还要挂上标签，注明培养基的名称、配制日期和姓名、组别。三角烧瓶口外面（不论是棉塞还是通气塞）也要挂上标签，包上一层牛皮纸，然后用棉绳以活结（使用时容易解开）或橡皮筋扎牢。如果试管上用的是试管帽，外面就不必再包上一层牛皮纸，直接挂上标签，用棉绳或橡皮筋扎牢即可。

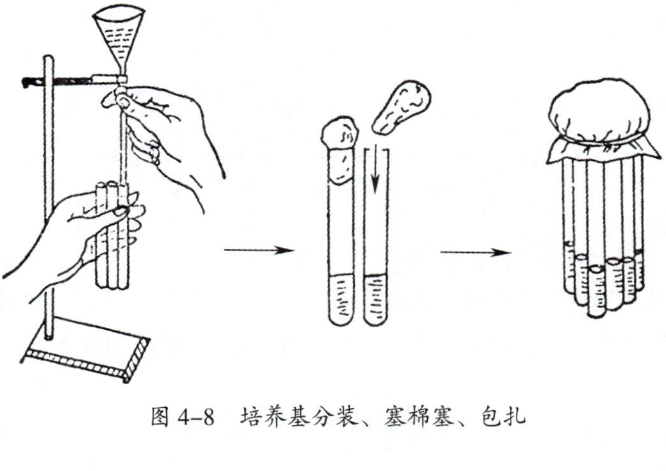

图 4-8　培养基分装、塞棉塞、包扎

### （八）灭菌

培养基配好以后，应立即灭菌。如不及时灭菌，应放入冰箱内保存。一般实验室使用的高压蒸汽灭菌锅，有手提式、立式、卧式等各种类型（图 4–9、图 4–10），其基本使用方法大致相同。手提式灭菌锅使用方法如下。

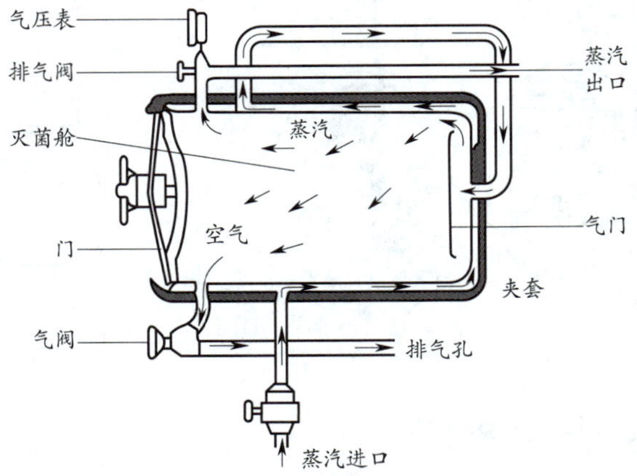


图 4–9　卧式高压蒸汽灭菌锅

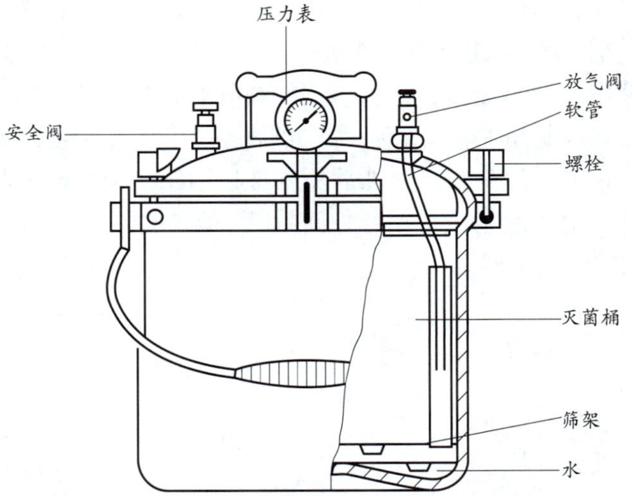


图 4–10　手提式高压蒸汽灭菌锅

（1）打开锅盖，向锅内加入适量的水。

（2）将待灭菌的物品放入灭菌锅的内锅内。但不要放得太挤，否则影响蒸汽流通。

（3）盖好锅盖，采用对角形式均匀拧紧盖上的螺旋，勿使漏气。打开放气阀，开始加热。

（4）锅内产生蒸汽后，放气阀即有热气排出，待空气排尽，再关闭放气阀，冷空气未排尽，压力虽然升高而温度达不到要求。

（5）待压力上升到0.1MPa温度达到121℃时，控制热源，保持恒温30min。此时必须注意勿使压力继续上升或降低。

（6）停止加热，待压力徐徐下降至零时，将打开放气阀，排出残留蒸汽，打开锅盖，取出灭菌物品。压力未降到要求时，切勿打开放气阀，否则锅内突然减压，培养基和其他液体会从容器内喷出或沾湿棉塞，使用时容易污染杂菌。

（7）将锅内剩余的水倒出，使锅内保持干燥，并做好各项安全检查后才能离去。

在灭菌时，应注意以下几点：①要根据不同的培养基，选择不同的灭菌方法，尽量达到最佳的要求（即灭菌最彻底而营养破坏最少，灭菌方法又最简单方便的要求）；②加压之前，冷空气一定要完全排尽，以提高灭菌效果；③要注意恒温灭菌；④等自然减压至“0”以后，才能打开灭菌锅盖。

### （九）搁置斜面

灭菌后，固体培养基如需制成斜面，应在未凝固前将试管有塞的一头搁在一根长的玻棒上或木条即可，搁置的斜度要适当，斜面长度一般以不超过试管总长度的1/2为宜（图4-11）。

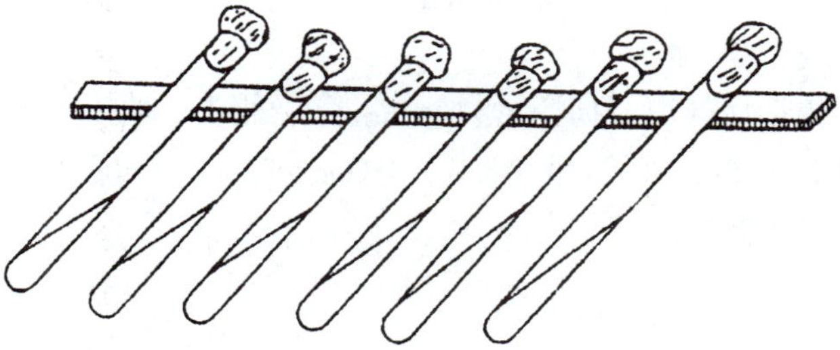

图4-11　搁置斜面

### （十）培养基的质量测试

每批培养基制备好以后，应仔细检查一遍，如发现破裂、水分浸入、色泽异常、棉塞被培养基沾染等，均应挑出弃去，并测定其最终pH。

将全部培养基放入（36±1）℃恒温箱培养过夜，如发现有菌生长，即弃去。

用有关的标准菌株接种1～2管或瓶培养基，培养24～48h，如无菌生长或生长不好，应追查原因并重复接种一次，如结果仍同前，则该批培养基即应弃去，不能使用。

### （十一）培养基的保存

培养基应存放于冷暗处，最好能放于普通冰箱内。放置时间不宜超过一周，倾注的平板培养基不宜超过3d。每批培养基均必须附有该批培养基制备记录副页或明显标签。

### （十二）培养基制备的基本要求

经过一系列的制备过程后制成的培养基，应达到以下几点要求：

（1）培养基应保持原有物质的营养价值和一定的水分含量。

（2）培养基应保持在所规定的 pH 范围之内。

（3）培养基应保持一定的透明度，有沉淀物的培养基的上清液应保持澄清。

（4）培养基经过保温培养后必须证实无微生物生长。

为此，还应注意一些受热后容易破坏的物质，如糖类、血清等，必须先进行超滤膜除菌过滤后，再加到已灭菌的物料中。此外，在调节培养基 pH 时，也应考虑到培养基经过灭菌后，pH 会有所下降。总之，操作时应注意防止由于沉淀产生、杂菌感染、光热分解等所造成的损失。

## 三、实训材料及仪器

**1. 试剂**

$KNO_3$、NaCl、$K_2HPO_4 \cdot 3H_2O$、$MgSO_4 \cdot 7H_2O$、1/100$FeSO_4 \cdot 7H_2O$（质量浓度）液、牛肉膏、蛋白胨、可溶性淀粉、1mol/L NaOH、1mol/L HCl

**2. 材料与仪器**

试管、三角瓶、烧杯（或搪瓷量杯）、量筒、漏斗、玻棒、滴管、吸管、手提式灭菌锅、台秤、纱布、pH 试纸（5.5 ~ 9.0）、棉花、牛皮纸、石棉网、线、标签、夹子、牛角匙、铁架。

## 四、实训方法、步骤及要求

技能要求：标准、敬业

**1. 培养基配制内容**

具体内容见表 4–7。

表 4–7　　培养基的配制

| 培养基名称 | 培养基配方 | pH | 灭菌条件 | 每组配制的量 | | | |
|---|---|---|---|---|---|---|---|
| | | | | 总配量 | 试管斜面 | 固体营养基 120mL/250mL 三角烧瓶 | 液体培养基 80mL/250mL 三角烧瓶 |
| 牛肉膏蛋白胨培养基 | 见附录二（十五） | 7.4 ~ 7.6 | 121℃ 20min | 400mL | 15 支 | 2 瓶 | 1 瓶 |
| 高氏一号培养基 | 见附录二（五十二） | 7.4 ~ 7.6 | 121℃ 20min | 300mL | 10 支 | 2 瓶 | — |

**2. 制备无菌水**

备无菌水两瓶：100mL、250mL 三角烧瓶。

**3. 牛肉膏蛋白胨培养基配制步骤及要求**

具体内容见表 4-8。

**表 4-8　　牛肉膏蛋白胨培养基配制步骤及要求**

| 操作步骤 | 操作要点 | 评价标准 |
| --- | --- | --- |
| 准备工作 | 把所需的试剂、材料与仪器等准备好 | 工具准备齐全摆放合理 |
| 计算 | 按培养基配方计算出各种药品的用量 | 计算正确 |
| 称量 | 按计算用天平称取（或量取）各种药品 | 仪器操作正确<br>称量准确 |
| 溶解 | 烧杯内加入适量的蒸馏水，放在电炉上加热，同时按顺序加入各种药品（琼脂除外），边加热边搅拌，直到完全溶解 | 溶解顺序正确<br>操作正确<br>终点判定准确（澄清透明） |
| 定容 | 加入蒸馏水，定容到 400mL，搅拌均匀 | 定容准确 |
| 调 pH | 用精密的 pH 试纸测其 pH，然后用滴管逐滴加入 1mol/L 的 NaOH 或 1mol/L 的 HCl，边搅动，边用精密的 pH 试纸测其 pH，直到符合要求时为止 | 不许回调 |
| 分装 | 分装 80mL 到 250mL 三角烧瓶中 | 操作正确<br>分装准确<br>不污染管口 |
| 溶解琼脂 | 将称量好的琼脂加入剩余的培养基内，边加热边搅拌，直到完全溶解 | 终点判定准确（澄清透明，手推成片） |
| 分装 | 分装 120mL 到 250mL 三角烧瓶中，共分装两瓶并分装 15 支试管 | 操作正确<br>分装准确<br>不污染管口 |
| 塞棉塞 | 做好棉塞，塞棉塞 | 棉塞较好 |
| 包扎 | 用牛皮纸包扎起来 | 操作正确<br>捆扎牢固 |
| 制作标签 | 标明培养基名称、配制日期、配制人等 | 标记正确 |
| 灭菌 | 放在高压蒸汽灭菌锅内灭菌 | 灭菌操作熟练<br>排气适合<br>计时准确<br>温度合适 |
| 摆斜面 | 拿出培养基，将试管固体培养基趁热摆好斜面 | 摆放正确 |

#### 4. 高氏一号培养基配制步骤及要求

具体内容见表 4–9。

表 4–9　　高氏一号培养基配制步骤及要求

| 操作步骤 | 操作要点 | 评价标准 |
|---|---|---|
| 准备工作 | 把所需的试剂、材料与仪器等准备好 | 工具准备齐全摆放合理 |
| 计算 | 按培养基配方计算出各种药品的用量 | 计算正确 |
| 称量 | 按计算用天平称取（或量取）各种药品 | 仪器操作正确<br>称量准确 |
| 溶解 | 烧杯内加入适量的蒸馏水，放在电炉上加热，同时按顺序加入各种药品（琼脂除外），边加热边搅拌，直到完全溶解 | 溶解顺序正确<br>操作正确<br>终点判定准确（澄清透明） |
| 定容 | 加入蒸馏水，定容到 400mL，搅拌均匀 | 定容准确 |
| 调 pH | 用精密的 pH 试纸测其 pH，然后用滴管逐滴加入 1mol/L 的 NaOH 或 1mol/L 的 HCl，边搅动，边用精密的 pH 试纸测其 pH，直到符合要求时为止 | 不许回调 |
| 分装 | 分装 120mL 到 250mL 三角烧瓶中，共分装两瓶并分装 10 支试管 | 操作正确<br>分装量准确<br>不污染管口 |
| 塞棉塞 | 做好棉塞，塞棉塞 | 棉塞较好 |
| 包扎 | 用牛皮纸包扎起来 | 操作正确<br>捆扎牢固 |
| 制作标签 | 标明培养基名称、配制日期、配制人等 | 标记正确 |
| 灭菌 | 放在高压蒸汽灭菌锅内灭菌 | 灭菌操作熟练<br>排气适合<br>计时准确<br>温度合适 |
| 摆斜面 | 拿出培养基，将试管固体培养基趁热摆好斜面 | 摆放正确 |

#### 5. 无菌水制备步骤及要求

与培养基配制类似不再赘述。

## 五、实训报告

完成实训后，可填写实训报告表，如表4-10所示。

**表4-10　　培养基的配制与灭菌实训报告**

| | | |
|---|---|---|
| 实训内容 | 培养基的配制与灭菌 | |
| 实训任务 | 培养基配制内容（见表4-7）<br>制备无菌水二瓶：100mL、250mL三角烧瓶 | |
| 实训要求 | ①能熟练配置培养基<br>②能熟练操作高压蒸汽灭菌锅 | |
| 实训引导 | ①何谓培养基?<br>②培养基制备的一般过程有哪些?<br>③培养基的设计或选用的原则有哪些?<br>④微生物生长繁殖需要培养基含有哪些成分?<br>⑤怎样理解营养物质浓度及配比合适?<br>⑥培养基中理化条件主要包括哪些?<br>⑦分装培养基时，分装量随培养基种类和容器而不同：a.液体培养基，分装量为试管高度的（　　）为宜。b.固体培养基分装量为试管高度的（　　），分装三角瓶的容量为三角瓶体积的（　　）为宜。c.半固体培养基分装量一般为试管高度的（　　）为宜<br>⑧培养基的质量测试有哪些内容?<br>⑨细菌的菌落特征是怎样的?<br>⑩叙述手提式灭菌锅的使用方法。<br>⑪手提式灭菌锅在灭菌时，应注意些什么?<br>⑫制成的培养基，应达到哪些要求? | |
| 实训方案 | 仪器、设备 | |
| | 试剂及其他 | |
| | 实训要求工作条件 | |
| | 操作步骤及注意事项 | |
| 实训评价 | 小组评价： | 教师评价： |

## 实训三 微生物接种技术

### 案例

鞭毛是某些细菌的特殊结构，是细菌的运动器官，有鞭毛的细菌是能运动的。那么如何区别鞭毛菌和非鞭毛菌呢？最常用的方法是细菌动力试验，即将细菌接种在半固体培养基上，经过培养后，有鞭毛的细菌除了沿着穿刺线生长外，在穿刺线两侧也可见羽毛状或雾状浑浊生长。无鞭毛的细菌只能沿着穿刺线呈明显的线状生长，穿刺线两边的培养基仍然澄清透明，为动力试验阴性。

请问：

①该试验中采用的是哪种接种方法？

②该接种方法的适用范围是什么？

### 一、实训目的

①熟悉接种的概念、原理和方法。

②学会常用的接种操作技术。

③养成无菌操作意识。

微生物接种概念、接种工具

### 二、实训原理

考点提示：接种概念及常用方法

将微生物的纯种或含菌材料（如水、食品、空气、土壤、排泄物等）转移到培养基上，这个操作过程称作微生物的接种。

接种操作是微生物实验中的一项基本操作，也是发酵生产中的一项基本工作，无论是移植、分离、鉴定以及形态生理研究，都必须进行接种培养，接种的关键在于严格进行无菌操作，操作不慎，染上杂菌，就会导致实验失败甚至菌种丢失。因此，在微生物实验中必须随时随地牢记“无菌操作”。

微生物接种过程中常使用的工具主要有以下几种。

**1．接种针、接种环和接种钩**

接种针、接种环和接种钩（图 4–12、图 4–13），通称为铂金耳。最早都是用铂金制作，因此价格昂贵，现多用镍铬合金丝制得。

（1）接种针　长度为8cm，呈直线状，固定在长约20cm的金属柄上，多用于固体培养基的穿刺接种。

（2）接种环　在接种针的末端，用镊子卷成一直径2mm的密封圆圈，然后将圆环平面与金属柄之间弯成160° ~ 170°角，常用于细菌和酵母菌的斜面、平板等的接种。

（3）接种钩　将接种针的末端弯成一个约3mm长的直角，即成接种钩。接种钩的针丝通常较粗、较硬，多用于霉菌和放线菌的接种。

**2. 涂布器**

用直径3 ~ 4mm、长20cm的普通玻璃棒（或不锈钢丝），在火焰上将棒的一端弯成边长约为3cm的等边三角形，最后将该平面与柄之间弯成140°角，即成涂布器（图4-12）。用于涂布的一边要平滑，否则涂布不匀。涂布器多用于菌种分离或微生物平板活菌计数时涂布平板用。

**3. 其他接种工具**

（1）接种圈　将接种针的末端卷起数圈成为盘状，专用于从砂土管中移植菌种。

（2）吸管　有0.1、0.2、0.5、1、5、l0mL等移液管，常用于液体接种及菌悬液系列稀释。

（3）滴管　常用于液体接种。

在实验室或工厂实践中，用得最多的接种工具是接种环、接种针。由于接种要求和方法的不同，接种针的针尖部常做成不同的形状，有刀形、耙形等之分。有时，吸管也可作为接种工具进行液体接种。在固体培养基表面要将菌液均匀涂布时，需要用到涂布棒（图4-13）。

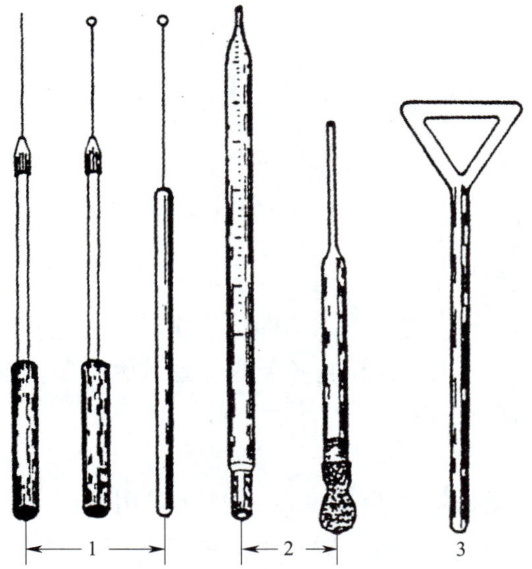


图4-12　接种和分离工具

1—接种针（环）　2—移液管、滴管　3—涂布棒

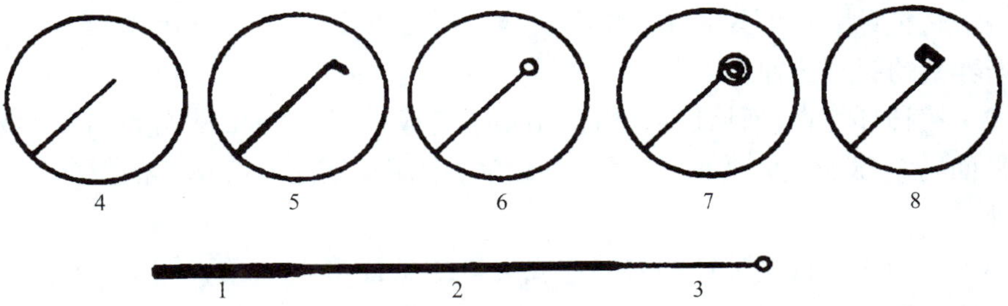


图 4-13　接种工具

1—塑料套　2—铝柄　3—镍铬丝　4—接种针　5—接种钩
6—接种环　7—接种圈　8—接种锄

由于培养基的种类不同，接种目的、接种要求不同，接种的微生物不同等原因，微生物接种有很多方法，实验室中常见的有以下几种。

常用的微生物接种方法

**1. 划线接种**

这是最常用的接种方法，将微生物的纯种或含菌材料用接种环、接种针等挑取，然后在固体培养基表面划直线或蛇形线（图 4-14），这样就可达到接种的作用。在斜面接种和平板划线中就常用此法。

图 4-14　试管斜面划线法

固体培养基的接种－划线接种

**2. 三点接种（点植法）**

在研究霉菌形态时常用此法。此法即把少量的微生物接种在平板表面上，成等边三角形的三点（图 4-15），让它各自独立形成菌落后，来观察、研究它们的形态。除三点外，也有一点或多点进行接种的。

**3. 穿刺接种**

在保藏厌氧菌种或研究微生物的动力时常采用此法。做穿刺接种时，用的接种工具是接种针，用的培养基一般是半固体培养基。它的做法是：用接种针蘸取少量的菌种，沿半固体培养基中心向管底做直线穿刺，直到接近管底，但不得穿通培养基，然后将针沿穿刺线的原路慢慢退出。穿刺时切勿搅动以免碰破周围培养基，使接种线整齐，便于观察菌种沿穿刺线生长的特征（图 4–16）。如某细菌具有鞭毛而能运动，则在穿刺线周围能够生长，不具有鞭毛细菌，沿穿刺线生长。

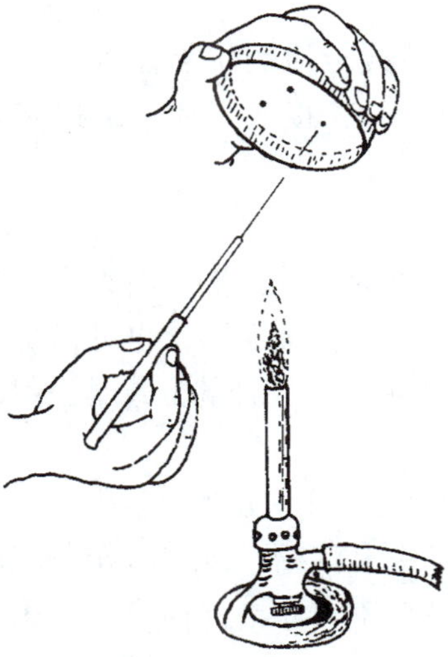

图 4–15　三点接种示意图

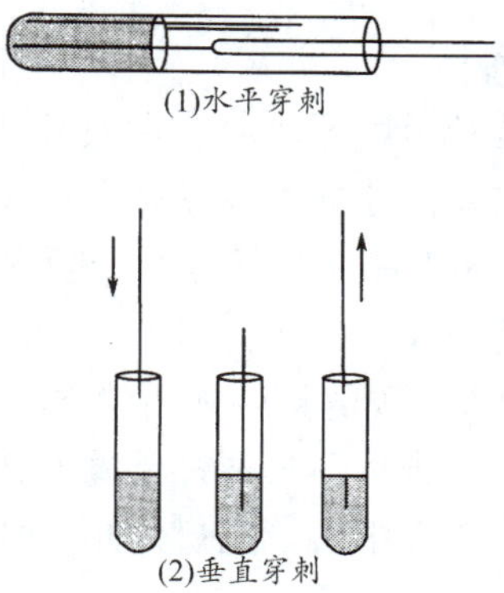


图 4–16　穿刺接种

半固体培养基的接种

4. **浇混接种（倾注法）**

浇混接种是将待接的微生物先放入培养皿中，然后再倒入冷却至 45℃左右的固体培养基，迅速轻轻摇匀，这样菌液就达到稀释的目的。待平板凝固之后，置合适温度下培养，就可长出单个的微生物菌落。

5. **涂布接种**

涂布接种与浇混接种略有不同，就是先倒好平板，让其凝固，然后再将菌液倒入平板上面，迅速用涂布棒在表面作来回左右的涂布（图 4–17），让菌液均匀分布，就可长出单个的微生物的菌落。

6. **液体接种**

从液体培养物中，用移液管将菌液接至液体培养基中，或从液体培养物中将菌液移至固体培养基中，都可称为液体接种（图 4–18）。

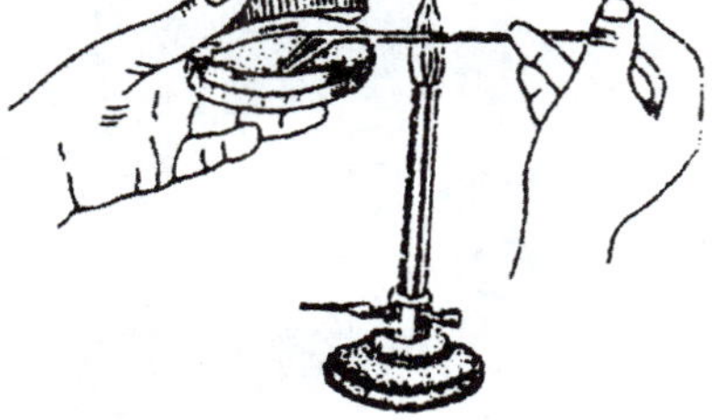

图 4–17　涂布接种

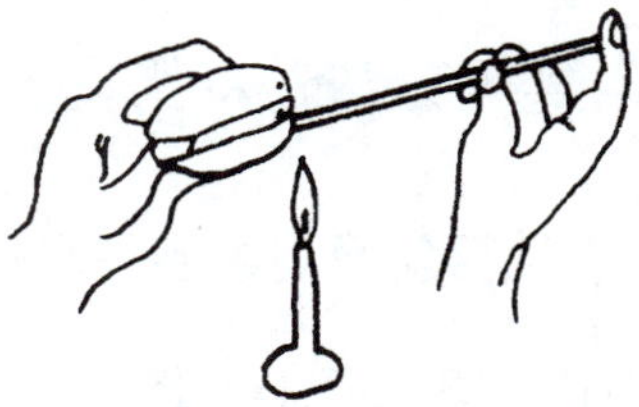

图 4–18　液体接种

**7. 浸洗接种**

用接种环挑取含菌材料后，插入液体培养基中，将菌洗入培养基内。有时也可以将某些固体含菌材料直接浸入培养液中，把附着在表面的菌洗掉。

**8. 注射接种**

注射接种是用注射的方法将待接种的微生物转接至活的生物体内，如人或其他动物中，常见的疫苗预防接种，就是用注射接种，接入人体，来预防某些疾病。

**9. 活体接种**

活体接种是专门用于培养病毒或其他病原微生物的一种方法，因为病毒必须接种于活的生物体内才能生长繁殖。所用的活体可以是整个动物，也可以是某个离体活组织（例如小白鼠的肾等），也可以是发育的鸡胚。接种的方式是注射，也可以是拌料喂养。

工业生产中大规模的接种常用的方法有火焰封口法、压差法等。

（1）火焰封口法　有一种种子罐的接种口周围设有沟槽，接种时先在沟槽里注入少量酒精，然后用火焰点燃酒精，使接种口被包围在一堆火焰之中，接着将菌悬液倒入种子罐中即可。

（2）压差法　先用棉花球蘸消毒剂覆盖在种子罐接种口的橡皮塞上，经过 5 ~ 10min 消毒，将连接在盛有菌悬液的容器上的接种针头迅速插入接种口的橡皮小孔中，然后平衡种子罐与盛菌悬液的容器之间的压力，接着降低种子罐的压力，菌悬液就会注入种子罐内。接种完后，再用消毒剂拭净接种口的小孔。

## 三、实训材料及仪器

**1. 菌种**

枯草芽孢杆菌斜面菌种、大肠杆菌斜面菌种、酵母菌菌悬液、毛霉的孢子悬液等。

**2. 培养基**

肉汤蛋白胨斜面培养基、察氏液体试管培养基、麦芽汁液体试管培养基。

**3. 接种工具**

接种环、移液管等。

## 四、实训方法、步骤及要求

### （一）试管斜面划线接种步骤及要求

技能要求：严谨、认真

具体内容见表 4-11、图 4-19。

**表 4–11　　试管斜面划线接种步骤及要求**

| 操作步骤 | 操作要点 | 评价标准 |
| --- | --- | --- |
| 准备工作 | ①将培养基、接种工具和其他用品全部放在实验台上摆好<br>②进行环境消毒（无菌室、超净台）<br>③在欲接种的培养基试管或平板上贴好标签，标上接种的菌名、操作者，接种日期等<br>④接种人员也先用肥皂或2%来苏尔洗手，擦干后再用70% ~ 75% 酒精擦拭双手 | 工具准备齐全摆放合理 |
| 点酒精灯 | 无 | 无 |
| 拿试管 | 将枯草芽孢杆菌斜面菌种（或大肠杆菌斜面菌种）菌种和肉汤蛋白胨斜面培养基两支试管握左手中，使中指位于两试管之间，管内斜面向上，两试管口平齐并处于接近水平位置。也可将试管放在左手掌中央，用手指托住试管 | 拿法正确 |
| 松棉塞 | 右手将棉塞拧转松动以利接种时拔出，置于酒精灯无菌区内 | 操作正确 |
| 拿接种环 | 右手拿接种环 | 拿法正确 |
| 烧接种环 | 将接种针垂直地放在火焰上灼烧至端部发红，其他可能进入试管的部分也应通过火焰灼烧，以彻底灭菌 | 操作正确<br>灭菌彻底 |
| 拔棉塞 | 用右手的小指、无名指及掌心在火焰旁同时拔出两支试管的棉塞 | 操作正确<br>无菌区内 |
| 管口过火 | 使管口在火焰上转动灼烧可能存在的杂菌 | 操作正确 |
| 取菌 | 将烧过的接种针伸入菌种管内，先接触管内斜面上端的培养基或管壁，令其冷却以免烫死菌种，然后轻轻接触菌体取出少许 | 操作正确<br>不污染试管<br>在无菌区内 |
| 划线 | 迅速将接种针上的菌种伸入待接培养基管内，在培养基斜面上由下而上轻轻划线 | 不污染试管<br>不通过火焰<br>划线方法正确<br>不划破培养基<br>在无菌区内 |
| 管口过火 | 抽出接种针，将管口在酒精灯火焰上灭菌 | 操作正确 |
| 棉塞过火 | 棉塞迅速通过火焰 2~3 次以便灭菌 | 操作正确 |
| 塞棉塞 | 在火焰旁将棉塞塞上。塞棉塞时不要用试管去迎棉塞，以免试管在移动时吸入不洁空气 | 操作正确<br>在无菌区内 |

续表

| 操作步骤 | 操作要点 | 评价标准 |
| --- | --- | --- |
| 烧接种环 | 在酒精灯火焰上烧接种环，以免污染环境 | 操作正确 |
| 灭酒精灯 | 无 | 无 |
| 培养 | 送到培养箱进行培养 24h | 操作正确 |
| 观察、填表 | 取出培养物，观察微生物生长情况 | 观察仔细 |

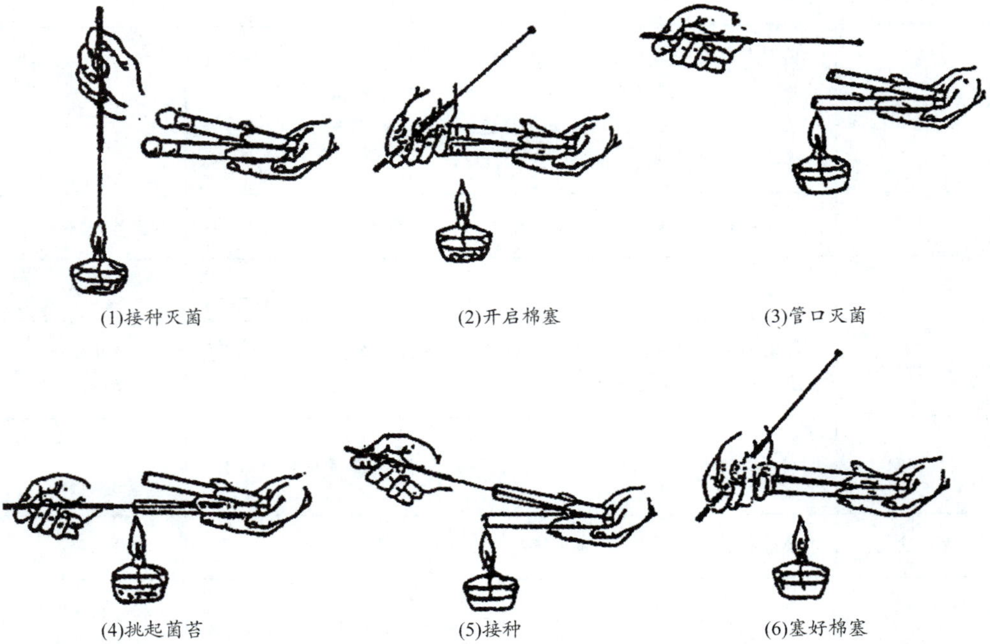


图 4–19　斜面接种时的无菌操作

## （二）液体试管接种步骤及要求

具体内容见表 4–12。

**表 4–12　　液体试管接种步骤及要求**

| 操作步骤 | 操作要点 | 评价标准 |
| --- | --- | --- |
| 准备工作 | ①将培养基、接种工具和其他用品全部放在实验台上摆好<br>②进行环境消毒（无菌室、超净台）<br>③在欲接种的培养基试管或平板上贴好标签，标上接种的菌名、操作者、接种日期等。 | 工具准备齐全<br>摆放合理 |

续表

| 操作步骤 | 操作要点 | 评价标准 |
| --- | --- | --- |
| 准备工作 | ④接种人员也先用肥皂或2%来苏尔洗手，擦干后再用70%～75%酒精擦拭双手 | 工具准备齐全、摆放合理 |
| 点酒精灯 | 无 | 无 |
| 摇匀菌悬液 | 将酵母菌菌悬液（或毛霉的孢子悬液）摇匀 | 操作正确 |
| 烧包扎纸 | 将移液管包扎纸从中间烧断拧松 | 操作正确 |
| 拿试管 | 将酵母菌菌悬液（或毛霉的孢子悬液）和麦芽汁液体培养基（察氏液体培养基）试管握在左手中，使中指位于两试管之间，两试管口平齐并处于接近水平位置 | 拿法正确 |
| 松棉塞 | 右手将棉塞拧转松动以利接种时拔出，置于酒精灯无菌区内 | 操作正确 |
| 拿移液管 | 右手拿移液管，同时除去顶端（塞棉塞端）包扎纸 | 拿法正确 |
| 拔棉塞 | 用右手的小指、无名指及掌心在火焰旁同时拔出两支试管的棉塞 | 操作正确<br>无菌区内 |
| 除纸 | 在无菌区内，左手的小指无名指除去移液管底端包扎纸 | 操作正确<br>无菌区内 |
| 取菌 | 移液管深入酵母菌菌悬液试管吸取菌悬液，取出 | 操作正确<br>不污染试管<br>无菌区内 |
| 接菌 | 迅速深入培养基试管中，放开手指，把菌种接入培养基中混匀 | 不污染试管<br>不通过火焰<br>无菌区内 |
| 放移液管 | 将移液管放入消毒液中 | 操作正确 |
| 管口过火 | 使管口在火焰上转动灼烧可能存在的杂菌 | 操作正确 |
| 棉塞过火 | 棉塞迅速通过火焰2~3次 | 操作正确 |
| 塞棉塞 | 在火焰旁将棉塞塞上（塞棉塞时不要用试管去迎棉塞，以免试管在移动时吸入不洁空气） | 操作正确<br>无菌区内 |
| 灭酒精灯 | 无 | 无 |
| 培养 | 送到培养箱进行培养24~48h | 操作正确 |
| 观察、填表 | 取出培养物，观察微生物生长情况 | 观察仔细 |

## 五、实训报告

### 1. 实验结果

结束实验后，将结果填于表 4–13 中。

**表 4–13　　微生物接种技术实验结果表**

| 菌名 | 培养基名称 | 生长情况 | 接种方法 | 有无污染及原因 |
|---|---|---|---|---|
| | | | | |
| | | | | |
| | | | | |
| | | | | |
| | | | | |
| | | | | |

### 2. 实训报告

完成实训后，可填写实训报告表，如表 4–14 所示。

**表 4–14　　微生物接种技术实训报告表**

<table>
<tr><td>实训内容</td><td colspan="2">接种技术</td></tr>
<tr><td>实训任务</td><td colspan="2">①把给定斜面试管菌种接种到斜面试管培养基中<br>②把给定液体试管菌种接种到液体试管培养基中</td></tr>
<tr><td>实训要求</td><td colspan="2">能熟练的接种</td></tr>
<tr><td>实训引导</td><td colspan="2">①何谓接种？实验室常用的接种方法有哪些？<br>②接种时有哪些要求？<br>③你会制作接种环吗？<br>④接种时为什么最好在超净台中进行？其原理是什么？<br>⑤怎么使用超净台？<br>⑥移液管使用前为什么要进行包扎灭菌？</td></tr>
<tr><td rowspan="4">实训方案</td><td>仪器、设备</td><td></td></tr>
<tr><td>试剂及其他</td><td></td></tr>
<tr><td>实训要求工作条件</td><td></td></tr>
<tr><td>操作步骤及注意事项</td><td></td></tr>
<tr><td>实训评价</td><td>小组评价：</td><td>教师评价：</td></tr>
</table>

# 实训四 微生物培养技术

## 案例

1928年的一天，在英国圣玛利学院的一个实验室里，弗莱明正在进行着实验。他研究的是一种称作葡萄球菌的病菌。实验桌上放着几十个培养葡萄球菌的培养皿，弗莱明从每个培养皿里取出一点点葡萄球菌，然后把它涂在玻璃片上，染上颜色，再放到显微镜下观察。实验正在有条不紊地进行着，当弗莱明打开靠桌边的一个培养皿时，发现这只培养皿里的培养基上面出现了稀稀落落的霉点。令弗莱明惊讶的是：在每一个霉菌菌落的周围，却出现了一圈空白，本来生长在那儿的葡萄球菌全消失了。弗莱明闪过一个念头，葡萄球菌难道会被这种霉菌杀死吗?

弗莱明把这种霉菌接种在肉汤里，让霉菌在里面大量繁殖，然后，再把这种液体过滤，得到了一小瓶澄清的滤液。他把这种滤液滴在长满了葡萄球菌的培养皿上，几小时后，弗莱明透过玻璃盖看到，里面那些金黄色的葡萄球菌全部消失了。实验证明这种滤液确实具有杀菌的作用。弗莱明碰到的这种霉菌为青霉菌，因此，他把从青霉菌中提取出来的能够杀死病菌的物质称作“青霉素”，青霉素的使用使医疗手段发生了重大的变革，从而挽救了无数人的生命，由此开辟了一条人类征服病魔的新途径。

在微生物学的发展过程中类似弗莱明这样的科学家数不胜数，他们为了科学事业精益求精、勤奋敬业的精神值得我们每个人学习。

请问：

①微生物培养方法有哪些?

②培养微生物时应满足哪些条件?

## 一、实训目的

①掌握微生物培养概念和方法。

②养成无菌操作意识。

③进一步熟练接种操作。

④学会简单的微生物培养操作。

⑤理解微生物培养原理和过程。

微生物培养概念、一般步骤

生化培养箱的使用

## 二、实训原理

在人为设定的环境中让微生物生长、繁殖的过程称为培养，培养后获得的微生物群体称培养物。工业规模的培养一般称发酵，根据培养的微生物的数量，微生物的培养可分为纯培养、混菌培养、二元培养。

考点提示：微生物培养概念

**1. 纯培养**

只有一种微生物的培养称纯培养，所得到的培养物称纯培养物。大多微生物的培养都是采用纯培养，它要求严格防止其他微生物的侵入，以确保产品的数量和质量，这就要求有无菌操作技术、接种技术和分离技术等做保证。

**2. 混菌培养（混合培养）**

含有两种或两种以上的微生物的培养叫混菌培养，所得到的培养物称为混合培养物。

在自然生态环境中，许多微生物都是混居的，它们之间不会抑制生长，并表现出其代谢活动有互补性，即互生的关系。因而在发酵工业中常采用两种或两种以上的具有互补性质的菌种进行混合培养，以获得较好的效果。例如，大曲酒的发酵是较成功的混菌培养，其发酵时含有细菌、霉菌、酵母菌等几十种微生物，因而大曲酒是由这些微生物共同作用的结果。又如酸乳的制作，它是利用乳酸链球菌和乳酸杆菌接种到灭菌后的牛乳中，经发酵生成乳酸使蛋白质沉淀成块，还赋予酸乳独特的风味。另外在废水处理中也是采用混菌培养，使用的活性污泥，主要由多种菌体、原生动物、有机和无机胶体组成，它具有很强的吸附和分解有机物的能力。以上的实例说明混菌发酵可以获得优质的产品或达到某种目的，是用单一菌种发酵无法实现的。但是混菌培养的反应机制较复杂，工艺技术难以掌握。随着对微生物互生现象研究的深入，混菌发酵将会有更大的发展空间。

**3. 二元培养**

有些微生物的纯培养是很难做到的，如果培养时只培养两种微生物而且这两种微生物是有特定关系的，这种培养就是二元培养。例如二元培养法是保存病毒的有效方法，因为病毒是细胞生物的严格的寄生物，有些细胞微生物也是严格的其他生物的寄生物或和其他生物有着特殊的共生关系。对于这些生物，二元培养是在实验条件下可能达到的最接近纯培养的培养方法。

在自然环境中，猎食细小微生物的原生动物，也很容易用二元培养法在实验室培养，培养物由原生动物和它猎食的微生物组成，例如纤毛虫、变形虫、黏菌。对于这些微生物，二者的关系可能并不严格，这些生物中有些能够纯培养，但其营养要求往往极其复杂，制备纯培养时的培养基很困难、很复杂。

### （一）微生物培养的一般步骤

微生物培养的一般步骤主要包括培养器皿（设备）的清洗和灭菌、培养基的制备和灭菌、接种、培养等，最后得到产品（培养物）。

### （二）培养条件的控制

微生物的培养是微生物实验和工业生产中的重要工作，微生物培养的成功与否，直接影响实验结果的准确性和发酵产品质量，所以控制培养条件是保证实验准确和正常生产的必要条件。

微生物培养时所控制培养条件主要有以下几方面。

**1. 控制培养基成分合理**

培养基是微生物利用的营养物质，同时也是微生物的生长环境，培养基成分是否合理，直接关系到微生物生长的好坏，所以控制培养基成分非常重要。控制培养基成分具体见实训二培养基的配制与灭菌。

**2. 控制培养条件适宜**

微生物生长除了受培养基影响外，还受环境因素的影响，主要有温度、湿度和氧气条件等。

（1）控制合适的培养温度　由于微生物的生命活动是由一系列极其复杂的生物化学反应组成的，而这些反应受温度的影响极为明显，微生物只有在一定温度范围内才能正常进行。培养微生物时，应根据微生物的生长温度范围及培养目的，选择合适的培养温度。如利用啤酒酵母生产啤酒，酵母活化阶段培养温度为25 ~ 28℃，为酵母的最适生长温度；扩大培养时培养温度逐渐降低，以便酵母适应发酵温度；发酵时培养温度为 8 ~ 9℃，是形成产物最佳温度。

（2）控制合理的氧气含量　按照微生物对氧气的需要情况，可将微生物分为以下三个类型：好氧微生物、兼性厌氧微生物和厌氧微生物。培养时应根据不同类型的微生物，提供不同的氧气条件，使微生物快速生长。如培养好氧微生物时，采用通风培养可为好氧微生物提供充足的氧，而培养厌氧微生物时可采用物理、化学和生物等方法（见厌氧培养）去除氧气，创造无氧环境，满足厌氧菌的无氧要求。

（3）控制合适湿度　微生物生长的过程中对环境的湿度是有要求的，尤其是在固体培养基上培养微生物时。如培养黑曲霉 As3.4309 时，最好控制环境湿度在85% 以上，如环境湿度低于此值，则黑曲霉生长受抑制。所以培养微生物时要控制好环境的湿度，以满足微生物生长需要。

### （三）微生物培养技术

常用的微生物培养方法

恒温恒湿培养箱的使用

从历史发展的角度来看，微生物培养技术发展的轨迹有以下特点：①从少量培养到大规模培养；②从浅层培养发展到厚层（固体制曲）培养或深层（液体搅拌）培养；③从以固体培养技术为主到以液体培养技术为主；④从静止式液体培养发展到通气搅拌式的液体培养；⑤从分批培养发展到连续培养以致多级连续培养；⑥从利用分散的微生物细胞发展到利用固定化细胞进行培养；⑦从单纯利用微生物细胞到利用动物、植物细胞进行大规模培养；⑧从利用野生型菌种发展到利用变异菌株直至遗传工程菌株进行培养；⑨从单菌发酵到混菌发酵；⑩从低密度培养发展到高密度培养；⑪从人工控制发酵罐发展到多传感器、计算机在线控制的自动化发酵罐等。

各种微生物营养特性都不相同，培养方法也就不相同，即使对同一种微生物的培养，当培养目的不同时，培养方法也会改变。下面就实验室和生产实践中一些较有代表性的微生物培养法作简要介绍。

**1. 实验室规模的培养**

（1）微生物的好氧培养　由于大多数发酵微生物都是好氧的，而且微生物只能利用溶解氧，所以氧气的供应非常重要。

①静置培养：在实验室里，将已接种的试管、三角瓶、培养皿等，置于培养箱中进行培养，由于试管或其他容器内总是与空气接触的，因而微生物可获得生长所需要的氧气。

②摇瓶培养（即振荡培养）：这是实验室中常用的一种液体培养方法。将三角瓶上盖 8 ~ 12 层纱布或用疏松的棉塞塞住，以阻止空气中杂菌或杂质进入瓶内，然后放到特制的摇床上以一定速度保温振荡，可以改善液体中氧气和二氧化碳气体的传送。为使菌体获得足够的氧，一般装液量为三角瓶的 10% 以下，如 250mL 三角瓶装 10 ~ 20mL 培养液。有时，为了提高搅拌效果，增加通气量，也可在三角瓶内设置挡板或添加玻璃珠等。摇床有旋转式和往复式两类。此法操作方便，又可以将许多摇瓶（在大摇床上可以多达上百个）同时在相同的温度和振荡速度的等条件下进行培养试验，还可以采用适当的传感器随时监测微生物生长过程中的各种变化，因而广泛用于微生物的生理生化试验、发酵和菌种筛选等工作中，在发酵工业中也常用此法进行种子培养。

③通气培养：大量液体培养好氧微生物时，还可以使用一种如图 4-20 所示的通气培养方法。

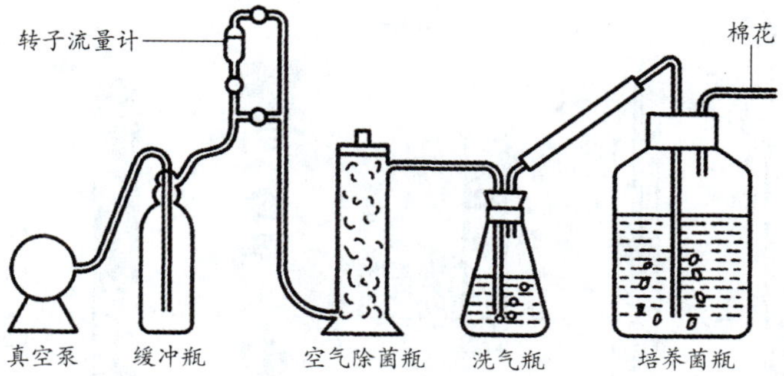


图 4-20 通气培养设置示意图

④台式发酵罐：实验室用的发酵罐体积一般为几升到几十升。商品发酵罐的种类很多，一般都有各种自动控制和记录装置，如有 pH、溶解氧、温度和泡沫监测电极，有加热或冷却装置，有补料、消泡和调节 pH 用的酸碱贮罐及其自动记录装置，大多由计算机控制。它的结构与生产用的大型发酵罐接近，因而它是实验室模拟生产实践的主要试验工具。

（2）微生物的厌氧培养 厌氧培养的关键是使微生物处于无氧或氧化还原电势低的环境中。这就需要除氧，除氧方法有机械除氧、化学吸氧和生物法除氧等多种形式。机械除氧，通常是指抽真空，以 $CO_2$ 或 $N_2$ 代替空气，穿刺接种、表面封层等；化学除氧则是利用一些物质与氧发生化学反应消耗掉氧，如焦性没食子酸与碱液混合，黄磷燃烧，$NaHSO_4$ 和 $Na_2CO_3$ 混合等；生物法除氧是利用新鲜的无菌动植物组织的呼吸作用、某些动物组织中的还原性化合物的氧化作用、与好氧微生物共同培养等方式将氧除去。

①深层穿刺培养：用于非严格厌氧的微生物。取一玻管，一端塞入橡皮塞，一端加棉塞，玻管中加入琼脂培养基，灭菌后穿刺接种（图 4-21）。

②吸氧培养：穿刺接种后，将培养管棉塞上部截去，管内部分用玻棒压至高于培养基 1cm 处，棉塞上方再压入一块含水的脱脂棉，加入 1∶1 比例混合的焦性没食子酸和 $Na_2CO_3$ 粉末，立即用橡皮塞封口。焦性没食子酸和 $Na_2CO_3$ 在有水的情况下，缓慢作用，吸收 $O_2$，放出 $CO_2$，造成无氧环境，如图 4-22 所示。

③Hungate 液管技术培养：主要原理是利用除氧铜柱来制备高纯氮。将微生物接种到融化的培养基中，然后将特制的试管（图 4-23）用丁基橡胶塞严密塞住后平放，置冰浴中均匀滚动，使含菌的培养基布满试管的内表面，犹如好氧菌在培养基平板表面一样，最后长出许多单菌落。

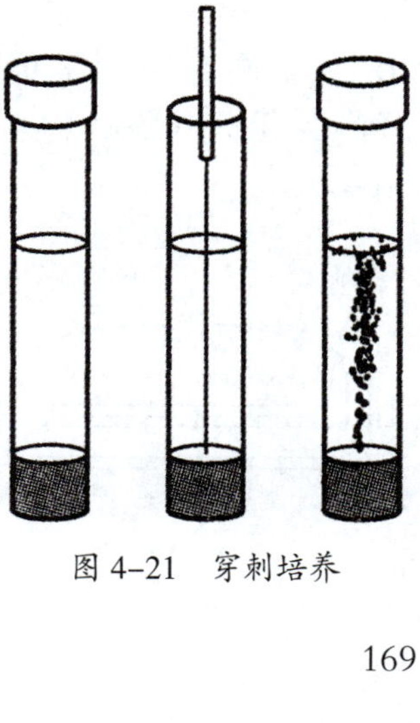

图 4-21 穿刺培养

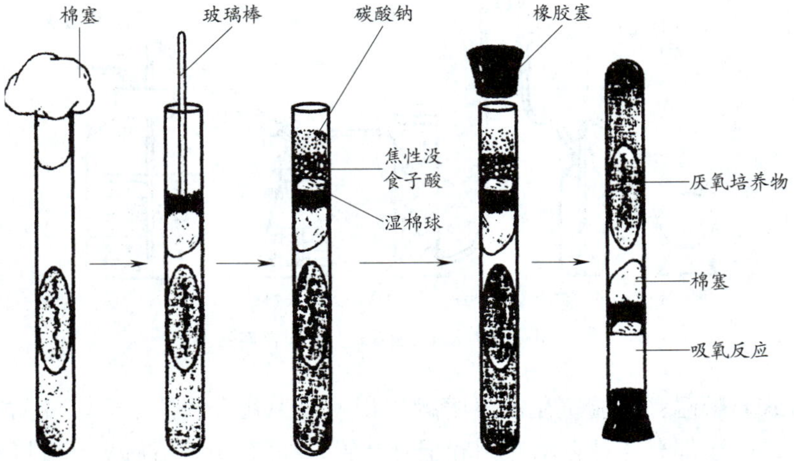


图 4-22　一种吸氧培养方法

④厌氧培养皿培养：用于厌氧培养的培养皿，有的利用皿盖底有两个相互隔开的空间，一个放焦性没食子酸，另一个放 NaOH 溶液，在皿盖平板上接入待培养的厌氧菌后，立即密闭。摇动使焦性没食子酸和 NaOH 溶液接触，发生吸氧反应，造成无氧环境，如 Spray 皿和 Bray 皿（图 4-24）。

⑤厌氧罐培养：厌氧罐很多，图 4-25 是厌氧罐的一般构造。将接种后的平板放入罐内，然后放一小包，内装化学药物，加入适量无菌水后即会自动释放 $CO_2$ 和 $H_2$。罐内用美蓝等试剂制成的指示纸条在真空度低于 266.64Pa 时，由蓝色变成无色。

⑥厌氧手套箱培养：手套箱是由透明的材料制成的，箱体结构严密，可以通过与箱壁相连的手套进行箱内的操作。箱内充满 85%$N_2$、5%$CO_2$ 和 10%$H_2$，同时还用钯催化剂清除氧气，使箱内保持严格的无氧状态。物料可以通过特殊的交换室进出（图 4-26）。

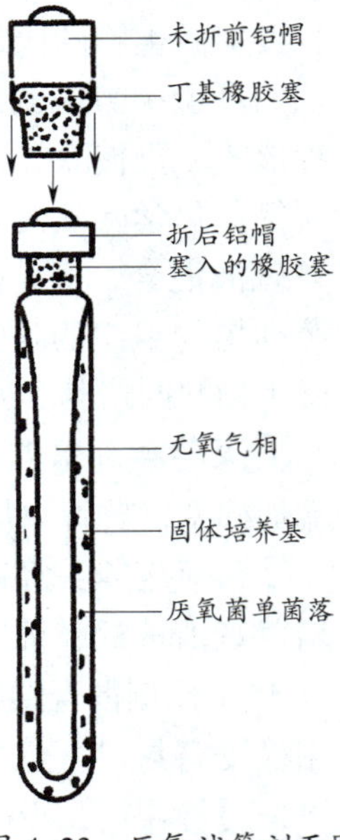


图 4-23　厌氧试管剖面图

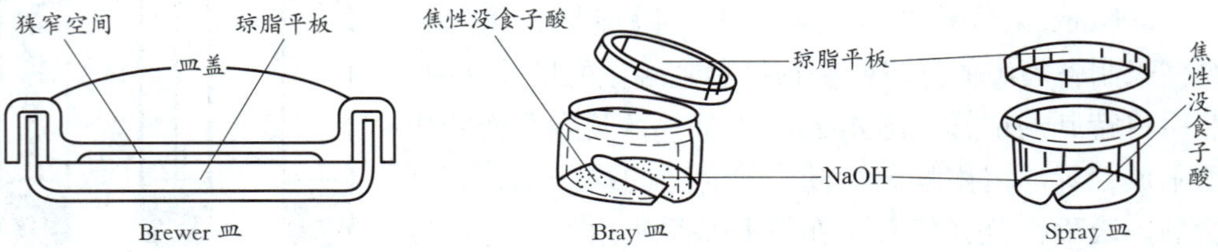


图 4-24　三种厌氧培养皿

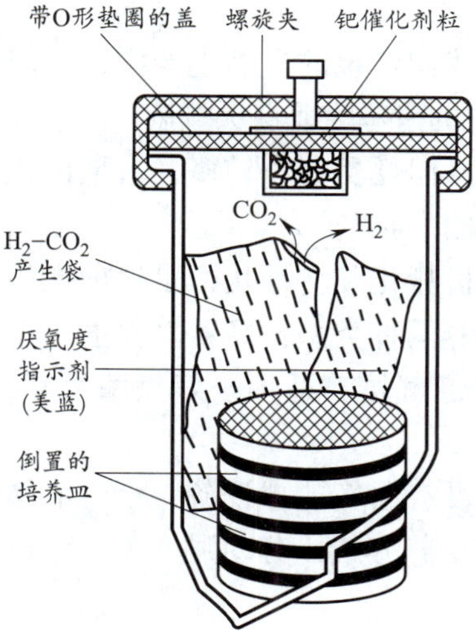


图 4-25 厌氧罐的一般构造

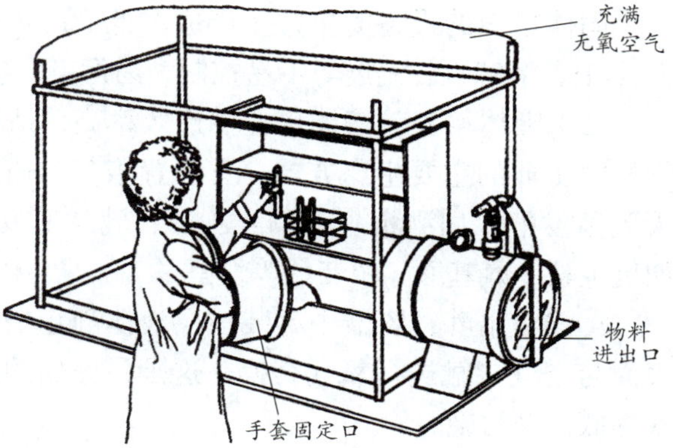


图 4-26 厌氧手套箱的一般结构

**2. 工业上大规模的培养**

工业生产中，培养基的数量很大，就要考虑到原料的价格、来源、管道设备的灭菌等问题。

（1）固体培养　在生产实践中，好氧真菌的固体培养方法都是将接种后的固体基质薄薄地摊铺在容器的表面，这样，既可使菌体获得足够的氧气，又可能将生长过程中产生的热量及时释放，这就是传统的曲法培养的原理。

固体培养使用的基本培养基原料是小麦麸皮等。将麸皮和水混合，必要时添加一些辅助营养物质和缓冲剂，灭菌后待冷却到合适温度便可接种。疏松的麸皮培养基的多孔结构便于空气透入，为好氧菌生长提供了必要的氧气。固体培养基的含水量一般控制在 40% ~ 80%，因而被细菌或酵母菌污染的可能性降低，这是生产中固体培养基主要用于霉菌进行食品酿造及其酶制剂产生的原因。

进行固体培养的设备有较浅的曲盘、较深的大池、能旋转的转鼓和通风曲槽等。使用前要先用去垢剂洗涤，再用次氯酸钠、甲醛或季铵盐等消毒剂消毒，然后进行蒸汽灭菌。接种时用的种子可通过逐级扩大培养获得。将接种好的麸皮培养基在曲盘里铺成薄层，就可放入培养室（曲房）里培养；或者把接过菌的麸皮培养基直接放入大池或缓慢旋转的转鼓内培养。

通风曲槽的机械化程度生产效率都比较高。它一般是一个面积 $10m^2$ 左右的曲槽，曲槽上有曲架和适当材料编织成的筛板，筛板上可摊一层较厚的曲料（30cm 左右），曲架下部不断的通以低温、潮湿的新鲜过滤空气，进行半无菌的固体培养（图 4-27）。酱油酿造和酒精发酵等一般都能用此方法。

食用菌生产中通常将棉子壳等原料装入塑料袋中或在隔架上铺成一定厚度的

培养料，接种菌体进行培养。开始时利用培养料空隙中的氧气，后期掀去塑料薄膜直接从空气中获得氧。

生产中对厌氧菌固体培养的例子还不多见。在我国传统的白酒生产中，一向用大型深层地窖进行堆积式的固体发酵，只不过其中的酵母为兼性厌氧菌。

固体培养的设备简单，生产成本低，产量较高，但耗费劳力较多，占地面积大，pH、溶解氧、温度等不易控制，易污染，生产规模难以扩大。

（2）液体培养　液体培养生产效率高，适用于机械化和自动化，是目前微生物发酵工业的主要生产方式。有静置培养和通气培养两种类型：静置培养适用于厌氧菌发酵，如酒精、丙酮－乙醇、乳酸等发酵；通气培养适用于好氧菌发酵，如抗生素、氨基酸、核苷酸等发酵。

①浅盘培养：容器中盛装浅层液体静止培养，没有通气搅拌设备，全靠液体表面与空气接触进行氧气交换，这是最原始的液体培养方式，劳动强度大，生产效率低，易污染。

②发酵罐深层培养：液体深层培养是在发酵罐内（图 4–28）进行的。发酵罐内装有搅拌器和通入无菌空气的分布器，用来进行通气搅拌，提供溶解氧。另外，大型发酵罐里装有列管式换热器，小型发酵罐里装有夹套，内通循环水来控制培养过程中的温度。所有设备连同发酵罐内的培养液使用前须用高压蒸汽进行灭菌，冷却到合适温度时就可以接入菌种。

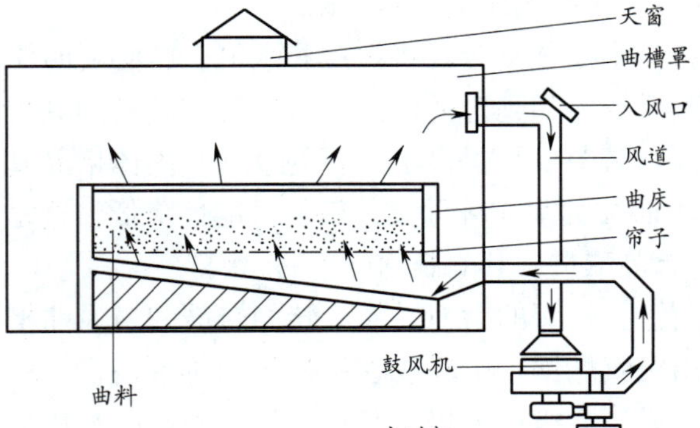

图 4–27　通风曲槽结构模式图

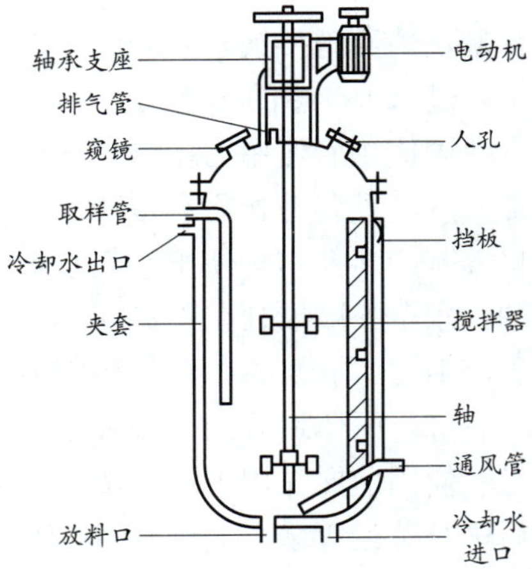

图 4–28　典型发酵罐的构造

现代发酵工业的主角是好氧培养，一般从实验室规模到工厂生产要经过 3 ～ 5 级放大（图 4–29）。大型发酵罐的发酵一般也需分几级进行，使发酵的种子逐级扩大，以提高发酵罐的利用率并节约能源等。罐的等级一般根据菌体繁殖速度以及发酵罐的容积而确定，如谷氨酸发酵多采用二级培养，生长较慢的青霉素和链霉素生产菌种一般需要三级培养（图 4–30）。

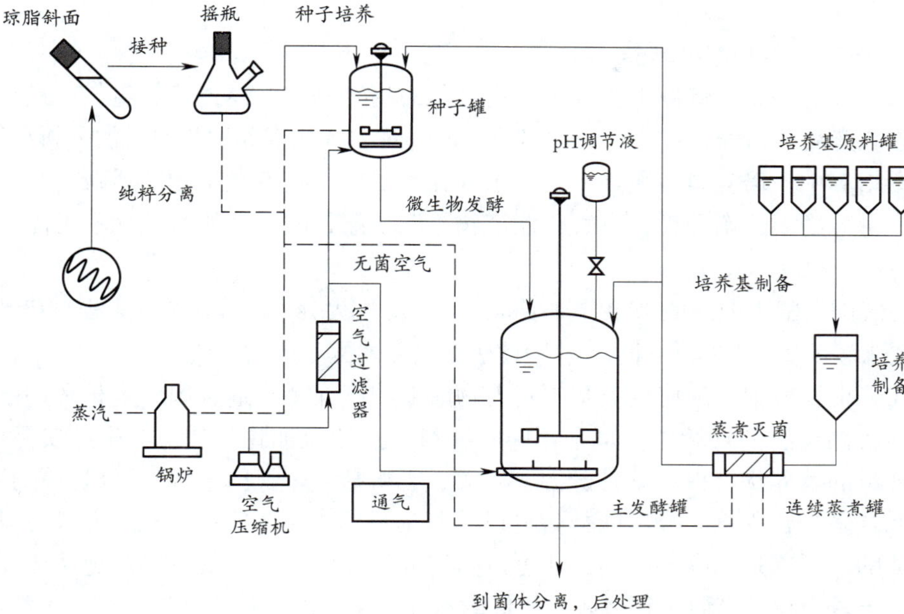


图 4-29　典型的微生物发酵工艺流程图

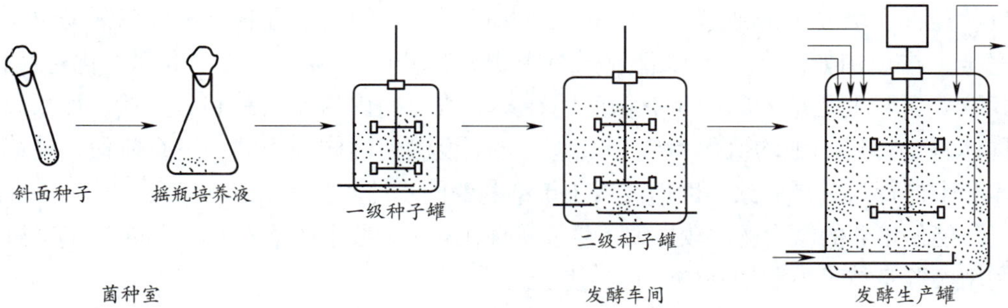


图 4-30　商品酵母的三级培养过程

为了给微生物提供丰富而均匀的营养、充足的溶解氧、适宜的温度和酸碱度，并能防止杂菌污染，发酵罐通常配备有培养基配制系统、蒸汽灭菌系统、空气压缩过滤系统和补料系统。在培养过程中，必须连续监测和控制温度、pH、溶解氧，定期从发酵罐内取出样品进行测定，以便掌握营养成分的消耗、菌体的数量和产物的积累，了解培养物的纯度，以确定发酵的终止时间。

液体深层培养是在青霉素等抗生素发酵中发展起来的技术，由于生产效率高，易于控制，产品质量稳定，因而在发酵工业中被广泛应用。但是，深层发酵耗费的动力较大，设备较为复杂，需要很大的投资。

迄今为止，能大规模液体培养的厌氧菌只有丙酮－丁醇梭菌一种。由于丙酮－

丁醇梭菌是严格厌氧菌，不需要通气和搅拌装置，工艺简单，便于扩大发酵罐体积。

**3. 分批培养和连续培养**

（1）分批培养　将微生物置于一定容积的培养基中，经过培养生长，最后一次性收获产品的培养方式，称分批培养。通过对细菌纯培养生长曲线的分析可知，在分批培养中，培养料一次加入，不予补充和更换。随着微生物的活跃生长，培养基中营养物质逐渐消耗，有害代谢产物不断积累，故细菌的对数期不可能长时间维持。

传统的发酵工业一般采用分批培养法（相应称为分批发酵法），此法对技术及设备要求较简单，易为人们掌握，因此仍是当今发酵工业的主流。

在分批发酵中，为使培养基中营养物质的浓度保持在适合菌体生长和利于菌体积累代谢产物的环境中，可采用中间补料或连续流加物料法。在生产实际中，中间补料的营养物可以是某种碳源、氮源、无机盐、生长因子等，可以是单独一种或混合多种营养物。补料的数量可以达基础料的 1 ~ 3 倍；补充的方式可以是一次性的，可以是间歇多次的，还可以是连续流加的。这样既可以避免菌体发酵初期由于营养物过高而导致菌体生长代谢紊乱，又可以延长菌体生长期及平衡期，从而明显提高发酵效率。

在分批培养中，细菌群体能以一定速率生长，但所有细胞并非同时进行分裂。也就是说，培养中的细胞不处于同一生长阶段，它们的生理状态和代谢活动也不完全一样。例如，在一支试管或摇瓶中研究某种微生物的生长、生理生化特性，其结果实际上是培养物中所有微生物在某一段时间内活动的总和。显然，如果以群体测定结果的平均值代表单个细胞就必须设法使群体处于同一发育阶段，使群体和个体行为变得一致，因而发展了单细胞的同步培养技术。

能使培养的微生物比较一致，生长发育在同一阶段上的培养方法称同步培养法。利用实验室技术控制细胞的生长，使它们处于同一生长阶段，所有的细胞都同时分裂，这种生长方式称作同步生长（图 4–31）。用同步培养法所得到的培养物称同步培养物。采用同步培养技术可以用研究群体的方法来研究个体水平上的问题。

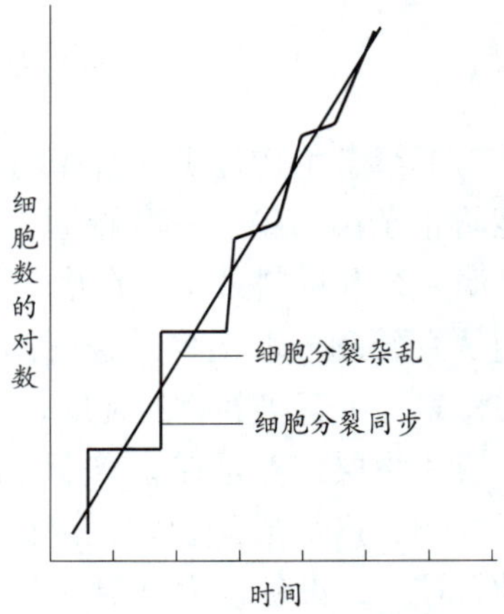

图 4–31　细菌的同步生长与非同步生长

（2）连续培养　如果在培养器中不断补充新鲜营养物质，并及时不断地以同样速度排出培养物（包括菌体及代谢产物），从理论上讲，对数生长期就可无限延长。只要培养液的流动量能使分裂繁殖增加的新菌数相当于流出的老菌数，就可保证培养器中总菌量基本不变，此种方法就称连续培养法。连续培养方法的出现，不仅可随时为微生物的研究工作提供一定生理状态的实验材料，而且可提高发酵工业的生产效益和自动化水平。此法已成为当前发酵工业的发展方向。

控制连续培养的方法主要有如下几种。

①恒浊连续培养：不断调节流速而使细菌培养液浊度保持恒定的连续培养方法称恒浊连续培养［图 4-32（1）］。在恒浊连续培养中装有浊度计，借光电池检测培养室中的浊度（即菌液浓度），并根据光电效应产生的电信号的强弱变化，自动调节新鲜培养基流入和培养物流出培养室的流速。当培养室中浊度超过预期数值时，流速加快，浊度降低；反之，流速减慢，浊度增加，以此来维持培养物的某一恒定浊度。恒浊连续培养中，细菌生长速率不仅受流速的控制，也与菌种种类、培养基成分以及培养条件有关。

恒浊连续培养，可以不断提供具有一定生理状态的细胞，得到以最高生长速率进行生长的培养物。在微生物工作中，为了获得大量菌体以及与菌体相平行的代谢产物时，使用此法具有较好的经济效益。

②恒化连续培养：控制恒定的流速，使由于细菌生长而耗去的营养及时得到补充，培养室中营养物浓度基本恒定，从而保持细菌的恒定生长速率，故称恒化连续培养，又称恒组成连续培养［图 4-32（2）］。已知营养物浓度对生长有影响，但营养物浓度高时并不影响微生物的生长速率，只有在营养物浓度低时才影响生长速率，而且在一定的范围内，生长速率与营养物的浓度呈正相关，营养物浓度愈高，则生长速率也愈高。

恒化连续培养的培养基成分中，必须将某种必需的营养物质控制在较低的浓度，以作为限制因子，而其他营养物均为过量。这样，细菌的生长速率将取决于

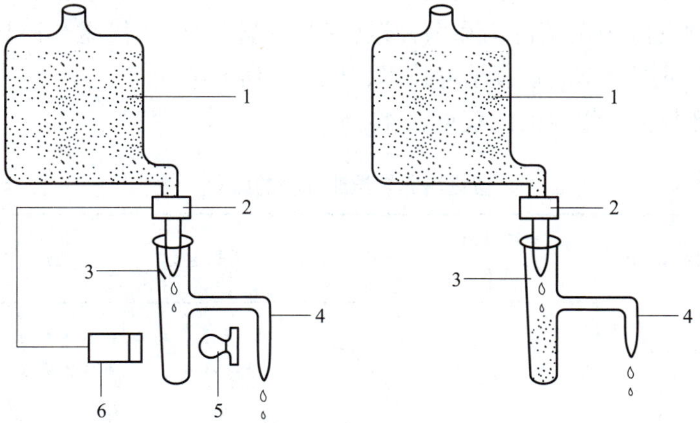


(1)恒浊连续培养系统　　(2)恒化连续培养系统

图 4-32　连续培养装置示意图

1—盛无菌培养基的容器　2—控制流速阀　3—培养室　4—排出管　5—光源　6—光电池

限制性因子的浓度（图 4–33）。随着细菌的生长，限制因子的浓度降低，致使细菌生长速率受到限制，但同时通过自动控制系统来保持限制因子的恒定流速，不断予以补充，就能使细菌保持恒定的生长速率。用不同浓度的限制性营养物进行恒化连续培养，可以得到不同生长速率的培养物。

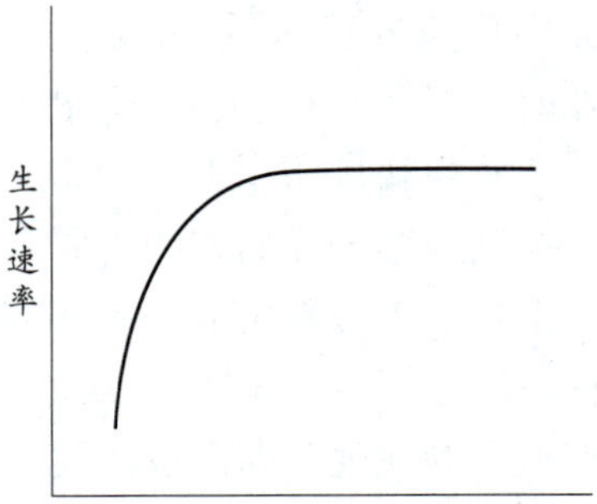

图 4–33　营养物浓度对生长速率的影响趋势

能作为恒化连续培养限制因子的物质很多。这些物质必须是机体生长所必需的，在一定浓度范围内能决定该机体生长速率的。常用的限制性营养物质有作为氮源的氨、氨基酸，作为碳源的葡萄糖、麦芽糖、乳酸，以及生长因子、无机盐等。

恒化连续培养法多用于微生物学研究工作中。从遗传学角度来讲，它允许进行长时间的细菌培养而能从中分离出不同的变种；从生理学方面看，能帮助我们观察细菌在不同生活条件下的变化，尤其是 DNA、RNA 及蛋白质合成的变化；同时它也是研究自然条件下微生物生态体系比较理想的实验模型。因为生长在自然界的微生物一般处于低营养浓度条件下，生长也较慢。而恒化连续培养正好可通过调节控制系统来维持培养基成分的低营养浓度，使之与自然条件相类似。

连续培养法用于工业发酵时称为连续发酵。我国已用于丙酮 – 丁醇的发酵生产中，缩短了发酵周期，效果良好，在国外应用更为广泛。连续发酵的最大优点是取消了分批发酵中各批之间的时间间隔，从而缩短了发酵周期，提高了设备利用率。另外，连续发酵便于自动控制，降低动力消耗及体力劳动强度，产品也较均一。但连续发酵中杂菌污染和菌种退化问题仍较突出。代谢产物与机体生长不呈平行关系的发酵类型的连续培养技术，也有待研究解决。

恒浊培养与恒化培养的比较见表 4–15。

**表 4–15　恒化培养与恒浊培养的比较**

| 装置 | 控制对象 | 生长限制因子 | 培养液流速 | 生长速度 | 产物 | 应用范围 |
|---|---|---|---|---|---|---|
| 恒化器 | 培养液流速 | 有 | 恒定 | 低于最高生长速度 | 不同生长速度的菌体 | 实验室为主 |
| 恒浊器 | 菌液密度 | 无 | 不恒定 | 最高生长速度 | 大量菌体或菌体生长衍生物 | 生产为主 |

③固定化细胞连续培养：近年来，细胞固定化技术在微生物培养中应用悄然兴起，这使连续培养技术有了新发展。

细胞固定化就是通过包埋法、微胶囊法、吸附法等手段，将细胞固定在载体的内部或表面，加入营养液及给予适合的培养条件后，则可以得到代谢产物。固定化细胞培养与游离细胞培养相比，有以下优点：可提供较高的细胞密度；减少细胞的流失，可反复利用；简化了细胞与代谢物的分离工艺。

虽然固定化细胞有许多优点，但也存在一些尚待解决的问题，主要体现在：成本比较高；使用时易污染；细胞固定在载体中，增加了营养物质、氧和产物的传递阻力，特别是好氧发酵时的氧传递问题比较难解决；一般只能用于细胞分泌型产物的发酵。

## 三、实训材料

**1. 菌种**

枯草芽孢杆菌悬液、大肠杆菌悬液、啤酒酵母菌悬液。

**2. 培养基**

牛肉膏蛋白胨培养基（4 大试管斜面、30mL 液体三角瓶 2 瓶）、麦芽汁培养基（2 大试管斜面、30mL 液体三角瓶 1 瓶）。

**3. 药品**

焦性没食子酸、$Na_2CO_3$、有水脱脂棉球。

**4. 仪器**

接种环、无菌吸管、玻璃棒、胶塞、恒温培养箱、摇床、剪刀等。

## 四、实训方法、步骤及要求

技能要求：专注、标准

### （一）摇瓶培养的步骤及要求

具体内容见表 4-16。

**表 4-16　摇瓶培养的步骤及要求**

| 操作步骤 | 操作要点 | 评价标准 |
|---|---|---|
| 准备工作 | ①将培养基、接种工具和其他用品全部放在实验台上摆好<br>②进行环境消毒（无菌室、超净台）<br>③在欲接种的培养基试管或平板上贴好标签，标上接种的菌名、操作者、接种日期等<br>④接种人员也先用肥皂或 2% 来苏尔洗手，擦干后再用 70% ~ 75% 酒精擦拭双手 | 工具准备齐全摆放合理 |

续表

| 操作步骤 | | 操作要点 | 评价标准 |
|---|---|---|---|
| 接种 | 点酒精灯 | 无 | 无 |
| | 烧包扎纸 | 将移液管包扎纸从中间烧断拧松，以利于拔出移液管 | 操作正确 |
| | 拿试管 | 左手拿枯草芽孢杆菌悬液试管，摇匀 | 拿法正确 |
| | 松棉塞 | 右手将棉塞拧转松动以利接种时拔出 | 操作正确 |
| | 拿移液管 | 右手拿移液管，同时除去顶端包扎纸 | 拿法正确 |
| | 拔棉塞 | 用右手的小指、无名指及掌心在酒精灯无菌区内拔出试管的棉塞 | 操作正确<br>在无菌区内 |
| | 除纸 | 在无菌区内，左手的小指、无名指除去移液管底端包扎纸 | 操作正确<br>在无菌区内 |
| | 取菌 | 移液管深入枯草杆菌悬液试管，吸取菌悬液 1mL，取出在酒精灯无菌区不动 | 操作正确<br>在无菌区内 |
| | 过火 | 试管口在火焰上转动灼烧可能存在的杂菌，棉塞过火 | 操作正确<br>在无菌区内 |
| | 塞棉塞 | 在火焰旁将棉塞塞上，试管放到试管架上 | 操作正确<br>在无菌区内 |
| | 取三角瓶 | 左手拿含 30mL 牛肉膏蛋白胨液体培养基的三角瓶，放在酒精灯无菌区内，松棉塞 | 操作正确 |
| | 拿三角瓶 | 左手小拇指及掌心夹起棉塞后拿起三角瓶，瓶口过火，放在酒精灯无菌区内 | 操作正确<br>在无菌区内 |
| | 接种 | 右手把 1mL 菌悬液在酒精灯无菌区内接入三角瓶，摇匀 | 操作正确<br>在无菌区内 |
| | 塞棉塞 | 移液管放到消毒缸中，三角瓶瓶口过火，棉塞过火，塞好棉塞 | 操作正确<br>在无菌区内 |
| | 依照此法将啤酒酵母和大肠杆菌接入含麦芽汁培养基的 30mL 液体三角瓶和牛肉膏蛋白胨培养基 30mL 液体三角瓶内 | | |
| 培养 | | 送到摇床上进行振荡培养（酵母菌培养温度 28 ~ 30℃，枯草芽孢杆菌、大肠杆菌培养温度 37℃）24 ~ 48h | 操作正确 |
| 观察、填表 | | 取出培养物，观察微生物生长情况，记录填表 | 观察仔细 |

## （二）静置培养的步骤及要求

具体内容见表 4-17。

**表 4–17　　静置培养的步骤及要求**

| 操作步骤 | | 操作要点 | 评价标准 |
|---|---|---|---|
| 准备工作 | | ①将培养基、接种工具和其他用品全部放在实验台上摆好<br>②进行环境消毒（无菌室、超净台）<br>③在欲接种的培养基试管或平板上贴好标签，标上接种的菌名、操作者、接种日期等<br>④接种人员也先用肥皂或 2% 来苏尔洗手，擦干后再用 70% ~ 75% 酒精擦拭双手 | 工具准备齐全<br>摆放合理 |
| 摇匀菌悬液 | | 枯草芽孢杆菌悬液摇匀 | 操作正确 |
| 接种 | 点酒精灯 | 无 | 无 |
| | 拿试管 | 将枯草芽孢杆菌悬液试管和含牛肉膏蛋白胨培养基试管握左手中，使中指位于两试管之间，两试管口平齐，斜面向上 | 拿法正确 |
| | 拿接种环 | 右手拿起接种环 | 拿法正确 |
| | 烧接种环 | 将接种针垂直地放在火焰上灼烧至端部发红，其他可能进入试管的部分也应通过火焰灼烧，以彻底灭菌 | 操作正确<br>灭菌彻底 |
| | 拔棉塞 | 用右手的小指、无名指及掌心在火焰旁同时拔出两支试管的棉塞 | 操作正确<br>在无菌区内 |
| | 管口过火 | 使管口在火焰上转动灼烧可能存在的杂菌 | 操作正确 |
| | 取菌 | 将烧过的接种针伸入菌种管内，先接触管内斜面上端的培养基或管壁，令其冷却以免烫死菌种，然后轻轻接触菌体取出少许 | 操作正确<br>不污染试管<br>在无菌区内 |
| | 划线 | 迅速将接种针上的菌种伸入待接培养基管内，在培养基斜面上由下而上轻轻划线 | 不污染试管<br>不通过火焰<br>划线方法正确<br>不划破培养基<br>在无菌区内 |
| | 管口过火 | 抽出接种针，将管口灭菌 | 操作正确 |
| | 塞棉塞 | 在火焰旁将棉塞塞上。塞棉塞时不要用试管去迎棉塞，以免试管在移动时吸入不洁空气 | 操作正确 |
| | 烧接种环 | 无 | 无 |
| | 依照此法将啤酒酵母和大肠杆菌接入含麦芽汁培养基的斜面试管和牛肉膏蛋白胨培养基斜面试管里 | | |
| | 灭酒精灯 | 无 | 无 |
| 培养 | | 送到恒温培养箱中培养（酵母菌培养温度 28 ~ 30℃，枯草芽孢杆菌、大肠杆菌培养温度 37℃）24 ~ 48h | 操作正确 |
| 观察、填表 | | 取出培养物，观察微生物生长情况，记录填表 | 观察仔细 |

## （三）厌氧培养的步骤及要求

具体内容见表 4–18。

**表 4–18　厌氧培养的步骤及要求**

| 操作步骤 | | 操作要点 | 评价标准 |
|---|---|---|---|
| 准备工作 | | ①将培养基、接种工具和其他用品全部放在实验台上摆好<br>②进行环境消毒（无菌室、超净台）<br>③在欲接种的培养基试管或平板上贴好标签，标上接种的菌名、操作者、接种日期等<br>④接种人员也先用肥皂或2%来苏尔洗手，擦干后再用70%～75%酒精擦拭双手 | 工具准备齐全摆放合理 |
| 摇匀菌悬液 | | 枯草芽孢杆菌悬液摇匀 | 操作正确 |
| 接种 | 点酒精灯 | 无 | 无 |
| | 拿试管 | 将枯草芽孢杆菌悬液试管和含牛肉膏蛋白胨培养基试管握左手中，使中指位于两试管之间，两试管口平齐，斜面向上 | 拿法正确 |
| | 拿接种环 | 右手拿起接种环 | 拿法正确 |
| | 烧接种环 | 将接种针垂直地放在火焰上灼烧至端部发红，其他可能进入试管的部分也应通过火焰灼烧，以彻底灭菌 | 操作正确<br>灭菌彻底 |
| | 拔棉塞 | 用右手的小指、无名指及掌心在火焰旁同时拔出两支试管的棉塞 | 操作正确<br>在无菌区内 |
| | 管口过火 | 使管口在火焰上转动灼烧可能存在的杂菌 | 操作正确 |
| | 取菌 | 将烧过的接种针伸入菌种管内，先接触管内斜面上端的培养基或管壁，令其冷却以免烫死菌种，然后轻轻接触菌体取出少许 | 操作正确<br>不污染试管<br>在无菌区内 |
| | 划线 | 迅速将接种针上的菌种伸入待接培养基管内，在培养基斜面上由下而上轻轻划线 | 不污染试管<br>不通过火焰<br>划线方法正确<br>不划破培养基<br>在无菌区内 |
| | 管口过火 | 抽出接种针，将管口灭菌 | 操作正确 |
| | 塞棉塞 | 在火焰旁将棉塞塞上。塞棉塞时不要用试管去迎棉塞，以免试管在移动时吸入不洁空气 | 操作正确 |

续表

| 操作步骤 | | 操作要点 | 评价标准 |
|---|---|---|---|
| 接种 | 烧接种环 | 彻底灭菌以免污染环境 | 操作正确 |
| | 依照此法将啤酒酵母和大肠杆菌接入含麦芽汁培养基的斜面试管和牛肉膏蛋白胨培养基斜面试管 | | |
| | 灭酒精灯 | 无 | 无 |
| 截去棉塞 | | 将试管棉塞上部截去，管内部分用玻棒压至高培养基 1cm 处 | 操作正确 |
| 加药品 | | 棉塞上方在压入一块含水的脱脂棉，加入 1∶1 比例混合的焦性没食子酸和碳酸钠粉末 | 操作正确 |
| 封口 | | 立即用橡皮塞封口 | 操作正确 |
| 培养 | | 送到恒温培养箱中培养，试管倒置（酵母菌培养温度 30℃，枯草芽孢杆菌、大肠杆菌培养温度 37℃）24 ~ 48h | 操作正确 |
| 观察、填表 | | 取出培养物，观察微生物生长情况，记录填表 | 观察仔细 |

## 五、实训报告

### 1. 实验结果

结束实验后，将结果填于表 4–19 中。

**表 4–19　　微生物培养技术实验结果表**

| 菌名 | 培养基名称 | 培养方法 | 生长情况 | 有无污染及原因 |
|---|---|---|---|---|
| 大肠杆菌 | 牛肉膏蛋白胨液体培养基 | 摇瓶培养 | | |
| | 牛肉膏蛋白胨固体培养基 | 静置培养 | | |
| | 牛肉膏蛋白胨固体培养基 | 厌氧培养 | | |
| 枯草芽孢杆菌 | 牛肉膏蛋白胨液体培养基 | 摇瓶培养 | | |
| | 牛肉膏蛋白胨固体培养基 | 静置培养 | | |
| | 牛肉膏蛋白胨固体培养基 | 厌氧培养 | | |
| 啤酒酵母 | 麦芽汁液体培养基 | 摇瓶培养 | | |
| | 麦芽汁固体培养基 | 静置培养 | | |
| | 麦芽汁固体培养基 | 厌氧培养 | | |

### 2. 实训报告

完成实训后，可填写实训报告表，如表 4–20 所示。

**表 4–20　　微生物培养技术实训报告表**

| | | |
|---|---|---|
| 实训内容 | 微生物培养技术 | |
| 实训任务 | 对给定微生物进行静置、摇瓶和厌氧培养 | |
| 实训要求 | ①理解微生物培养的原理<br>②学会微生物培养操作<br>③能控制微生物培养条件 | |
| 实训引导 | ①何谓纯培养、混菌培养、二元培养？<br>②微生物培养一般需哪几个步骤？<br>③微生物培养一般控制哪些条件，怎样控制？<br>④微生物培养常见的方法有哪些？ | |
| 实训方案 | 仪器、设备 | |
| | 试剂及其他 | |
| | 实训要求工作条件 | |
| | 操作步骤及注意事项 | |
| 实训评价 | 小组评价： | 教师评价： |

## 实训五　微生物的分离纯化

### 案例

酸乳是一种因其营养价值高、口感好、具有一定的保健功能而备受人们喜爱的食品，其含有多种对人体有益的微生物，如乳酸菌、保加利亚乳杆菌、双歧杆菌等。如我们要想观察、研究和利用其中某一种微生物，或者大量培养某一种微生物，就必须事先将它从各种微生物混生的酸奶中分离开来，才能获得纯培养物。

请问：

①微生物分离纯化的方法有哪些？

②微生物分离纯化的步骤有哪些？

### 一、实训目的

①掌握分离微生物的基本原理。

②学会系列化稀释的基本操作。
③学会倒平板的基本操作。
④学会平板划线分离的基本操作。
⑤熟悉微生物分离的过程。
⑥掌握微生物分离的方法。

## 二、实训原理

考点提示：分离纯化的概念

自然界中微生物种类繁多，而且绝大多数混杂在一起，有时微生物的纯种在接种、培养等过程中由于操作不当也会被污染，为了得到微生物的纯种，必须把所需的微生物从混杂的微生物中分离出来，这就是在无菌技术的基础上微生物学的另一项基本技术——纯种分离技术。分离的一般过程如下所述。

### （一）采样

如果从环境中分离微生物，首先的工作就是采样，如果是培养的微生物被污染了则可以直接进行分离。采样首先要根据微生物的生活习性，选择合适的采样地点。如分离酵母菌在果园的土壤里较易找到，分离乳酸菌在酸牛乳中较易找到。采样后最好马上进行分离，以防染菌或样品中的菌发生变化。

### （二）增殖培养

有时样品中要分离的目的微生物很少，此时就要设法增加该菌种的数量，以增加分离机率，这种人为增加微生物数量的方法称增殖培养，对于特别少的微生物可进行多次增殖。

增殖培养时要求不需要的微生物缓慢增殖或几乎停止增殖，而所需微生物类型经增殖后数量上占优势，便于分离，这就需要控制培养条件。

**1. 控制培养基营养成分**

营养成分主要指碳、氮、无机盐及维生素等。各种微生物对物质的要求是有差异的。异养型微生物只能利用有机碳源，如葡萄糖、蔗糖等糖类及纤维素、淀粉类碳水化合物或烃类等，自养型微生物可能以 $CO_2$ 为碳源。微生物能利用的氮源可以是蛋白质大分子，如酪蛋白、豆饼粉、麸皮，或其水解得到的小分子，如蛋白胨、多肽、氨基酸水解液及尿素等有机氮化合物，也可是硝酸盐、铵盐或氨态的无机氮源，固氮微生物能直接利用空气中的氮。微生物对于金属离子和维生素的要求也不完全相同。因此控制增殖培养基中营养成分，对浓缩所需菌种是有益的。比如，用纤维素作为唯一碳源，则能够分解利用纤维素的微生物可以繁殖，而许多微生物由于不具备此能力，生长就较困难，从而达到使能分解纤维素的微生物在数量上占优势的目的。又如以烃类为唯一碳源，可富集具有分解烃类能力的微生物，但是用可被许多种微生物利用的碳源、氮源就不适于用作控制条件。这种方法对于产生诱导酶类的微生物特别适宜，通过控制底物（诱导物）使酶得以产生，微生物能凭借酶对底物的分解而获得生长所必需的原材料和能量。实际上往往按照各大类微生物确定基本的营养成分，如细菌用蛋白胨、牛肉膏，放线菌用淀粉，酵母、霉菌用麦芽汁或米曲汁等。

**2. 控制培养基酸碱度**

各种微生物生长繁殖的适宜酸碱度是不同的，细菌和放线菌一般要求中性或偏碱性（pH7.0 或稍高）；酵母菌和霉菌一般要求偏酸性（pH4.0 ～ 6.0）。在控制营养成分的同时，将培养基调至一定的 pH，更有利于抑制不需要的微生物的增殖。比如，在采用含 40% 葡萄糖的培养基分离耐高渗透压的酵母时，控制 pH 在 2 ～ 4，则所需的酵母大量繁殖，各种杂菌很难生长。又如从土壤中浓缩放线菌，加入部分葡萄糖则细菌也大量增殖。

**3. 控制培养温度和热处理**

不同种类的微生物，适宜的生长温度是不同的，利用不同培养温度可使不同的微生物生长速度不同。如在 30℃左右时嗜冷微生物可能不能生存，而嗜热微生物则生长缓慢。为了获得耐高温的酶，可寻找高温细菌，采用 50 ～ 60℃温度培养，就可使嗜冷、嗜温微生物大量淘汰，嗜热微生物占优势。即使同为嗜温微生物，提高培养温度可筛选耐热的菌株，有利于发酵工业节约冷却用水。芽孢是特别耐热的，可以抵抗 100℃或更高的温度。因此可根据这点，将样品悬浮液在 80℃水浴中处理 10min，将不产芽孢的营养细胞杀死，从而达到浓缩产芽孢的菌种的目的。

**4. 添加抑制剂**

添加专一性抑制剂，也可达到抑制不需微生物增殖的目的。如土样悬浮液中加数滴 10% 酚，可抑制霉菌和细菌的生长，而放线菌仍能较好的生长；又如添加青霉素、链霉素之类抗生素，能抑制细菌的生长。不同抗生素能抑制菌类的范围不同，所用浓度等也不同，应区别分离对象及药物性质添加适当量。

### （三）分离

增殖培养后，就要进行微生物的分离，分离操作是微生物实验中一项重要的操作。有时一次分离操作达不到分离效果，这就需要反复几次进行分离，直到得到目的微生物的纯培养物为止。分离微生物时常采用以下几种方法。

**1. 稀释平板法**

稀释平板法是通过将样品制成一系列不同的稀释样，使样品中的微生物个体分散成单个状态，再取一定量的稀释样，使其均匀分布于固体培养基上，培养后挑取所需菌落，重新培养，即可得到所需微生物。其分离操作步骤（图 4–34）如下：

准备工作→样品的溶解稀释→倒平板（倒平板的方法如图 4-35 所示）→倒扣培养→微生物的检出

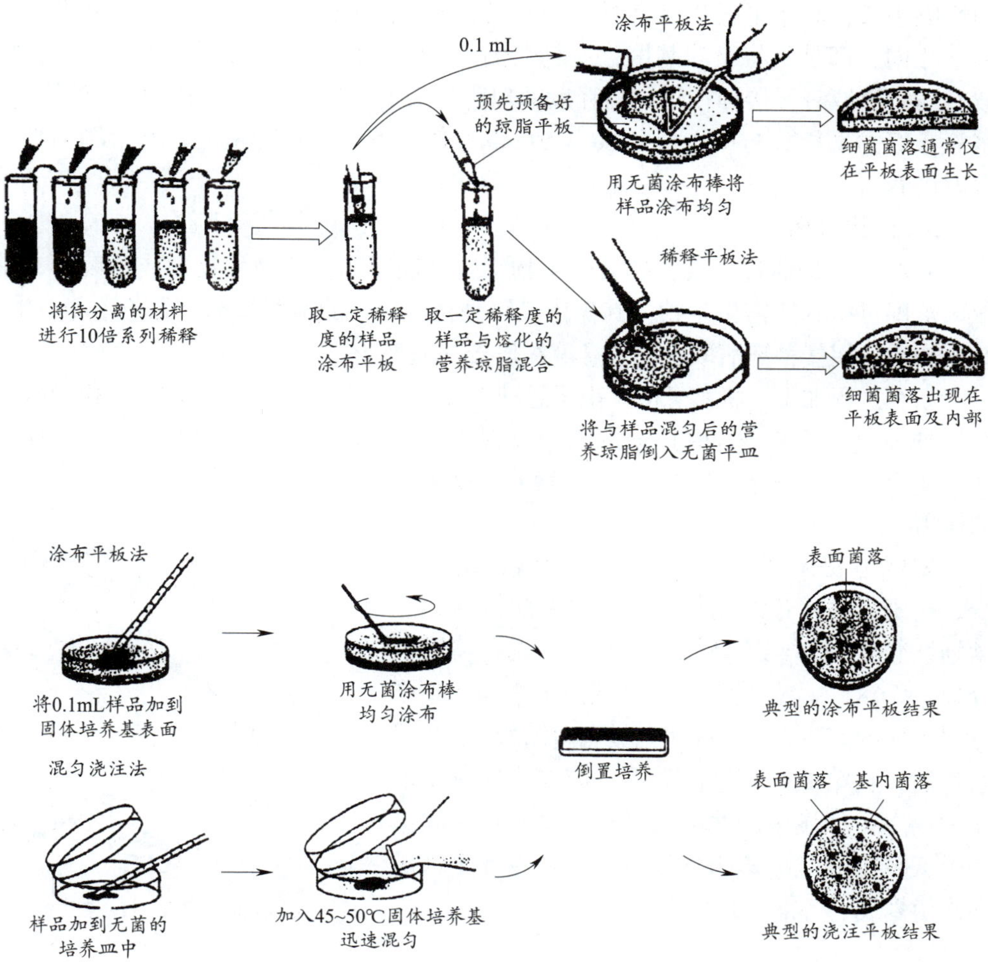


图 4-34　分离步骤

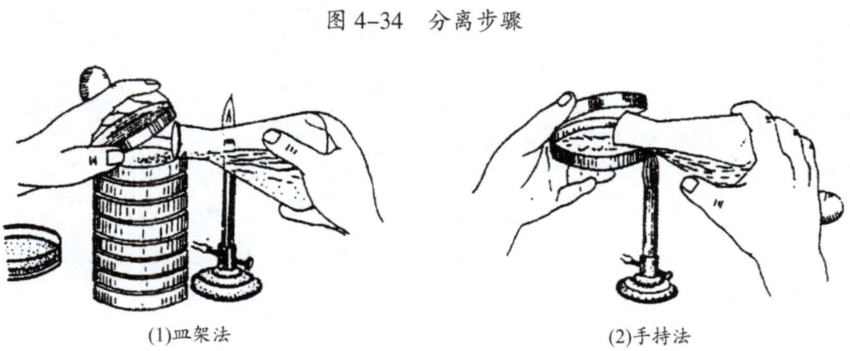


图 4-35　倒平板方法

**2. 涂布平板法**

基于稀释平板法操作过程中，对于某些热敏感菌来说，可能在50℃的培养基中死亡。另外，对于严格好氧菌来说，因被固定在平板的底部或中间，由于缺氧而影响生长，涂布平板法可克服这一缺点。其操作步骤（图4–34）与稀释平板法基本相同，都是先将培养基熔化后趁热倒入无菌平板内，待凝固后用无菌吸管吸取0.1mL菌液对号接种在不同稀释度的琼脂平板上，再用无菌涂布棒将菌液涂匀，将涂布好的平板放与操作台上20 ~ 30min，使菌液渗入培养基内，然后倒扣平板保温培养。

**3. 划线分离**

划线分离是通过划线，拉大微生物细胞之间距离，使微生物形成单菌落，挑取菌落即可得到所需微生物。其操作步骤是将熔化好的培养基倒入无菌培养皿中，待冷却后，用接种环沾取少许菌悬液在培养基上划线。

划线过程如下：将菌悬液（孢子悬液）摇匀→点燃酒精灯→拿试管→松棉塞→烧接种环→取棉塞→烧管口→取菌→烧管口→棉塞过火→塞上棉塞→划线（操作如图4–36所示）→烧接种环→倒扣培养→微生物的检出

划线方法（图4–37）有平行划线；扇形划线；蜿蜒划线；连续划线等，其中蜿蜒划线、连续划线较常用。连续划线的划线方法是：将平板分成三个区域，先在第一个区域内划3 ~ 4条平行线，转动培养皿，在火焰上烧掉接种环上的残余物后，在第二个区域内划线；第二个区域中的线和第一个区域中的线应有部分交叉，依法在第三个区域中划线。蜿蜒划线方法是：在三个区域中连续划线，各部分线均无交叉。

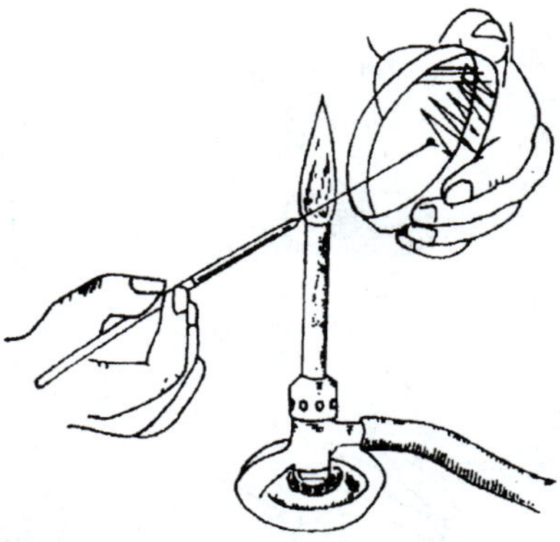

图4–36　平板划线操作图

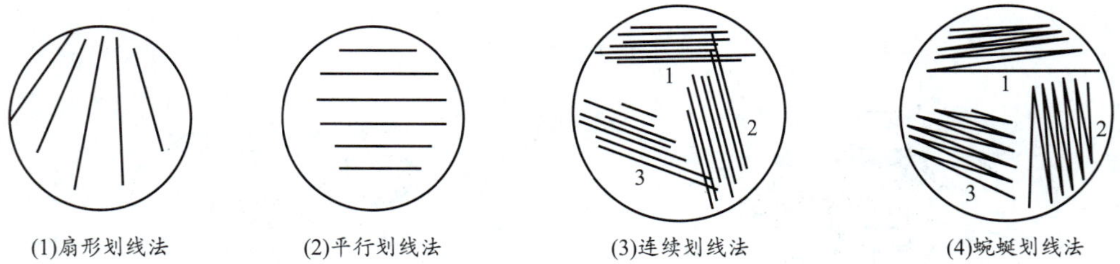


图4–37　平板划线方法

1，2，3—划线顺序

**4. 单细胞分离技术**

前述的方法不能有目的地选取所需要的微生物个体，现在可以采用显微技术，通过显微挑取器选出所需的微生物细胞或孢子。

具体的方法是把显微挑取器安装在显微镜上，用极细的毛细管或显微针、钩、环等挑取单个细胞或孢子。若没有显微挑取器时，也可以把菌液多次稀释，把一小滴放在显微镜下观察，选取只含一个细胞的该液滴进行培养，可得到分离效果。此法要求一定的装置，操作技术也有一定的难度，多限于高度专业化的科研中采用。

### （四）培养和微生物检出

分离后将培养皿倒扣置于适合的条件下进行培养，然后选取合适的菌落，重新接种在新的培养基中，就得到目的微生物的纯培养物。

为了准确检出目的微生物，分离时所用的培养基一般为鉴别培养基，用以指示和鉴别目的微生物，以便快速检出目的菌。

## 三、实训材料及仪器

**1. 菌种**

细菌、酵母菌、放线菌与霉菌混合菌种。

**2. 培养基**

营养琼脂三角瓶固体培养基（附录二“十三”）、察氏三角瓶固体培养基（附录二“四十二”）、高氏一号三角瓶固体培养基（附录二“五十二”）、麦芽汁三角瓶固体培养基（附录二“五十三”）。

**3. 药品**

9mL 无菌生理盐水试管。

**4. 仪器**

无菌吸管、试管、培养皿、无菌生理盐水、酒精灯、接种环、涂布棒等。

## 四、实训方法、步骤及要求

> 技能要求：标准、精益求精

### （一）混合菌种的划线分离步骤及要求

具体内容见表 4-21。

### （二）混合菌种的稀释平板分离步骤及要求

具体内容见表 4-22。

**表 4–21　　混合菌种的划线分离步骤及要求**

| 操作步骤 | 操作要点 | 评价标准 |
|---|---|---|
| 准备工作 | ①进行环境消毒（无菌室和超净台）<br>②将培养基、接种工具和其他用品全部放在实验台上摆好<br>③在欲接种的培养基试管或平板上贴好标签，标上接种的菌名、操作者、接种日期等。<br>④接种人员也先用肥皂或 2% 来苏尔洗手，擦干后再用 70% ~ 75% 酒精擦拭双手 | 工具准备齐全摆放合理 |
| 摇匀菌悬液 | 将菌悬液（孢子悬液）摇匀 | 操作正确 |
| 点酒精灯 | 无 | 无 |
| 拿试管 | 将菌种试管握左手中 | 拿法正确 |
| 松棉塞 | 右手将棉塞拧转松动以利接种时拔出 | 操作正确 |
| 拿接种环 | 右手拿接种环 | 拿法正确 |
| 烧接种环 | 将接种针垂直地放在火焰上灼烧至端部发红，其他可能进入试管的部分也应通过火焰灼烧，以彻底灭菌 | 操作正确<br>灭菌彻底 |
| 拔棉塞 | 用右手的小指、无名指在火焰旁同时拔出试管的棉塞 | 操作正确<br>无菌区内 |
| 管口过火 | 使管口在火焰上转动灼烧可能存在的杂菌 | 操作正确 |
| 取菌 | 将烧过的接种针伸入菌种管内，先接触管内斜面上端的培养基或管壁，令其冷却以免烫死菌种，然后深入菌悬液沾取菌体，取出，置于酒精灯无菌区 | 操作正确<br>不污染试管<br>无菌区内 |
| 管口过火 | 将管口灭菌 | 操作正确<br>接种环不能离开酒精灯无菌区 |
| 塞棉塞 | 在火焰旁将棉塞塞上 | |
| 放试管 | 把试管放到试管架上 | |
| 拿培养皿 | 左手拿培养皿，在酒精灯上过火并在无菌区打开 | |
| 划线 | 迅速将接种针上的菌种伸入待接有培养基的培养皿内，在培养基上轻轻划线（采用连续划线或蛇蜒划线） | 划线方法正确<br>不能划破培养基<br>无菌区内 |
| 培养皿过火 | 合上培养皿，在酒精灯上过火 | 操作正确 |
| 烧接种环 | 烧死接种环上的微生物，以免污染环境 | 操作正确 |
| 灭酒精灯 | 熄灭酒精灯，放下接种环 | 操作正确 |
| 培养 | 送培养箱倒扣培养 | 操作正确 |
| 观察、检出 | 选取合适的菌落，重新接种在新的培养基中 | 操作正确 |

**表 4–22　　混合菌种的稀释平板分离步骤及要求**

| 操作步骤 | | 操作要点 | 评价标准 |
|---|---|---|---|
| 准备工作 | | ①进行环境消毒（无菌室和超净台）<br>②将培养基、接种工具和其他用品全部放在实验台上摆好<br>③在欲接种的培养基试管或平板上贴好标签，标上接种的菌名、操作者、接种日期等。<br>④接种人员也先用肥皂或 2% 来苏尔洗手，擦干后再用 70% ~ 75% 酒精擦拭双手 | 工具准备齐全摆放合理 |
| 系列稀释 | 摇匀菌悬液 | 将菌悬液（孢子悬液）摇匀 | 操作正确 |
| | 点酒精灯 | 无 | 无 |
| | 烧包扎纸 | 将移液管包扎纸从中间烧断拧松 | 操作正确 |
| | 拿试管 | 将含菌悬液和含 9mL 无菌生理盐水的试管握左手中，使中指位于两试管之间，两试管口平齐 | 拿法正确 |
| 系列稀释 | 松棉塞 | 右手将棉塞拧转松动以利接种时拔出 | 操作正确 |
| | 拿移液管 | 右手拿移液管除去顶端包扎纸 | 拿法正确 |
| | 拔棉塞 | 用右手的小指、无名指及掌心在火焰旁同时拔出两支试管的棉塞 | 操作正确<br>无菌区内 |
| | 去包扎纸 | 左手的小指无名指除去移液管底端包扎纸 | 操作正确<br>在无菌区内 |
| | 稀释 | 吸取菌悬液 1mL，接入含 9mL 无菌生理盐水的试管中 | 操作正确<br>无菌区内 |
| | 放移液管 | 将移液管放到管架上 | 试管在无菌区内 |
| | 管口过火 | 使管口在火焰上转动灼烧可能存在的杂菌 | 操作正确 |
| | 棉塞过火 | 棉塞迅速在火焰上通过两三次 | 操作正确 |
| | 塞棉塞 | 在火焰旁将棉塞塞上（塞棉塞时不要用试管去迎棉塞，以免试管在移动时吸入不洁空气），放到试管架上，得到 $10^{-1}$ 的稀释液 | 操作正确 |
| | 依此方法可得到 $10^{-2}$、$10^{-3}$、$10^{-4}$、$10^{-5}$……的稀释液 | | |
| 倒平板 | 培养基熔化 | 培养基熔化并在 45 ~ 50℃下保温 | 操作正确 |
| | 拿试管 | 左手拿合适浓度的稀释液试管，置于酒精灯无菌区内 | 拿法正确 |

续表

| 操作步骤 | | 操作要点 | 评价标准 |
|---|---|---|---|
| 倒平板 | 松棉塞 | 右手将棉塞拧转松动以利接种时拔出 | 操作正确 |
| | 拿移液管 | 右手拿相应稀释度的移液管 | 拿法正确 |
| | 拔棉塞 | 右手拔棉塞 | 操作正确 |
| | 取菌 | 吸取稀释液 0.1mL，置于酒精灯无菌区内 | 操作正确 |
| | 管口过火 | 试管口在火焰上转动灼烧可能存在的杂菌 | 操作正确 |
| | 塞棉塞 | 在火焰旁将棉塞塞上，放在试管架上 | 操作正确 |
| | 拿培养皿 | 左手拿培养皿，在酒精灯上过火，然后在无菌区内打开 | 操作正确 |
| | 接种 | 右手把稀释液接入培养皿内 | 操作正确<br>在无菌区内 |
| | 放移液管 | 左手合上培养皿，右手放下移液管 | 操作正确<br>在无菌区内 |
| | 拿三角瓶 | 右手拿装有培养基的三角瓶，放在酒精灯无菌区内，松棉塞 | 操作正确 |
| | 三角瓶过火 | 右手小拇指及掌心夹起棉塞后拿起三角瓶，瓶口过火 | 操作正确<br>在无菌区内 |
| | 倒培养基 | 左手打开培养皿，右手向培养皿内倒入适量的培养基 | 操作正确<br>无菌区内 |
| | 混匀 | 合上培养皿，趁热将培养皿放到操作台上转几圈，以便混匀菌悬液和培养基 | 操作正确<br>平板光滑 |
| | 依此法可做多个平板 | | 操作正确 |
| | 三角瓶过火，放下三角瓶，塞棉塞，放回原处 | | 操作正确 |
| | 灭酒精灯 | 无 | 无 |
| 培养 | | 送培养箱倒扣培养 | 操作正确 |
| 观察、检出 | | 选取合适的菌落，重新接种在新的培养基中 | 操作正确 |

### （三）混合菌种的涂布平板分离步骤及要求

具体内容见表 4-23。

**表 4–23　　混合菌种的涂布平板分离步骤及要求**

| 操作步骤 | | 操作要点 | 评价标准 |
|---|---|---|---|
| 准备工作 | | ①进行环境消毒（无菌室、超净台）<br>②将培养基、接种工具和其他用品全部放在实验台上摆好<br>③在欲接种的培养基试管或平板上贴好标签，标上接种的菌名、操作者、接种日期等。<br>④接种人员也先用肥皂或 2% 来苏尔洗手，擦干后再用 70% ~ 75% 酒精擦拭双手 | 工具准备齐全摆放合理 |
| 系列化稀释 | 点酒精灯 | 无 | 无 |
| | 烧包扎纸 | 将移液管包扎纸从中间烧断拧松 | 操作正确 |
| | 摇匀菌悬液 | 将菌悬液（孢子悬液）摇匀 | 操作正确 |
| | 拿试管 | 将含菌悬液和含 9mL 无菌生理盐水的试管握左手中，使中指位于两试管之间，两试管口平齐 | 拿法正确 |
| 系列化稀释 | 松棉塞 | 右手将棉塞拧转松动以利接种时拔出 | 操作正确 |
| | 拿移液管 | 右手拿移液管除去顶端包扎纸 | 拿法正确 |
| | 拔棉塞 | 用右手的小指、无名指及掌心在火焰旁同时拔出两支试管的棉塞 | 操作正确<br>在无菌区内 |
| | 去包扎纸 | 左手的小指、无名指除去移液管底端包扎纸 | 操作正确<br>在无菌区内 |
| | 稀释 | 吸取菌悬液 1mL，接入含 9mL 无菌生理盐水的试管中 | 操作正确<br>在无菌区内 |
| | 放移液管 | 将移液管放到管架上 | 试管在无菌区内 |
| | 管口过火 | 使管口在火焰上转动灼烧可能存在的杂菌 | 操作正确 |
| | 棉塞过火 | 棉塞迅速在火焰上通过 2 ~ 3 次 | 操作正确 |
| | 塞棉塞 | 在火焰旁将棉塞塞上（塞棉塞时不要用试管去迎棉塞，以免试管在移动时吸入不洁空气），放到试管架上，得到 $10^{-1}$ 的稀释液 | 操作正确 |
| | 依此方法可得到 $10^{-2}$、$10^{-3}$、$10^{-4}$、$10^{-5}$……的稀释液 | | |
| 倒平板 | 熔化培养基 | 培养基熔化并在 50 ~ 55℃下保温 | 操作正确 |
| | 拿三角瓶 | 右手拿装有培养基的三角瓶，放在酒精灯无菌区内，松棉塞 | 操作正确 |

续表

| 操作步骤 | | 操作要点 | 评价标准 |
|---|---|---|---|
| 倒平板 | 瓶口过火 | 右手小拇指及掌心夹起棉塞后拿起三角瓶，瓶口过火 | 操作正确<br>无菌区内 |
| | 倒培养基 | 左手拿培养皿，过火、打开，右手倒入适量培养基 | 操作正确<br>培养基适量<br>无菌区内 |
| | 冷却 | 合上培养皿，放到操作台上转几圈，以便铺平培养基，冷却至凝固 | 操作正确 |
| | 依此法可做多个平板 | | |
| | 放下<br>三角瓶 | 三角瓶口过火，棉塞过火、塞棉塞，放在一边 | 操作正确<br>无菌区内 |
| | 拿试管 | 左手拿合适浓度的稀释液试管，置于酒精灯无菌区内 | 拿法正确 |
| | 松棉塞 | 右手将棉塞拧转松动以利接种时拔出 | 操作正确 |
| | 拿移液管 | 右手拿相应稀释度的移液管 | 拿法正确 |
| | 拔棉塞 | 右手拔棉塞 | 操作正确<br>无菌区内 |
| | 取菌 | 吸取稀释液 0.1mL，置于酒精灯无菌区内 | 操作正确<br>无菌区内 |
| | 管口过火 | 使管口在火焰上转动灼烧可能存在的杂菌 | 操作正确<br>无菌区内 |
| | 塞棉塞 | 在火焰旁将棉塞塞上，放在试管架上 | 操作正确<br>无菌区内 |
| | 培养<br>皿灭菌 | 左手拿培养皿，在酒精灯上过火，然后在无菌区内打开 | 操作正确<br>无菌区内 |
| | 接种 | 右手把稀释液接入培养皿内 | 操作正确<br>无菌区内 |
| | 放下<br>移液管 | 左手合上培养皿并在酒精灯上过火，右手放下移液管 | 操作正确 |
| | 烧涂布棒 | 右手拿涂布棒，在酒精灯上灼烧并冷却 | 操作正确<br>无菌区内 |
| | 涂布 | 左手少许打开培养皿盖，用涂布棒在培养基上把菌悬液涂布均匀 | 操作正确<br>无菌区内 |

续表

| 操作步骤 | | 操作要点 | 评价标准 |
|---|---|---|---|
| 倒平板 | 合培养皿 | 合上培养皿、过火，将培养皿放到操作台上 | 操作正确 |
| | 烧涂布棒 | 右手拿涂布棒，在酒精灯上灼烧，杀死微生物，以免污染环境 | 操作正确 |
| | 灭酒精灯 | 无 | 无 |
| 培养 | | 待培养基表面干后，送培养箱倒扣培养 | 操作正确 |
| 观察、检出 | | 选取合适的菌落，重新接种在新的培养基中 | 操作正确 |

## 五、实训报告

完成实训后，可填写实训报告表，如表4–24所示。

**表4–24　　微生物的分离纯化实训报告**

| | | |
|---|---|---|
| 实训内容 | 微生物的分离纯化 | |
| 实训任务 | 对给定混合微生物进行划线分离、倾注（稀释）和涂布平板分离 | |
| 实训要求 | ①能熟练进行系列化稀释操作<br>②能熟练倒平板<br>③能熟练地划线操作<br>④能熟练涂布平板<br>⑤能熟练地进行微生物进行分离 | |
| 实训引导 | ①从自然界分离微生物一般需要哪几个步骤？<br>②何谓增殖培养，为什么要进行增殖培养？<br>③增殖培养时培养基怎样控制？<br>④微生物分离方法常见的有哪些？<br>⑤微生物检出时常采用哪些方法能快速检出目的微生物？<br>⑥你知道划线的方法有哪几种？比较各种划线方式的异同。<br>⑦微生物培养时为什么要倒置？ | |
| 实训方案 | 仪器、设备 | |
| | 试剂及其他 | |
| | 实训要求工作条件 | |
| | 操作步骤及注意事项 | |
| 实训评价 | 小组评价： | 教师评价： |

# 实训六 理化因素对微生物生长的影响

## 案例

巴氏醋酸菌为日本食醋工业上应用最广泛的醋酸菌，可以从表面发酵的米醋或从日本传统的福山米醋醪中分离得到。本菌为0.8μm×（1.2 ~ 1.4）μm革兰氏阴性杆菌，细胞椭圆形或短杆状，生长的适宜温度是30 ~ 35℃。巴氏醋酸菌在高温下会由短杆状转为纺锤状、丝状或链状等异常形态。

请问：

①上述巴氏醋酸杆菌的异常形态是什么原因造成的？

②微生物的生长和理化因素有什么关系？

## 一、实训目的

了解部分理化因素对微生物生长发育的影响。

微生物生长繁殖条件

## 二、实训原理

微生物的生长代谢与周围环境有着密切的关系：一方面，微生物需要从环境中摄入生长和繁殖所必需的营养物质，并在一定环境条件下生存，环境条件的变化会引起微生物的形态、生理、生长、繁殖特征的变化。另一方面，微生物也通过向环境中排泄代谢产物，适应甚至改变着环境。研究微生物与环境因素之间的相互关系，有助于了解微生物在自然界中的分布与作用，也有助于我们制定增进或降低，甚至完全破坏微生物生命活动的有效措施。影响微生物生长的因素很多，主要包括培养基条件和环境条件，环境条件主要包括物理、化学和生物的因素。

### （一）物理因素对微生物生长的影响

影响微生物生长的物理因素主要包括温度、干燥、渗透压、辐射等。

**1. 温度**

由于微生物的生命活动是由一系列极其复杂的生物化学反应组成的，而这些反应受温度的影响极为明显，只有在一定温度范围内才能正常进行。因此，温度是影响微生物生长的最重要的环境因素之一。温度主要通过影响微生物细胞膜的流动性和生物大分子的活性来影响微生物的生命活动。一方面随着温度的升高，细胞中生物化学反应速度加快，生长速率提高；另一方面细胞中重要组分——蛋白质对较高温度敏感，当温度上升到一定程度时可能发生不可逆变性，对机体产生不利影响，甚至导致细胞死亡。

所以各种微生物生长都有三种基本温度：最低生长温度、最适生长温度、最高生长温度，这就是微生物生长温度的三基点。表 4–25 是某些微生物的生长温度范围。

**表 4–25　　某些微生物的生长温度范围**

| 菌种 | 生长温度 /℃ | | |
|---|---|---|---|
| | 最低 | 最适 | 最高 |
| 枯草芽孢杆菌 | 15 | 30 ~ 37 | 55 |
| 嗜热糖化芽孢杆菌 | 52 | 65 | 75 |
| 大肠杆菌 | 10 | 30 ~ 37 | 45 |
| 金黄色葡萄球菌 | 15 | 37 | 40 |
| 啤酒酵母 | 10 | 28 | 40 |
| 黑曲霉 | 7 | 30 ~ 39 | 47 |

最低生长温度是指微生物能进行生长繁殖的最低温度限度。当微生物处于最低生长温度时，新陈代谢降到极低的程度。若温度再低，则微生物的生命活动停止，但除少数对低温敏感的微生物会很快死亡外，多数微生物其活力仍然存在，当温度升高时又恢复其正常的生命活动。故低温的作用主要是抑菌，而不能运用低温手段来杀死大多数微生物。

由于低温对微生物生长有抑制作用，故广泛用于保藏食品和菌种。应该注意的是，如果采用低温来保藏菌种，反复冷冻与融化会对细胞造成很大影响，导致成活率降低。

低温能抑制微生物生长。主要原因是有些微生物在 0℃以下时，体内水分冻结，生化反应无法进行而停止生长。而有些微生物（如嗜温微生物、嗜热微生物）在 0℃以下时，由于细胞膜内饱和脂肪酸含量较高而膜流动性变差，营养物质无法进入细胞而生长停止。

有的微生物在冰点以下会死亡，主要原因可能是细胞内水分凝结成冰晶，造成细胞脱水；冰晶还会造成细胞尤其是细胞膜的机械性损伤。一般认为速冻时形成的冰晶体小，对细胞的机械损伤小。

最适生长温度是指微生物生长繁殖速度最快的温度，有时也简称“最适温度”。不同微生物的最适生长温度不一样。但是对同一种微生物来说，其最适生长温度往往与最适发酵温度存在差异。

最高生长温度是指微生物生长繁殖的最高温度界限。在此温度下，微生物细胞易于衰老和死亡，高于此温度，微生物不可能生长。微生物所能适应的最高生长温度与其细胞内酶的性质有关。

不同微生物生长的温度上限不同，如果超过了最高生长温度则会导致微生物死亡。这种致死微生物的最低温度界限称为致死温度。在一定温度下，杀死某种微生物所需的最短时间称为致死时间。致死温度与处理时间有关。在一定温度下处理的时间越长，死亡率越高，不同微生物的致死温度不同（表 4–26）。

微生物的抗热性与很多因素有关。一般说来，老龄的比幼龄的更耐热，原核生物耐热能力比真核生物强，非光合生物比光合生物强，构造简单的比构造复杂的强。在富含蛋白质的培养基上生长的细菌有较强的抗热能力。

**表 4–26　　一些细菌的致死温度**

| 菌名 | 致死温度 /℃ | 致死时间 /min | 菌名 | 致死温度 /℃ | 致死时间 /min |
|---|---|---|---|---|---|
| 大豆叶斑病假单胞菌 | 48 ~ 49 | 10 | 普通变形菌 | 55 | 60 |
| 胡萝卜软腐欧文氏菌 | 48 ~ 51 | 10 | 黏质沙雷氏杆菌 | 55 | 60 |
| 维氏硝化杆菌 | 50 | 5 | 肺炎链球菌 | 56 | 5 ~ 7 |
| 白喉棒杆菌 | 50 | 10 | 伤寒沙门氏杆菌 | 58 | 30 |

多数细菌的营养细胞和病毒，在 50 ~ 60℃条件下 10min 可致死；嗜热脂肪芽孢杆菌的抗热性很强，121℃经 12min 才能致死；少数动物病毒也具有较强的抗热性，如骨髓灰质炎病毒在 75℃条件下 30min 才致死；噬菌体比其宿主细胞耐热，一般在 65 ~ 80℃失活。放线菌和霉菌的孢子比营养细胞耐热，76 ~ 80℃条件下 10min 才能被杀死。细菌的芽孢抗热性最强，通常 100℃以上处理相当长时间才能致死。

总体来说，微生物的生长温度范围很广，可在 10 ~ 95℃条件下生长，但是特定的某种微生物只能在一定的温度范围内生长。根据最适生长温度的不同可将微生物分为三类：嗜冷微生物、嗜温微生物、嗜热微生物（表 4–27）。

（1）嗜冷微生物　嗜冷微生物也称低温微生物，是指最适生长温度在 15℃或以下，最高生长温度低于 20℃，最低生长温度在 0℃或更低的微生物。它们大多分布于地球的两极地区或海洋深处，还有的分布在冷泉。引起冷藏、冷冻乳制品腐败的往往属于这类微生物。

表 4-27　微生物的生长温度类型

| 微生物类群 | | 最低生长温度 /℃ | 最适生长温度 /℃ | 最高生长温度 /℃ | 分布区域 |
|---|---|---|---|---|---|
| 嗜热微生物 | | 25 ~ 45 | 50 ~ 60 | 70 ~ 95 | 温泉、堆肥、土壤 |
| 嗜温微生物 | 室温型 | 10 ~ 20 | 25 ~ 30 | 40 ~ 45 | 腐生环境 |
| | 体温型 | 10 ~ 20 | 37 ~ 40 | 40 ~ 45 | 寄生环境 |
| 嗜冷微生物 | 专性嗜冷型 | -12 | 5 ~ 15 | 15 ~ 20 | 地球两极 |
| | 兼性嗜冷型 | -5 ~ 0 | 10 ~ 20 | 25 ~ 30 | 海洋、冷泉、冷藏食品 |

嗜冷微生物能在低温条件下生长的机理还不完全清楚，目前认为主要是以下两点原因：①嗜冷微生物的酶能在低温下有效地催化生化反应，而 30 ~ 40℃时，酶反而很快失活；②它们膜中不饱和脂肪酸含量很高，使其在低温下仍可维持膜的半流动性，有效的维持主动运输过程，进行物质运输。

（2）嗜温微生物　自然界绝大多数微生物属于嗜温微生物，它们又可分为室温型和体温型。室温型微生物适于在 20 ~ 25℃条件下生长，如：土壤微生物、植物病原微生物。体温型微生物多为人或温血动物病原菌。它们的最适生长温度与其宿主体温相近，在 35 ~ 45℃，生长极限温度范围在 10 ~ 45℃，人体寄生菌的最适生长温度为 37℃左右。

有研究认为，嗜温微生物之所以不能在低于 10℃的温度条件下生长，可能与蛋白质的合成和反馈抑制有关，低于 10℃时，蛋白质的合成过程不能启动。另外，10℃以下的低温使很多酶对反馈非常敏感。

（3）嗜热微生物　这类微生物的最适生长温度为 50 ~ 60℃，能在 45 ~ 50℃以上温度条件下生长，而在环境温度低于 35 ~ 40℃时，一般不能生长。嗜热微生物多存在于堆肥或温泉中，分布于温泉中的细菌，有的可在接近 100℃的高温中生长。乳品工业中常用的德氏乳酸杆菌属于此类，其最适生长温度为 45 ~ 50℃；嗜热脂肪芽孢杆菌在 65 ~ 75℃时生长速率最大。

嗜热微生物的耐热性可能与这样一些特性有关：①菌体内的酶和蛋白质有较强的抗热性；②蛋白质的合成机构——核糖体和其他成分对高温也具有很强的抗性；③细胞膜中饱和脂肪酸含量高，膜在高温下能保持其稳定性并维持正常功能；④核酸有较高的热稳定性；⑤在较高温度促进下，能迅速合成生物大分子，以弥补高温造成的损伤。

嗜热微生物用于发酵中有很多优点：高温发酵周期短、效率高，有利于非气体物质在发酵液中的扩散和溶解，还可防止杂菌污染发生，降低冷却处理时所需的成本。由嗜热微生物产生的酶制剂，酶反应温度和耐热性都比嗜温微生物高。

**2. 干燥**

微生物的生命活动离不开水。干燥会导致细胞失水而造成代谢停滞，甚至死亡。各种微生物对干燥的抵抗力不同，一般来说，产生荚膜的细菌对干燥的抵抗力比不产生荚膜的细菌要强；细菌的芽孢、放线菌及霉菌的孢子对干燥的抵抗力比营养细胞要强；酵母菌的营养细胞对干燥有较强的抵抗能力，在失水后仍可保存几个月。醋酸菌失水后很快就死亡；结核分枝杆菌特别耐干燥，干燥环境中，100℃条件下 20min 仍能生存；链球菌用干燥法保存几年而不丧失致病性。休眠孢子抗干燥能力很强，可在干燥条件下长期不死。

在干燥环境中，温度越高，微生物越容易死亡。缓慢干燥死亡较多，而高速度失水，不易死亡。幼龄菌对干燥的敏感性比老龄菌大，容易死亡。同种微生物在不同基质中干燥后，能保存其生活力的时间也不相同，例如：细菌在玻璃上干燥会很快死亡，而在肉汤、牛乳或含蛋白质、含糖的培养基中，虽然完全干燥，存活率仍较高。

干燥环境条件下，多数微生物代谢停止，处于休眠状态，严重时细胞脱水、蛋白质变性，引起死亡。因此，在日常生活中，常用烘干、晒干或熏干等手段来保存食品和食品发酵工业原料，在实验室则利用真空冷冻干燥法保存菌种。

**3. 渗透压**

水或其他溶剂经过半透性膜而进行扩散称为渗透。在渗透时溶剂通过半透性膜时的压力称为渗透压，其大小与溶液浓度成正比。

微生物的生活环境必须具有与其细胞相适应的渗透压。突然改变渗透压会使微生物失去活性；逐渐改变渗透压，微生物常能适应这种改变。不同的渗透压对微生物有不同的影响。

在等渗溶液中，即细胞内溶质浓度与胞外溶液的溶质浓度相等时，微生物细胞不收缩，也不膨胀，保持原形，生命活动最好。常用的生理盐水（0.85%NaCl 溶液）即为等渗溶液的一种。

在高渗溶液中，即细胞外溶液溶质浓度大于细胞内溶质浓度时，微生物细胞就会脱水，发生质壁分离，甚至死亡。因此常用高渗溶液来保存食品，如腌渍蔬菜肉类（用 5% ~ 30% 的食盐）和制作蜜饯（用 30% ~ 80% 的糖）。

在低渗溶液中，即微生物细胞内溶质浓度大于细胞外环境中溶质浓度时，微生物细胞会吸水膨胀，甚至破裂。低渗破碎细胞法就是根据这一原理来操作的。具体做法是：将洗净并离心得到的菌体投入 80 倍预冷的 $5\times10^{-4}$mol/L $MgCl_2$ 溶液中，剧烈搅拌可使细胞内溶物释放到溶液中。

在自然界中，水中盐分浓度变化很大，但很多细菌能在不同渗透压的环境中生长。这主要是由于细菌能调节体内的离子浓度，以适应各种不同的渗透压力。其中，钾离子与渗透压调节作用最密切。当菌体处于高渗溶液内时，细胞能大量积累钾离子（可高出外环境 64 ~ 140 倍），反之则排出钾离子。

在培养微生物时，除了注意培养基的成分外，其浓度也很重要，否则，环境溶液中溶质浓度过高，渗透压就会很大，环境中的水将不能进入微生物细胞，造成细胞内水活度下降，形成生理干燥，细胞内的生物化学反应不能正常进行，细胞的代谢将会停止。

**4. 表面张力**

液体表面有一种尽可能缩小表面积的力称为表面张力。液体培养基的表面张力与微生物的形态、生长、繁殖有着密切的关系。常温下，纯水的表面张力为 $7.2\times10^{-4}$N/cm，而一般液体培养基的表面张力为［（$4.5\times10^{-4}$）~（$6.5\times10^{-4}$）］N/cm。多数微生物在这个表面张力下能正常生长，如将表面张力降低至 $4.0\times10^{-4}$N/cm 以下，就会影响微生物的形态、生长和繁殖，使微生物的细胞增大变长，本来能形成菌膜的种类则趋向分散生长。

一些无机盐可以增强溶液的表面张力，如矿泉水的表面张力比较大。许多有机酸、蛋白质、肥皂、多肽和醇等都能降低溶液的表面张力。

凡能改变液体表面张力的物质称为表面活性剂，它们可分为阳离子型、阴离子型和非离子型三类。表面活性剂加入培养基中，可影响微生物细胞的生长和分裂。阴离子表面活性剂有肥皂、十二烷基磺酸钠（SDS）等，其中肥皂是生活中常用的表面活性剂，具有一定的杀菌效力，但比较弱，对肺炎球菌、革兰氏阴性菌、细菌芽孢、结核分枝杆菌无效。一般认为，肥皂的作用是机械除菌，微生物附着于肥皂泡沫中被水冲洗掉；阳离子表面活性剂主要有季铵盐类化合物等。这类表面活性剂有明显的抗菌活性，即使在高度稀释的情况下仍有广谱杀菌作用，包括对革兰氏阳性细菌、革兰氏阴性细菌、真菌、原虫、病毒等的杀菌活性。其作用机制可能有三个方面：①降低表面张力，便于机械除菌；②抑制酶，使蛋白质变性；③破坏细胞膜，造成渗漏。季铵盐类表面活性剂兼有杀菌和清洁的作用，并且使用时不受温度影响，低气味、无毒、无腐蚀性、穿透力好，因此在皮肤消毒、食品加工等方面作为卫生消毒剂，应用十分广泛。常用的季铵盐类化合物有洁尔灭、新洁尔灭、杜灭芬等。

一些高分子化合物，如聚醛类表面活性剂，是非离子型表面活性剂。这类表面活性剂不电离，也没有抑菌活性。

发酵工业中常用表面活性剂作为消泡剂以消除泡沫，防止发酵罐因泡沫过多而发生跑液。过去常用植物油作消泡剂，近年来，已经采用消泡效果更好的聚醚类表面活性剂代替植物油。表面活性剂的另一主要用途是改变细胞膜的通透性，使胞内合成的代谢产物能顺利排到胞外。这样，一方面降低了发酵产物在胞内的浓度，因而减小了产物抑制；另一方面则有利于提高发酵产物的产量并简化产物的分离提取。

**5. 辐射**

见有害微生物的控制中的辐射灭菌。

### （二）化学因素的影响

不同的化学物质对微生物的影响不同，他们或者促进微生物的生长、繁殖、代谢等活动，或者抑制微生物的生长、繁殖、代谢等活动，甚至破坏菌体结构，杀死微生物，有些化学物质在极低浓度（或一定浓度）时对微生物起促进作用，在较低浓度对微生物起抑制作用，在较高浓度起杀菌作用。

**1. 氢离子的影响**

环境中的氢离子浓度可用 pH 来表示。环境中的 pH 对微生物生命活动的影响很大，主要原因是：引起细胞膜的通透性和膜结构稳定性的变化，从而影响微生物对营养物质的吸收；影响代谢过程中的酶活性；改变营养物离子化程度及有害物质的毒性。

微生物生长过程中机体内发生的绝大多数的反应是酶促反应，而酶促反应都有一个最适 pH 范围，在此范围内只要条件适合，酶促反应速率最高，微生物生长速率最大，因此微生物生长也有一个最适生长的 pH 范围。除此之外，与温度对微生物的影响类似，每种微生物还有其生存最低 pH 和最高 pH。不同微生物对环境 pH 适应的范围也不同（表 4–28）。

表 4–28 不同微生物对氢离子浓度的适应范围

| 微生物 | pH | | |
|---|---|---|---|
| | 最低 | 最适 | 最高 |
| 氧化硫杆菌 | 1.0 | 2.0 ~ 2.8 | 4.0 ~ 6.0 |
| 嗜酸乳杆菌 | 4.0 ~ 4.6 | 5.8 ~ 6.0 | 6.8 |
| 大豆根瘤菌 | 4.2 | 6.8 ~ 7.0 | 11.0 |
| 褐球固氮菌 | 4.5 | 7.4 ~ 7.6 | 9.0 |
| 亚硝酸细菌 | 7.0 | 7.8 ~ 8.6 | 9.4 |
| 放线菌 | 5.0 | 7.0 ~ 8.0 | 10.0 |
| 酵母菌 | 3.0 | 5.0 ~ 6.0 | 8.0 |
| 黑曲霉 | 1.5 | 5.0 ~ 6.0 | 9.0 |

大多数细菌、单细胞藻类和原生动物生存的最适 pH 为 6.5 ~ 7.5，在 pH4 ~ 10 也可以生长；放线菌一般在碱性即 pH7.5 ~ 8.0 条件下最适宜；而酵母菌、霉菌适应于 5.0 ~ 6.0 的偏酸性环境。通常自然界的 pH 为 5.0 ~ 9.0，适合大多数微生物的生长。少数微生物可在低于 pH2 和高于 pH10 的极端环境中生长。

微生物根据最适生长 pH 的不同，可分为嗜酸性微生物、嗜中性微生物和嗜碱性微生物。

（1）嗜酸性微生物　能够在 pH4.5 以下环境中生长的微生物称为嗜酸性微生物。真菌比细菌更耐酸，很多真菌最适 pH 为 5.0，甚至更低，有的种类甚至可在 pH 2.0 条件下很好生长。有些细菌是专性嗜酸的，在中性 pH 环境根本不生长，如硫杆菌属、硫化叶菌属。中性 pH 对专性嗜酸微生物有毒害作用。其机制可能是由于高浓度氢离子是膜稳定所必需的，当 pH 升高到中性时，导致这类微生物的原生质膜发生裂解，细胞破碎。

（2）嗜中性微生物　生长环境的 pH 范围是 5.4 ~ 8.5 的微生物称为嗜中性微生物。引起人类疾病的大多数微生物属于嗜中性微生物。

（3）嗜碱性微生物　生长环境的 pH 范围是 7.0 ~ 11.5 的微生物称为嗜碱性微生物，它们通常存在于碱湖、含高碳酸盐的土壤等碱性环境中。大多数嗜碱性微生物是好氧的非海洋细菌，很多是杆菌。有些极端嗜碱菌也是嗜盐菌，其中大多数是古细菌。

同一种微生物在不同的生长阶段和不同生理生化过程中，对 pH 也有不同的要求，这对发酵生产中的 pH 控制尤为重要。例如：黑曲霉在 pH 2 ~ 2.5 范围有利于产柠檬酸，在 pH 2.5 ~ 6.5 范围内以菌体生长为主，而在 pH 7 时，则以合成草酸为主。又如，丙酮丁醇梭菌在 pH 为 5.5 ~ 7.0 时，以菌体生长繁殖为主，pH 为 4.3 ~ 5.3 时才进行丙酮和丁醇发酵。因此，在发酵过程中，根据不同的目的，常采用变动 pH 的方法，以提高生产效率。

微生物在低于最低生长 pH 和高于最高生长 pH 的环境中都不能生长，所以，强酸或强碱具有杀菌作用。一般无机酸如硫酸、盐酸等杀菌力虽强，但腐蚀性太强，不适于作为杀菌剂。而某些有机酸如苯甲酸等可以作为防腐剂。酸菜、饲料青贮则是利用乳酸菌发酵产生的乳酸抑制腐败性微生物的生长，使之得以长久保存。强碱可以用作杀菌剂，但它们毒性广，其用途局限于对排泄物及仓库、棚舍等环境的消毒。强碱对革兰氏阴性细菌与病毒比对革兰氏阳性细菌作用强，如结核分枝杆菌抗碱力特强。

**2. 氧化还原电位**

氧化还原电位（Eh）可表示物质的氧化还原能力，对微生物的生长有明显的影响。环境中的 Eh 主要与氧分压有关，也与 pH 有关。一般地，环境的 pH 低时，氧化还原电位高；pH 高时，氧化还原电位低。$O_2$ 分压高时，氧化还原电位高；$O_2$ 分压低时，氧化还原电位低。标准氧化还原电位 Eh′ 是 pH 7.0 时测得的氧化还原电位。自然环境中，氧化还原电位的上限是 Eh′ = +0.816V，这是在环境中存在高浓度 $O_2$，而没有利用氧气的系统（呼吸链）的情况下测得的。氧化还原电位的下限是 Eh= –0.42V，是在富含氢的环境中测得的。

微生物代谢活动常消耗氧气，并产生维生素 C、硫化氢、含硫氢化物等还原性物质（半胱氨酸、谷胱甘肽等），使 Eh 降低。向培养菌中通入空气或加入氧化剂可提高 Eh，加入还原性物质可以降低 Eh。分子氧在培养基中溶解度很低，影响微生物生长的是溶于水中的溶解氧。

一般好氧微生物和兼性厌氧微生物，在 Eh 大于 0.1V 的环境中均可生长，最适 Eh 在 0.3 ~ 0.4V。厌氧微生物只能在小于 0.1V 的环境中生长。

好氧微生物必须在有氧条件下生长，有完整的呼吸链，以氧气为最终电子受体，细胞内含超氧化物歧化酶（SOD）和过氧化氢酶。多数细菌和大多数真菌属于好氧微生物。厌氧微生物不能利用氧气，氧气的存在对它们的生存能造成损害，即使短时接触空气，生长也会被抑制，甚至致死。

兼性厌氧微生物在有氧和无氧的条件下都能生长，但在这两种情况下代谢途径并不相同，它在有氧的时候进行有氧呼吸，在无氧的情况下进行酵解或无氧呼吸，其产物也各不相同，例如谷氨酸发酵时，通气量充足产谷氨酸，通气量不足则产生乳酸或琥珀酸。许多酵母菌和细菌属于兼性厌氧微生物，如酵母菌、肠杆菌科的细菌等。

以上三类微生物在深层半固体培养基中的生长特性有较大的差异（图 4–38）。

影响培养基中氧化还原电位的因素很多，分子态氧的影响（空气的影响）尤为重要；其次是培养基中氧化还原物质的影响。而环境的氧化还原电位取决于多种氧化还原物质的综合影响。例如微生物琼脂平皿培养在接触空气的情况下，厌氧微生物不能生长，如果在培养基中加入还原性物质后同样接触空气，有些厌氧细菌也能生长。但是微生物在生长过程中也可使其环境中的 Eh 发生一定程度的变化。由于呼吸消耗氧和积累了一些还原性物质，如抗坏血酸、$H_2S$ 或有机硫氢化合物（半胱氨酸、谷胱甘肽、二硫苏糖醇等），常会导致环境中氧化还原电位降低。例如好氧化脓性链球菌在液体培养基中生长时，能使培养基中的氧化还原电位由 0.3V 逐级降低至 0.15 ~ 0.2V。

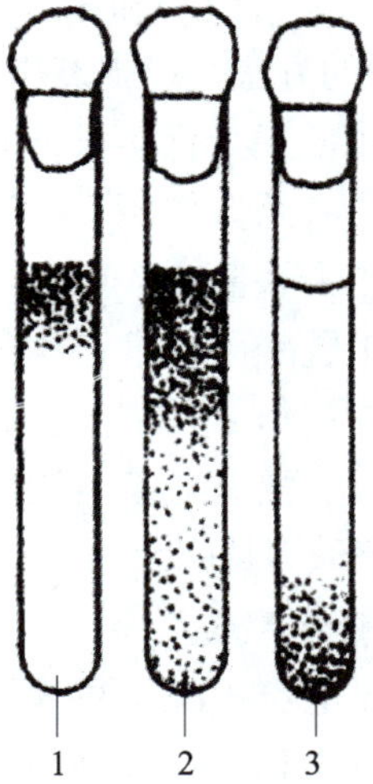


图 4–38　三类微生物在半固体培养基中的生长状态
1—好氧菌　2—兼性厌氧菌　3—专性厌氧菌

因此，当好氧微生物与厌氧微生物生活在一起时，好氧微生物能为厌氧微生物创造有利的氧化还原电位。

## 三、实训材料及仪器

**1. 菌种**

大肠杆菌菌悬液、霉菌斜面试管菌种、酵母菌斜面试管菌种、金黄色葡萄球菌斜面试管菌种、黏质沙雷氏菌斜面试管菌种、枯草芽孢杆菌斜面试管菌种。

**2. 培养基**

牛肉膏蛋白胨培养基、豆芽汁琼脂平板培养基。

**3. 仪器**

恒温培养箱、1mL 无菌吸管、无菌培养皿、含 9mL 无菌水的试管、接种环、试管、酒精灯、涂布棒、灭菌五角星形图案纸（牛皮纸或黑纸）、直径 0.6cm 的无菌圆形滤纸片等。

**4. 药品**

1g/L $HgCl_2$、200μg/L 链霉素、200μg/L 青霉素、50g/L 石炭酸等。

## 四、实训方法、步骤及要求

技能要求：协作、专注

### （一）温度对霉菌和酵母菌生长的影响

具体内容见表 4-29。

**表 4-29　温度对霉菌和酵母菌生长影响步骤及要求**

| 操作步骤 | 操作要点 | 评价标准 |
|---|---|---|
| 准备工作 | ①将培养基、接种工具和其他用品全部放在实验台上摆好，进行环境消毒<br>②在欲接种的培养基试管或平板上贴好标签，标上接种的菌名、操作者、接种日期等<br>③接种人员也先用肥皂或 2% 来苏尔洗手，擦干后再用 70% ~ 75% 酒精擦拭双手 | 工具准备齐全摆放合理 |
| 点酒精灯 | 无 | 无 |
| 拿试管、平皿 | 左手拿菌种试管和培养皿，管内斜面向上，试管口与培养皿平齐 | 拿法正确 |
| 松棉塞 | 右手将棉塞拧转松动以利接种时拔出 | 操作正确 |
| 拿接种环 | | 拿法正确 |

续表

| 操作步骤 | 操作要点 | 评价标准 |
|---|---|---|
| 烧接种环 | 将接种针垂直地放在火焰上灼烧至端部发红，其他可能进入试管的部分也应通过火焰灼烧，以彻底灭菌 | 操作正确<br>灭菌彻底 |
| 拔棉塞 | 用右手的无名指及掌心在火焰旁同时拔出试管的棉塞 | 操作正确<br>在无菌区内 |
| 试管管口和培养皿过火 | 试管管口和培养皿在火焰上转动灼烧可能存在的杂菌 | 操作正确 |
| 取菌 | 将烧过的接种针伸入菌种管内，先接触管内斜面上端的培养基或管壁，令其冷却以免烫死菌种，然后轻轻接触菌体取出少许 | 操作正确<br>不污染试管<br>在无菌区内 |
| 划线 | 培养皿打开少许，迅速将接种针上的菌种伸入含待接培养基的培养皿内，在培养基上轻轻划线 | 不通过火焰<br>不划破培养基不污染<br>在无菌区内 |
| 管口过火 | 抽出接种针，合上培养皿，将管口灭菌 | 操作正确<br>无菌区内 |
| 塞棉塞 | 在火焰旁将棉塞塞上。塞棉塞时不要用试管去迎棉塞，以免试管在移动时吸入不洁空气 | 操作正确<br>无菌区内 |
| 烧接种环 | 将接种针垂直地放在火焰上灼烧至端部发红 | 操作正确 |
| 灭酒精灯 | 无 | 无 |
| 依此法，酵母菌和霉菌个接种 5 个平皿 | | |
| 培养 | 将培养皿倒置，分别置于 0、20、30、37、50℃下培养 24 ～ 48h | 操作正确 |
| 观察记录 | 观察霉菌和酵母菌生长情况，填表 | 观察仔细 |

### （二）pH 对大肠杆菌生长的影响

（1）不同 pH 的培养基的配制　按表 4-30 配制培养基，分别装于 6 支试管中，采用间歇法进行灭菌（详细过程参见实训培养基制备）。

表 4-30　　培养基配制成分表

| 0.2mol/L $K_2HPO_4$/mL | 0.1mol/L 柠檬酸 /mL | 0.2mol/L 硼酸 /mL | 0.2mol/L NaOH/mL | 牛肉膏蛋白胨水溶液 /mL | pH 近似值 |
|---|---|---|---|---|---|
| 0.3 | 1.7 | — | — | 8 | 2.8 |
| 0.6 | 1.4 | — | — | 8 | 3.6 |
| 1.3 | 0.7 | — | — | 8 | 6.0 |
| 1.5 | 0.5 | — | — | 8 | 6.8 |
| — | — | 1.7 | 0.3 | 8 | 8.4 |
| — | — | 1.0 | 1.0 | 8 | 10.0 |

注："—" 表示不添加。

（2）每支试管接种培养 28h 的大肠杆菌菌悬液 0.2mL（详细过程参见实训微生物接种）。

（3）37℃培养 6h。

（4）观察各试管的浑浊程度，填表。

## 五、实训报告

结束实验后，将实验结果填于表 4-31 与表 4-32 中。

表 4-31　　不同温度下霉菌和酵母菌生长情况

| | 0℃ | 20℃ | 30℃ | 37℃ | 50℃ |
|---|---|---|---|---|---|
| 酵母菌 | | | | | |
| 霉菌 | | | | | |

注：分四级记载：0—未生长；+—生长微弱；++—生长良好；+++—生长茂盛

表 4-32　　不同 pH 下霉菌和酵母菌生长情况

| | pH2.8 | pH3.6 | pH6.0 | pH6.8 | pH8.4 | pH10.0 |
|---|---|---|---|---|---|---|
| 程度 | | | | | | |

注：分四级记载：0—不浑浊；+—稍浑浊；++—浑浊；+++—非常浑浊。

实训报告如表 4–33 所示。

**表 4–33　　理化因素对微生物生长的影响实训报告表**

| | | |
|---|---|---|
| 实训内容 | 理化因素对微生物生长的影响 | |
| 实训任务 | 对给定微生物进行不同温度、不同 pH 培养 | |
| 实训要求 | ①能熟练进行斜面取菌操作<br>②能熟练制备菌悬液<br>③能熟练的划线操作<br>④能熟练进行液体接种<br>⑤能熟练进行微生物的培养 | |
| 实训引导 | ①影响微生物生长的物理因素有哪些？<br>②什么是微生物的温度三基点？各自对微生物的生长有何影响？<br>③影响微生物生长的化学因素有哪些？<br>④干燥对于微生物生长有何影响？在日常生活及生产中的应用有哪些？<br>⑤细菌、酵母菌、霉菌各自生长的最适 pH 是多少？<br>⑥根据微生物生长所需的氧化还原电位可把微生物分为哪几类？<br>⑦不同的渗透压对微生物生长的影响有何不同？ | |
| 实训方案 | 仪器、设备 | |
| | 试剂及其他 | |
| | 实训要求工作条件 | |
| | 操作步骤及注意事项 | |
| 实训评价 | 小组评价： | 教师评价： |

## 实训七　菌种保藏

菌种是一个国家所拥有的重要生物资源，菌种保藏是一项重要的微生物学基础工作，是一种保持微生物（实际指菌株）的生活力和原有性状的方法。

**案例**

中国普通微生物菌种保藏管理中心（China General Microbiological Culture Collection Center，CGMCC）成立于 1979 年，是我国最主要的微生物资源保藏和共享利用机构。自 1985 年起，作为国家知识产权局指定的保藏中心，承担用于专利程序的生物材料的保藏管理工作。2010 年，成为我国首个通过 ISO9001 质量管理体系认证的保藏中心。

CGMCC 的工作主要包括：广泛分离、收集、保藏、交换和供应各类微生物菌种；保存用于专利程序的各种可培养生物材料；微生物菌种保藏技术研究；微生物分离、培养技术研究；微生物鉴定和复核技术研究；保藏菌种的资料情报收集和提供及编辑微生物菌种目录。CGMCC 目前保存各类微生物资源超过 5000 种，46000 余株，用于专利程序的生物材料 7100 余株，微生物元基因文库约 75 万个克隆。

请问：

①微生物菌种保藏的目的是什么？

②菌种保藏的方法有哪些？各自的适用范围是什么？

## 一、实训目的

考点提示：菌种保藏的目的

①理解菌种保藏原理、意义。

②掌握几种常见的菌种保藏方法。

## 二、实训原理

### （一）菌种保藏的目的

微生物的世代周期一般都很短，在使用和传代过程中容易发生污染、变异，甚至死亡，因而常常造成菌种的衰退并有可能使优良菌种丢失。菌种保藏的重要意义就在于尽可能保持其原有性状和活力的稳定，确保菌种不死亡、不变异、不被污染，以满足科研、生产、实验和交换等方面的需要。

菌种保藏的目的与原理

菌种保藏对于基础研究和实际生产具有特别重要的意义。在基础研究中，菌种保藏可以保证研究结果获得良好的重复性。对于实际应用的生产菌种，可靠的保藏措施可以保证优良菌种长期高产稳产。

### （二）菌种保藏的原理

菌种保藏的基本原理是根据微生物的生理、生化特性，人为地创造条件，使微生物处于代谢不活泼、生长繁殖受到抑制的休眠状态，以减少菌种的变异。通常采用的措施是通过降低培养基营养成分、低温、干燥、缺氧和添加保护剂等方法，以达到防止突变、保持纯种的目的。

### （三）菌种保藏的方法

菌种保藏首先要求能长期保持菌种的原有性状和活力不变，同时还应考虑到保藏方法的简便和经济。菌种保藏的主要方法如下所述。

**1. 斜面低温保藏法**

将菌种接种在不同成分的斜面培养基上，待菌种生长完全后，置于4℃左右的冰箱中进行保藏。此法广泛适用于细菌、放线菌、酵母菌和霉菌等的短期保藏。放线菌、霉菌和有芽孢的细菌一般可保存半年左右，无芽孢的细菌可保存1个月左右，酵母菌可保存3个月左右。如以胶塞代替棉塞，则可防止水分挥发且能隔绝氧气，因而可以适当延长保藏期。保存期满，应及时进行移种，再继续保藏。

此法由于采用低温保藏，大大减缓了微生物的代谢繁殖速度，降低突变概率，同时也减少了培养基的水分挥发，使其不至干裂。该法的优点是简便易行，容易推广，存活率高，故科研和生产上对经常使用的菌种大多采用这种保藏方法。其缺点是菌种仍有一定程度的代谢活动能力，保藏时间不长，移接传代次数较多，菌种较易发生变异和污染。

**2. 液体石蜡保藏法**

液体石蜡保藏法是在培养成熟的菌种斜面上，在无菌条件下倒入灭过菌并已将水分蒸发的液体石蜡，油层高过斜面末端1cm，使培养基与空气隔绝，封口后以直立状态在温室下或置于冰箱中保藏。液体石蜡的灭菌可以在烘箱内于150 ~ 170℃的温度下灭菌1h；也可以用121℃蒸汽灭菌30min，再在110℃的烘箱内将水分烤干（约需1h）。

由于液体石蜡阻隔了空气，使菌体处于缺氧状态下，而且又防止了水分挥发，使培养物不会干裂，因而能延长保藏的时间，保存期可达数年。这种方法操作也比较简单，它适于保藏霉菌、酵母菌和放线菌，对保藏细菌的效果较差。有些霉菌和细菌，如毛霉、根霉与固氮菌、乳杆菌、分枝杆菌、沙门氏菌等，则不宜采用此法。有试验指出，此法用于保藏红曲霉很合适。

**3. 砂土管保藏法**

砂土管保藏法是一种常用的长期保藏菌种的方法，适用于产孢子的霉菌、放线菌及形成芽孢的细菌，对于一些对干燥敏感的细菌，如奈氏球菌、弧菌和假单胞杆菌则不适用。

其制作方法是，先将砂与土分别洗净、烘干、过筛（一般砂用80目筛，土用100目筛），按砂与土的比例为（1 ~ 2）∶1混匀，分装于小试管中，砂土的高度约1cm，以121℃蒸汽灭菌1h，每天1次，连灭3次，无菌实验合格后烘干备用。也有只用砂或土作载体进行保藏的。需要保藏的菌株先用斜面培养基培养，再以无菌水制成浓的菌悬液或孢子悬液滴入砂土管中，放线菌和霉菌也可直接刮下孢子与载体混匀，而后置于干燥器中抽真空，用火焰熔封管口（或用石蜡封口），置于干燥器中，可在室温下保藏，如放在4℃冰箱内保藏，则效果更好。

砂土管法兼具低温、干燥、隔氧和无营养物等诸条件，故保藏效果较好，且制作简单，费用较低。它比液体石蜡法的保藏时间长，通常可达数年，甚至数十年。

**4. 麸皮保藏法**

麸皮保藏法也称曲法保藏。该法是按照不同菌种对水分要求的不同将麸皮与水以一定的比例1∶（0.8 ~ 1.5）拌匀，装入试管，灭菌后接入菌种，在适宜温度下培养，待孢子长成后即成曲。将试管置于盛有氯化钙的干燥器中，于室温下干燥数日后，即可在低温下保藏；干燥后也可将试管用火焰熔封，再保藏，则效果较好。

此法适用于产孢子的霉菌和某些放线菌，保存时间在一年以上。因操作简单，经济实惠，工厂较多采用。

**5. 悬液保藏法**

悬液保藏法是一种寡营养保藏法，即将微生物悬液在不含养分的液体中，如蒸馏水、0.25mol/L磷酸缓冲液（pH6.5）或生理盐水保藏。其制备方法是用接种针从斜面或平板上挑取适量菌种，接入已经灭菌的装有5mL保藏用液体的试管中并使之悬浮，管口用无菌胶塞塞紧，在10℃或室温（18 ~ 20℃）保藏，此法比在低温下保藏效果更好，一般可保藏一年或更长时间。保藏时要掌握的关键是必须把试管密封好，以防止水分挥发，并隔绝空气。

**6. 冷冻真空干燥保藏法**

冷冻真空干燥法又称冷冻干燥法，简称冻干法。它是在低温下快速将拟保藏的微生物细胞或孢子悬浮液冻结，然后在真空状态下使水分升华将样品干燥，使微生物处于休眠状态，而得以长期保藏，其具体操作程序如图4–39所示。

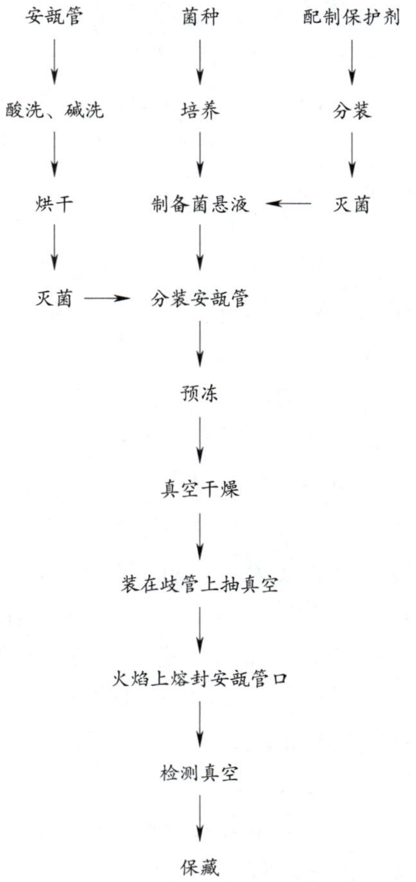

图4–39 冷冻干燥法保藏菌种制作程序

（1）安瓿管的准备 安瓿管的长度不小

于 100mm，内径 8 ~ 10mm。先用 2% 盐酸浸泡过夜，再洗净、烘干，瓶口加上棉塞，并用纸包好，以 121℃蒸汽灭菌 30min，继在 60℃烘箱中干燥备用。

（2）保护剂的准备　保护剂在冷冻干燥脱水过程中起稳定菌体细胞膜的作用，有可使细胞在冷冻干燥时免于冰晶损伤的作用。同时，保护剂还可起支持作用，使菌体疏松地固定在上面。而在菌种的保藏与复苏过程中保护剂又起到稳定细胞的作用。保护剂可采用低分子化合物和高分子化合物，常用的有脱脂牛乳和马血清（或马血清加入 7.5% 的葡萄糖）。保护剂在使用之前先采用适当的方法灭菌。在采用脱脂牛乳时，可由新鲜牛乳制备，最好先将鲜乳冷藏过夜，除去表面脂肪皮膜；再用 3000r/min 的离心机离心 20 ~ 30min，离心 2 ~ 3 次，彻底去除脂肪，分装后以 116℃灭菌 15 ~ 20min。也可用脱脂乳粉制备，方法是用蒸馏水配制成 10% 或 20%（质量分数）的浓度，而后分装灭菌备用。

（3）菌悬液的制备　为获得良好的培养物用于长期保藏，应采用最适的培养条件培养菌种。培养时间应培养至静止期，因为对数生长期的细胞对冷冻干燥的抵抗力较弱，产孢子的微生物要适当延长培养时间以期获得成熟的孢子。一般细菌培养 24 ~ 48h，酵母菌 72h，放线菌和霉菌 7 ~ 10d 以上。菌种培养成熟以后，在无菌条件下将 2 ~ 3mL 的保护剂中加入斜面试管内，用接种针轻轻刮下斜面上的菌苔或孢子，制成菌悬液，其细胞浓度以 $10^8$ ~ $10^{10}$ 个 /mL 为宜。而后用毛细滴管将菌悬液分装于灭好菌的安瓿管内（每管装 0.2mL），并加上棉塞。

（4）冷冻真空干燥　为防止菌体沉淀为不均匀的菌悬液以及微生物的再次生长或孢子萌发，装入菌悬液的安瓿管应在 1h 内放到 −40 ~ −35℃的低温冰箱或冻干装置中进行预冻。预冻的目的是使水分在真空干燥时直接由冰晶升华为水蒸气。

预冻的温度和时间很重要，预冻温度一般应在 −30℃以下，在 −10 ~ 0℃温度下冻结时，所形成的冰晶颗粒较大，易造成细胞损伤，而在 −30℃下冻结时，冰晶颗粒细小，对细胞损伤小。待结冰坚硬后（需 30 ~ 60min），开始真空干燥，要求在 15min 内使真空度达到 66.66Pa，并逐渐达到 26.66 ~ 13.33Pa。在达到 26.66Pa 后水分大量升华，此时可渐加温至 20 ~ 30℃，以加速样品中水分升华。大约经 4h 左右的真空干燥，样品水分升华可达 95% 以上，此时目测冻干样品呈现酥丸状或松散的片状，便已达到干燥的目的。当真空度达到 0.13Pa，样品残留水分达 1% ~ 3% 时，即可一边抽气，一边封熔安瓿管口。然后以高频电火花检查各安瓿管的真空情况，管内呈灰蓝色光表示已达真空。检查时火花应射向安瓿管的上半部，切勿直射样品。

（5）安瓿管的保藏　冻干管应避光保藏，尤其是要避免直射光。当在 4 ~ 5℃温度下保藏时，保存期可达 5 ~ 10 年，长者 15 ~ 20 年，室温下保藏则效果不佳。影响保藏效果的因素除菌种、菌龄外还与样品含水量有直接有关，样品中残留少量水分（0.9% ~ 2.5%）对微生物的生存有利，保藏效果较好，含水量5% ~ 6%时保藏效果相应降低，含水量在10%以上时，就很难保藏。

保藏菌种使用时，可在无菌环境下开启安瓿瓶，将无菌的培养液注入安瓿管中，样品溶解后，将其摇匀，进行复水，然后将其接种于适宜该菌种生长的斜面上适温培养。

由于此法同时具备低温、干燥、缺氧的菌种保藏条件，因此保存时间长，存活率高，变异率低，是目前一种较理想的保藏方法，被广泛采用。根据文献记载，除只生菌丝不产孢子的丝状真菌不宜用此法外，其他多数微生物如病毒、细菌、放线菌、酵母菌、丝状真菌等均可采用这种保藏方法。但该法操作比较烦琐，技术要求较高，且需要一定设备。

**7. 液氮超低温保藏法**

液氮超低温保藏法简称液氮保藏法或液氮法。此法操作简便，保藏效果好，保存期长，是被公认的、目前最有效的菌种长期保藏技术之一，也是适用范围最广泛的菌种保藏法。除了少数对低温损伤敏感的微生物外，几乎所有微生物都可采用液氮超低温保藏法。此法的另一大优点是可使用各种培养形式的微生物进行保藏，无论是孢子或菌体、液体培养物或固体培养物均可采用该保藏法。其缺点是需置备超低温液氮设备，且液氮消耗较多，操作费用较高。

液氮法的操作程序是将浓的菌悬液加入灭菌的保护剂中，分装于圆底安瓿管或塑料液氮保藏管内（每管装量0.5 ~ 1mL），立即封口。根据不同微生物对降温速率的要求，由室温开始以每分钟下降1 ~ 7℃的速度降至−40℃，而后放入液氮罐或液氮冰箱内，于气相（−156℃）或液相（−196℃）进行保藏；对抗冻性差的微生物还可采用三段降温法，即先以每分钟降低1℃的速度降温至−25℃，再用干冰－己二醇等冷却剂降温至−78℃，而后放入液氮容器快速降温保藏。分2个或3个阶段降温可以减轻细胞的冻伤程度，这对于一些细胞壁薄的微生物，尤其是无细胞壁的原生质体，效果更为明显，因为它们要求降温的速度要慢。

菌体的生长阶段与液氮保藏的效果有关，因不同生理状态的微生物对冷冻损伤的抗性不同。一般而言，对数生长期的菌体对冷冻损伤的抗性较差，而静止期前期的菌体则抗性较强；生芽孢的菌体应培养至形成成熟的芽孢为宜。

微生物细胞的浓度与冷冻损伤的程度也有关系，浓度大时，受损伤小，存活率高，故被保藏的菌种其孢子或菌体悬液的浓度应大于$10^8$个/mL为好。深度冷冻对于多数微生物的细胞均易受到损伤，为了减轻冷冻损伤程度，需要使用保护剂。液氮保藏一般选用渗透性强的保护剂，如甘油和二甲亚砜，它们能迅速透过细胞膜，吸住水分子，保护细胞不致大量脱水，延迟或逆转细胞膜成分变性，并使冰点下降。通常将菌体悬浮在10%（体积分数）甘油蒸馏水或10%（体积分数）二甲亚砜蒸馏水保护剂中，使用前，甘油以121℃蒸汽灭菌15min，二甲亚砜则采用过滤除菌。

保藏过程中，液氮每周的渗透逃逸损失约为1/10，所以需要经常给予补充，使液氮液面保持在正常水平。

由于液氮保藏的温度为 -156℃或 -196℃，远低于细胞新陈代谢停止的温度（-130℃），所以此时菌种的代谢活动已经停止，从而得以长期保存，而不致死亡、变异、衰退。其保藏期可达10年左右，长的可达20年。正因为保藏期长，菌种的移接传代次数大为减少，更加降低了菌种的变异、衰退和被污染的机会。因此，液氮法和冻干法已成为国内外长期保藏菌种的两种基本方法。

菌种经超低温保存后，需使用时从液氮器取出，使用前需经解冻与复苏培养。解冻的速度对细胞冷冻损伤的影响很大，缓慢解冻会使细胞内再生冰晶或冰晶的形态发生变化从而损伤细胞，所以应采用快速解冻，这样的存活率高。即安瓿管从液氮中取出后，立即放置38 ~ 40℃的恒温水浴中摇动3 ~ 5min，冻结样品便可溶化。复苏培养即将解冻后的菌种移接到与该菌适宜的斜面培养基上，适温培养既可。

**8. 低温保藏法**

因大多数微生物均可在 -20℃以下的低温中保藏，故低温保藏法在密封性能好的螺口小管中加入1 ~ 2mL悬菌液为宜，一般温度低的保藏效果好。保藏中一旦低温冰箱发生故障或有停电事故，应立即在冰箱内置入干冰，以防止培养物融化。融化后的菌种不能继续低温保存，应重新制作悬液后再冷藏。

低温保藏法的保藏期约在1年，某些菌种可达10年。对容易死亡的无芽孢厌氧菌特别适用，大多数能存活数年；对放线菌的保藏也很有效。

低温保藏法在实际应用中比冷冻干燥法更方便。

**9. 甘油保藏法**

甘油保藏法类似于液氮超低温保藏法。它是将菌种悬液在甘油蒸馏水中，置 -70℃（或 -20℃）的低温下保藏，本法较简便，但需要准备低温冰箱。保存期一般为0.5 ~ 1年。

甘油用前置于小锥形瓶中，塞上棉塞，外包牛皮纸，以121℃蒸汽灭菌20min。

在实际工作中，常将拟保藏菌种培养至对数期的培养液直接与灭过菌的甘油混合，并使甘油的终浓度在10% ~ 15%，再分装于小离心管中，置低温冰箱中保藏。基因工程菌常采用本法保藏。

在以上所述的菌种保藏方法中，以斜面低温保藏法、液体石蜡保藏法、悬液保藏法和低温保藏法最为方便，砂土管保藏法和甘油保藏法次之；以冷冻真空干燥法和液氮超低温保藏法最为复杂，但其保藏效果最好。应用时，可根据实际需要选用。

## 三、实训材料及仪器

**1. 菌株**

待保藏的适龄菌株斜面，细菌、放线菌、酵母菌及霉菌等。

**2. 培养基**

牛肉膏蛋白胨斜面和半固体深层培养基、豆芽汁葡萄糖斜面培养基、高氏一号斜面培养基、LB 培养基。

**3. 试剂**

2%HCl、10%HCl、无水氯化钙、石蜡油、五氧化二磷、无菌甘油、牛乳、无菌生理盐水（试管中）。

**4. 器具**

用于菌种保藏的小试管（10mm × 100mm）数支、5mL 无菌吸管、1mL 无菌吸管等、灭菌锅、真空泵、干燥器、冰箱、无菌水、筛子（40 目、120 目）、标签、接种针、接种环、脱脂棉、牛角匙、安瓿管、长滴管、干冰、离心机、冷冻真空装置、高频电火花器等。

## 四、实训方法、步骤及要求

技能要求：标准、严谨

### （一）斜面保藏

具体内容见表 4-34。

**表 4-34　　斜面保藏步骤及要求**

| 操作步骤 | | 操作要点 | 评价标准 |
|---|---|---|---|
| 准备工作 | | ①将培养基、接种工具和其他用品全部放在实验台上摆好，进行环境消毒<br>②在欲接种的培养基试管贴好标签，标上接种的菌名、操作者、接种日期等<br>③接种人员也先用肥皂或 2% 来苏尔洗手，擦干后再用 70% ~ 75% 酒精擦拭双手 | 工具准备齐全摆放合理 |
| 接种 | 点酒精灯 | 无 | 无 |
| | 拿试管 | 将菌种和斜面培养基两支试管握左手中，使中指位于两试管之间，管内斜面向上，两试管口平齐并处于接近水平位置。也可将试管放在左手掌中央，用手指托住试管 | 拿法正确 |
| | 松棉塞 | 右手将棉塞拧转松动以利接种时拔出 | 操作正确 |

续表

| 操作步骤 | | 操作要点 | 评价标准 |
|---|---|---|---|
| 接种 | 拿接种环 | 右手拿接种环 | 拿法正确 |
| | 烧接种环 | 将接种针垂直地放在火焰上灼烧至端部发红，其他可能进入试管的部分也应通过火焰灼烧，以彻底灭菌 | 操作正确<br>灭菌彻底 |
| | 拔棉塞 | 用右手的小指无名指及掌心在火焰旁同时拔出两支试管的棉塞 | 操作正确<br>无菌区内 |
| | 管口过火 | 使管口在火焰上转动灼烧可能存在的杂菌 | 操作正确 |
| | 取菌 | 将烧过的接种针伸入菌种管内，先接触管内斜面上端的培养基或管壁，令其冷却以免烫死菌种，然后轻轻接触菌体取出少许 | 不污染<br>无菌区内 |
| | 划线 | 迅速将接种针上的菌种伸入待接培养基管内，在培养基斜面上由下而上轻轻划线：不要使端部带菌部分碰到管壁或通过火焰；不能将培养基表面划破，也不要把菌种沾到管壁上 | 划线正确<br>划线自然<br>无菌区内 |
| | 管口过火 | 抽出接种针，将管口灭菌，棉塞过火 | 操作正确 |
| | 塞棉塞 | 在火焰旁将棉塞塞上。塞棉塞时不要用试管去迎棉塞，以免试管在移动时吸入不洁空气 | 操作正确 |
| | 烧接种环 | 无 | 无 |
| | 灭酒精灯 | 无 | 无 |
| | 物品放回原处 | 无 | 无 |
| 培养 | | 置 37℃恒温箱中培养 48h | 操作正确 |
| 保藏 | | 直接放入 4℃的冰箱中保藏 | 操作正确 |

## （二）半固体穿刺保藏

具体内容见表 4–35。

**表 4–35　　半固体穿刺保藏步骤及要求**

| 操作步骤 | 操作要点 | 评价标准 |
|---|---|---|
| 准备工作 | ①将培养基、接种工具和其他用品全部放在实验台上摆好，进行环境消毒<br>②在欲接种的培养基试管或平板上贴好标签，标上接种的菌名、操作者、接种日期等<br>③接种人员也先用肥皂或 2% 来苏尔洗手，擦干后再用 70% ~ 75% 酒精擦拭双手 | 工具准备齐全摆放合理 |

续表

| 操作步骤 | | 操作要点 | 评价标准 |
| --- | --- | --- | --- |
| 接种 | 点酒精灯 | | 操作正确 |
| | 拿试管 | 将菌种和半固体培养基两支试管握左手中，使中指位于两试管之间，管内斜面向上，两试管口平齐并处于接近水平位置。也可将试管放在左手掌中央，用手指托住试管 | 拿法正确 |
| | 松棉塞 | 右手将棉塞拧转松动以利接种时拔出 | 操作正确 |
| | 拿接种环 | 右手拿接种环 | 拿法正确 |
| | 烧接种环 | 将接种针垂直地放在火焰上灼烧至端部发红，其他可能进入试管的部分也应通过火焰灼烧，以彻底灭菌 | 操作正确<br>灭菌彻底 |
| | 拔棉塞 | 用右手的小指无名指及掌心在火焰旁同时拔出两支试管的棉塞 | 操作正确<br>无菌区内 |
| | 管口过火 | 使管口在火焰上转动灼烧可能存在的杂菌 | 操作正确 |
| | 取菌 | 将烧过的接种针伸入菌种管内，先接触管内斜面上端的培养基或管壁，令其冷却以免烫死菌种，然后轻轻接触菌体取出少许 | 操作正确<br>不污染<br>无菌区内 |
| | 穿刺 | 沿半固体培养基中心向管底作直线穿刺，直到接近管底，但不得穿通培养基，然后将针沿穿刺线的原路慢慢退出。穿刺时切勿搅动以免碰破周围培养基，使接种线整齐 | 无菌区内 |
| | 管口过火 | 抽出接种针，将管口灭菌，棉塞过火 | 操作正确 |
| | 塞棉塞 | 在火焰旁将棉塞塞上。塞棉塞时不要用试管去迎棉塞，以免试管在移动时吸入不洁空气 | 操作正确 |
| | 烧接种环 | 无 | 无 |
| | 灭酒精灯 | 无 | 无 |
| | 物品放回原处 | 无 | 无 |
| 培养 | | 置37℃恒温箱中培养48h | 操作正确 |
| 保藏 | | 直接放入4℃的冰箱中保藏 | 操作正确 |

## （三）石蜡油封存

具体内容见表4-36。

**表 4-36　石蜡油封存步骤及要求**

| 操作步骤 | | 操作要点 | 评价标准 |
|---|---|---|---|
| 准备工作 | | ①将培养基、接种工具和其他用品全部放在实验台上摆好，进行环境消毒<br>②在欲接种的培养基试管或平板上贴好标签，标上接种的菌名、操作者、接种日期等<br>③接种人员也先用肥皂或2%来苏尔洗手，擦干后再用70%～75%酒精擦拭双手 | 工具准备齐全摆放合理 |
| 接种 | 点酒精灯 | 无 | 无 |
| | 拿试管 | 将菌种和斜面培养基两支试管握左手中，使中指位于两试管之间，管内斜面向上，两试管口平齐并处于接近水平位置。也可将试管放在左手掌中央，用手指托住试管 | 拿法正确 |
| | 松棉塞 | 右手将棉塞拧转松动以利接种时拔出 | 操作正确 |
| | 拿接种环 | 右手拿接种环 | 拿法正确 |
| | 烧接种环 | 将接种针垂直地放在火焰上灼烧至端部发红，其他可能进入试管的部分也应通过火焰灼烧，以彻底灭菌 | 操作正确<br>灭菌彻底 |
| | 拔棉塞 | 用右手的小指无名指及掌心在火焰旁同时拔出两支试管的棉塞 | 操作正确<br>无菌区内 |
| | 管口过火 | 使管口在火焰上转动灼烧可能存在的杂菌 | 操作正确 |
| | 取菌 | 将烧过的接种针伸入菌种管内，先接触管内斜面上端的培养基或管壁，令其冷却以免烫死菌种，然后轻轻接触菌体取出少许 | 操作正确<br>不污染<br>无菌区内 |
| | 划线 | 迅速将接种针上的菌种伸入待接培养基管内，在培养基斜面上由下而上轻轻划线：不要使端部带菌部分碰到管壁或通过火焰，不能将培养基表面划破，也不要把菌种沾到管壁上 | 划线正确<br>划线自然<br>无菌区内 |
| | 管口过火 | 抽出接种针，将管口灭菌，棉塞过火 | 操作正确 |
| | 塞棉塞 | 在火焰旁将棉塞塞上。塞棉塞时不要用试管去迎棉塞，以免试管在移动时吸入不洁空气 | 操作正确 |
| | 烧接种环 | 无 | 无 |
| | 灭酒精灯，物品放回原处 | | 操作正确 |
| 培养 | | 置37℃恒温箱中培养48h | 操作正确 |

续表

| 操作步骤 | | 操作要点 | 评价标准 |
|---|---|---|---|
| 加石蜡油 | 点酒精灯 | 无 | 无 |
| | 烧包扎纸 | 将移液管包扎纸从中间烧断拧松 | 操作正确 |
| | 拿试管 | 将菌种和装石蜡油的试管握左手中，使中指位于两试管之间，两试管口平齐并处于接近水平位置 | 拿法正确 |
| | 松棉塞 | 右手将棉塞拧转松动以利接种时拔出 | 操作正确 |
| | 拿移液管 | 右手拿移液管，除去顶端包扎纸 | 拿法正确 |
| | 拔棉塞 | 用右手的小指、无名指及掌心在火焰旁同时拔出两支试管的棉塞 | 无菌区内 |
| | 除纸 | 右手的小指无名指除去移液管底端包扎纸 | 操作正确<br>无菌区内 |
| | 加石蜡 | 吸取石蜡油 5mL，接入含菌斜面试管中，加入的量以超过斜面 1cm 高为宜 | 无菌区内 |
| | 放下移液管 | 无 | 无 |
| | 过火 | 使管口在火焰上转动灼烧可能存在的杂菌，棉塞过火 | 无菌区内 |
| | 塞棉塞 | 在火焰旁将棉塞塞上（塞棉塞时不要用试管去迎棉塞，以免试管在移动时吸入不洁空气） | 操作正确 |
| 保藏 | | 直接放入 4℃的冰箱中保藏，也可直接放在低温干燥处保藏 | 操作正确 |

## （四）砂土管保藏

具体内容见表 4–37。

**表 4–37　　砂土管保藏步骤及要求**

| 操作步骤 | | 操作要点 | 评价标准 |
|---|---|---|---|
| 制作砂土管 | 除杂 | 选取过 40 目筛的河砂，用 10%HCl 浸泡，除去有机杂质，盐酸用量应浸没砂面，浸 2 ~ 4h，倒出盐酸，用自来水冲洗至中性，烘干备用 | 操作正确 |
| | 过筛 | 过 120 目筛子的黄土备用 | 操作正确 |
| | 装试管 | 按 1 份土加 4 份砂的比例均匀混合后，装入小试管，装量 1cm 左右 | 操作正确 |
| | 灭菌 | 包扎、加压蒸汽灭菌，直至检测无菌为止 | 操作正确 |
| | 贴好标签，标上接种的菌名、操作者、接种日期等 | | 操作正确 |

续表

| 操作步骤 | | 操作要点 | 评价标准 |
|---|---|---|---|
| 制备菌悬液 | 点酒精灯 | 无 | 无 |
| | 烧包扎纸 | 将移液管包扎纸从中间烧断拧松 | 操作正确 |
| | 拿试管 | 将菌种和装无菌生理盐水的试管握左手中，使中指位于两试管之间，两试管口平齐并处于接近水平位置 | 操作正确 |
| | 松棉塞 | 右手将棉塞拧转松动以利接种时拔出 | 操作正确 |
| | 拿移液管 | 右手拿移液管，除去顶端包扎纸 | 操作正确 |
| | 拔棉塞 | 用右手的小指、无名指及掌心在火焰旁同时拔出两支试管的棉塞 | 无菌区内 |
| | 除包扎纸 | 左手的小指、无名指除去移液管底端包扎纸 | 无菌区内 |
| | 加水 | 吸取无菌生理盐水 5mL，接入待保藏的种菌斜面试管中 | 无菌区内 |
| | 放下移液管 | 无 | 无 |
| | 拿接种环 | 右手拿接种环，烧接种环 | 操作正确 |
| | 刮菌苔 | 用接种环轻轻刮下菌苔 | 无菌区内 |
| | 过火 | 使管口在火焰上转动灼烧可能存在的杂菌，棉塞过火 | 无菌区内 |
| | 塞棉塞 | 在火焰旁将棉塞塞上（塞棉塞时不要用试管去迎棉塞，以免试管在移动时吸入不洁空气） | 无菌区内 |
| | 烧接种环 | 无 | 无 |
| | 放下生理盐水试管 | 无 | 无 |
| | 振荡 | 待保藏的种菌斜面试管，制成备菌液。 | 无 |
| 加样 | 烧包扎纸 | 将移液管包扎纸从中间烧断拧松 | 操作正确 |
| | 拿试管 | 将菌悬液试管和砂土管握左手中，使中指位于两试管之间，两试管口平齐并处于接近水平位置 | 拿法正确 |
| | 松棉塞 | 右手将棉塞拧转松动以利接种时拔出 | 操作正确 |
| | 拿移液管 | 右手拿移液管，除去顶端包扎纸 | 拿法正确 |
| | 拔棉塞 | 用右手的小指无名指及掌心在火焰旁同时拔出两支试管的棉塞 | 无菌区内 |
| | 除包扎纸 | 右手的小指无名指除去移液管底端包扎纸 | 操作正确<br>无菌区内 |
| | 接种 | 吸取菌悬液 0.1mL，接入砂土管中 | 无菌区内 |

续表

| 操作步骤 | | 操作要点 | 评价标准 |
| --- | --- | --- | --- |
| 加样 | 拿接种环 | 放下移液管 | 无菌区内 |
| | | 右手拿接种环，烧接种环 | 无菌区内 |
| | 搅拌 | 用接种环将砂土搅拌均匀 | 无菌区内 |
| | 过火 | 使管口在火焰上转动灼烧可能存在的杂菌，棉塞过火 | 无菌区内 |
| | 塞棉塞 | 在火焰旁将棉塞塞上（塞棉塞时不要用试管去迎棉塞，以免试管在移动时吸入不洁空气） | 操作正确 |
| | 烧接种环 | 无 | 无 |
| 干燥 | | 把装好菌液的砂土管放入干燥器或同时用真空泵连续抽气3h，使之干燥。干燥器内应预先放置五氧化二磷或无水氯化钙用于吸水。当五氧化二磷或无水氯化钙因吸水变成糊状时则应进行更换 | 操作正确 |
| 抽样检查 | | 从抽干的砂土管中，每10支抽取1支进行检查。用接种环取少许砂土，接种到适合于所保藏菌种生长的斜面上，并进行培养。检查有无杂菌生长及所保藏菌种的生长 | 操作正确 |
| 保藏 | | 可采用下列任何一种措施进行保藏：①砂土管继续放在干燥器中，干燥器可置于室温或冰箱中。②可将砂土管带塞一端浸入熔化的石蜡中，使管口密封。③在煤气灯上，将砂土管的棉塞下端的玻璃烧熔，封住管口，再置于冰箱中保存 | 操作正确 |

## （五）冷冻干燥保藏

具体内容见表4–38。

**表4–38　　冷冻干燥保藏步骤及要求**

| 操作步骤 | | 操作要点 | 评价标准 |
| --- | --- | --- | --- |
| 准备安瓿管 | | 安瓿管先用2%HCl浸泡，再水洗多次，烘干，标签放入安培管内，管口塞上棉花，灭菌备用 | 操作正确 |
| 制备脱脂乳 | | 脱脂乳粉配兑，分装试管，包扎、灭菌，并做无菌试验后备用（参见培养基制备） | 操作正确 |
| 制备菌悬液 | | 用脱脂牛乳制备（参见砂土管保藏） | 操作正确 |
| 分装 | 烧包扎纸 | 将移液管包扎纸从中间烧断拧松 | 操作正确 |
| | 拿试管 | 将菌悬液试管和砂土管握左手中，使中指位于两试管之间，两试管口平齐并处于接近水平位置 | 拿法正确 |

续表

| 操作步骤 | | 操作要点 | 评价标准 |
|---|---|---|---|
| 分装 | 松棉塞 | 右手将棉塞拧转松动以利接种时拔出 | 操作正确 |
| | 拿移液管 | 右手拿移液管除去顶端包扎纸 | 拿法正确 |
| | 拔棉塞 | 用右手的小指、无名指及掌心在火焰旁同时拔出两支试管的棉塞 | 无菌区内 |
| | 除包扎纸 | 右手的小指、无名指除去移液管底端包扎纸 | 操作正确<br>无菌区内 |
| | 装入 | 吸取菌悬液 0.9mL，将悬浮液分装入安瓿管底部（一般装入量为安瓿管球部体积的 1/3） | 无菌区内 |
| | 放下移液管 | 无 | 无 |
| | 过火 | 使管口在火焰上转动灼烧可能存在的杂菌棉塞过火 | 无菌区内 |
| | 塞棉塞 | 在火焰旁将棉塞塞上（塞棉塞时不要用试管去迎棉塞，以免试管在移动时吸入不洁空气） | 操作正确 |
| 预冻 | | 将分装好的安瓿管在 −25 ～ −40℃的干冰酒精中进行预冻 1h；或在冰箱冷冻室进行预冻 | 操作正确 |
| 真空干燥 | | 预冻以后，将安瓿管放入真空器中，开动真空泵进行干燥 | 操作正确 |
| 封管 | | 安瓿管装入歧管；真空度抽至 1.33mmHgPa 后，再用火焰熔封，封好后，要用高频电火花器检查各安瓿管的真空情况。如果管内呈现灰蓝色光，证明保持着真空。检查时高频电火花器应射向安瓿管的上半部 | 操作正确 |
| 保藏 | | 做好的安瓿管应放置在低温避光处保藏 | 操作正确 |
| 活化 | | 如果要从中取出菌种恢复培养，可先用 75% 酒精将管的外壁消毒，然后将安瓿管上部在火焰上烧热，再滴几滴无菌水，使管子破裂。再用接种针直接挑取松散的干燥样品，在斜面接种 | 操作正确 |

## 五、实训报告

完成实训后，可填写实训报告表，如表 4–39 所示。

**表 4–39　　菌种保藏技术实训报告**

| | |
|---|---|
| 实训内容 | 菌种保藏技术 |
| 实训任务 | 把给定微生物进行斜面低温保藏、石蜡保藏和砂土管保藏 |
| 实训要求 | ①能熟练进行斜面低温保藏操作<br>②学会石蜡保藏操作<br>③学会砂土管保藏操作 |

续表

| | | |
|---|---|---|
| 实训引导 | ①菌种保藏的目的和要求是什么？<br>②菌种保藏的原理是什么？<br>③常见的菌种保藏方法有哪些，各有哪些特点？<br>④菌种保藏中，石蜡油的作用是什么？<br>⑤砂土管法适合保藏哪一类微生物？<br>⑥经常使用的细菌菌种，应用哪一种方法保藏既好又简便？<br>⑦细菌用哪一种方法保藏的时间长而又不易变异？<br>⑧产孢子的微生物一般用哪一种方法保藏？ | |
| 实训方案 | 仪器、设备 | |
| | 试剂及其他 | |
| | 实训要求工作条件 | |
| | 操作步骤及注意事项 | |
| 实训评价 | 小组评价： | 教师评价： |

## 实训八 菌种复壮

> 考点提示：菌种复壮的概念

### 一、实训目的

①了解菌种衰退的原理。
②熟悉发酵菌种活化和复壮的方法。

### 二、实训原理

菌种在传代过程中，原有的生产性状会逐渐下降，这就是菌种的衰退。衰退是菌株的自发突变引起的，一旦发现衰退，就必须进行复壮。复壮就是通过纯种分离和性能测定等方法从衰退的群体中找出未衰退的个体，以达到恢复该菌种原有性状的一种措施。菌种活化就是为了得到纯而壮的培养物，即获得活力旺盛的、接种数量足够的培养物进行逐级扩大培养。菌种发酵有一般需要 2 ~ 3 代的复壮过程，因为保存时的条件往往和培养时的条件不相同，所以要活化，让菌种逐渐适应培养环境。

### 三、实训材料及仪器

**1. 菌株**

待复壮的菌株斜面，细菌、放线菌、酵母菌及霉菌等。

**2. 培养基**

牛肉膏蛋白胨斜面和半固体深层培养基（附录二“十五”）

**3. 试剂**

葡萄糖、蛋白胨、牛肉膏、氯化钠、复红染色液、结晶紫染色液、卢哥氏碘液、95% 乙醇、番红染色液、香柏油、氢氧化钠、盐酸。

**4. 器具**

天平、手提式电热灭菌锅、超净工作台、接种环、电热鼓风干燥箱、生化培养箱、光学显微镜、电炉、酒精灯、铁架台、玻璃漏斗、试管、三角瓶、载玻片等。

## 四、实训方法、步骤及要求

技能要求：标准、敬业

具体内容见表 4-40。

**表 4-40　菌种复壮步骤及要求**

| 操作步骤 | 操作要点 | 评价标准 |
|---|---|---|
| 准备工作 | ①将培养基、接种工具和其他用品全部放在实验台上摆好<br>②进行环境消毒（无菌室、超净台）<br>③在欲接种的培养基试管或平板上贴好标签，标上接种的菌名、操作者、接种日期等<br>④接种人员也先用肥皂或 2% 来苏尔洗手，擦干后再用 70% ~ 75% 酒精擦拭双手 | 工具准备齐全摆放合理 |
| 点酒精灯 | 无 | 无 |
| 拿试管 | 将枯草杆菌斜面菌种（或大肠杆菌斜面菌种）和肉汤蛋白胨斜面培养基两支试管握左手中，使中指位于两试管之间，管内斜面向上，两试管口平齐并处于接近水平位置。也可将试管放在左手掌中央，用手指托住试管 | 拿法正确 |
| 松棉塞 | 右手将棉塞拧转松动以利接种时拔出，置于酒精灯无菌区内 | 操作正确 |
| 拿接种环 | 右手拿接种环 | 拿法正确 |
| 烧接种环 | 将接种针垂直地放在火焰上灼烧至端部发红，其他可能进入试管的部分也应通过火焰灼烧，以彻底灭菌 | 操作正确<br>灭菌彻底 |
| 拔棉塞 | 用右手的小指、无名指及掌心在火焰旁同时拔出两支试管的棉塞 | 操作正确<br>无菌区内 |
| 管口过火 | 使管口在火焰上转动灼烧可能存在的杂菌 | 操作正确 |
| 取菌 | 将烧过的接种针伸入菌种管内，先接触管内斜面上端的培养基或管壁，令其冷却以免烫死菌种，然后轻轻接触菌体取出少许 | 操作正确<br>不污染试管<br>在无菌区内 |

续表

| 操作步骤 | 操作要点 | 评价标准 |
| --- | --- | --- |
| 划线 | 迅速将接种针上的菌种伸入待接培养基管内，在培养基斜面上由下而上轻轻划线 | 不污染试管<br>不通过火焰<br>划线方法正确<br>不划破培养基<br>在无菌区内 |
| 管口过火 | 抽出接种针，将管口在酒精灯火焰上灭菌 | 操作正确 |
| 棉塞过火 | 棉塞迅速通过火焰 2 ~ 3 次以便灭菌 | 操作正确 |
| 塞棉塞 | 在火焰旁将棉塞塞上。塞棉塞时不要用试管去迎棉塞，以免试管在移动时吸入不洁空气 | 操作正确<br>在无菌区内 |
| 烧接种环 | 在酒精灯火焰上烧接种环，以免污染环境 | 操作正确 |
| 灭酒精灯 | 无 | 无 |
| 培养 | 送到培养箱进行培养 24h | 操作正确 |
| 转接 | 重复转接 3 代斜面 | 操作正确 |
| 革兰氏染色 | 革兰氏染色涂片观察菌的生长情况，是否有杂菌 | 操作正确 |
| 保藏 | 生长好的菌种置冰箱中保藏备用 | 操作正确 |

## 五、实训报告

完成实训后，可填写实训报告表，如表 4–41 所示。

**表 4–41　　菌种复壮实训报告**

| 实训内容 | 菌种复壮 | |
| --- | --- | --- |
| 实训任务 | 把给定斜面试管菌种接种到斜面试管培养基中进行复壮 | |
| 实训要求 | 能熟练的接种、复壮 | |
| 实训引导 | ①菌种复壮的目的是什么？<br>②菌种复壮过程中需要注意哪些问题？ | |
| 实训方案 | 仪器、设备 | |
| | 试剂及其他 | |
| | 实训要求工作条件 | |
| | 操作步骤及注意事项 | |
| 实训评价 | 小组评价： | 教师评价： |

**【知识小结】**

无菌检查概述

微生物培养是食品微生物检验和生产的基础，培养器皿的包扎和灭菌、培养基的配制、接种技术、分离纯化技术、微生物培养技术，以及控制好培养条件是保证试验及生产成功的基本技术。

菌种保藏的重要意义就在于尽可能保持其原有性状和活力的稳定，人为地创造条件，使微生物处于代谢不活泼，生长繁殖受到抑制的休眠状态，以减少菌种的变异。菌种保藏的方法主要有斜面低温保藏法、液体石蜡保藏法、砂土管保藏法、麸皮保藏法、悬液保藏法、冷冻真空干燥保藏法、液氮超低温保藏法等。

**【知识链接】**

## 知识链接一　无菌操作技术

无菌操作技术

在微生物的分离、接种及纯培养等的时候防止被其他微生物污染的操作技术称为无菌操作技术。无菌操作技术是微生物实验的基本技术，是保证微生物实验准确和顺利完成的重要技术，在发酵工业中，无菌操作技术也是保证发酵顺利进行的重要技术。

无菌操作技术主要包括以下两方面：①创造无菌的培养环境培养微生物；②在操作和培养过程中防止一切其他微生物侵入。

一、创造无菌的培养环境

创造无菌的培养环境主要从以下几方面入手。

（一）提供密闭的培养容器

实验室中常用经包扎过的试管、三角瓶、培养皿等，工业生产中常用密闭的发酵罐，如卡氏罐、锥形发酵罐等作培养微生物的容器。

（二）培养容器的灭菌

培养容器的灭菌方法很多，实验室中常采用干热空气灭菌法对玻璃器皿进行灭菌，工业生产中常采用高温热水或蒸汽进行灭菌，有些厂家用化学消毒剂（如一定浓度的酸或碱等）进行消毒。

（三）培养基的灭菌

实验室中培养基的灭菌常采用高压蒸汽灭菌、间歇灭菌等方法，工业生产中常采用高温灭菌，如酸乳生产中常采用高温短时杀菌法和超高温瞬时杀菌法（见杀菌方法）对牛乳进行灭菌。

## 二、在操作和培养过程中的无菌控制

在操作和培养过程中防止一切其他微生物的侵入，主要从以下几方面入手。

### （一）保证操作环境无菌

微生物实验应在无菌环境中进行操作，以防止环境中的微生物污染，所以微生物实验都在无菌室内进行，实验前应对无菌室杀菌或消毒。常用的消毒方法有：

1. 紫外线杀菌

紫外线波长在 250 ~ 270nm 有较强的杀菌作用，最适的杀菌波长在 253.7nm。在一定的波长下，紫外线的杀菌效率与照射强度和时间的乘积成正比。

2. 化学消毒法

根据空气中含菌的种类，可采用不同的消毒剂。例如霉菌较多时，先采用 5% 石炭酸全面喷洒室内，再用甲醛熏蒸；如细菌较多时，可采用甲醛和乳酸交替熏蒸。

为保证无菌室内无菌，要定期进行检查室内含杂菌程度，做到心中有数，以便及时进行空气消毒或改进消毒方法。检查空气含菌的方法，通常采用营养琼脂平板 5min 开盖暴露后，原位盖好，于 30 ~ 32℃恒温培养 2d，菌落数不超过 3 个。

此外，采用在无菌室外设置缓冲间的方法，以减少接种室内的空气对流。

### （二）保证操作台面无菌

微生物实验要求实验台面光滑水平，便于消毒。

消毒方法主要用化学消毒剂进行擦拭，常用的消毒剂有：75% 酒精、过氧乙酸、新洁尔灭等。

现在实验室大多数都配备了超净台（图 4–40），超净台是箱式工作台，其优势是占地面积小，使用方便。超净台的工作原理是借助箱内鼓风机将外界空气强行通过一组空气过滤器，净化的空气连续不断进入操作台面，保证台面处于正压无菌状态。

无菌洁净区的概念与等级

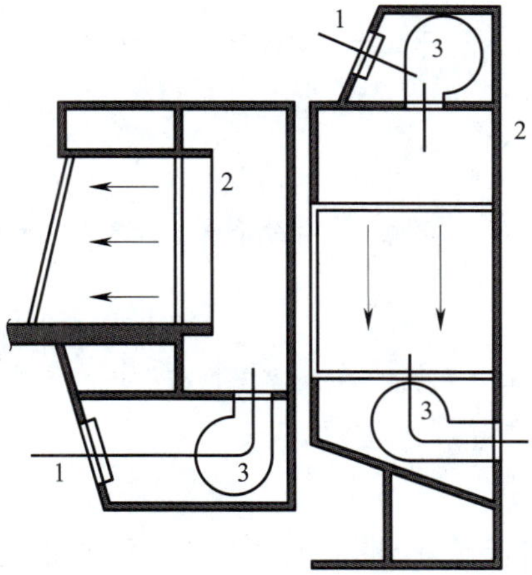


图 4–40　水平式和垂直式超净台结构模式

1—前置过滤　2—高效过滤　3—风机

超净工作台的使用

（三）保证操作工具、器皿无菌

微生物实验中常用的操作工具和器皿有接种针、移液管、镊子、天平、剪刀、药匙等，实验前必须对所有操作工具、器皿进行灭菌或消毒，保证无菌。灭菌方法因工具、器皿不同采用不同的方法，如接种针采用火焰灭菌法，移液管采用干热空气灭菌法等。

常用的灭菌方法

（四）保证操作人员无菌

微生物试验要求操作人员穿专用实验服，带专用实验帽子，戴口罩，实验前用酒精擦拭手臂等，以防污染。

（五）保证严格按操作规程进行操作

微生物实验中有很多单元操作，实验中只有按操作规程严格操作才能保证目的菌不被污染。

## 知识链接二　有害微生物的控制

微生物的生存与外界环境有着密切的关系。当环境条件适宜时，微生物生长繁殖；环境条件不适宜时，微生物的代谢改变，其生长繁殖受到抑制甚至死亡。在工农业生产和人类生活中，微生物的生长繁殖有其有益的方面，同时也可能产生危害，例如，食品和工农业产品的霉腐变质；实验室中微生物或动植物组织、细胞纯培养物的污染；培养基或生化试剂的染菌；微生物工业发酵中的杂菌污染；以及人体和动、植物受病原微生物的感染而患各种传染病等。对环境中的有害微生物必须采取有效措施来杀灭或抑制它们。

控制有害微生物的措施主要有以下几种：

- 控制有害微生物的措施
  - 杀灭法
    - 灭菌——彻底杀灭（一切微生物）
      - 杀菌
      - 溶菌
    - 消毒——部分杀死（仅杀灭病原微生物）
  - 抑制法　防腐——抑制霉腐微生物

一、几个基本概念

1. 灭菌

灭菌指采用某种强烈的理化因素杀死物体中所有微生物的措施，包括病原微生物和非病原微生物。灭菌后的物体不再有可存活的微生物，例如高温灭菌、辐射灭菌等。灭菌实质上可分为杀菌和溶菌两种，前者指菌体虽死，但形体尚存；

后者则指菌体被杀死后，其细胞发生自溶、裂解等消失的现象。抑菌、杀菌、溶菌的区别如图 4-41 所示。

消毒、灭菌的概念

2. 消毒

消毒是指利用某种方法杀死物质中所有病原微生物的一种措施，它可以起到防止感染或传播的作用，而对被消毒的物质基本无害。例如一些常用的对皮肤、水果、饮用水进行药剂消毒的方法；对啤酒、牛乳、果汁和酱油等进行消毒处理的巴氏消毒法等。具有消毒作用的化学物质称为消毒剂，一般消毒剂在常用浓度下只能杀死微生物的营养体，对芽孢则无杀灭作用。

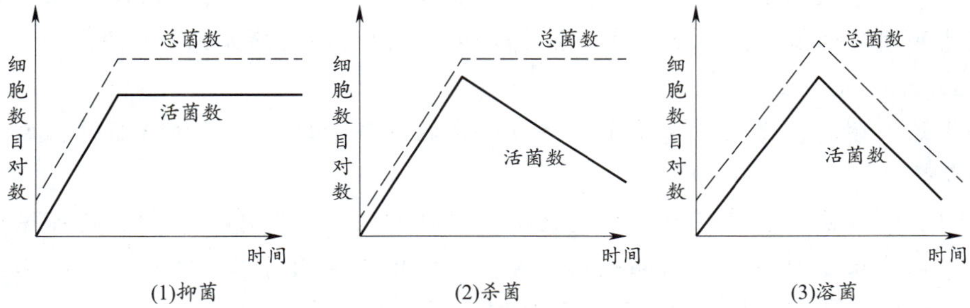


图 4-41　抑菌、杀菌和溶菌的比较

3. 防腐

防腐是在某些化学物质或物理因子作用下，能防止或抑制微生物生长繁殖的一种措施。它能防止食物腐败或防止其他物质霉变，这是一种抑菌作用。例如日常生活中以干燥、低温、盐腌或糖渍等方法防腐。具有防腐作用的化学物质称为防腐剂。

4. 无菌

无菌是指没有活的微生物存在的状态。灭菌、消毒、防腐 3 个概念的特点和比较见表 4-42。

**表 4-42　　灭菌、消毒、防腐的比较**

| 比较项目 | 灭菌 | 消毒 | 防腐 |
| --- | --- | --- | --- |
| 处理因素 | 强理、化因素 | 理、化因素 | 理、化因素 |
| 处理对象 | 任何物体内外 | 生物体表、酒、乳品等 | 有机质物体内外 |
| 微生物类型 | 一切微生物 | 有关病原菌 | 一切微生物 |
| 对微生物作用 | 彻底杀灭 | 杀死或抑制 | 抑制或杀死 |
| 实例 | 加压蒸汽灭菌，辐射灭菌，化学杀菌剂 | 70% 酒精消毒，巴氏消毒法 | 冷藏、干燥、糖渍、盐腌、缺氧、化学防腐剂 |

## 二、常用的灭菌方法

### （一）高温灭菌

微生物细胞的蛋白质、核酸等大分子物质对高温非常敏感。当环境温度超过微生物的最高生长温度，将会引起微生物死亡，所以，加热是最有效控制微生物的物理因素。不同微生物的最高生长温度不同，不同生长阶段的微生物抗热性也不同，因此根据不同对象，通过控制处理的温度和时间达到灭菌或消毒的目的。常见的高温灭菌或消毒方法主要有干热和湿热两大类。在实践上行之有效的高温灭菌或消毒的方法主要有以下几种：

（1）干热灭菌法　包括火焰灼烧法和干烤灭菌等。

（2）湿热灭菌法　包括常压灭菌和加压灭菌。常压灭菌有巴氏消毒法、煮沸消毒法和间歇灭菌法，加压灭菌法有常规加压灭菌法和连续加压灭菌法。

#### 1. 干热灭菌法

干热灭菌时，微生物由于干热导致微生物细胞膜破坏、蛋白质变性、原生质干燥而死亡。

（1）灼烧法　直接在火焰灼烧灭菌。这种方法是最简单、最彻底的加热灭菌方法，该法由于对被灭菌物品破坏极大，所以使用范围有限。常用于接种工具和一些金属小工具及试管口的灭菌，如接种环的灭菌（图 4–42）。

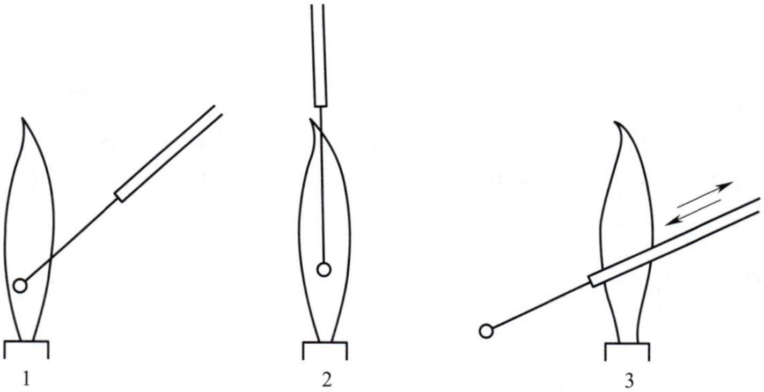


电热恒温鼓风干燥箱的使用

图 4–42　接种环的灭菌

（2）干烤灭菌　不宜直接用火焰灭菌的物品，如玻璃器皿、陶瓷制品等，则可采用在电热干燥箱内，利用干热空气灭菌。一般箱内空气升温到 140 ～ 160℃，维持 1 ～ 2h。一般营养体在 100℃，维持 1h 即会死亡，而芽孢在 160℃，维持 2h 才会全部死亡。操作时应注意电热干燥箱内温度不要超过 180℃，以防棉塞和包装纸等烤焦而燃烧。

#### 2. 湿热灭菌

湿热灭菌是利用热水或热蒸汽灭菌。在相同温度下，湿热灭菌要比干热灭菌更有效（表 4–43），这是因为：①水蒸气具有更强的穿透力，能更有效地杀灭微生物

（表 4–44）；②水蒸气存在潜热，当蒸汽液化为水时可放出大量热量，故可迅速提高灭菌物品的温度，缩短灭菌时间；③蛋白质的含水量与其凝固温度成反比，因此湿热更易将蛋白质的氢键打断，使其发生变性凝固。湿热灭菌因为具有以上优点，所以被广泛应用于培养基和发酵设备的灭菌。多数细菌和真菌的营养细胞在 60℃左右处理 5 ~ 10min 后即可杀死，酵母菌和真菌的孢子稍耐热些，要用 80℃以上的温度处理才能杀死，而细菌的芽孢最耐热，一般要在 120℃下处理 15min 才能杀死。

**表 4–43　　干热与湿热空气对不同细菌的致死时间比较**

| 加热方式 | 干热 90℃ | 90℃，相对湿度 | | 加热方式 | 干热 90℃ | 90℃，相对湿度 | |
|---|---|---|---|---|---|---|---|
| | | 20% | 80% | | | 20% | 80% |
| 白喉棒杆菌 | 24h | 2h | 2min | 伤寒杆菌 | 3h | 2h | 2min |
| 痢疾杆菌 | 3h | 2h | 2min | 葡萄球菌 | 8h | 3h | 2min |

**表 4–44　　干热和湿热空气穿透力的比较**

| 加热方式 | 温度 /℃ | 加热时间 /h | 透过布的层数及其温度 /℃ | | |
|---|---|---|---|---|---|
| | | | 20 层 | 40 层 | 100 层 |
| 干热 | 130 ~ 140 | 4 | 86 | 72 | 70 以下 |
| 湿热 | 105 | 4 | 101 | 101 | 101 |

常用的湿热灭菌法有下列几种：

（1）间歇灭菌法　又称丁达尔灭菌法或分段灭菌法。具体做法是将物品放在 80 ~ 100℃下煮沸 15 ~ 60min，以杀死其中所有微生物的营养体，然后置室温或 37℃下保温过夜，诱导其中的芽孢发芽，第二天再以同法煮沸和保温过夜，如此连续重复该过程 3 次以上，即可在较低温度下达到彻底灭菌的效果。例如，培养硫细菌的含硫培养基采用此法灭菌可保证培养基内所含元素硫在 99 ~ 100℃下保持正常结晶形，若用 121℃加压法灭菌，就会引起硫的融化。本法适用于不耐高温的培养基、药液、酶制剂等的灭菌，但操作较麻烦，时间也较长。

（2）常规加压灭菌法　也称高压蒸汽灭菌法，具体做法见实验培养基的制备和灭菌。本法是目前应用最广、最有效的灭菌方法。加压灭菌法适用于一切微生物学实验室、医疗保健机构或发酵工厂中对培养基及多种器材、物料的灭菌。常见的高压蒸汽灭菌锅有卧式高压蒸汽灭菌锅和手提式高压蒸汽灭菌锅。

全自动高压蒸汽灭菌锅的使用

（3）连续加压灭菌法　在发酵行业中也称“连消法”，此法只在大规模的发酵工厂中作培养基灭菌用。其主要操作原理是让培养基在发酵罐外连续不断地进行加热、维持和冷却，然后才进入发酵罐。培养基一般加热至 135 ~ 140℃维持 5 ~ 15s。其优点是：①因采用高温瞬时灭菌，故既可杀灭微生物，又可最大限度减少营养成分的破坏，从而提高了原料的利用率，例如，在抗生素发酵中，它比以往的“实罐灭菌”（120℃，30min）提高产量 5% ~ 10%；②由于总的灭菌时间较分批灭菌法明显减少，缩短了发酵罐的占用周期，提高了利用率；③由于蒸汽负荷均匀，提高了锅炉的利用率；④适宜于自动化操作；⑤降低了操作人员的劳动强度。典型的培养基连续灭菌的流程如图 4–43 所示。

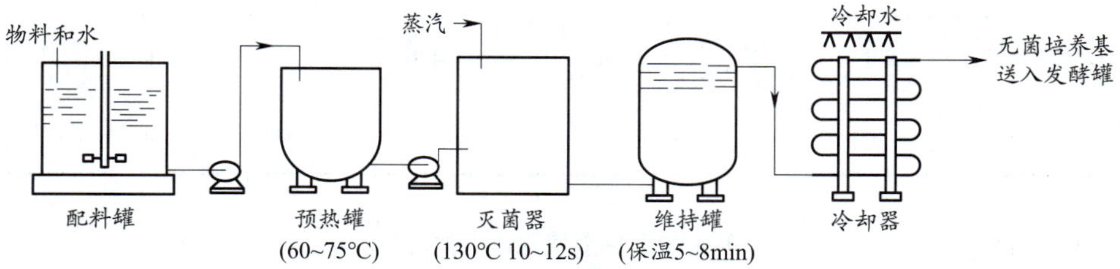


图 4–43　培养基连续灭菌示意图

（二）过滤除菌

高压蒸汽灭菌可以除去液体培养基中的微生物，但对于空气和不耐热的液体培养基的灭菌是不适宜的，为此可采用过滤除菌的方法。过滤除菌有三种类型。一种最早使用的是在一个容器的两层滤板中间填充棉花、玻璃纤维或石棉，灭菌后空气通过它达到除菌的目的。为了缩小这种滤器的体积，后来改进为在两层滤板之间放入多层滤纸，灭菌后使用也可以达到除菌的作用，这种除菌方式主要用于发酵工业。第二种是膜滤器（图 4–44），这是目前通常使用的一种方法。膜滤器采用微孔滤膜作材料，通常由醋酸纤维素或硝酸纤维素制成的比较坚韧的具有微孔（0.025 ~ 25nm）的膜。当含有微生物的液体通过微孔滤膜时，大于滤膜孔径的微生物不能通过滤膜而被阻拦在膜上，与通过的滤液分离开来。微孔滤膜具有孔径小价格低，可高压灭菌、不易阻塞、滤速快、可处理大容量的液体等优点。但当滤膜孔径小于 0.22nm 时易引起孔阻塞，且过滤除菌无法滤除病毒、噬菌体和支原体。第三种是核孔滤器，它是由核辐射出来的很薄的聚碳酸胶片再经化学蚀刻而制成。辐射使胶片局部破坏，化学蚀刻使被破坏的部位成孔，而孔的大小由蚀刻溶液的强度和蚀刻的时间来控制。溶液通过这种滤器就可以将微生物除去，这种滤器主要用于科学研究。

过滤除菌可用于对热敏感液体的除菌，如含有酶或维生素的溶液、血清等。发酵工业上应用的大量无菌空气，也是采用过滤方法获得的，使空气通过铺放多层棉花和活性炭的过滤器或超细玻璃纤维纸，便可滤除空气中的微生物。

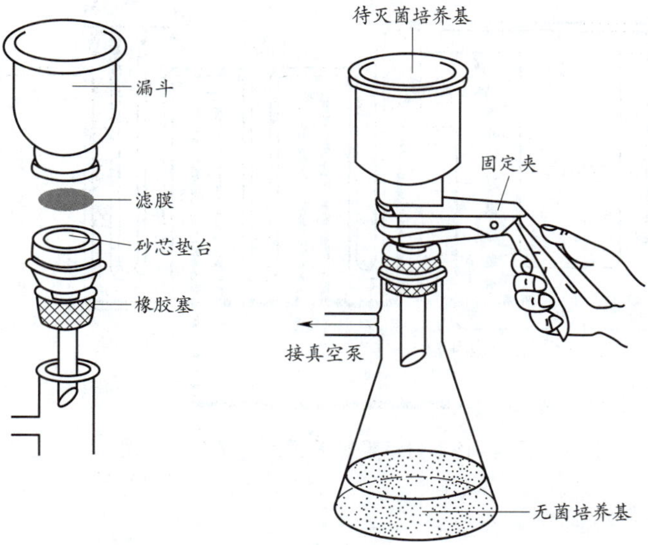


图 4-44　膜滤器装置及其过滤除菌示意图

（三）干燥灭菌

水是微生物细胞的重要成分，占生活细胞的 90% 以上，它参与细胞内的各种生理活动，因此说没有水就没有生命。降低物质的含水量直至干燥，就可以抑制微生物的生长，防止食品、衣物等物质的腐败与霉变，因此干燥是保存各种物质的重要手段之一。

三、常用的消毒方法及消毒剂

（一）常用消毒方法

1. 巴氏消毒法

此法常用于牛乳、啤酒、果酒、酱油、醋与食品等不能进行高温灭菌的液体的一种消毒方法，其主要目的是杀死其中无芽孢的病原菌，而又不影响食品的营养和风味。巴氏消毒法是一种中温消毒法，具体的处理温度和时间各不相同，一般在 60 ～ 85℃下处理 15s 至 30min。具体的方法可分两类：一类是经典的低温维持法（LTH），将待消毒的物品，在 60 ～ 62℃加热 30min 或 70℃加热 15min，例如在 63℃下保持 30min 可进行牛乳消毒；另一类是高温瞬时法（HTST），消毒时只需将待消毒物品如牛奶在 71.6℃保持 15s。近年来，由于设备的改良，尤其是采用流动连续操作系统（图 4-45）后，巴氏消毒法逐渐演化成一种采用更高温度、更短时间的灭菌方法，即超高温灭菌法，让牛乳等液体食品停留在 140℃左右（如 137℃或 143℃）的温度下保持 3 ～ 4s，急剧冷却至 75℃，然后经均质化后冷却至 20℃。这种方法能达到灭菌的目的，而且处理后的牛乳等饮料可存放长达 6 个月。

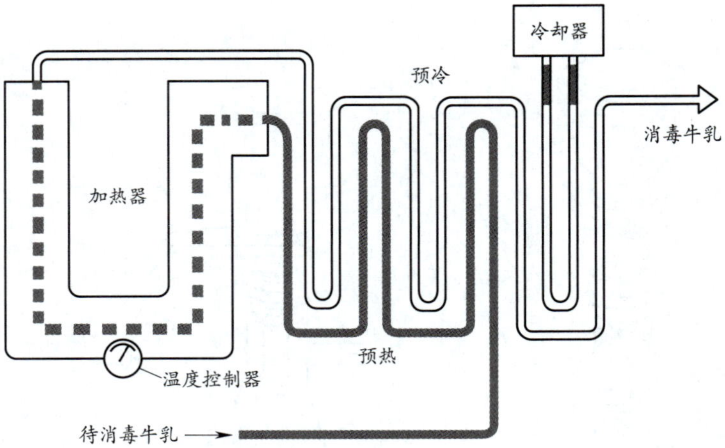

图 4–45 高温瞬时灭菌法的操作流程图

2. 煮沸消毒法

该法是将物品在水中煮沸 100℃维持 15min 以上进行杀菌。可杀死细菌和真菌的营养细胞，但不能杀死全部细菌芽孢和真菌孢子。延长煮沸时间或在水中加入 1%$Na_2CO_3$ 或 2% ~ 5% 石炭酸可增加消毒效力。本法仅是消毒方法，方便易行，应用范围较广，常用于家庭中消毒餐具、衣物和饮用水。

3. 辐射消毒法

辐射消毒法是利用电磁辐射产生的电磁波杀死大多数物质上的微生物的一种有效方法。用于灭菌的电磁波有微波、紫外线、红外线、可见光、X 射线和 γ 射线等。这些射线都以相同的速度传播，但波长不等，对微生物作用也各不相同。

无线电波波长最长，对微生物的作用微弱。波长稍短的红外线，具有较高的热效应，但直接灭菌能力很差。可见光对微生物作用不大。波长较短的紫外线，则具有很强的杀菌能力。波长更短的 X 射线和 γ 射线，是高能电磁波，对物质有很强的穿透力和杀菌作用，它们能使被照射的物质产生电离作用，所以又称电离辐射。

紫外线是日光的一部分，波长在 100 ~ 400nm，其中 257nm 波长的紫外光对微生物最具杀伤力。当微生物被照射时，细胞的 DNA 吸收能量，形成胸腺嘧啶二聚体，此时腺嘌呤无法正确配对，从而干扰 DNA 的复制和蛋白质的合成，造成微生物的死亡，若照射剂量或时间不足时，可能引起微生物变异。

不同的微生物或微生物的不同生理状态对紫外线的抵抗力是不同的。一般说来，革兰氏阴性菌对紫外线是最为敏感，革兰氏阳性菌次之。营养细胞对紫外线的抵抗力弱于芽孢。酵母菌在对数生长期对紫外线的抵抗力最强，而在长期缺氧的情况下抵抗力最弱。

紫外线的穿透力很弱，易被固形物吸收，不能透过普通玻璃和纸张。因此只适用于表面消毒和空气、水的消毒。实际应用时，可以根据 $1W/m^3$ 来计算剂量。若以面积来计算，30W 紫外灯用于 $15m^2$ 房间照射 20 ~ 30min 即可杀死空气中的微生物，因此紫外线灭菌广泛应用于微生物化验室、医院、公共场所的空气消毒。

当空气中湿度超过 55% ~ 60% 时，紫外线的杀菌效果迅速下降。另外必须防止紫外线对人体的直接照射，以免损伤皮肤和眼结膜。紫外线可能诱导产生环境中的有害变化而间接影响微生物生长，如使空气中产生臭氧，水中产生过氧化氢，培养基中产生有机的过氧化物等。

X 射线和其他电离辐射是有效杀菌剂，但从经济角度考虑，常规消毒灭菌中很少应用。

微波是指频率在 300MHz 到 300000MHz 的电磁波，介于普通的无线电波和红外辐射之间。微波的杀菌作用主要是微波的热效应造成的。微生物在微波电磁场的作用下，吸收微波的能量产生热效应，同时，微波造成分子加速运动使细胞内部受到损害，从而导致微生物死亡。微波产生热效应的特点是加热均匀、热能利用率高、渗透能力强、加热时间短，可以利用微波进行培养基灭菌和酒精消毒等。

（二）常用的消毒剂有以下几种。

1. 酸、碱类物质

酸和碱可抑制或杀死微生物，其作用原理在于极端酸碱条件可使蛋白质变性。如石灰以 1∶4 或 1∶8 配成糊状，消毒排泄物及地面；醋酸加热蒸发可以进行空气消毒；而苯甲酸、山梨酸和丙酸则是重要的食品防腐剂。

2. 重金属盐类

大多数重金属及其化合物都是有效的消毒剂，其中作用最强的是 Hg、Ag 和 Cu。它们的杀菌作用，有的是与细胞蛋白质结合而使之变性；有的是进入细胞后与酶上的—SH 相结合而使酶失去活性。重金属盐类是蛋白质的沉淀剂，能产生抗代谢作用，或者与细胞的主要代谢物发生螯合作用，或者取代细胞结构上的主要元素，使正常的代谢物变成无效的化合物，从而抑制微生物的生长或导致死亡。常用的含汞化合物有升汞（$HgCl_2$），（1∶500）~（1∶2000）的升汞溶液对大多数细菌有杀灭作用，浓度为 0.1% 的升汞常用于人手和器皿的消毒。红汞（汞溴红）也是常用消毒剂之一，可用于皮肤、黏膜及小创伤的消毒。硫酸铜也是广泛使用的消毒剂，对真菌和藻类效果较好，常用于游泳池的消毒；农业上为了杀灭真菌、螨以及防治植物病害，常用硫酸铜与石灰水以适当比例配制成波尔多液，用于苹果、葡萄等果树的喷施。

3. 氧化剂

氧化剂可作用于蛋白质的巯基使蛋白质和酶失活，强氧化剂还可破坏蛋白质的氨基和酚羟基。常用的氧化剂有以下几类。

（1）高锰酸钾　高锰酸钾是一种强氧化剂，0.1% 高锰酸钾溶液常用于皮肤、口腔和水果蔬菜消毒，2% ~ 5% 的溶液能杀死芽孢。在酸性溶液中，它的作用增强。有机物的存在会使它还原成不溶性的二氧化锰沉淀而影响它的杀菌效力，所以它只能用于已经清洗的物体表面消毒。此外，高锰酸钾溶液浓度过高时对皮肤有刺激性。

（2）过氧化氢　过氧化氢俗称双氧水，是一种活泼的氧化剂，易分解成水和氧。常用浓度为 3% 的溶液作伤口、用具等消毒。在组织细胞中通过触媒催化生成新生氧和水分子，发挥其杀菌作用。如下：

$$H_2O_2 \xrightarrow{\text{触媒}} H_2O+[O]$$

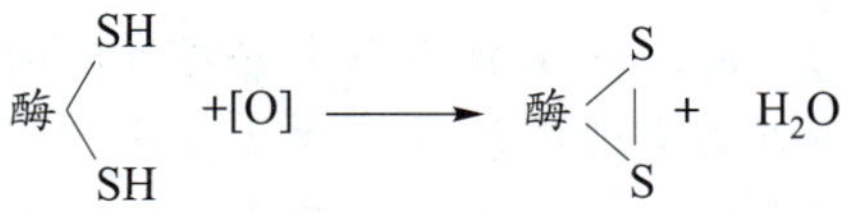

也有认为过氧化氢释放水分子，其中的羟基（–OH）强烈吸引某些蛋白质中的氢原子，引起分子重排，导致微生物死亡。过氧化氢的优点是无毒，适用于大多数物品的消毒，缺点是容易因分解而失效。

（3）氯　氯是最有效和应用最广泛的化学消毒剂，常用于自来水、游泳池内的水消毒等。消毒剂量一般为 0.2 ~ 1.0mg/kg。

漂白粉的有效成分是 $Ca(ClO)_2$，可用于自来水、某些食品和环境卫生的消毒，其使用浓度为 0.5% ~ 5%，缺点是碱性太大。

4. 有机化合物

有机物杀死微生物一般是通过使细胞蛋白质变性凝固而使微生物机能发生障碍而死亡。

（1）酚类　酚类能凝固菌体蛋白质，还能作用于细胞膜上的酶类，造成细胞膜渗漏导致微生物死亡。苯酚俗称石炭酸，是评价其他防腐剂或消毒剂的标准消毒剂。一般情况下对革兰氏阳性菌作用敏感，高浓度时能杀灭革兰氏阴性菌。2% ~ 5% 的溶液作为消毒剂用于器械和室内外喷雾消毒及粪便消毒，0.5% 的溶液可用于消毒皮肤、桌面及用具等。

来苏尔是甲酚（对甲酚、间甲酚、邻甲酚）与肥皂的混合物，其 2% 浓度用于皮肤消毒，4% 浓度用于器械、地面、排泄物消毒。

（2）醇类　醇类具有较强的杀菌能力。最常用的是乙醇，其杀菌力与浓度有关。70% 的乙醇是有效的皮肤消毒剂，杀菌力强，它的杀菌机制是使蛋白质变性和溶解脂肪，使细胞膜破裂。乙醇同时也是强的脱水剂。丙醇、丁醇、戊醇均有更强的杀菌效力，但价格昂贵又不与水混溶；甲醇对组织有毒性，故一般不作为消毒剂。

（3）甲醛　醛类的作用主要使蛋白质烷基化，改变酶或蛋白质的活性，使细菌的生长受到抑制或死亡。常用的醛类是甲醛。甲醛是气体，是一种非常有效的杀菌剂，对微生物的营养细胞和孢子同样有效。0.1% ~ 0.2% 的甲醛溶液能杀死细菌繁殖体，5% 的甲醛溶液能杀死芽孢。40% 的水溶液称福尔马林，具有抑菌和杀菌作用。生产中常以 2% 的甲醛溶液浸泡器械或以 10% 的溶液熏蒸消毒厂房，但使用时应注意其蒸气具有强烈的刺激性，应用时应注意操作。

（4）表面活性剂　表面活性剂可以破坏菌体细胞膜的结构，造成胞内物质泄漏、蛋白质变性、菌体死亡。肥皂是脂肪酸的钠盐，为常用阴离子表面活性剂，其主要作用是机械性地移去微生物；新洁尔灭是人工合成的季胺盐阳离子表面活性剂，高度稀释时具抑菌作用，稀释度小时具杀菌作用，同时它也有去污作用，是一种有效而无毒的消毒剂，常用于皮肤、器皿及空气的消毒，使用浓度为 0.1% ~ 0.25%。

四、影响灭菌和消毒的因素

由于微生物的种类、菌龄、细胞的构造和所处的环境不同，所以会造成灭菌、消毒的效果差异。下面就一些主要的影响因素加以叙述。

（一）不同的微生物对热的抵抗力和对消毒剂的敏感性不同

细菌、酵母菌的营养体、霉菌的丝状体对热较敏感，60℃加热 30min 就可以杀死。而抗热性很强的好热性脂肪芽孢杆菌营养细胞在 80℃还可以生长。噬菌体比寄主细胞的抗热性强，大肠杆菌 60℃加热 30min 可以被杀死，但大肠杆菌噬菌体需要 100℃加热 10min 才能被破坏。

放线菌、酵母菌、霉菌的孢子比营养细胞抗热性强，在 80 ~ 90℃加热 30min 以上才能被杀死。细菌芽孢的抗热性更强，如枯草芽孢杆菌的芽孢在 100℃加热 20min 方被杀死。

不同的微生物对消毒剂有不同的敏感性，这主要是与其细胞的结构有关。消毒剂只有透入细胞膜，使蛋白质发生变化，才能有杀菌作用。例如抗酸性菌对消毒剂的抵抗力较非抗酸性菌强。

不同菌龄的细胞，其抗热性、抗毒力也不同，在同一温度下，对数期的菌体细胞抗热力、抗毒力较小，稳定期的老龄细胞抗性较大。

（二）灭菌处理剂量对微生物的影响

灭菌处理剂量包含有两个量，一是处理时的强度；二是处理方法对微生物的作用时间。所谓强度，在加热灭菌中指灭菌的温度；在辐射灭菌中指辐射的剂量；在化学药剂消毒中指的是药物的浓度。一般来说，强度越高，作用时间越长，对微生物的影响越大，灭菌程度越彻底。在实际工作中，必须明确灭菌所需的强度和时间，并在操作中充分地加以保证。

（三）微生物污染程度对灭菌的影响

待灭菌的物品中含菌数越多时，灭菌越是困难，灭菌所需的时间和强度均应增加。这是因为微生物群集在一起，加强了机械保护作用，而且抗性强的个体增多了的缘故。

（四）温度的影响

除了加热灭菌完全依靠温度作用外，其他灭菌方法也都受到温度变化的影响。一般来说，在以上所提到的几种灭菌方法中，温度越高，灭菌效果越好。菌液被冰冻时，灭菌效果则显著降低。

（五）湿度的影响

熏蒸消毒、喷洒干粉、喷雾与空气的相对湿度合适时，灭菌效果最好。例如喷洒干粉时，只有在较高的相对湿度下，才能使药物潮解，发挥作用。

此外，在干燥的环境中，微生物被介质包被而受到保护，使电离辐射的作用受到限制，这时，灭菌所需的电离辐射剂量就必须加强了。

（六）酸碱度的影响

大多数的微生物在酸性或碱性溶液中，比在中性溶液中容易被杀死。例如，pH 低时，微生物对电离辐射更为敏感，灭菌所需时间缩短。

另外，酸碱度的变化还会严重影响杀菌因子的作用。如戊二醛、新洁尔灭在碱性条件下杀菌效果好，而含氯消毒剂、酚类消毒剂则在酸性条件下使用效果较好。

（七）介质对灭菌的影响

微生物所依附的介质对灭菌效果影响较大。介质成分越复杂，灭菌所需的强度越大。培养基中的蛋白质、糖和脂肪等物质对微生物都有一定的保护作用。这些物质包围在微生物外面，可防止各种消毒灭菌因子的穿透，并且消耗掉一些灭菌因子。条件许可时，应将需灭菌的物品先清洗，然后再灭菌。

（八）穿透条件的影响

杀菌因子只有同微生物细胞相接触，才可发挥作用。在灭菌时，必须创造穿透条件，保证杀菌因子的穿透。例如，固体培养基不易穿透，灭菌时所需时间应较液体培养基时间长。湿热蒸汽的穿透能力比干热强。环氧乙烷的穿透能力比甲醛强。

高浓度的石炭酸和酒精能凝固细胞膜的表层或其周围的蛋白质，从而影响它们渗入微生物体内的能力。因此，必须在使用时注意石炭酸和酒精的合适浓度。

（九）氧的影响

氧的存在能加强电离辐射的杀菌作用。当有氧存在时，产生的 H· 可与氧产生有强氧化作用的 $H_2O$· 和 $H_2O_2$，与无氧照射时相比，杀菌作用要强 2.5 ~ 4 倍。

## 知识链接三　培养基的类型

培养基的分类

由于不同微生物的营养需求不同，培养基种类繁多，根据其成分、物理状态和用途可将培养基分成多种类型。我们可以根据不同的使用目的、培养要求选择使用适当的培养基。

一、按成分不同划分

（一）天然培养基

天然培养基也称非化学限定培养基或综合培养基。凡以天然有机物配制而成的培养基称为天然培养基。牛肉膏蛋白胨培养基和麦芽汁培养基就属于此类。

天然培养基配制方便，营养丰富，而且也较经济，适合于各类异养微生物生长，并适于大量生产。缺点是它们的具体成分不清楚，不同单位生产的或同一单位不同批次所提供的产品成分也不稳定，因而不适合于某些试验的要求，一般自养型微生物却不能在这类培养基上生长。

常用的天然有机营养物质包括牛肉浸膏、蛋白胨、酵母浸膏（表 4–45）、豆芽汁、麦曲汁、玉米粉、土壤浸液、麸皮、马铃薯、牛乳、血清等。天然培养基成本较低，除在实验室经常使用外，也适于用来进行工业上大规模的微生物发酵生产。

**表 4–45　　牛肉膏、蛋白胨及酵母浸液的来源及主要成分**

| 营养物质 | 来源 | 主要成分 |
| --- | --- | --- |
| 牛肉浸膏 | 瘦牛肉组织浸出汁浓缩而成的膏状物质 | 富含水溶性糖类、有机氮化合物、维生素、盐等 |
| 蛋白胨 | 将肉、酪素或明胶用酸或蛋白酶水解后干燥而成的粉末状物质 | 富含有机氮化合物，也含有一些维生素和糖类 |
| 酵母浸液 | 酵母细胞的水溶性提取物浓缩而成的膏状物质 | 富含 B 族维生素，也含有有机含氮化合物和糖类 |

（二）合成培养基

合成培养基是由化学成分完全了解的物质配制而成的培养基，也称化学限定培养基，高氏一号培养基和查氏培养基就属于此类。这种培养基的成分精确，重复性好，但与天然培养基相比成本较高，价格较贵，微生物在其中生长速度较慢，许多异养型微生物营养要求复杂，在合成培养基上不能很好生长，所以不适于大量生产。一般适于在实验室用来进行有关微生物营养需求、代谢、分类鉴定、生物量测定、菌种选育及遗传分析等方面的研究工作。例如用以培养氧化硫杆菌的培养基：

| | | | |
|---|---|---|---|
| 硫黄粉 | 10g | $(NH_4)_2SO_4$ | 0.2g |
| $MgSO_4 \cdot 7H_2O$ | 0.5g | $FeSO_4$ | 0.01g |
| $CaCl_2$ | 3g | $H_2O$ | 1000mL |

（三）半合成培养基

以天然的有机物作为碳源、氮源及生长素的来源的同时，适当补充一些成分已知的化学药品所配制的培养基叫半合成培养基。大多数微生物都能在此种培养基上生长，应用广泛。例如常用的马铃薯葡萄糖培养基，很多霉菌都生长良好。

二、根据物理状态划分

根据培养基中凝固剂的有无及含量的多少，可将培养基划分为固体培养基、半固体培养基和液体培养基三种类型。

（一）固体培养基

在液体培养基中加入一定量的凝固剂，在一般培养温度下呈固体状态的培养基即为固体培养基。此外，一些天然固体营养物质制成的培养基也属于固体培养基，如麸皮、米糠、木屑、马铃薯块、胡萝卜等制成的培养基。还有在营养基质上覆盖滤纸或滤膜制成的。

理想的凝固剂应具备以下条件：①不被所培养的微生物分解利用；②在微生物生长的温度范围内保持固体状态；③凝固剂凝固点不能太低，否则将不利于微生物的生长；④凝固剂对所培养的微生物无毒害作用；⑤凝固剂在灭菌过程中不会被破坏；⑥透明度好，黏着力强；⑦配制方便且价格低廉。常用的凝固剂有琼脂、明胶和硅胶。表 4–46 列出琼脂和明胶的比较。

对绝大多数微生物而言，琼脂是最理想的凝固剂，琼脂是由藻类（海产石花菜）中提取的一种高度分支的复杂多糖，主要由琼脂糖和琼脂胶两种多糖组成。大多数微生物不能降解琼脂，灭菌过程中不会被破坏，且价格低廉；明胶是由胶原蛋白制备得到的产物，是最早用来作为凝固剂的物质，但由于其凝固点太低，而且某些细菌和许多真菌产生的特异性胞外蛋白酶以及梭菌产生的特异性胶原酶都能液化明胶，目前已较少作为凝固剂；硅胶是由无机的硅酸钠（$Na_2SiO_3$）及硅酸钾（$K_2SiO_3$）被盐酸及硫酸中和凝聚而成的胶体，它不含有机物，适合配制分离与培养自养型微生物的培养基。

**表 4–46　　琼脂和明胶的比较**

| 品种 | 成分 | 融点 /℃ | 凝固点 /℃ | 特点 | 来源 |
|---|---|---|---|---|---|
| 琼脂 | 胶质多糖<br>70% 琼脂糖<br>30% 琼脂胶 | 82 ~ 100 | 28 ~ 40 | 能被酸水解<br>能反复凝固 | 海藻 |
| 明胶 | 蛋白质 | 28 ~ 35 | 20 | 能被胰蛋白酶液化 | 兽骨 |

固体培养基为微生物的生长提供了一个营养表面，在这个营养表面上微生物能形成单个菌落，因此固体培养基在微生物分离、鉴定、计数、保藏等方面起着非常重要的作用。

（二）半固体培养基

半固体培养基中凝固剂的含量比固体培养基少，培养基中琼脂含量一般为0.2% ~ 0.7%。半固体培养基常用来观察微生物的运动特征，厌氧菌的培养，分类鉴定及噬菌体效价测定等。

（三）液体培养基

在用液体培养基培养微生物时，通过振荡或搅拌可以增加培养基的通气量，同时使营养物质分布均匀。液体培养基常用于大规模工业生产以及在实验室进行微生物的基础理论及应用方面的研究。

三、按用途划分

（一）基础培养基

尽管不同微生物的营养需求各不相同，但大多数微生物所需要的基本营养物质是相同的。基础培养基是含有一般微生物生长繁殖所需的基本营养物质的培养基。牛肉膏蛋白胨培养基是最常用的培养细菌基础培养基。基础培养基也可以作为一些特殊培养基的基础成分，再根据某种微生物的特殊营养需求，在基础培养基中加入所需营养物质。

（二）加富培养基

加富培养基也称营养培养基，即在基础培养基中加入某些特殊营养物质制成的一类营养丰富的培养基，这类特殊营养物质包括血液、血清、酵母浸液、动植物组织液等。加富培养基一般用来培养营养要求比较苛刻的异养型微生物，如培养百日咳博德氏菌需要含有血液的加富培养基。加富培养基还可以用来富集和分离某种微生物，这是因为加富培养基含有某种微生物所需的特殊营养物质，该种微生物在这种培养基中较其他微生物生长速度快，并逐渐富集而占优势，逐步淘汰其他微生物，从而容易达到分离该种微生物的目的。从某种意义上讲，加富培养基类似于选择培养基，二者区别在于，加富培养基是用来增加所要分离的微生物的数量，使其形成生长优势，从而分离到该种微生物；选择培养基则一般是抑制不需要的微生物的生长，使所需要的微生物增殖，从而达到分离所需微生物的目的。

（三）鉴别培养基

鉴别培养基是用于鉴别不同类型微生物的培养基。在培养基中加入某些特殊化学物质，某种微生物在培养基中生长后能产生某种代谢产物，而这种代谢产物可以与培养基中的特殊化学物质发生特定的化学反应，产生明显的特征性化学变化，根据这种特征性变化，可将该种微生物与其他微生物区分开来。鉴别培养基主要用于微生物的快速分离鉴定，以及分离和筛选产生某种代谢产物的微生物菌种，常用的一些鉴别培养基如表 4–47 所示。

表 4–47　一些鉴别培养基

| 培养基名称 | 加入化学物质 | 微生物代谢产物 | 培养基特征性变化 | 主要用途 |
| --- | --- | --- | --- | --- |
| 酪素培养基 | 酪素 | 胞外蛋白酶 | 蛋白水解圈 | 鉴别产蛋白酶菌株 |
| 明胶培养基 | 明胶 | 胞外蛋白酶 | 明胶液化 | 鉴别产蛋白酶菌株 |
| 油脂培养基 | 食用油、吐温、中性红指示剂 | 胞外脂肪酶 | 由淡红色变成深红色 | 鉴别产脂肪酶菌株 |
| 淀粉培养基 | 可溶性淀粉 | 胞外淀粉酶 | 淀粉水解圈 | 鉴别产淀粉酶菌株 |
| $H_2S$ 试验培养基 | 醋酸铅 | $H_2S$ | 产生黑色沉淀 | 鉴别产 $H_2S$ 菌株 |
| 糖发酵培养基 | 溴甲酚紫 | 乳酸、醋酸、丙酸等 | 由紫色变成黄色 | 鉴别肠道细菌 |
| 远藤氏培养基 | 碱性复红、亚硫酸钠 | 酸、乙醛 | 带金属光泽深红色菌落 | 鉴别水中大肠菌群 |
| 伊红美蓝培养基 | 伊红、美蓝 | 酸 | 带金属光泽深紫色菌落 | 鉴别水中大肠菌群 |

（四）选择培养基

选择培养基是用来将某种或某类微生物从混杂的微生物群体中分离出来的培养基。根据不同种类微生物的特殊营养需求或对某种化学物质的敏感性不同，在培养基中加入相应的特殊营养物质或化学物质，抑制不需要微生物的生长，有利于所需微生物的生长。

这类培养基具有使混合样中的劣势菌变成优势菌的功能，广泛用于菌种筛选等工作中。例如添加青霉素的培养基能够抑制革兰氏阳性细菌的生长；分离真菌用的马丁氏培养基中添加有抑制细菌生长的孟加拉红、链霉素等；又如采用中性及偏碱性的培养基，有利于细菌和放线菌的生长，同时抑制了真菌的生长。

在实际应用中，有时需要配制既有选择作用又有鉴别作用的培养基。例如，当要分离金黄色葡萄球菌时，在培养基中加入 7.5%NaCl、甘露糖醇和酸碱指示剂，金黄色葡萄球菌可耐高浓度 NaCl，且能利用甘露糖醇产酸。因此，能在上述培养基生长，而且菌落周围培养基颜色发生变化，则该菌落有可能是金黄色葡萄球菌，再通过进一步鉴定加以确定。

（五）其他

除上述 4 种主要类型外，培养基按用途划分还有很多种，比如：分析培养基常用来分析某些化学物质的浓度，还可用来分析微生物的营养需求；还原性培养基专门用来培养厌氧微生物；组织培养物培养基含有动、植物细胞，用来培养病毒、衣原体、立克次氏体及某些螺旋体等专性活细胞寄生的微生物。

## 知识链接四　微生物的营养

微生物的营养是微生物生理学的重要内容，主要包括营养物质在微生物生命活动过程中的生理功能，以及微生物细胞从外界环境摄取营养物质的具体机制。为了生存，微生物必须从环境中吸取营养物质，通过新陈代谢将其转化成自身新的细胞物质或代谢物，并从中获取生命活动所必需的能量，使机体进行正常的生长繁殖。那些能满足微生物机体生长、繁殖和完成各种生理活动所需的物质称为营养物质，而微生物获得和利用营养物质的过程称为营养。营养物质是微生物生存的物质基础，而营养是微生物维持和延续其生命形式的一种生理过程。

一、微生物细胞的化学组成

（一）化学元素

构成微生物细胞的物质基础是各种化学元素，分析表明，微生物细胞和其他高等动植物细胞一样，也是由主要元素和微量元素组成。主要元素包括碳、氢、氧、氮、磷、硫、钾、镁、钙等，其中碳、氢、氧、氮、磷、硫这 6 种主要元素可占细胞干重的 97%（表 4–48）。微量元素包括锌、锰、钠、氯、钼、钴、铜、硼等。

组成微生物细胞的各种化学元素也不是绝对不变的，它往往与菌龄、培养条件、环境及生理特性有关。例如幼龄或在氮源丰富的培养基上生长的细胞含氮量较高，铁细菌、硫细菌和海洋细菌则含有较高的硫、铁、钠、氯等元素。

**表 4–48**　**细胞中几种主要元素的含量**　单位：%（干重）

| 元素 | 细菌 | 酵母菌 | 霉菌 |
|---|---|---|---|
| 碳 | 50 | 49.8 | 47.9 |
| 氮 | 15 | 12.4 | 5.2 |
| 氢 | 8 | 6.7 | 6.7 |
| 氧 | 20 | 31.1 | 40.2 |
| 磷 | 3 | — | — |
| 硫 | 1 | — | — |

（二）化学成分

微生物细胞中的化学元素主要以有机物、无机盐和水的形式存在于细胞中。有机物主要包括蛋白质、糖、脂、核酸、维生素以及它们的降解产物和一些代谢产物等物质；无机盐则是参与有机物组成或单独存在于细胞原生质内（表 4–49）。

表 4-49　微生物细胞干物质中灰分元素含量　单位：%

| 灰分元素 | 固氮菌 | 醋酸细菌 | 酵母菌 | 霉菌 |
|---|---|---|---|---|
| $P_2O_5$ | 4.95 | 2.71 | 3.54 | 4.85 |
| $SO_3$ | 0.29 | — | 0.039 | 0.11 |
| $K_2O$ | 2.41 | 1.282 | 2.34 | 2.81 |
| $Na_2O$ | 0.07 | 0.164 | — | 1.12 |
| MgO | 0.82 | 0.48 | 0.428 | 0.38 |
| CaO | 0.89 | 0.642 | 0.383 | 0.19 |
| $Fe_2O_3$ | 0.08 | 0.624 | 0.035 | 0.16 |
| $SiO_2$ | — | 0.036 | 0.093 | 0.04 |
| CuO | — | 0.099 | — | — |

水是细胞中的一种主要成分，一般可占细胞重量的 70% ~ 90%。细胞内的有机质、无机质和水等物质共同赋予细胞的遗传连续性、通透性和生化活性。

二、微生物营养构成及其功能

微生物需要从外界获得营养，而营养来源非常广泛，根据营养物质在机体中生理功能的不同，可将它们分为碳源、氮源、能源、生长因子、无机盐和水 6 大要素物质。

（一）碳源

碳是微生物细胞需要量最大的元素。凡可构成微生物细胞和代谢产物中碳素来源的营养物质称为碳源。碳源物质在细胞内经过机体的一系列复杂的化学变化后可成为微生物自身的细胞物质（如糖、脂、蛋白质等）和代谢产物，或为机体提供维持生命活动所需的能源。因此，碳源物质通常也是机体生长的能源物质。

微生物可利用的碳源种类很多，从简单的无机碳到复杂的有机碳化合物都能被利用。不同营养类型微生物能利用的碳源不同。

自养型微生物能以 $CO_2$ 作为主要碳源或唯一碳源来合成各种物质。$CO_2$ 是一个彻底被氧化了的物质，当被还原成为有机的碳水化合物时，需要能量。光能自养型菌，如蓝细菌经光合作用获得能量。化能自养型菌，如硝化细菌则利用无机物氧化放出的化学能。因此自养微生物的碳源和能源分别来自不同物质。

异养型微生物的碳源是有机碳化合物，同时也作为能源。它们能利用的碳源种类很多，但其中糖类（葡萄糖、果糖、乳糖、淀粉、糊精等）是微生物最广泛利用的碳源。糖类中单糖优于双糖，己糖优于戊糖；葡萄糖、蔗糖通常作为培养微生物的主要碳源；在多糖中，淀粉可以为大多数微生物所利用，纤维素能为少数微生物所利用；糖、有机酸和脂类的利用次于糖类。

微生物种类不同，利用碳源的能力也不同，有的能广泛地利用不同类型的碳源物质，而有些微生物可利用的碳源物质则比较少，例如假单胞菌属中的某些种可利用多达90种以上的碳源物质，而一些甲基营养型微生物只能利用甲醇或甲烷等一碳化合物作为碳源物质。微生物利用的碳源物质主要有糖类、有机酸、醇、脂类、烃、$CO_2$及碳酸盐等。

（二）氮源

凡是构成微生物细胞物质或代谢产物中氮素来源的营养物质称为氮源。细胞的干物质中氮的含量仅次于碳和氧，氮是组成核酸和蛋白质的重要元素，因此，氮对于微生物的生长发育有重要作用。能被微生物利用作为氮源的物质十分广泛，可分为无机氮源和有机氮源，前者包括氨、氨盐和硝酸盐等无机含氮化合物，后者包括尿素、氨基酸、嘌呤和嘧啶等有机含氮化合物。实验室中常用的氮源物质有碳酸铵、硝酸盐、硫酸铵、胰酪蛋白、牛肉膏、酵母膏、蛋白胨等。生产上常用豆饼粉、花生饼粉、鱼粉、蚕蛹粉、玉米浆、麸皮等原料作为氮源。

微生物吸收利用铵盐和硝酸盐的能力较强，$NH_4^+$被细胞吸收后可直接被利用，因而$(NH_4)_2SO_4$等铵盐一般被称为速效氮源，而$NO_3^-$被吸收后需进一步还原成$NH_4^+$后再被微生物利用。许多腐生型细菌、肠道菌、动植物致病菌可利用铵盐或硝酸盐作为氮源，例如大肠杆菌、产气肠杆菌、枯草芽孢杆菌、铜绿假单胞菌等均可利用硫酸铵和硝酸铵作为氮源，放线菌可以利用硝酸钾作为氮源，霉菌可以利用硝酸钠作为氮源。以$(NH_4)_2SO_4$等铵盐为氮源培养微生物时，由于$NH_4^+$被吸收，会导致培养基pH下降，因而将其称为生理酸性盐；以硝酸盐（如$KNO_3$）为氮源培养微生物时，由于$NO_3^-$被吸收，会导致培养基pH上升，因而将其称为生理碱性盐。为避免培养基pH变化对微生物生长造成不利影响，需要在培养基中加入缓冲物质。

对于许多微生物来说，既可以利用无机含氮化合物作为氮源，也可以利用有机含氮化合物作为氮源。例如土霉素生产菌在生产过程中既可以利用$(NH_4)_2SO_4$，也可以利用玉米浆、黄豆饼粉、花生饼粉作为氮源，而且它们利用硫酸铵与玉米浆的速度比利用黄豆饼粉与花生饼粉的速度快。

（三）能源

能源是指能为微生物的生命活动提供最初能量来源的营养物质或辐射能。微生物的能源谱如下：

- 能源谱
  - 化学物质（化能营养型）
    - 有机物：化能异养微生物的能源（同碳源）
    - 无机物：化能自养微生物的能源（不同于碳源）
  - 辐射能（光能营养型）：光能自养和光能异养微生物的能源

化能异养微生物的碳源即为能源。能作化能自养微生物能源的物质都是一些还原态的无机物，例如 $NH_4^+$、$NO_2^-$、S、$H_2S$、$H_2$ 和 $Fe^{2+}$ 等，能氧化利用这些物质的微生物大都是原核微生物，例如硝酸细菌、亚硝酸细菌、硫化细菌、硫细菌、氢细菌和铁细菌等。

在提到能源时，很容易看到一种营养物常有一种以上营养要素功能的例子，即除单功能营养物外，还存在双功能、三功能营养物的情况。例如，辐射能是单功能的，还原态无机养料是双功能（如 $NH_4^+$ 既是硝酸细菌的能源，又是其氮源），甚至还是三功能（能源、氮源、碳源）的营养物；有机物常有双功能或三功能作用，例如“N、C、H、O”类营养物质常是异养微生物的能源、碳源兼氮源。

（四）生长因子

生长因子通常指那些微生物生长所必需而且需要量很小，但微生物自身不能合成或合成量不足以满足机体生长需要的有机化合物。各种不同的微生物需要的生长因子的种类和数量是不同的。一般来说，生长因子包括维生素、氨基酸、嘌呤和嘧啶及其衍生物、卟啉及其衍生物、固醇、胺类以及脂肪酸等。而狭义的生长因子一般仅指维生素。

生长因子的主要功能是提供微生物的重要化学物质（蛋白质、核酸和脂质）、辅因子（辅酶和辅基）的组分和参与代谢。

各种微生物所需要的生长因子各不相同，有的需要多种，有的仅需要一种（表 4–50），有的不需要。微生物所需的生长因子也会随条件的变化而变化，如在培养基中是否有前体物质、通气条件、pH 和温度等条件都会影响微生物对生长因子的需求。

**表 4–50　　某些微生物生长所需的生长因子**

| 微生物 | 生长因子 | 需要量 /mL |
|---|---|---|
| 弱氧化醋酸杆菌 | 对氨基苯甲酸<br>烟碱酸 | 1 ~ 10ng<br>3μg |
| 丙酮丁醇梭菌 | 对氨基苯甲酸 | 0.15ng |

续表

| 微生物 | 生长因子 | 需要量 /mL |
|---|---|---|
| 第Ⅲ型肺炎球菌 | 胆碱 | 6μg |
| 肠膜状明串珠菌 | 吡哆醛 | 0.025μg |
| 金黄色链球菌 | 硫胺素 | 0.5ng |
| 肠膜状乳杆菌 | 胱氨酸 | 5μg |
| 白喉杆菌 | β－丙氨酸 | 1.5μg |
| 破伤风梭状芽孢杆菌 | 脲嘧啶 | 0 ~ 4μg |
| 阿拉伯聚糖乳杆菌 | 烟碱酸<br>泛酸<br>甲硫氨酸 | 0.1μg<br>0.02μg<br>10μg |
| 粪链球菌 | 叶酸<br>精氨酸 | 200μg<br>50μg |
| 戴氏乳杆菌 | 色氨酸<br>胸腺核苷 | 8μg<br>0 ~ 2μg |
| 干酪乳杆菌 | 生物素<br>麻黄素 | 1ng<br>0.05μg |

（五）无机盐

存在生物体内的各种元素，除碳、氢、氧和氮主要以有机化合物的形式存在外，其余的各种元素，无论其含量多少，统称为无机盐。无机盐是微生物生长必不可少的一类营养物质，它们在机体中的生理功能主要是作为酶活性中心的组成部分、维持生物大分子和细胞结构的稳定性、调节并维持细胞的渗透压平衡、控制细胞的氧化还原电位和作为某些微生物生长的能源物质等（表 4–50）。微生物生长所需的无机盐一般有磷酸盐、硫酸盐、氯化物以及含有钠、钾、钙、镁、铁等金属元素的化合物。

在微生物的生长过程中还需要一些微量元素，微量元素是指那些在微生物生长过程中起重要作用，而机体对这些元素的需要量极其微小的元素，通常需要量在 $10^{-6}$ ~ $10^{-8}$mol/L（培养基中含量）。微量元素一般参与酶的组成或使酶活化。

如果微生物在生长过程中缺乏微量元素，会导致细胞生理活性降低甚至停止生长。由于不同微生物对营养物质的需求不尽相同，微量元素这个概念也是相对的。微量元素通常混杂在天然有机营养物、无机化学试剂、自来水、蒸馏水、普通玻璃器皿中，如果没有特殊原因，在配制培养基时没有必要另外加入微量元素。值得注意的是，许多微量元素是重金属，如果它们过量，就会对机体产生毒害作用，而且单独一种微量元素过量产生的毒害作用更大，因此有必要将培养基中微量元素的量控制在正常范围内，并注意各种微量元素之间保持恰当比例。

（六）水

水是微生物细胞的主要组成部分，占细胞干重的 70% ~ 90%，水在代谢过程中起着重要的作用。水在机体中的生理功能主要有：①起到溶剂和运输介质的作用，营养物质的吸收与代谢产物的分泌必须以水为介质才能完成；②参与细胞内一系列化学反应；③维持蛋白质、核酸等生物大分子稳定的天然构象；④因为水的比热容高，是热的良好导体，能有效地吸收代谢过程中产生的热，并及时地将热迅速散发出体外，从而有效地控制细胞内温度的变化；⑤保持充足的水分使细胞维持自身正常形态的重要因素；⑥微生物通过水合作用与脱水作用控制由多亚基组成的结构，如酶、微管、鞭毛及病毒颗粒的组装与解离。

水在细胞中的存在形式有两种：结合水和游离水。结合水与溶质或其他分子结合在一起，很难加以利用；游离水则可以被微生物利用。

微生物生长的环境中水的有效性，常以水活度 $A_W$ 表示，水活度指在相同的温度和压力条件下，体系中溶液的水蒸气压与同等条件下纯水蒸气压之比，即 $A_W=p/p_0$（$p$ 表示溶液的蒸气压，$p_0$ 表示纯水蒸气压）。纯水的 $A_W$ 为 1.00，溶液中溶质越多，$A_W$ 越小。微生物一般在 $A_W$ 为 0.60 ~ 0.99 的条件下生长，$A_W$ 过低时，微生物生长的迟缓期延长，生长速率降低，总生长量减少。微生物种类不同，其生长的最适 $A_W$ 不同（表 4–51）。一般而言，细菌生长最适 $A_W$ 较酵母菌和霉菌高，而嗜盐微生物生长最适 $A_W$ 则最低。

**表 4–51　几种微生物生长最适 $A_W$**

| 微生物 | $A_W$ | 微生物 | $A_W$ |
|---|---|---|---|
| 一般细菌 | 0.91 | 嗜盐细菌 | 0.76 |
| 酵母菌 | 0.88 | 嗜盐真菌 | 0.65 |
| 霉菌 | 0.80 | 嗜高渗酵母 | 0.60 |

## 知识链接五 微生物的营养类型

根据微生物生长所需要的能源、供氢体和碳源的不同，可以将微生物的营养类型归纳为光能自养型、光能异养型、化能自养型、化能异养型等四种类型，如表 4–52 所示。

**表 4–52** **微生物的营养类型**

| 营养类型 | 能源 | 供氢体 | 基本碳源 | 实例 |
| --- | --- | --- | --- | --- |
| 光能自养型（光能无机营养型） | 光能 | 无机物 | $CO_2$ | 蓝细菌、紫硫细菌、绿硫细菌、藻类 |
| 光能异养型（光能有机营养型） | 光能 | 有机物 | $CO_2$ 及简单有机物 | 红螺菌科的细菌（紫色无硫细菌） |
| 化能自养型（化能无机营养型） | 化学能（无机物 *） | 无机物 | $CO_2$ | 硝化细菌、硫化细菌、铁细菌、氢细菌、硫黄细菌等 |
| 化能异养型（化能有机营养型） | 化学能（有机物氧化） | 有机物 | 有机物 | 绝大多数细菌和全部真核微生物 |

* 指 $NH_4^+$、$NO_2^-$、S、$H_2S$、$Fe^{2+}$、$H_2$ 等。

### 一、光能自养型

光能自养型微生物利用光能作为所需要的能源，以 $CO_2$ 为唯一碳源或主要碳源，还原 $CO_2$ 的供氢体是还原态无机化合物（$H_2O$、$H_2S$、$Na_2S_2O_3$ 等）。其主要是一些蓝细菌、绿硫细菌、红硫细菌等少数微生物，它们含一种或几种光合色素（叶绿素或菌绿素），能将光能转变成化学能，供机体直接利用。其光合作用可概括为：

$$CO_2+2H_2S \xrightarrow[\text{光合色素}]{\text{光能}} [CH_2O]+2S+H_2O$$

### 二、光能异养型

光能异养型微生物以光为能源，具有光合色素，需要有机物作为碳源和供氢体。它们也能利用 $CO_2$，但不能作为唯一碳源，所以不同于利用 $CO_2$ 作为唯一碳源的自养型。

例如：红螺菌利用异丙醇作为供氢体，进行光合作用，将 $CO_2$ 还原成细胞物质，并积累丙酮：

$$2\left.\begin{matrix}H_3C\\H_3C\end{matrix}\right\rangle CHOH+CO_2 \xrightarrow[\text{光合色素}]{\text{光能}} 2CH_3COCH_3+[CH_2O]+H_2O$$

光能异养型微生物在生长时大多数需要外源的生长因子。

三、化能自养型

化能自养型微生物利用无机物氧化放出的化学能作为能源，能以 $CO_2$ 或碳酸盐作为唯一碳源或主要碳源。常见的化能自养微生物有硫化细菌、硝化细菌、氢细菌、铁细菌、一氧化碳细菌和甲烷氧化细菌等。它们分别以硫、还原态硫化物、氨、亚硝酸、氢、二价铁、一氧化碳和甲烷作为能源和供氢体，使 $CO_2$ 还原成细胞物质。

例如：硫细菌通常以 $H_2S$、S、$S_2O_3^{2-}$ 等还原态无机硫化物氧化获得能量，其反应式为：

$$H_2S+2O_2 \longrightarrow SO_4^{2-}+2H^+$$

$$2S+2H_2O+3O_2 \longrightarrow 2SO_4^{2-}+4H^+$$

$$S_2O_3^{2-}+H_2O+2O_2 \longrightarrow 2SO_4^{2-}+2H^+$$

硫细菌等从还原态无机化合物的氧化作用中得到将 $CO_2$ 合成细胞物质所需的能量与还原力，所以是好氧化能自养型。产甲烷菌大多数能自养生活，属厌氧化能自养细菌，它们以 $H_2$ 作为能源和供氢体，以 $CO_2$ 作为碳源生长，其反应式为：

$$CO_2+8H^+ \longrightarrow CH_4+2H_2O$$

化能自养微生物广泛分布于土壤和水域，对自然界的物质转换起重要作用。

四、化能异养型

化能异养型微生物的能源来自有机物氧化所产生的化学能，碳源和供氢体也是有机化合物。所以对于化能异养微生物来说，有机碳化合物是兼有能源和碳源功能的双功能营养物。自然界中的微生物大多数属于此类。

化能异养微生物根据所利用的有机物的特征又可分成腐生微生物和寄生微生物。其中腐生微生物利用无生命的生物物质，而寄生微生物则是寄生在生活的细胞中，利用活的有机体内的营养物质。除此以外还存在既可以腐生又可以寄生的中间类型，称为兼性腐生或兼性寄生。如结核杆菌和痢疾志贺菌是以腐生为主，是兼营寄生的兼性寄生菌。

上述营养类型的划分不是绝对的，它们在不同条件生长时，往往可以相互转变。例如，红螺菌在有光和厌养的条件下为光能营养型，而在黑暗中与有氧的条件下，则能利用有机物氧化所产生的化学能生长，成了化能营养型。又如氢细菌，在缺乏有机质的环境中以自养生活，而在供给合适的有机物时，它们便利用有机的碳源，则是化能异养型。

## 知识链接六 营养物质吸收方式

营养物质能否被微生物利用的一个决定性因素是这些营养物质能否进入微生物细胞。只有营养物质进入细胞后才能被微生物细胞内的新陈代谢系统分解利用，进而使微生物正常生长繁殖。细胞的表面为细胞壁和细胞膜，而细胞壁只对大颗粒物质起阻挡作用，在物质进出细胞中作用不大。细胞膜由于具有高度选择通透性而在营养物质进入与代谢产物排出的过程中起着十分重要的作用。细胞膜具有磷脂双分子层结构，一般来说，物质的脂溶程度越高，越容易透过细胞膜。另外，物质的通透性也与物质的大小有关，气体和小分子物质比较容易透过细胞膜。而许多大分子物质如糖类、氨基酸、核苷酸及许多细胞代谢产物都是非脂溶性的，按道理说，它们很难透过细胞膜。但是，在膜上转运蛋白的辅助下，这些物质照样可以自由进出细胞。细胞膜运送营养物质的方式主要有4种，即：单纯扩散、促进扩散、主动运输和基团移位。

一、单纯扩散

单纯扩散又称被动运输或被动扩散，是指物质顺浓度梯度，在无载体蛋白参与下，以扩散进入细胞的方式，这是物质进出细胞的最简单的一种方式。扩散是非特异性的，但原生质膜上的含水小孔的大小和形状对参与扩散的营养物质分子有一定的选择性。物质在扩散过程中，既不与膜上的各类分子发生反应，自身分子结构也不发生变化。扩散是一种最简单的物质跨膜运输方式，为纯粹的物理学过程，在扩散过程中不消耗能量，物质扩散的动力来自参与扩散的物质在膜内外的浓度差，营养物质不能逆浓度运输。物质扩散的速率随原生质膜内外营养物质浓度差的降低而减小，直到膜内外营养物质浓度相同时才达到一个动态平衡。

由于原生质膜主要由磷脂双分子层和蛋白质组成，而且膜上分布有含水小孔，膜内外表面为极性表面，中间为疏水层，因而物质跨膜扩散的能力和速率与该物质的性质有关，相对分子质量小、脂溶性、极性小的物质易通过扩散进出细胞。另外，温度高时，原生质膜的流动性增加，有利于物质通过扩散进出细胞，而pH与离子强度通过影响物质的电离程度而影响物质的扩散速率。

扩散并不是微生物细胞吸收营养物质的主要方式，水是唯一可以通过扩散自由通过原生质膜的分子，脂肪酸、乙醇、甘油、苯、一些气体分子（$O_2$、$CO_2$）及某些氨基酸在一定程度上也可通过扩散进出细胞。

二、促进扩散

促进扩散指物质借助存在于细胞膜上的特异性载体蛋白的协助，顺浓度梯度进入细胞的方式。与单纯扩散一样，促进扩散也是一种被动的物质跨膜运输方式，在这个过程中不消耗能量，参与运输的物质本身的分子结构不发生变化，不能进行逆浓度运输，运输速率与膜内外物质的浓度差成正比。

促进扩散与单纯扩散的主要区别在于通过促进扩散进行跨膜运输的物质需要借助于载体的作用才能进入细胞，而且每种载体只运输相应的物质，具有较高的专一性。某些载体蛋白只运输一种分子，如葡萄糖载体蛋白只运转葡萄糖；大多数载体蛋白只转运一类分子，如转运芳香族氨基酸的载体蛋白不转运其他氨基酸。载体蛋白像“渡船”一样把溶质从细胞膜的一侧运送到另一侧，运输前后载体本身不发生变化，它的存在只是加快了运输过程，并不改变该物质在膜内外形成的动态平衡状态，被运输物质在膜内外浓度差越大，促进扩散的速率越快，但是当被运输物质浓度过高而使载体蛋白饱和时，运输速率就不再增加，这些性质类似于酶的性质，因此载体蛋白也称为透过酶或渗透酶。

通过促进扩散进入细胞的营养物质主要有氨基酸、单糖、维生素及无机盐等，这种特异性的扩散通常在微生物处于高营养物质浓度的情况下发生，并且主要在真核微生物中存在。例如，葡萄糖通过促进扩散进入酵母菌细胞；在原核生物中比较少见，但发现甘油可通过促进扩散进入沙门氏菌、志贺氏菌等肠道细菌细胞。

三、主动运输

主动运输是指通过细胞膜上特异性载体蛋白构型变化，同时消耗能量，使膜外低浓度物质进入膜内的一种物质运送方式。主动运输是广泛存在于微生物中的一种物质运输方式，与单纯扩散及促进扩散这两种被动运输方式相比，主动运输的一个重要特点是在物质运输过程中需要消耗能量，而且可以进行逆浓度运输。在主动运输过程中，运输物质所需能量来源因微生物不同而不同，好氧微生物与兼性厌氧微生物直接利用呼吸能，厌氧微生物利用化学能（ATP），光合微生物利用光能，嗜盐微生物通过紫膜利用光能。主动运输与促进扩散类似之处在于物质运输过程中同样需要载体蛋白，载体蛋白通过构象变化而改变与被运输物质之间的亲和力大小，使两者之间发生可逆性结合与分离，从而完成相应物质的跨膜运输，区别在于主动运输过程中的载体蛋白构象变化需要消耗能量。

主动运输是微生物吸收营养物质的一种主要方式，很多无机离子、有机离子和一些糖类（乳糖、葡萄糖、麦芽糖等）是通过这种方式进入细胞的，对于很多生存于低浓度营养环境中的微生物来说，主动运送是影响其生存的重要营养吸收方式。

四、基团移位

基团移位是指被运输的物质在膜内受到化学修饰，以被修饰的形式进入细胞的物质运输方式。基团移位也有特异性载体蛋白参与并需要消耗能量。基团移位与其他主动运输方式的不同之处在于它有一个复杂的运输系统来完成物质的运输，而物质在运输过程中发生化学变化。基团移位主要存在于厌氧和兼性厌氧细菌中，主要用于糖的运输，脂肪酸、核苷、碱基等也通过这种方式运输。

以葡萄糖为例，其特点是每输入一个葡萄糖分子，就要消耗一个 ATP 的能量。运送的机制是依靠磷酸转移酶系统，即磷酸烯醇式丙酮酸－己糖磷酸转移酶系统。其运送的步骤为：

（1）稳定蛋白（HPr）的激活　细胞内高能化合物磷酸烯醇式丙酮酸（PEP）的磷酸基团把 HPr 激活。

$$\text{PEP+HPr} \xrightarrow{\text{酶 1}} \text{丙酮酸 +P–HPr}$$

HPr 是一种低分子质量的可溶性蛋白质，结合在细胞膜上，具有高能磷酸载体的作用。酶 1 是一种可溶性的细胞质蛋白。

（2）糖被磷酸化后被运入膜内，膜外环境中的糖先与外膜表面的酶 2 结合，再被转运到内膜表面。这时，糖被 P–HPr 上的磷酸激活，通过酶 2 的作用把糖－磷酸释放到细胞内。

$$\underset{\text{（细胞外）}}{\text{P–HPr+ 糖}} \xrightarrow{\text{酶 2}} \underset{\text{（细胞内）}}{\text{糖 –P+HPr}}$$

酶 2 是一种结合于细胞膜上的蛋白，它对底物具有特异性选择作用，因此细胞膜上可诱导出一系列与底物分子相应的酶 2。

由于膜对于大多数极性的磷酸化合物有高度的不渗透性，所以，磷酸化后的糖不易再流出细胞，马上可以进入分解代谢。

五、四种运输方式的比较

四种运输方式的比较如图 4–46 与表 4–53 所示。

六、大量运输

有些原生动物细胞可以通过吞噬作用主动运输一些大分子、颗粒物质、液体物质，甚至其他细胞，这称为大量运输。这些物质是以内吞的方式被携带进细胞的，包括通过胞饮作用进入细胞，之后形成吞噬液泡或吞噬小泡。内吞作用是指被运输的大分子物质与膜上的某种蛋白质有特异的亲和力，吸附在膜上，这部分膜内陷形成小囊，并将该物质包围在里面，小囊随即从质膜上分离下来形成小泡，并进入细胞内部。内吞作用包括两种方式：内吞的物质为固体的称为吞噬作用；内吞的物质为液体的称为胞饮作用。

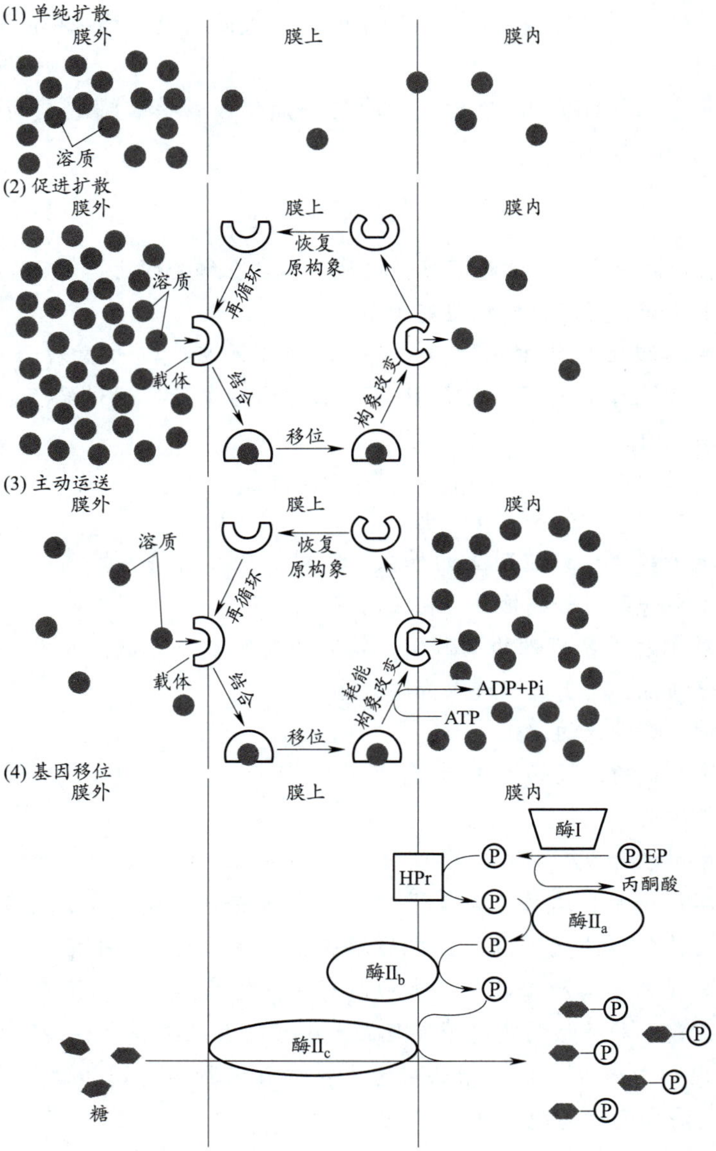


图 4-46　营养物质进入细胞的四种方法

表 4–53　　四种运输方式的比较

| 比较项目 | 单纯扩散 | 促进扩散 | 主动运输 | 基团移位 |
|---|---|---|---|---|
| 特异载体蛋白 | 无 | 有 | 有 | 有 |
| 运送速度 | 慢 | 快 | 快 | 快 |
| 溶质运送方向 | 由浓至稀 | 由浓至稀 | 由稀至浓 | 由稀至浓 |
| 平衡时内外浓度 | 内外相等 | 内外相等 | 内部浓度高得多 | 内部浓度高得多 |
| 运送分子 | 无特异性 | 特异性 | 特异性 | 特异性 |
| 能量消耗 | 不需要 | 不需要 | 需要 | 需要 |
| 运送前后溶质分子 | 不变 | 不变 | 不变 | 改变 |
| 载体饱和效应 | 无 | 有 | 有 | 有 |
| 与溶质类似物 | 无竞争性 | 有竞争性 | 有竞争性 | 有竞争性 |
| 运送抑制剂 | 无 | 有 | 有 | 有 |
| 运送对象举例 | $H_2O$、$CO_2$、$O_2$、甘油、乙醇、少数氨基酸、盐类、代谢抑制剂 | $SO_3^{2-}$、$PO_4^{3-}$、糖（真核生物） | 氨基酸、乳糖等糖类，$Na^+$、$Ca^{2+}$等无机离子 | 葡萄糖、果糖、甘露糖、嘌呤、核苷、脂肪酸等 |

## 知识链接七　微生物生长概念

一个微生物细胞在合适的外界环境条件下，不断地吸收营养物质，并按其自身的代谢方式进行新陈代谢。如果同化作用的速度超过了异化作用，则其原生质的总量（质量、体积、大小）就不断增加，于是出现了个体的生长现象。如果这是一种平衡生长，即各细胞组分是按恰当的比例增长时，达到一定程度后就会发生繁殖，从而引起个体数目的增加，这时，原有的个体逐渐发展成一个群体。随着群体中各个个体的进一步生长，就引起了这一群体的生长，这可从其质量、体积、密度或浓度作指标来衡量。所以：

个体生长→个体繁殖→群体生长

群体生长＝个体生长＋个体繁殖

微生物生长的测定

这里需要强调的是，上述微生物个体生长的阶段性，对于单细胞微生物来说是不明显的，往往在个体生长的同时，伴随着个体的繁殖，这一特点，在细菌快速生长阶段尤为突出。除了特定的目的以外，在微生物的研究和应用中，只有群体生长才有实际意义。因此，在微生物学中提到的“生长”，一般均指群体生长，这一点与研究高等生物时有所不同。

## 知识链接八　微生物群体生长的规律及在生产中的指导意义

### 一、单细胞微生物的生长曲线

单细胞微生物的生长和繁殖所导致的群体生长，即表现为细胞数目的增加。把一定量的细菌或酵母菌，接种于一定容积的液体培养基中，在适宜的温度下培养时，它的生长过程具有一定的规律性。如果以培养时间为横坐标，单细胞增长数目的对数（生长速度）为纵坐标，所绘制的曲线则称为单细胞微生物生长曲线。生长曲线反映了典型的微生物群体生长过程（即从生长开始到全部死亡）的规律。

分析单细胞微生物的生长曲线，大致可划分为四个阶段（图 4–47）。

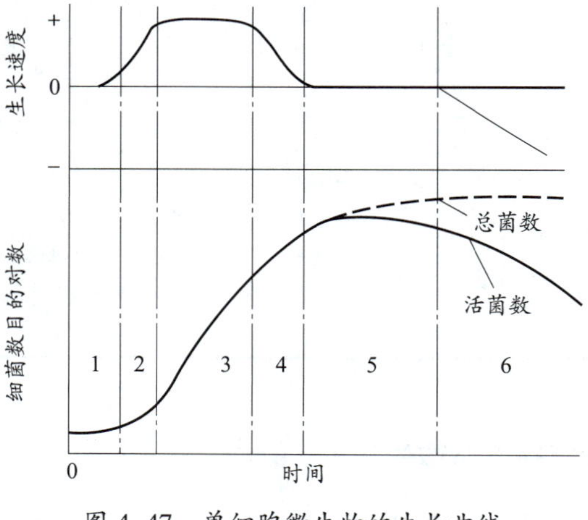


图 4–47　单细胞微生物的生长曲线

1、2—延迟期　3、4—对数生长期　5—稳定期　6—衰亡期

微生物生长
繁殖规律

#### （一）延迟期（适应期）

将细胞接种到新鲜培养基中，在开始的一段时间里，处于新的生长环境适应期，细胞的数量维持恒定，或增加很少，则将这个时期称为延迟期。此时细胞重新调整其大分子与小分子物质的组成，包括酶和细胞结构成分，因而又称调整期或适应期。这个时期细胞的生理特点是：①生长速率常数几乎等于零；②菌体内含物明显增加，细胞个体体积增加，尤其是杆菌；③细胞内 RNA 尤其是 rRNA 含量增高，原生质呈嗜碱性；④菌体的代谢机能非常活跃，产生特异性的酶、辅酶及某些中间代谢产物以适应环境的变化；⑤对外界不良条件（如 NaCl 溶液浓度、

温度和抗生素等化学药物）的反应敏感，抵抗力较弱。

影响延迟期长短的因素很多，除菌种外主要有三个，如下所示。

1. 菌种的菌龄

菌龄即“种子”的群体生长年龄，也即它处在生长曲线上的哪个阶段，这是一种生理年龄。实验证明，如果以对数期的“种子”接种，则子代培养的适应期就短，如果以稳定期的“种子”接种，则适应期就相对较长。

2. 接种量

接种量的大小明显影响适应期的长短。一般说来，接种量大，则适应期短，反之则长。因此在发酵工业上，为缩短不利于提高发酵效率的适应期，一般采用1/10的接种量。

3. 培养基成分

接种到营养丰富的天然培养基中的微生物要比接种到营养单调的合成培养基中的适应期短。新接种的培养基与菌种的原培养基越接近，适应期就越短。所以，在发酵生产中，常使发酵培养基的成分与种子培养基的成分尽量接近。

产生延迟期的原因，认为是微生物接种到一个新的环境，细胞中一时还缺乏分解或催化有关底物的酶，或是缺乏充足的中间代谢物。为产生诱导酶或合成有关的中间代谢物，就需要有一段适应期，于是出现了生长的适应期。

（二）对数生长期

细菌细胞适应了新环境后，以最快速度生长，细胞数目以几何级数增加，这一时期称为对数生长期，又称指数生长期。在这一时期细胞增长数目即以 $1 \rightarrow 2 \rightarrow 4 \rightarrow 8\cdots$ 或表示为 $2^1 \rightarrow 2^2 \rightarrow 2^3 \rightarrow 2^4 \cdots 2^n$ 的速度增加，其中指数 $n$ 代表细胞分裂的世代数目。

在对数期，根据细胞增加的总数可以计算出细胞分裂一次所需要的时间——代时（又称世代时间，以 $G$ 表示），单位时间内繁殖的代数——生长速率（以 $R$ 表示）。

设对数期 $t_1$ 时刻的菌数为 $N_1$，由于二分裂值，所以经过 $n$ 次分裂后，$t_2$ 时刻的菌数为 $N_2=N_1 \cdot 2^n$，即：$\lg N_2=\lg N_1+n\lg 2$

因此繁殖代数：$n=\dfrac{\lg N_2-\lg N_1}{\lg 2}$

代时为：$G=\dfrac{t_2-t_1}{n}$

生长速率：$R=\dfrac{n}{t_2-t_1}$

对数期有以下几个特点：①生长速率常数 R 最大，因而细胞每分裂一次所需的代时 $G$ 或原生质增加一倍所需的倍增时间最短；②细胞进行平衡生长，细胞生长粗壮、整齐、大小比较一致、生活力强，菌体内各种成分最为均匀；③酶系统活跃，代谢旺盛，对理化因素影响敏感，因此是研究菌体的最佳时期。

影响指数期微生物增代时间的因素很多，主要有：①菌种；②营养成分；③营养物浓度：在营养物浓度很低的情况下，营养物的浓度才会影响生长速率，随着营养物浓度的逐步增高，生长速率不受影响，而只影响最终的菌体总量；④培养温度。

（三）稳定期

随着细胞的不断生长繁殖，培养基中营养物质逐渐消耗，代谢产物逐渐积累，pH 等环境变化，使得细胞的生长速率逐渐下降直至零，此时细胞的繁殖速度和死亡速度相等，细胞总数达到最高点并维持稳定，此时期称为稳定期或平衡期。

在稳定期，细胞开始贮存糖原、异染颗粒和脂肪等贮藏物；多数芽孢杆菌在这时开始形成芽孢；有的微生物在稳定期时还开始合成抗生素等次生代谢产物。在发酵工业中许多发酵产品主要在此阶段形成和积累，此时也是对连续培养技术的设计和研究的重要时期。

稳定期到来的原因主要是：①营养物尤其是生长限制因子的耗尽；②营养物质比例失调，如 C/N 比值不合适等；③酸、碱、毒素或 $H_2O_2$ 等有害代谢产物的积累；④pH、氧化还原电势等物化条件越来越不适宜等。

（四）衰亡期

细胞经过稳定期后，培养基中营养成分逐渐耗尽，代谢产物大量积累，代谢过程中的有毒物也逐步积累，环境的 pH 及氧化还原电位等条件越来越不适合细胞的生长，此时菌体死亡速度大于新生的速度，即整个群体呈负生长，活细胞数明显下降。这时，细胞形态多样，例如会产生很多膨大、不规则的退化形态，出现空泡，内含物减少；有的细胞因蛋白酶活力增强或溶菌酶作用而发生自溶；有的会产生次生代谢物，如抗生素、色素等；在芽孢杆菌中，芽孢释放往往也发生在这一时期。

产生衰亡期的原因主要是外界环境对继续生长越来越不利，从而引起细胞内的分解代谢大大超过合成代谢，继而导致菌体死亡。

以上是细菌细胞正常生长经过的各个生长期。酵母的生长情况基本类似，而菌丝状微生物（霉菌、放线菌）则没有明显的对数生长期，特别在工业发酵过程中一般只经过三个阶段：①生长停滞期：即孢子萌发或菌丝长出芽体；②迅速生长期：菌丝长出枝，形成菌丝体，菌丝质量迅速增加，由于它不是单细胞繁殖，因此没有对数生长期；③衰亡期：菌丝体质量下降，出现空泡及自溶现象。

由此可见，微生物生长曲线是描述微生物在一定环境中进行生长、繁殖和死亡的规律的试验曲线。这条生长曲线可作为生长状态的研究指标，又可以作为控制发酵生产的理论依据。

## 二、微生物生长规律对工业生产的指导意义

### （一）缩短延迟期

微生物接种后则进入延迟期。在工业发酵和科研中延迟期会增加生产周期而产生不利的影响，为提高设备的利用率及降低生产成本则需缩短延迟期，其采取的措施是：①通过遗传学方法改变种的遗传特性使延迟期缩短；②利用对数生长期的细胞作为“种子”；③尽量使接种前后所使用的培养基组成不要相差太大；④在种子培养基中加入某些发酵培养基的成分，使微生物细胞更快适应新环境；⑤适当扩大接种量等方式缩短延迟期，克服不良的影响。

### （二）把握对数期

处于对数期的微生物，其个体的形态和生理特性比较一致，代谢旺盛，生长速度恒定，是研究代谢和遗传的良好材料，将对数期的菌体作种子，可以缩短发酵周期、提高设备的利用率。因此，采取各种措施，如连续不断地流入新鲜的培养基，并以相关速度移走积累起来的有害代谢物，尽量延长对数期可提高发酵生产效率，这也就是工业上连续发酵的基本原理。

### （三）延长稳定期

微生物发酵形成产物的过程与细胞生长过程不总是一致的。对于需获取初级代谢产物，如氨基酸、核苷酸、乙醇等的发酵，这些产物的形成往往与微生物细胞的生长过程同步［图 4–48（1）］，因此在稳定期的末期为最佳收获期。

对于另一些需获得次级代谢产物，如抗生素、维生素、色素、生长激素等的发酵来说，这些产物的形成与微生物细胞生长过程不同步［图 4–48（2）］，它们形成产物的高峰往往在稳定期的后期或在衰亡期。

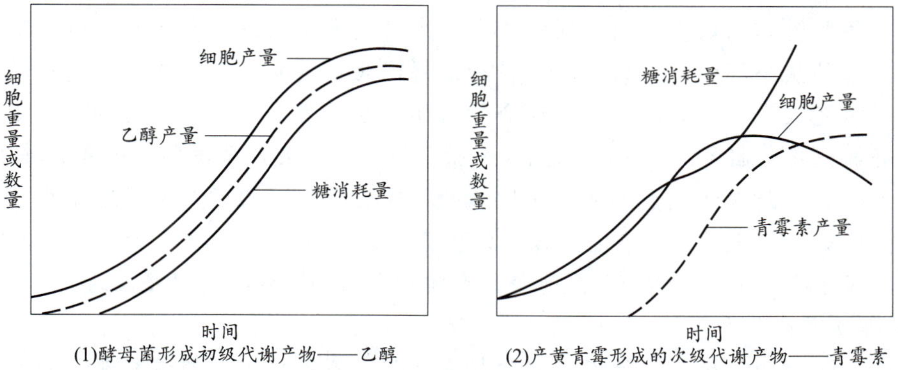


图 4–48　代谢产物和微生物细胞形成过程的关系

### （四）监控衰亡期

微生物在衰亡期，细胞活力明显下降，同时由于逐渐积累的代谢毒物，可能

会与代谢产物起某种反应或影响提纯，或使其分解。因而必须掌握时间，在适当的时候结束发酵。

## 知识链接九　微生物与生物环境之间的关系

在自然界中，微生物除受理化环境影响之外，同样也受生物环境的影响。自然界中的微生物极少单独存在，总是较多种群聚集在一起，当微生物的不同种类或微生物与其他生物出现在一个限定的空间内时，它们之间互为环境，相互影响，既有相互依存又有相互排斥，表现出相互间复杂的关系，但从总的方面来看，大体上可分为以下 4 种关系。

（一）互生关系

互生是指两种可以单独生活的生物，当它们生活在一起时，通过各自的代谢活动互相提供或仅由一方提供有利条件的现象称为互生。因此，这是一种“可分可合，合比分好”的相互关系。

土壤中分解纤维素的微生物和固氮菌之间的关系就是互生关系。如：分解纤维素的微生物能分解纤维素产生有机酸，不利于自身的生长，而固氮菌可用有机酸作为碳源和能源来固定大气中的单质氮，并将固定后的有机氮化物供分解纤维素的微生物作为氮源，双方互为对方创造生活条件。

根际微生物与高等植物之间也存在着互生关系。根系向周围土壤中分泌有机酸、糖类、氨基酸、维生素等物质，这些物质是根际微生物的重要营养来源和能量来源。另外根系的穿插，使根际的通气条件和水分状况比根际外良好，温度也比根际外的略高一些。因此根际是一个对微生物生长有利的特殊生态环境。根际微生物的活动，不但加速了根际有机物质的分解，而且旺盛的固氮作用、菌体的自溶和产生的一些生长刺激物等，既为植物提供了养料，又能刺激植物的生长。有些根际微生物还能产生杀菌素，可以抑制植物病原菌的生长。

人体肠道正常菌群与宿主间的关系，主要是互生关系。人体为肠道微生物提供了良好的生态环境，使微生物能在肠道得以生长繁殖。同时这些肠道中的正常菌群能够完成多种代谢反应的，这会对人体的生长发育非常有好处的。例如，多种核苷酶反应，固醇的氧化、酯化、还原、转化、合成蛋白质和维生素等作用的。还有人体本身是无法完成某些生化过程的，这些生化过程都是由肠道微生物来完成的。比如，维生素 K、维生素 $B_1$、维生素 $B_2$、维生素 $B_6$、维生素 $B_{12}$ 的合成等。另外，人体肠道中的正常菌群还可抵御和排斥外来肠道致病菌的侵入的。

（二）共生关系

共生是指两种生物生活在一起，相互依赖，不可缺少，创造相互有利的营养和生活条件，甚至形成一个具有特异形态结构的生理整体，达到难分难解、合二为一，但彼此分离，两者就不能很好地生活的一种相互关系。微生物间的共生关系可以认为是互生关系的高度发展。

地衣是微生物间共生的典型例子，它是藻类和真菌的共生体。藻类进行光合作用，为真菌提供有机营养，而真菌则以其产生的有机酸去分解岩石中的某些成分，为藻类提供所必需的矿质元素，真菌为藻类提供支持物使其免受风雨的冲刷，而且有助于藻类吸收水分以免干燥。

另外，豆科植物与根瘤菌之间的关系，反刍动物与瘤胃微生物之间的关系，也都是共生关系。

（三）寄生关系

所谓寄生，一般指一种小型生物生活在另一种较大型生物的体内或体表，从中取得营养并进行生长繁殖，并且在一定条件下会损害或杀死另一种生物的现象。前者称为寄生物，后者称为寄主或宿主。

有些寄生物一旦脱离寄主就不能生长繁殖，这类寄生物称为专性寄生物。有些寄生物在脱离寄主以后营腐生生活，这些寄生物称为兼性寄生物。

植物、动物的病原微生物与植物、动物之间的关系，噬菌体与细菌、放线菌之间的关系就是寄生关系。

此外，细菌与真菌，真菌与真菌之间也存在着寄生关系。土壤中存在着一些溶真菌细菌，它们侵入真菌体内，生长繁殖，最终杀死寄主真菌，造成真菌菌丝的溶解。

能在人体或动物体内寄生的微生物很多，主要是细菌、真菌和病毒。这些微生物常能引起寄主致病或死亡。如果它们寄生于人和有益动物体内，则对人类不利；如果寄生于有害动物体内，则对人类有利，并可加以利用。目前利用昆虫病原微生物防治农业害虫，已成为生物防治的一个重要方面。

（四）拮抗关系

拮抗是指一种微生物在其生命活动过程中，产生某种代谢产物或改变环境条件，从而抑制其他微生物的生长繁殖，甚至杀死其他微生物的现象。

根据拮抗作用的选择性，可将微生物之间的拮抗关系分为非特异性拮抗关系和特异性拮抗关系两类。

非特异性拮抗关系是指抑制作用没有一定的专一性。如酸菜、泡菜和青贮饲料的制作过程中，由于乳酸菌的大量繁殖产生了大量的乳酸，使环境的 pH 下降，使得大多数不耐酸的腐败菌不能生长，即对不耐酸的细菌均有抑制作用。酵母菌在无氧条件下产生大量的乙醇，同样对其他微生物有一定的抑制作用。

特异性拮抗关系是指有些微生物在其生命活动过程中，能够产生某种抗生素，具有选择性地抑制或杀死其他微生物的作用。如青霉菌产生的青霉素抑制革兰氏阳性菌，链霉菌产生的链霉素抑制酵母菌和霉菌等。抗生素在医疗方面意义重大，在畜牧业、食品保藏方面也有应用。

（五）其他关系

生物间的相互作用是既多样又复杂的。微生物与微生物及微生物与其他生物之间的关系除了上述几种主要关系之外还存在着其他多种关系。如竞争关系，是指两种生物因生长所需营养物质或环境因子有某些相似或相同之处，因而在一起生活时会彼此竞争地获取营养物质或有利的环境条件。竞争关系是一种很普遍的生物之间的关系。两种生物竞争的结果是：适应性强的微生物最终占优势，而适应性差的微生物则处于劣势，甚至最终消失。除此之外还有捕食关系。捕食一般指一种大型的生物直接捕捉、吞食另一种小型生物以满足其营养需要的相互关系。在微生物间的捕食关系主要是原生动物吞食细菌和藻类的现象。这种捕食关系在污水净化和生态系统的食物链中都具有重要的意义。

## 知识链接十　菌种的退化及其防治与复壮

菌种退化的概念、原因及防治

一、菌种退化

生产菌株生产性状的劣化或遗传研究菌株遗传标记的丢失均称为菌种退化。菌种退化涉及微生物的形态和生理等多方面的变化。例如产生孢子能力的丧失，发酵液中产物组成改变，主产物减少和副产物增加等。菌种退化是指细胞群体的变化，而不是指单个细胞的变化。当发生自发变异的单个细胞与其他细胞一起移接入新鲜培养基时，由于细胞生理、代谢调节及产生产物的不同，在某些培养条件下，发生自发变异退化细胞的数量可能逐渐增多，经过多次传代能使此变异类型完全占优势而导致细胞群体的退化。因此菌种退化是一个逐渐发展的过程。环境条件可以影响菌种退化的速率，不利环境往往加速突变型生产菌向野生型方向退化。但这种退化还需从群体细胞的生产性状来分析，单纯环境条件如碳源、氮源、pH、温度等造成生产性状的下降是因批而异的，下一次发酵可以完全恢复正常，菌种本身并没有变化，这不是退化。同样，由于杂菌污染导致生产性状下降也不是退化，通过采取对设备的清洗、维修、重新杀菌等一系列措施，加强无菌操作，可以避免杂菌的继续污染。只有菌株本身性状的劣化，才是退化。

（一）菌种退化的原因

菌种退化的一个重要原因是基因突变。与控制生产性状有关的基因的负突变可造成生产性状的严重劣化。以工业生产核苷酸或氨基酸的营养缺陷型菌种为例，缺陷型基因发生回复突变可使产量性状下降很大。这种个别细胞的回复突变频率很低，但由于具有生长优势，在传代过程中在数量比例上上升很快，尽管此时就斜面菌种而言退化细胞还只是少数，但发酵过程中这少数菌的存在会使退化性状表现强烈，成为事实上的退化菌种。

培养或菌种保藏条件可以从多方面影响菌种的退化。这种影响可以通过对自发突变率的影响来表现，也可在不改变基因的情况下表现。从自发突变的角度看，陈旧的培养物中可能积累对微生物有毒害作用的物质而提高突变率，温度上升也有利于突变，某些营养成分的不足可促进野生型回复突变株的生长优势。比如将米曲霉的酪蛋白酶高产菌株 YLysF（黄色分生孢子，Lys-）与低产菌株 wleuf（白色分生孢子，Leu-）混合接种于含酪蛋白的培养基中，培养在带取样支管的生长管中进行，菌丝长到生长管另一端后，从不同取样口取分生孢子样，则可测定分生孢子类型，表现随着生长时间延长，F 型核在异核体中的比例很快上升，在培养基中，如不是加酪蛋白而是酪蛋白水解液，则两种类型核的比例不发生明显的倾向性变化。同样，由泡盛曲霉的变异菌株糖化酶产生株在不同培养基上传代的结果可以看出培养条件的影响。在马铃薯葡萄糖培养基上传代酶产量降低极少，而在麦汁酵母膏培养基上传到第 10 代，产酶能力降至 1/4 左右。可见传代引起菌种退化与培养基组成的关系很密切。

（二）菌种退化的防治

根据菌种退化原因的分析，可以制定出一些防治退化的措施，主要从以下四方面考虑。

1. 采用适宜的菌种选育方法

由于多核微生物诱变及单核微生物单链突变后均会发生分离回复，在选育菌种时应使用单核细胞，避免对多核细胞进行处理；采用较高剂量可使单链突变而使另一单链丧失作为模板的能力，减少分离回复。同时，在诱变处理后进行充分的后培养及分离纯化，以保证保藏菌种纯粹，不再发生分离回复。增加突变位点也能达到防止退化的效果。

2. 采用有效的菌种保藏方式

保藏温度影响自发突变，且影响细胞活力。斜面保藏于 4℃时，突变的可能性大，且斜面保藏一般每 3 个月到半年需传代 1 次，这对菌种不利。因此，作为生产菌株需同时采用斜面保藏和其他的保藏方式，如冷冻干燥孢子、砂土管及液氮保存等，后几种方式可大大减少传代的次数。斜面保藏菌也应使每次传代的斜面足够生产上使用相当长时间，以减少传代次数。保藏所用的斜面培养基组成应根据不同菌种的特性加以选择。

3. 创造良好的菌种培养条件

各种变异的生产菌株对培养条件的要求和敏感性不同。要满足变异菌株的生长要求，并控制培养条件防止菌种退化：①给予营养缺陷型菌适当的营养必需成分可以降低回复突变频率；②给予抗性菌以一定浓度的药物，可以使回复的敏感型菌株的生长受到抑制，而生产菌能正常生长；③控制培养基中氮源或碳源的性质，使之有利于生产菌株而不利于退化菌株的生长，从而限制退化菌株的数量上升；④改变培养 pH、温度等条件防止退化。如栖土曲霉 3.942 培养中，使培养温度由 28 ~ 30℃提高到 30 ~ 34℃防止了产孢子能力的衰退。由于微生物生长可使培养基成分发生变化，积累有毒害性物质，因此生产中应避免使用陈旧的培养物作为种子。

4. 采用有效的菌种管理措施

菌种传代与管理

菌种管理不仅在于保藏，还应做好传代和使用工作，尽量避免不必要的移种和传代，并将必要的传代降低到最低限度，以减少细胞分裂过程中所产生的自发突变。传代时，要利用不易衰退的细胞进行传代，如丝状菌一般采用孢子传代，尽量避免利用菌丝传代，而交替使用分生孢子和子囊孢子传代等也可防止退化等。同时还应做好菌种的复壮、分离及纯化等工作，定期有针对性地进行分离纯化是极重要的。纯化可以用琼脂平板划线分离、稀释分离的方法，从单菌落性状中去除退化的菌落，保留原有典型形态的菌落。对于纯化所得单菌落还需作生产性状测试，以保证性能优良。更精细的操作是单孢子分离，使用显微操作器或菌丝尖端分离移植等达到纯化的目的。利用生产菌株的遗传标记，如营养缺陷型及抗性等，进行与筛选时类似的方法进行生长谱平板检查、药物浓缩或抗性平板生长等也是纯化的方法。使已部分退化的菌种接触一些恶劣环境，如药物、低温及高温等，往往可以起到淘汰生活力弱，留下强壮菌株的作用；但对缺陷型等生产菌株，淘汰失去生活力的往往是生产菌株本身，因此要做具体分析。

5. 经常进行分离纯化

无论是在育种时，还是在生产使用时，经常进行单细胞的分离纯化，进行生产性能测定是很重要的。这样可以及时淘汰低产菌株，保证菌种纯种，是防止退化的有效措施。

二、菌种的复壮

使衰退的菌种重新恢复原来的优良性状称为复壮，复壮的方法主要有以下几种。

菌种接收与存放

1. 纯种分离

通过纯种分离，可把退化菌种细胞群体中一部分仍保持原有典型性状的单细胞分离出来，经扩大培养，就可恢复原菌株的典型性状。常用的分离纯化方法有平板稀释法、单细胞或单孢子分离法等。

2. 通过寄主体进行复壮

对于寄生性的退化菌株，可回接到相应寄主体上，以恢复或提高其寄生性能。例如，根瘤菌属经人工移接，结瘤固氮能力减退，将其回接到相应豆科寄主植物上，令其侵染结瘤，再从根瘤中分离出根瘤菌，其结瘤固氮性能就可恢复，甚至提高。

3. 淘汰已衰退的个体

例如对“5406”放线菌的分生孢子，采用 −30 ~ −10℃处理 5 ~ 7d，其死亡率达 80%，在抗低温的存活个体中，留下了未退化的健壮个体。

以上介绍了一些在实践中收到一定效果的防止衰退和达到复壮的方法和经验。

但必须强调的是，在采取这类措施之前，要仔细分析和判断一下菌种是发生了衰退，还是仅属一般性的表型变化，或只是杂菌的污染而已。只有针对不同的情况，才能使复壮工作奏效。

## 知识链接十一　微生物育种方法

一、自发突变与育种

1. 生产中选育菌株

在日常生产过程中，微生物也会以一定频率发生自发突变。富于实际经验和善于细致观察的人们就可及时抓住这类良机来选育优良的生产菌株。例如，从污染噬菌体的发酵液中有可能分离到抗噬菌体的新菌株。

2. 定向培育优良菌株

定向培育是指用某一特定因素长期处理某一微生物培养物，同时不断对它们进行传代，以达到累积并选择相应的自发突变体的一种古老的育种方法。由于自发突变的频率较低，变异程度较轻微，所以培育新种的过程十分缓慢。与诱变育种、杂交育种和基因工程技术相比，定向培育法带有“守株待兔”的性质，除某些抗性突变外，一般要相当长的时间。由于这类育种费时费力，工作被动，加之效果又很难预测，因此早已被各种现代育种技术所取代。

二、诱变育种

诱变育种是指利用物理或化学透变剂处理均匀分散的微生物细胞群，促进其突变频率大幅度提高，然后设法采用简便、快速和高效的筛选方法，从中挑选少数符合育种目的的突变株，以供生产实践或科学实验之用。诱变育种具有极其重要的实践意义，当前发酵工业和其他微生物生产部门所使用的高产菌株，几乎都是通过透变育种而大大提高了生产性能的。其中最突出的例子就是青霉素生产菌株的选育。1943 年，产黄青霉每毫升发酵液只产生约 20U 的青霉素，通过透变育种和其他措施配合，目前的发酵单位已比原来提高了 600 ~ 800 倍，达到每毫升 5 万 ~ 10 万 U。

诱变育种除能提高产量外，还可达到改进产品质量、扩大品种和简化生产工艺等目的，故仍是目前使用最广泛的育种手段之一。

1. 诱变育种的基本路线

以选育在生产实践中最重要的高产突变株为例。概括表示如下：

出发菌株 —诱变→
- 绝大多数个体死亡
- 少数存活
  - 多数未变
  - 少数突变
    - 多数负变
    - 少数正变
      - 多数幅度小
      - 少数幅度大
        - 多数不宜投产
        - 少数适宜投产

2. 诱变育种的原则

（1）挑选优良的出发菌株　出发菌株就是用于育种的原始菌株。出发菌株适合，育种工作效率就高。参考以下实际经验选用出发菌株：①以单倍体纯种为出发菌株，可排除异核体和异质体的影响；②采用具有优良性状的菌株，如生长速度快、营养要求低以及产孢子早而多的菌株；③选择对诱变剂敏感的菌株。由于有些菌株在发生某一变异后，会提高对其他诱变因素的敏感性，故可考虑选择已发生其他变异的菌株为出发菌株；④许多高产突变往往要经过逐步累积的过程，才变得明显，所以有必要多挑选一些已经过诱变的菌株为出发菌株，进行多步育种，确保高产菌株的获得。

（2）处理单孢子（或单细胞）悬液　在诱变育种中，所处理的细胞必须是均匀状态的单细胞悬液。分散状态的细胞可以均匀地接触诱变剂，又可避免长出不纯菌落。由于在许多微生物的细胞内同时含有几个核，所以即使用单细胞悬浮液处理，还是容易出现不纯的菌落。有时，虽然处理的是单核的细胞或孢子，但由于诱变剂一般只作用于DNA双链中的某一条单链，故某一突变无法反映在当代的表型上。经过DNA的复制和细胞分裂，表型才会发生变异，出现不纯菌落，这就叫表型延迟。不纯菌落的存在，也是诱变育种工作中初分离的菌株经传代后很快出现生产性状“衰退”的主要原因。

由于上述原因，故在诱变霉菌或放线菌时，应处理它们的孢子；对芽孢杆菌则应处理它们的芽孢（因芽孢只有一个核质体，而其营养体一般有两个核质体）。

细胞的生理状态对诱变处理也会产生很大的影响。细菌在对数期诱变处理效果较好；霉菌或放线菌的分生孢子一般都处于休眠状态，所以培养时间的长短对孢子影响不大，但稍加萌发后的孢子则可提高诱变效率。

在实际工作中，要得到均匀分散的细胞悬液，通常可用无菌的玻璃珠来打散成团的细胞，然后再用脱脂棉过滤。

（3）选择简便有效、最适剂量的诱变剂　目前常用的诱变剂主要有紫外线（UV）、硫酸二乙酯、*N*-甲基-*N'*-硝基-*N*-亚硝基胍（NTG或MNNG）和亚硝基甲基脲（NMU）等。后两种因有突出的诱变效果，所以被誉为“超诱变剂”。

各种诱变剂有不同的剂量，用强度×时间表示，化学诱变剂的剂量则以在一定温度下诱变剂的浓度和处理时间来表示。在育种实践中，常采用杀菌率来作各种诱变剂的相对剂量。

诱变剂的作用：①提高突变的频率；②扩大产量变异的幅度；③使产量变异向正变（即提高产量的变异）或负变（即降低产量的变异）的方向移动（图4-49）。凡在高诱变率的基础上既能扩大变异幅度，又能促使变异移向正变范围的剂量，就是合适的剂量。

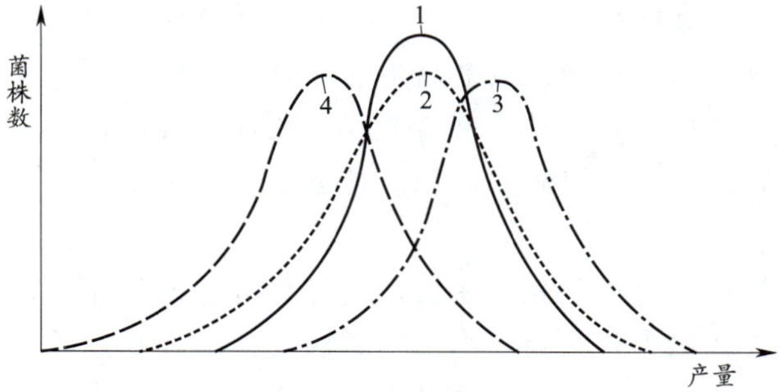


图 4-49　诱变剂的剂量对产量变异的影响

1—未经诱变剂的处理　2—变异幅度扩大　3—正变占优势　4—负变占优势

要确定一个合适的剂量，通常要进行多次试验。根据对紫外线、X 射线和乙烯亚胺等诱变效应的研究结果，发现正变较多地出现在偏低的剂量中，而负变则较多地出现于偏高的剂量中，还发现经多次诱变而提高产量的菌株中，更容易出现负变。因此，在诱变育种工作中，目前比较倾向于采用较低的剂量。例如，过去在用紫外线作诱变剂时，常采用杀菌率为 99% 或 99.9% 的剂量，而近年来则倾向于采用杀菌率为 70% ~ 75%，甚至更低（30% ~ 70%）的剂量，特别是对于经多次诱变后的高产菌株更是如此。

（4）利用复合处理的协同效应　诱变剂的复合处理常呈现一定的协同效应（表 4-54）。复合处理有几类：一类是两种或多种诱变剂的先后使用；第二类是同一种诱变剂的重复使用；第三类是两种或多种诱变剂的同时使用。

**表 4-54　　诱变因子的复合处理及其协同效应**

| 菌种 | 单独处理 | | 复合处理 | |
|---|---|---|---|---|
| | 诱变剂 | 突变率 /% | 诱变剂 | 突变率 /% |
| 土曲霉 | 紫外线<br>X 射线 | 21.3<br>19.7 | X 射线 + 紫外线 | 42.8 |
| 土曲霉 | 氮芥（0.1%）<br>紫外线 | 不明显<br>4.7 | 氮芥 + 紫外线 | 11.0 |
| 链霉菌 | 紫外线<br>$\gamma$ 射线 | 31.0<br>35.0 | 紫外线 + $\gamma$ 射线 | 43.6 |
| 金色链霉菌（2U-84） | 二乙烯三胺<br>硫酸二乙酯<br>紫外线 | 6.06<br>1.78<br>12.5 | 二乙烯三胺 + 紫外线<br>硫酸二乙酯 + 紫外线 | 26.6<br>35.86 |
| 灰色链霉菌（JIC-1） | 紫外线 | 9.8 | 紫外线 + 可见光照射 1 次<br>紫外线 + 可见光照射 6 次 | 9.7<br>16.6 |

（5）利用和创造形态、生理与产量的相关指标　为了确切知道某一突变株产量性状的提高程度，必须进行大量的培养、分离、分析、测定和统计工作，因此工作量十分浩大。些形态变异虽然有着直接、快速观察的优点，但是常常与产量性状无关。如果能找到两者间的相关性，甚至创造两者间的相关性，这对育种效率的提高有重大意义。

利用鉴别培养基的原理和其他途径，就可以有效地把原来肉眼无法观察的生理性状或产量性状转化为可见的“形态”性状。例如在琼脂平板培养基上，通过观察和测定某突变菌落周围蛋白酶水解圈的大小。淀粉酶变色圈的大小、柠檬酸变色圈的大小、氨基酸显色圈的大小、抗生素抑菌圈的大小、以及外毒素的沉淀圈的大小等，都是在初筛工作中创造“形态”指标以估计某突变株代谢物产量的成功实例。

（6）设计高效筛选方案　通过诱变处理，在微生物群体中会出现各种突变性个体，但从产量变异角度讲，其中绝大多数都是负突变株。要从中把极个别的、产量提高较显著的正突变株筛选到手，可能比沙里淘金还难。因此，必须设计简便、高效的科学筛选方案。

三、原生质体融合育种

原生质体融合是指通过人为的方法，使遗传性状不同的两个细胞的原生质体发生融合，并进而发生遗传重组以产生同时带有双亲性状的、遗传性稳定的融合子的过程。原核生物中的细菌和放线菌，真核生物中的酵母菌和霉菌都能通过原生质体融合技术实现基因重组。

1. 原生质体融合育种的步骤

原生质体融合育种一般包括如下步骤：

（1）标记菌株的筛选　在原生质体融合的过程中，通常所用的亲株均要有一定的遗传标记以便于筛选。融合亲株获得遗传标记的方法可采用常规的诱变育种方法，一般可以以营养缺陷和抗药性等遗传性状为标记。在选择标记时，尽可能采用该菌株自身已带的各种遗传标记。

（2）原生质体的制备　获得有活力和去壁较为完全的原生质体是原生质体融合育种技术的先决条件。制备原生质体主要就是去除细胞壁的过程，去除细胞壁可以使用物理方法也可以使用酶法。物理方法如研磨以及超声波法等，但目前主要是通过酶法去除细胞壁，不同的微生物细胞需要不同的酶进行处理，比如去除细菌细胞壁主要使用溶菌酶，放线菌除可用溶菌酶外，还可用裂解酶 2 号、消色肽酶等，霉菌细胞壁的去除用蜗牛酶效果最好。在制备过程中，为防止原生质体破裂，需要把原生质体释放到高渗缓冲液或培养基中。制备原生质体用的亲本细胞要带有选择性标记，便于融合后的筛选。

（3）原生质体的融合　制备好的双亲本原生质体可通过化学或物理因素诱导进行融合，最常使用的方法是以聚乙二醇（PEG）作为融合剂，除此以外，电融合也有较好的效果，在电场电击下，原生质体膜会被击穿，从而导致融合的发生。

（4）原生质体的再生　酶解去壁后得到的原生质体应具有再生能力，即能重建细胞壁，恢复细胞完整形态并能生长、分裂，这是原生质体融合育种的必要条件。由于原生质体已经失去了坚韧的外层细胞壁，仅有一层100nm厚的细胞质膜，是失去了原有细胞形态的球状体。因此，尽管具有生物活性，但它毕竟不是一种正常的细胞，在普通培养基平板上也不能正常地生长、繁殖。为此，必须想办法使其细胞壁再生出来，以恢复细胞原有形态和功能。

（5）融合子的选择　按照Schaeffer的观点，有两个遗传标记互补就可以确定其为融合子。因此，就可以通过选择性遗传标记，在选择培养基上挑出融合子。原生质体融合后产生两种情况：一种是真正的融合，即产生杂合二倍体或单倍重组体；另一种是暂时的融合，形成异核体。两者均可以在选择培养基上生长，一般前者较稳定，后者不稳定，会分离成亲本类型，有的甚至以异核状态移接几代。因此，要获得真正的融合子，必须在融合原生质体再生后，进行几代自然分离和选择，才能加以确定。

为了提高融合子中基因重组的频率，可以将PEG处理的原生质体悬液直接培养于高渗选择培养基上，而不采用先培养于高渗培养基上然后再转接到选择培养基上的方法。这是因为，若早期就在完全培养基上再生，二倍体细胞于两条染色体复制之前就会发生分裂，结果重组机率下降。因此，为了获得较多的重组体，有些学者建议选择性地调节重组体再生的环境，可以稳定杂核子的形成和增加下一步的遗传重组能力。

（6）实用性菌株的筛选　微生物原生质体融合是一种新的基因重组技术，它具有定向育种的含义。但是，融合所产生的融合子类型仍然是各种各样的，性能和产量不同的情况仍然存在。例如，丁友日方等以纯齿棒杆菌B9和天津短杆菌TG-866为亲株进行原生质体融合，对所获得的融合子进行了初筛，结果如表4-55所示。

**表4-55　融合子初筛结果**

| 菌号 | 谷氨酸产率/（g/dL） | 菌号 | 谷氨酸产率/（g/dL） |
|---|---|---|---|
| TG-866（亲株） | 0.53 | F12 | 0.06 |
| B9（亲株） | 1.59 | F18 | 0.76 |
| F5 | 0 | F80 | 2.03 |
| F38 | 0 | F263 | 2.75 |
| F220 | 0 | F288 | 2.63 |
| F160 | 0.16 | F300 | 0.06 |
| F268 | 0.12 | F70 | 0.83 |
| F309 | 0.46 | F262 | 0.18 |

由表 4–55 可见，在所获得的融合子中，有的根本不产生谷氨酸，如 F5、F38、F220 等；有的虽积累谷氨酸，但其产酸率很低，如 F12、F268、F300 等；有的谷氨酸产率介于两亲株之间，如 F70；有的谷氨酸产率较两亲株都高，如 F263、F288 等。因此，人为定向筛选融合子是整个原生质体融合育种的重要环节。

2. 原生质体融合育种的应用

随着原生质体融合育种技术的发展，育种成果不断涌现。丁友日方等以球形芽孢杆菌 TS–1 和苏云金芽孢杆菌（*Bacillus thuringiensis*）H4 为亲株（前者对淡色库蚊有高毒力，后者对黏虫及玉米螟等有高毒力），在 2 ~ 3mg/mL 溶菌酶浓度下，42℃酶解 45min，获得了原生质体。其原生质体形成率和再生率分别为 91.02%、37.6% 及 93.3%、31.2%。然后将获得的原生质体以 1∶1 比例混合，加入 40% 的 PEG 于 42℃保温 5min。结果获得了既杀双翅目又杀鳞翅目幼虫的融合子。日本的唐尺昌彦等将赖氨酸生产菌 AJ11082 与谷氨酸生产菌 AJ11638 进行融合，从融合子中选育出生长最快的 AJ11794 和 AJ11793，该融合子在积累等量赖氨酸（5.28g/dL）的情况下，其培养时间（31.5h）不到亲株（72h）的 1/2。

在链霉菌原生质体融合育种方面，邢孔照等以巴龙霉素产生菌和新霉素产生菌的高产变种营养缺陷型为亲株进行融合，产生原养型重组体的频率为 $10^{-4}$。其中 58% 产生巴龙霉素，并从中获得了巴龙霉素产量比原始菌株（300μg/mL）提高 5 ~ 6 倍的融合子。杨昭中等以四环素产生菌金色链霉菌和正定霉素产生菌天蓝淡红链霉菌正定变种为亲株进行融合，以自身抗菌素抗性为标记选择种间融合子，从中获得了一株正定霉素产量较亲株提高了 2.5 倍的融合子。古巴的 Valin 等以土霉素产生菌龟裂链霉菌为亲株进行种内融合，结果大多数融合子产生土霉素的效价均超过了 100μg/mL，比亲株提高了 4 ~ 5 倍。

在真菌原生质体融合育种方面，蔡金科等以酒精酵母和乳酸克鲁维酵母（*Kluyveromyces lactis*）为亲株进行属间融合，获得了在以乳糖为碳源的培养基中乙醇产率较亲株提高了 2.5 倍的融合子。焦瑞身等以产生 D– 氨基酸氧化酶的三角酵母（*Trigonopsis variabilis*）为亲株进行种内融合，结果获得了 D– 氨基酸氧化酶的活力比亲株酶活力提高了 2 倍的融合子。Kirimura 等以柠檬酸生产菌黑曲霉（*Aspergillus niger*）为亲株进行种内融合，获得了柠檬酸产量比亲株提高了 1.2 倍的融合子。由此可见，原生质体融合已成为微生物遗传育种的有效工具，必将为应用微生物工业带来勃勃生机。

# 项目五

# 微生物检测技术

## 学习目标

①培养学生检测食品中微生物的能力。

②培养学生食品质量、卫生意识。

③培养学生综合运用微生物学知识的能力。

## 思政目标

①培养学生食品安全意识，养成职业素养。

②培养学生诚信、敬业、科学、健康精神。

食品微生物检测是衡量食品卫生质量的重要指标之一，也是判定被检食品是否可食用的科学依据之一。通过食品微生物检测，可以判断食品加工环境及食品卫生情况，能够对食品被细菌污染的程度作出正确的评价，为各项卫生管理工作提供科学依据。

微生物计数法概述

**案例**

2020 年 10 月 5 日，黑龙江省鸡西市鸡东县兴农镇某社区居民王某及其亲属 9 人在家中聚餐，共同食用了自制酸汤子后，引发食物中毒，全部不幸身亡。据调查得知，该酸汤子食材已在冰箱冷冻一年，疑似该食材引发食物中毒。这起中毒事件的罪魁祸首是自制酸汤子中的“米酵菌酸毒素”，该毒素来自一种叫椰毒假单胞酵米面亚种的细菌。米酵菌酸毒素毒性非常大，而且耐高温，就算多次煮熟毒素也不会分解。米酵菌酸中毒的病死率达到 40% 以上，而且没有特效救治药物，被人体摄入后，会随着血液流动，到达身体各个器官，造成器官衰竭致死。

食品安全问题不容忽视，为了保障人民的身体健康，防止或者减少食物人畜共患病的发生，微生物检测是食品质量管理必不可少的重要组成部分。

请问：

①微生物检测包括哪些？

②微生物检测的标准是什么？

## 实训一 酵母菌细胞数、出芽率、死亡率的测定（显微计数法）

### 一、实训目的

①理解血球计数板计数的原理。

②掌握测定酵母菌细胞总数、出芽率和死亡率的技术。

血球计数板法测定酵母细胞的数量

### 二、实训原理

发酵食品生产过程中，微生物生长情况是重要监控项目，如果生产过程中微生物生长不良，则会造成发酵不良，甚至失败，如啤酒生产中在菌种扩大培养和主发酵时都要进行酵母菌细胞数、出芽率和死亡率的测定。

#### （一）酵母菌细胞数、出芽率测定

血球计数板法测定酵母菌细胞量

酵母菌细胞数、出芽率测定用血球计数板法，血球计数板法在显微镜下直接计数是一种常用的微生物计数方法。血球计数板是一块特制的加厚载玻片，其上由 4 条槽构成 3 个平台，中间较宽的平台又被一短横槽隔成两半，每一边的平台上刻有 1 个方格网，每个方格网共分为 9 个大方格，中间的大方格即

为计数室（图 5–1）。

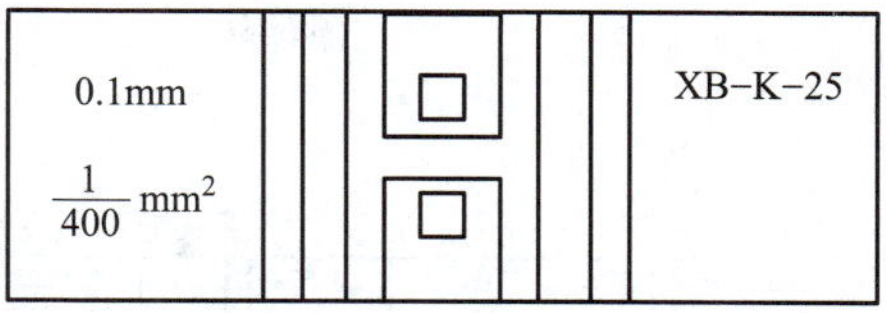


(1) 血球计数板的正面

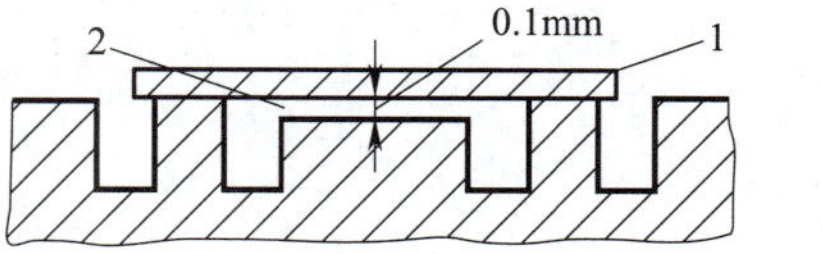


(2) 血球计数板的侧面

图 5–1 血球计数板结构

1—盖玻片　2—计数室

计数室的刻度一般有两种规格，一种是一个大方格分成 16 个中方格，每个中方格又分成 25 个小格（即 16 格 ×25 格）；另一种是一个大方格分成 25 个中方格，每个中方格又分成 16 个小方格（即 25 格 ×16 格），但无论是哪一种规格的计数板，每一个大方格中的小方格都是 400 个（图 5–2）。每个大方格边长为 1mm，则每一个大方格的面积为 $1mm^2$，盖上血盖片后，血盖片与载玻片之间的高度为 0.1mm，所以计数室的体积为 $0.1mm^3$［图 5–1（1）］。计数时，如果使用 16 格 ×25 格的计数板，要按对角线方位对左上、左下、右上、右下上述 4 个方格进行计算（即计数 100 个小方格中的酵母细胞数）；如果使用 25 格 ×16 格规格的计数板，则除了计数上述 4 个中方个外，还要计数中央的 1 个中方格，即计数 80 个小方格中的酵母细胞数。可分别按下述公式计算出酵母细胞数。

（1）16 格 ×25 格的血球计数板计算公式（式 5–1）：

$$1\text{mL 酵母细胞数} = \frac{100\text{ 小格内酵母细胞数}}{100} \times 400 \times 10^4 \times \text{稀释倍数} \qquad (5\text{–}1)$$

（2）25 格 ×16 格的血球计数板计算公式（式 5–2）：

$$1\text{mL 酵母细胞数} = \frac{80\text{ 小格内酵母细胞数}}{80} \times 400 \times 10^4 \times \text{稀释倍数} \qquad (5\text{–}2)$$

按前法，测定出酵母菌芽体数（小于母细胞 1/2 的），计算出单位体积内测的酵母细胞的芽体占总细胞的百分率，即为酵母得出芽率（式 5–3）。

$$\text{出芽率} = \frac{\text{芽体数}}{\text{细胞总数}} \times 100\% \qquad (5\text{–}3)$$

在血球计数板上，刻有一些符号和数字（图 5–1），其含义是：XB–K–25 为计数板的型号和规格，表示此计数板分 25 大格；0.1mm 为盖上盖玻片后计数室的高；（1/400）$mm^2$ 表示计数室面积是 $1mm^2$，分 400 个小格，每小格面积是（1/400）$mm^2$。

显微计数法操作简单、快速，适用于单细胞的微生物测定，该方法若需鉴别出死活菌，则可用美蓝染色剂把菌体染色，活菌为无色，死菌为蓝色，这样可分辨出活菌数和死菌数。

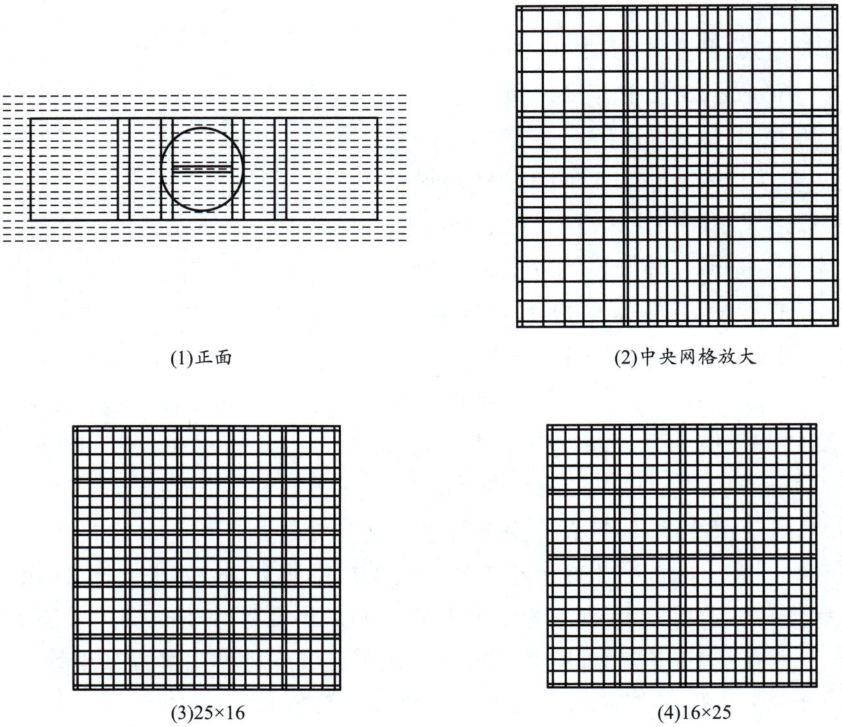


图 5-2　血球技术板构造

### （二）酵母死亡率的测定

美蓝染色液是一种弱氧化剂，它的氧化型呈蓝色，还原型无色。用美蓝对酵母的活细胞进行染色时，由于细胞的新陈代谢作用，能使美蓝还原。因此，酵母活细胞是无色的，而死细胞或代谢作用微弱的衰老细胞则呈蓝色或淡蓝色。

死亡率是单位体积内死亡的细胞数占总细胞数的百分率（式 5-4）。

$$死亡率 = \frac{死细胞数}{细胞总数} \times 100\% \quad (5\text{-}4)$$

## 三、实训材料及仪器

**1. 菌种**

啤酒酵母菌悬液。

**2. 药品**

0.1% 吕氏美蓝染液、无菌生理盐水。

**3. 实验器具**

显微镜，血球计数板、载玻片、电吹风、血盖片、接种环、无菌大试管（5 个）、吸量管（5 个）、吸耳球、毛细滴管等。

**4. 实训环境**

无菌室、超净台。

技能要求：精益求精、协作

## 四、实训方法、步骤及要求

### （一）酵母菌细胞数、出芽率测定的步骤及要求

具体内容如表 5–1 所示。

**表 5–1　酵母菌细胞数、出芽率测定的步骤及要求**

| 操作步骤 | | 操作要点 | 评价标准 |
|---|---|---|---|
| 准备工作 | | ①进行环境消毒（无菌室、超净台）<br>②将操作工具和其他用品全部放在实验台上摆好<br>③在试管上贴好标签，标上稀释度、操作者、日期等<br>④操作人员也先用肥皂或 2% 来苏尔洗手，擦干后再用 70% ~ 75% 酒精擦拭双手 | 工具准备齐全摆放合理 |
| 系列稀释 | 点酒精灯 | 无 | 无 |
| | 摇匀菌悬液 | 将菌悬液摇匀 | 操作正确 |
| | 烧包扎纸 | 将移液管包扎纸从中间烧断拧松 | 操作正确 |
| | 拿试管 | 将菌悬液试管和含 9mL 无菌生理盐水的试管握左手中，使中指位于两试管之间，两试管口平齐并处于接近水平位置 | 拿法正确 |
| | 松棉塞 | 右手将棉塞拧转松动以利接种时拔出 | 操作正确 |
| | 拿移液管 | 右手拿移液管除去顶端包扎纸 | 拿法正确 |
| | 拔棉塞 | 用右手的小指、无名指及掌心在火焰旁同时拔出两支试管的棉塞 | 操作正确<br>无菌区内 |
| 系列稀释 | 除去包扎纸 | 左手的小指、无名指除去移液管底端包扎纸 | 操作正确<br>无菌区内 |
| | 稀释 | 吸取菌悬液 1mL，接入含 9mL 无菌生理盐水的试管中 | 操作正确<br>无菌区内 |
| | 放移液管 | 将移液管放到管架上 | 操作正确 |
| | 管口过火 | 使管口在火焰上转动灼烧可能存在的杂菌 | 操作正确 |
| | 棉塞过火 | 棉塞在火焰上迅速过两三次 | 操作正确<br>无菌区内 |

续表

<table>
<tr><th colspan="2">操作步骤</th><th>操作要点</th><th>评价标准</th></tr>
<tr><td rowspan="2">系列稀释</td><td>塞棉塞</td><td>在火焰旁将棉塞塞上（塞棉塞时不要用试管去迎棉塞，以免试管在移动时吸入不洁空气），放到试管架上，得到 $10^{-1}$ 的稀释液</td><td>操作正确</td></tr>
<tr><td colspan="3">依此方法可得到 $10^{-2}$、$10^{-3}$、$10^{-4}$、$10^{-5}$……的稀释液，稀释程度以每小格内含 5 ～ 10 个酵母为宜</td></tr>
<tr><td colspan="2">镜检计数室</td><td>在加样前，先对计数板的计数室进行镜检。若有污物，则需清洗，用电吹风吹干后才能进行计数</td><td>准确找到计数室<br>计数板处理合理</td></tr>
<tr><td colspan="2">加样</td><td>将清洁干燥的血球计数板盖上盖玻片，取适当稀释度（每小格 3 ~ 5 个微生物）的样品，摇匀，用无菌的毛细滴管吸取菌悬液，由血盖片边缘让菌液沿缝隙靠毛细渗透作用自动进入计数室，让样品均匀充满计数室且无气泡，用吸水纸吸去多余水液</td><td>操作正确<br>无气泡</td></tr>
<tr><td colspan="2">显微镜计数</td><td>加样后静止 5min，然后将血球计数板置于显微镜载物台上，先用低倍显微镜找到计数室所在位置，然后换成高倍显微镜进行计数。显微镜视野中的光线要暗一些，否则，不容易看清计数室的方格线<br>计数时，对位于线上的酵母菌，可采用只计数两条边的办法，即遵循查上不查下，查左不查右的原则<br>当酵母菌芽体达到母细胞大小 1/2 时，即可记作两个细胞<br>计出酵母数和芽体数</td><td>显微镜使用熟练<br>计数准确</td></tr>
<tr><td colspan="2">填表</td><td>将计数结果填入表格</td><td>填表正确</td></tr>
<tr><td colspan="2">计算</td><td>计算出酵母菌总数、芽体数、出芽率</td><td>计算正确</td></tr>
<tr><td colspan="2">清洗晾干</td><td>将计数板在水龙头下冲洗干净，且勿用硬物洗刷，洗完后自行晾干或用电吹风吹干</td><td>操作正确</td></tr>
</table>

### （二）酵母死亡率的测定步骤及要求

具体内容如表 5–2 所示。

**表 5–2　　酵母死亡率的测定步骤及要求**

| 操作步骤 | 操作要点 | 评价标准 |
| --- | --- | --- |
| 水浸片制作 | 取一洁净的载玻片，用滴管在载玻片中央滴一滴 0.1% 吕氏美蓝染色液，加适当稀释度的菌悬液少许与美蓝液混匀，加盖玻片（详细过程参见制片技术中水浸片法） | 操作正确；<br>加盖玻片方法正确<br>无气泡 |

续表

| 操作步骤 | 操作要点 | 评价标准 |
|---|---|---|
| 镜检计数 | 放在显微镜下计数在一个视野中，已变蓝（死）和未变蓝（活）的细胞数<br>依法再计数 2 ~ 3 个视野中的细胞数 | 显微镜使用熟练<br>计数准确 |
| 填表 | 将计数结果填入表格 | 填表正确 |
| 计算 | 计算细胞总数，死细胞数和死亡率 | 计算正确 |
| 清洗 | 将载玻片、盖玻片清洗干净，放入 95% 的酒精中 | 清洗干净 |

## 五、实训报告

### 1. 对给定酵母正确进行细胞数及出芽率的测定

对给定酵母正确进行细胞数及出芽率的测定并填写表 5–3。

**表 5–3　酵母菌细胞数及出芽率计数表**

| 次数 | 1 | | | | | 2 | | | | | 平均值 |
|---|---|---|---|---|---|---|---|---|---|---|---|
| 中方格序号 | 1 | 2 | 3 | 4 | 5 | 1 | 2 | 3 | 4 | 5 | |
| 细胞数 | | | | | | | | | | | |
| 芽体数 | | | | | | | | | | | |
| 方格种类 | A：25×16；B：16×25 | | | | | A：25×16；B：16×25 | | | | | |
| 合计 | | | | | | | | | | | |
| 稀释倍数 | | | | | | | | | | | |
| 细胞数 /mL | | | | | | | | | | | |
| 芽体数 /mL | | | | | | | | | | | |
| 出芽率 | | | | | | | | | | | |

### 2. 酵母菌死亡率测定

对给定酵母正确进行死亡率的测定并填写表 5–4。

**表 5–4　酵母菌细胞死亡率计数表**

| 视野 | 第一视野 | 第二视野 | 第三视野 | 平均 |
|---|---|---|---|---|
| 细胞总数 | | | | |
| 死亡细胞数 | | | | |
| 死亡率 | | | | |

**3. 实训报告**

完成实训后，可填写实训报告表，如表5–5所示。

**表5–5　酵母菌细胞数、出芽率、死亡率的测定（显微计数法）实训报告**

| | | |
|---|---|---|
| 实训内容 | 酵母菌细胞数、出芽率、死亡率的测定（显微计数法） | |
| 实训任务 | 对给定酵母培养液进行酵母菌细胞数、出芽率、死亡率的测定 | |
| 实训要求 | ①熟练稀释待检样，并稀释度适宜<br>②能熟练找到计数室，并能进行正确的处理<br>③学会向计数板加样方法<br>④能熟练计数并正确计算<br>⑤能正确判断细胞死活<br>⑥能正确判断芽体 | |
| 实训引导 | ①血球计数板是怎么构成的？<br>②血球计数板计数室刻度有哪两种规格，分别怎样计数？<br>③计数室体积是多少？<br>④酵母数怎样计算？<br>⑤怎样判断芽体？<br>⑥怎样区别死活细胞？<br>⑦待检样什么时候需要稀释，稀释到什么程度？<br>⑧计数时对于位于线上的酵母怎样计数？ | |
| 实训方案 | 仪器、设备 | |
| | 试剂及其他 | |
| | 实训要求工作条件 | |
| | 操作步骤及注意事项 | |
| 实训评价 | 小组评价： | 教师评价： |

## 实训二　菌落总数的测定

### 一、实训目的

①掌握细菌总数的测定的基本方法和原理。

②了解菌落总数测定在对被样品进行卫生学评价中的意义。

### 二、实训原理

> 考点提示：菌落总数测定意义

菌落总数就是指食品经过处理，在一定条件下（如好氧情况、营养条件、pH、培养温度和时间等）每克（每毫升）被检样品所生长出来的细菌菌落总数。按国家标准方法规定，即在好氧条件下，37℃培养 48h，能在普通营养琼脂平板上生长的细菌菌落总数，所以厌氧菌、有特殊营养要求的以及非嗜中温的细菌，由于现有条件不能满足其生理需求，故难以繁殖生长。因此菌落总数并不表示实际中的所有细菌总数，菌落总数并不能区分其中细菌的种类，所以有时被称为杂菌数、好氧菌数等。

菌落总数测定是用来判定食品被细菌污染的程度及卫生质量，它反映食品在生产过程中是否符合卫生要求，以便对被检样品做出适当的卫生学评价。菌落总数的多少在一定程度上标志着食品卫生质量的优劣。

细菌（菌落）总数的测定采用平板菌落计数法，是通过将样品制成一系列不同的稀释样，使样品中的微生物个体分散成单个状态，再取一定量的稀释样使其均匀分布于培养基上，或涂布于已凝固的固体培养基平板上，经保温培养后，固体培养基上可形成肉眼可见的菌落，即一个菌落代表一个细胞，计算菌落数，根据稀释倍数与取样量即可推算出原菌液的含菌数。表示方法 cfu/mL。

平板菌落计数法是将被测菌体稀释到一定浓度，要求细胞充分分散成单个细胞，取一定体积的稀释菌液（0.1 ~ 1mL），与合适的固体培养基在其凝固前均匀混合，或涂布于已凝固的固体培养基平板上，经保温培养后，固体培养基上可形成肉眼可见的菌落（其过程见图 5-3），即一个菌落代表一个细胞，计算菌落数，根据稀释倍数与取样量即可推算出原菌液的含菌数。此法一般用于糕点、食品、水源等污染物质的检验。

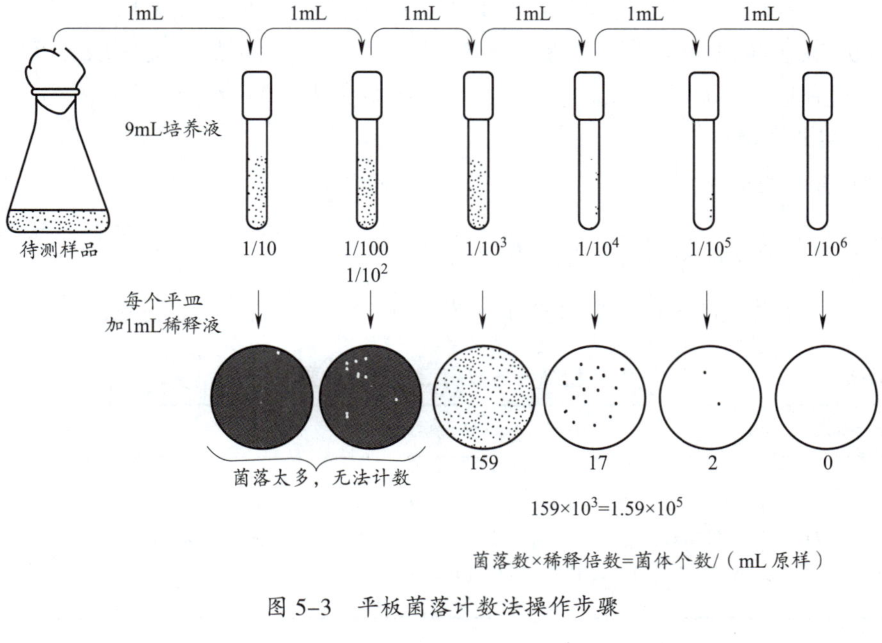


图 5-3　平板菌落计数法操作步骤

平板菌落计数法是教学、科研、食品检验中最常用的一种活菌计数法，它适用于测定水、土壤、食品、化妆品及其他材料的活菌测定。平板菌落计数法可以测出样品中的活菌数量，同时该方法较灵敏，即使样品中活菌数很少也能测出。另外，不同微生物的菌落具有不同的形态特征，所以在同一培养皿内对不同微生物进行计数。但是此法也有不少缺点，在操作时有较高的技术要求，其中最重要的是应使样品充分混匀，否则有时一个菌落并非由一个微生物形成，很可能两个或两个以上相连的细胞长成的；其次由于在稀释样品、倒平板时易造成活菌死亡，以及由于待测样品中含有不同生理类型的菌体等原因，并非所有活菌在实验条件下和试验期内都能形成菌落，所以会造成一定误差；此外还要求控制培养皿内菌落数不宜过多或过少（30 ~ 300 为宜），否则不易计数或误差较大。同时每支移液管只能接触一个稀释度的菌液。

平板菌落计数法的测定流程如下：

检样→做成几个适当倍数的稀释液→选择 2 或 3 个稀释度各以 1mL 分别加入灭菌培养皿中→每皿内加入适量营养琼脂→培养［（360 ± 10）℃，（48 ± 2）h］→菌落计数→报告

## 三、实训材料及仪器

**1. 被检样**

乳粉。

**2. 培养基**

营养琼脂培养基。

**3. 其他**

无菌培养皿、无菌不锈钢勺、1mL 无菌移液管、含 9mL 无菌生理盐水的试管、含 225mL 无菌生理盐水的三角瓶（内放玻璃球珠）、酒精灯、无菌取样管、无菌药匙、无菌剪刀、无菌镊子、等大无菌纸、托盘天平、酒精棉球等。

**4. 实训环境**

无菌室、超净台。

> 技能要求：标准、敬业、诚信

## 四、实训方法、步骤及要求

乳粉细菌总数测定的步骤及要求见表 5–6。

**表 5–6　乳粉细菌总数测定的步骤及要求**

| 操作步骤 | 操作要点 | 评价标准 |
|---|---|---|
| 准备工作 | ①取无菌培养皿 8 套，分别标明 $10^{-4}$、$10^{-5}$、$10^{-6}$、空白各 2 套<br>②另取盛有 9mL 无菌水的试管排列于试管架上，依次标明 $10^{-1}$、$10^{-2}$、$10^{-3}$、$10^{-4}$、$10^{-5}$、$10^{-6}$、$10^{-7}$。 | 工具准备齐全<br>摆放合理 |

续表

| 操作步骤 | | 操作要点 | 评价标准 |
| --- | --- | --- | --- |
| 准备工作 | | ③将接种工具和其他用品全部放在实验台上摆好<br>④进行环境消毒<br>⑤接种人员也先用肥皂或 2% 来苏尔洗手，擦干后再用 70% ~ 75% 酒精擦拭双手 | 工具准备齐全<br>摆放合理 |
| 取样 | 点酒精灯放天平 | 托盘天平放在酒精灯无菌区内，调平托盘天平，两边各放一个等大无菌纸 | 操作正确<br>无菌区内 |
| | 称量 | 乳粉袋放在酒精灯无菌区内，用酒精棉球消毒后，用无菌剪刀剪开，在用无菌药匙取出乳粉，称量 25g | 无菌区内 |
| 溶解稀释 | 松棉塞 | 左手拿装有 225mL 的三角瓶，放在酒精灯无菌区内，松棉塞 | 无菌区内 |
| | 拿三角瓶 | 左手小拇指及掌心夹起面塞后拿起三角瓶，瓶口过火 | 拿法正确<br>无菌区内 |
| | 倒奶粉 | 在酒精灯无菌区内右手把乳粉倒入三角瓶中 | 无菌区内 |
| | 塞棉塞 | 三角瓶口过火，放下三角瓶，棉塞过火，塞棉塞 | 操作正确 |
| | 摇匀 | 摇匀，得到 $10^{-1}$ 的稀释液 | 操作正确 |
| 系列稀释 | 烧包扎纸 | 将移液管包扎纸从中间烧断、拧松 | 操作正确 |
| | 拿移液管 | 右手取下移液管顶端包扎纸，左手在无菌区内取下移液管底端包扎纸，将移液管放在酒精灯无菌区内 | 无菌区内 |
| | 拿三角瓶 | 左手拿装有 225mL 的三角瓶，放在酒精灯无菌区内，松棉塞，左手小拇指及掌心夹起面塞后拿起三角瓶，瓶口过火 | 操作正确<br>无菌区内 |
| | 取液体 | 用移液管 $10^{-1}$ 的稀释液 1mL，置于酒精灯无菌区内 | 无菌区内 |
| | 塞棉塞 | 三角瓶口过火，放下三角瓶，棉塞过火，塞棉塞 | 操作正确 |
| | 拿试管 | 左手拿含 9mL 无菌生理盐水的试管放在酒精灯无菌区内 | 无菌区内 |
| | 拔棉塞 | 用右手的小指、无名指在火焰旁同时拔出试管的棉塞 | 无菌区内 |
| | 稀释 | 用右手将 $10^{-1}$ 的稀释液 1mL 移入试管中 | 无菌区内 |
| | 过火 | 放下移液管，试管口在火焰上转动灼烧可能存在的杂菌，棉塞过火 | 操作正确 |
| | 塞棉塞 | 在火焰旁将棉塞塞上（塞棉塞时不要用试管去迎棉塞，以免试管在移动时吸入不洁空气），放到试管架上，得到 $10^{-2}$ 的稀释液 | 无菌区内 |
| | 拿试管 | 将含 $10^{-2}$ 的稀释液和含 9mL 无菌生理盐水的试管握左手中，使中指位于两试管之间，两试管口平齐并处于接近水平位置 | 拿法正确 |

续表

| 操作步骤 | | 操作要点 | 评价标准 |
|---|---|---|---|
| 系列稀释 | 松棉塞 | 右手将棉塞拧转松动以利接种时拔出 | 操作正确 |
| | 拿移液管 | 右手拿移液管，除去顶端包扎纸 | 拿法正确 |
| | 拔棉塞 | 用右手的小指、无名指及掌心在火焰旁同时拔出两支试管的棉塞 | 操作正确<br>无菌区内 |
| | 去纸 | 右手的小指、无名指除去移液管底端包扎纸 | 操作正确<br>无菌区内 |
| | 取液 | 吸取 $10^{-2}$ 的稀释液 1mL，接入含 9mL 无菌生理盐水的试管中 | 操作正确<br>无菌区内 |
| | 过火 | 放下移液管，试管口在火焰上转动灼烧可能存在的杂菌，棉塞过火 | 无菌区内 |
| | 塞棉塞 | 在火焰旁将棉塞塞上（塞棉塞时不要用试管去迎棉塞，以免试管在移动时吸入不洁空气），放到试管架上，得到 $10^{-3}$ 的稀释液 | 操作正确 |
| | 依此方法可得到 $10^{-4}$、$10^{-5}$、$10^{-6}$……的稀释液 | | |
| | 稀释度选取 | 选取三个适当的连续稀释度的样品（以 30 ~ 300 个 /mL 为宜） | 操作正确 |
| 取菌 | 拿试管 | 左手拿适当稀释液试管，置于酒精灯无菌区内 | 拿法正确 |
| | 松棉塞 | 右手将棉塞拧转松动以利接种时拔出 | 操作正确 |
| | 拿移液管 | 右手拿相应稀释度的移液管 | 拿法正确 |
| | 拔棉塞 | 右手拔棉塞 | 无菌区内 |
| | 取菌 | 吸取稀释液 1mL，置于酒精灯无菌区内 | 无菌区内 |
| | 过火 | 试管口在火焰上转动灼烧可能存在的杂菌 | 无菌区内 |
| | 塞棉塞 | 在火焰旁将棉塞塞上 | 无菌区内 |
| | 培养皿灭菌 | 左手拿培养皿，在酒精灯上过火，然后在无菌区内打开 | 无菌区内 |
| | 接种 | 右手把稀释液接入培养皿内 | 无菌区内 |
| | 培养皿灭菌 | 左手合上培养皿并在酒精灯上灭菌，右手放下移液管 | 操作正确 |
| | 依此每个选取的稀释度各接 2 个平皿 | | |

续表

| 操作步骤 | | 操作要点 | 评价标准 |
|---|---|---|---|
| 倒平皿 | 培养基熔化 | 培养基熔化并在45 ~ 50℃下保温 | 温度适宜 |
| | 松棉塞 | 右手拿装有培养基的三角瓶，放在酒精灯无菌区内，松棉塞 | 操作正确 |
| | 拿三角瓶 | 右手小拇指及掌心夹起棉塞后拿起三角瓶，瓶口过火 | 操作正确 |
| | 倒培养基 | 左手打开培养皿，右手倒培养基 | 无菌区内量适宜 |
| | 混匀 | 合上培养皿，放到操作台上转几圈，以便混匀菌悬液和培养基 | 操作正确 |
| | 依此法做其余平板，并倒两个空白样，作为对照。 | | |
| | 塞棉塞 | 三角瓶过火，塞棉塞 | 无菌区内 |
| | 灭酒精灯 | 无 | 无 |
| 培养 | | 送（37±1）℃培养箱中倒扣培养 | 操作正确 |
| 计数、填表 | | 培养（48±2）h后，取出培养皿计数，填表<br>平板选择<br>①一个稀释度的两个平皿，应选择菌落数在30 ~ 300的平皿，作为测定的标准。<br>②若两个平皿均符合范围，应取两个平皿的平均数。<br>③相同稀释度的两个平皿，如其中一个平皿有较大菌落生成不宜采用，应以无片状菌落生长的平皿计数<br>④片状菌落不到平皿的一半，其余一半分布又很均匀，则可计数半个平皿乘以2代表全平皿菌落数 | 到达规定培养时间，应立即计数。如果不能立即计数，应将平板放置于0 ~ 4℃，但不要超过24h |
| 计算、填表 | | 细菌总数（cfu/g）= 同一稀释度几次重复的菌落平均数 × 稀释倍数 | 填表正确 |
| 报告 | | 无 | 无 |

## 五、实训报告

### 1. 填表计算

完成实训后，将所得数据填入表5–7中。

**表5–7**

| 稀释倍数 | | | |
|---|---|---|---|
| 菌落数 | 1 | | |
| | 2 | | |
| 平均菌落数 | | | |

**2. 报告时采用的稀释度选择**

（1）应选取平均菌落数在 30 ~ 300 的稀释度报告（表 5–8 中例 1）。

**表 5–8　稀释度选择及菌落数报告方式**

| 例次 | 稀释液及菌落数 | | | 两稀释液之比 | 菌落总数 / [个 / (g 或 mL)] | 报告方式 / [个 / (g 或 mL)] |
|---|---|---|---|---|---|---|
| | $10^{-1}$ | $10^{-2}$ | $10^{-3}$ | | | |
| 1 | 1365 | 164 | 20 | — | 16400 | 16000 或 1.6 × 104 |
| 2 | 2760 | 295 | 46 | 1.6 | 37750 | 38000 或 3.8 × 104 |
| 3 | 2890 | 271 | 60 | 2.2 | 27100 | 27000 或 2.7 × 104 |
| 4 | 多不可计 | 4560 | 513 | — | 513000 | 510000 或 5.1 × 105 |
| 5 | 27 | 11 | 5 | — | 270 | 270 或 2.7 × 102 |
| 6 | 0 | 0 | 0 | — | <1 × 10 | <10 |
| 7 | 多不可计 | 305 | 12 | — | 30500 | 31000 或 3.1 × 104 |

（2）若有二个稀释度均在 30 ~ 300 时，应以二者比值决定，比值≤ 2 取平均数，比值 >2 则取其较小数字（表 5–8 中例 2 和 3）。

（3）若所有稀释度均 >300，则取最高稀释度的平均菌落数乘以稀释倍数报告之（表 5–8 中例 4）。

（4）若所有稀释度均 <30，则以最低稀释度的平均菌落数乘稀释倍数报告之（表 5–8 中例 5）。

（5）若所有稀释度均无菌落生长，则应按 <1 乘以最低稀释倍数报告之（表 5–8 中例 6）。

（6）若所有稀释度均不在 30 ~ 300，有的 >300，有的又 <30，则应以最接近 300 或 30 的平均菌落数乘以稀释倍数报告之（表 5–8 中例 7）。

**3. 菌落计数报告方法**

菌落数在 1 ~ 100 时，按实有数字报告，如 >100 时，则报告前面两位有效数字，第三位数按四舍五入计算，为了缩短数字后面的零数，也可以 10 的指数表示。

**4. 完成实训报告表**

将实验测出的样品数据以报表方式报告结果，并对样品菌落总数做出是否符合卫生要求的结论，填写实训报告表，如表 5–9 所示。

表 5-9　乳粉中细菌（菌落）总数的测定实训报告

| | | |
|---|---|---|
| 实训内容 | 乳粉中细菌（菌落）总数的测定 | |
| 实训任务 | 对给定乳粉进行细菌（菌落）总数的测定 | |
| 实训要求 | ①能熟练对样品进行稀释<br>②学会倒平板的方法<br>③学会菌落总数计算方法<br>④学会菌落总数报告方法<br>⑤能熟练地对待检样进行细菌总数的测定 | |
| 实训引导 | ①何谓菌落总数？<br>②对食品进行菌落总数测定有什么意义？<br>③菌落总数测定采用什么方法，其原理是什么？<br>④菌落总数测定的步骤有哪些？<br>⑤采用平板菌落计数法计数有哪些特点？<br>⑥采用平板菌落计数法为什么要对样品进行稀释？稀释到什么程度？<br>⑦常采用什么对样品进行稀释，为什么？<br>⑧涂布平板法和倾注平板法有哪些不同？<br>⑨计数时怎样选择平板？<br>⑩菌落总数怎样计算？<br>⑪怎样选择合适的稀释度进行报告？<br>⑫菌落总数怎样报告？ | |
| 实训方案 | 仪器、设备 | |
| | 试剂及其他 | |
| | 实训要求工作条件 | |
| | 操作步骤及注意事项 | |
| 实训评价 | 小组评价： | 教师评价： |

## 实训三　大肠菌群计数

### 一、实训目的

①了解大肠菌群在食品卫生检验中的意义。
②学会大肠菌群检测技术。

③理解大肠菌群检测的原理。

## 二、实训原理

考点提示：大肠菌群计数意义

大肠菌群系指一群在37℃能发酵乳糖产酸产气，好氧和兼性厌氧的革兰氏阴性无芽孢杆菌。一般认为该菌群细菌主要包括大肠埃希氏菌、柠檬酸杆菌、产气克雷伯氏菌和阴沟肠杆菌等。该菌群主要来源于人畜粪便，它们与多数肠道病原菌在水中存活期相近，又易培养观察，故以此作为粪便污染指标来评价食品的卫生质量，具有广泛的卫生学意义。它反映了食品是否被粪便污染，同时间接地指出食品是否有肠道致病菌污染的可能性。

大肠菌群测定采用稀释培养测数法，其原理见稀释培养测数法。当混匀的样品通过一系列稀释和等量分配成为小样品时，有些小样品中最后含样品量极少，以至其中不再含有需检验的细菌。在一定的小样品中存在或不存在细菌，可被用来对原始样品中的菌数作统计学估计。最近似数（MPN，most probable number）法就是这样一种将样品“多次（管）稀释迄至无菌”的计数方法。在此方法中，将3个稀释梯度的检样稀释液接种于9支或15支试管培养基中，每个稀释度接种3支或5支。经培养后，根据结果查阅MPN检索表，就可得到原样品中微生物的估计数量。其检验步骤主要如下（图5-4）。

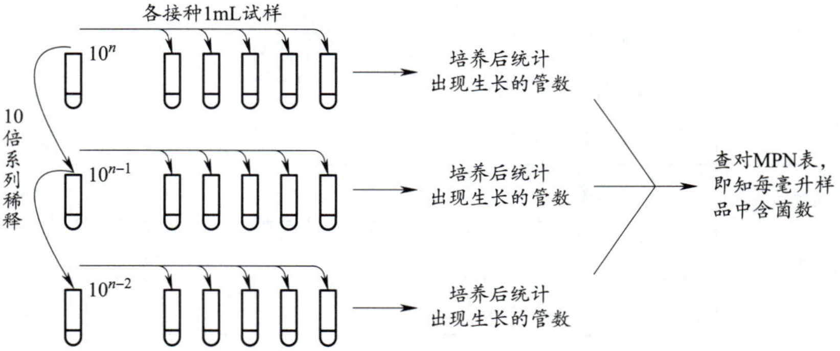


图5-4　稀释培养测数法操作示意图

**1. 检样稀释**

一般采用系列稀释，与细菌总数测定时稀释方法一样。

**2. 接种**

将检样或检样稀释液接种于试管液体培养基上。

必须注意样品量与培养基量的比例，基本上应保持1份样品对10份培养基。因此，如用1份10g的样品，应混悬于100mL培养基中。当进行液体或稀释的细菌样品计数时，培养基的浓度应作调整，使在加入样品之后的培养基的浓度等于单料培养基的。宜于用双料培养基时，可加入等量样品或稀释的样品。

**3. 培养**

把全部 MPN 试管置于适宜温度下，培养（48±3）h，与菌落计数测定时所用的温度及时间完全相同。

**4. 阳性试管的判定和计数**

判定方法：通过观察浑浊度及测定代谢终产物确定。

（1）浑浊度

培养基的浑浊度可用来判断检测样品上是否有菌体生长（阳性管）。然而在许多情况下样品本身是有浑浊度的，因而不能决定培养后是否出现浊度，在此情况下，则必须使用其他检查阳性管的方法。

（2）代谢的最终产物

①产气的测定：培养过程中细菌产生的气体可以收集并进行观察，一般在试管培养基灭菌之前把小管倒置于培养基容器内，排尽其中的气体，当培养结束时，小管内如有气泡即记录为阳性。其他方法也可用来收集气体并观察产气，包括琼脂铺层技术以及使用呼吸计量器等。

②酸或碱的测定：产酸或产碱可以通过在培养后测量每管的 pH 或测量其可以测出的酸度来判断；或者使用一种含有 pH 指示染料的培养基，它可随 pH 的变化而出现颜色改变，用这种方法时需要所检查的细菌在一定的基质中产酸或产碱。

③用还原法做检查：可以把接受电子的试剂如刃天青、美蓝或 2,3,5- 三苯基四唑氯置入培养基中，由于细菌的作用可使这些化合物还原，因此可作为生长的指示剂。

**5. 阳性试验结果的证实**

为了证实可疑管中有无细菌生长，可由试管中取一铂金环培养物移种入一种非选择性培养基中，再继续培养一段时间，在此培养管中出现生长即可确证在原始管中存在活菌。为了证实由于接种了大量食物样品而引起浑浊的选择性培养基管中的可疑生长反应（如产酸），可由培养管中取一铂金环培养基移种入相同的另一管培养基中并做同样的培养。在此传代培养物中，由于已经避免了受试食品引起的颜色及浊度等的干扰，所以能很容易地观察其生长反应。

**6. 报告及解释计数结果**

根据被证实的阳性试管查阅 MPN 检索表，结果报告为“用 MPN 法测定的一定量的样品的菌数”，例如：大肠菌群 MPN/g=10。还应报告用 MPN 方法做细菌计数时每一稀释度所用的试管数。如 5 管法 MPN 或 3 管法 MPN 以及所用的方法。

MPN 测定法尤其适用于带菌量极少、其他方法不能检测的食品。比如水、乳制品及其他食品中大肠菌群的计数。在对一个产气肠杆菌纯培养物作计数时，应采用选择性平板计数法而不要用 MPN 法。如果待检样品是以其他细菌为主的河水，就应选用 MPN 法。

食物上细菌的分布有可能是完全均匀的，也有可能存在于固态食物的表面上，或者有可能分布在食物的特定的污染点，或是在全部食物中随机分布的定位的污染点上。MPN 表中所列的值是假定所检验的细菌在样品或检样稀释液中呈均匀分布而计算出来的。而食物中的脂肪和不溶性食物颗粒妨碍了均一性，由于这个原因，由食物样品中所得到的 MPN 值，比之由水样中所得 MPN 值的精确度和可重复性差。

大肠菌群测定程序如下：

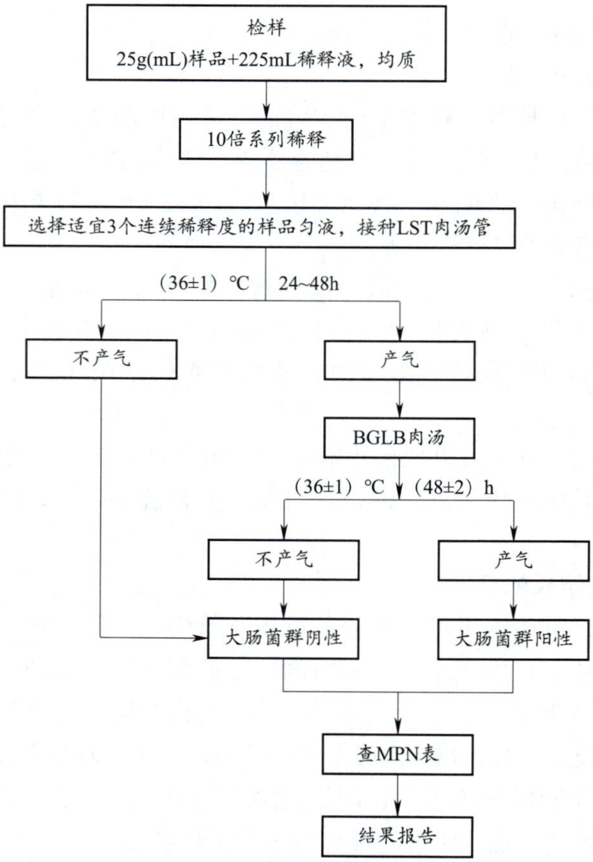


图 5-5 大肠菌群 MPN 计数法检验程序示意图

大肠菌群数系以每 100g(或 mL) 检样内大肠菌群最近似数（themostprobablenumber-简称 MPN）表示。

## 三、实训材料及仪器

**1. 样品**

乳粉。

**2. 菌种**

大肠埃希氏菌（*Escherichia coli*）、产气肠杆菌（*Enterobacter aerogenes*）。

**3. 培养基及试剂**

月桂基硫酸盐胰蛋白胨（laurylsulfatetryptose，LST）肉汤、煌绿乳糖胆盐（brilliantgreenlactosebile，BGLB）肉汤。

**4. 其他**

恒温箱、恒温水浴、药物天平、培养皿、载玻片等。无菌培养皿，无菌不锈钢勺、1mL 无菌移液管、含 9mL 无菌生理盐水的试管、含 225mL 无菌生理盐水的三角瓶（内放玻璃球珠）、酒精灯、无菌取样管、无菌药匙、无菌剪刀、无菌镊子、等大无菌纸、托盘天平、酒精棉球等。

**5. 实训环境**

无菌室、超净台。

## 四、实训方法、步骤及要求

技能要求：标准、敬业、诚信

乳粉中大肠菌群测定的步骤及要求如表 5-10 所示。

**表 5-10　乳粉中大肠菌群测定的步骤及要求**

| 操作步骤 | | 操作要点 | 评价标准 |
|---|---|---|---|
| 准备工作 | | 详见细菌总数测定 | |
| 取样 | | 详见细菌总数测定 | |
| 溶解稀释 | | 详见细菌总数测定 | |
| 系列稀释 | | 详见细菌总数测定 | |
| 初发酵 | 接种双料管 | 左手拿装有 $10^{-1}$ 的稀释液的三角瓶，放在酒精灯无菌区内，松棉塞 | 无菌区内 |
| | | 左手小拇指及掌心夹起棉塞后拿起三角瓶，瓶口过火 | 无菌区内 |
| | | 右手相应稀释度的移液管 | 无菌区内 |
| | | 在无菌区内用移液管从三角瓶中取 $10^{-1}$ 的稀释液 10mL 置于酒精等无菌区 | 无菌区内 |
| | | 三角瓶瓶口过火、塞棉塞，放下三角瓶 | 无菌区内 |
| | | 左手拿月桂基硫酸盐胰蛋白胨肉汤发酵管，右手拔棉塞，管口过火 | 无菌区内 |
| | | 右手把 10mL$10^{-1}$ 的稀释液放入月桂基硫酸盐胰蛋白胨肉汤发酵管内，管口过火、塞棉塞 | 无菌区内 |

续表

| 操作步骤 | | 操作要点 | 评价标准 |
|---|---|---|---|
| 初发酵 | 接种双料管 | 依照此法，向另外两支月桂基硫酸盐胰蛋白胨肉汤发酵管接种 $10^{-1}$ 的稀释液 10mL，并做好标签，标明接种量 1g | 操作正确 |
| | 培养 | 送培养箱中在（36±1）℃培养（24±2）h | 操作正确 |
| | 观察、填表 | 观察倒管内是否有气泡产生。（24+2）h 产气者进行复发醒试验（证实试验）。如未产气则继续培养至（48±2）h，产气者进行复发酵试验，未产气者为大肠菌群阴性 | 观察仔细 |
| 复发酵 | 点酒精灯 | 无 | 无 |
| | 拿试管 | 左手拿产气的 LST 肉汤管，管口过火 | 无菌区内 |
| | 烧环 | 右手拿接种环，烧接种环 | 无菌区内 |
| | 取菌 | 在无菌区内，左手拔掉产气的 LST 肉汤管棉塞，右手用接种环挑取培养物 1 环 | 无菌区内 |
| | 放试管 | 产气的 LST 肉汤管管口过火，放在一边 | 无菌区内 |
| | 拿发酵管 | 左手拿起煌绿乳糖胆盐肉汤（BGLB）管中发酵管，在无菌区内，右手拔棉塞 | 无菌区内 |
| | 接种 | 管口过火，右手将接种环上的培养物接种到煌绿乳糖胆盐肉汤（BGLB）发酵管内 | 无菌区内 |
| | 塞棉塞 | 管口过火，塞棉塞，烧接种环 | 操作正确 |
| | 依照此法，凡是有产气的 LST 肉汤管都要环挑取培养物，接种于煌绿乳糖胆盐肉汤（BGLB）发酵管内 | | |
| | 培养 | 送培养箱中在（36±1）℃培养（48±2）h | 操作正确 |
| | 观察、填表 | 所有发酵管观察产气情况，产气者计为大肠菌群阳性管 | 观察仔细 |
| 统计、报告 | | 查 MPN 表，进行报告 | 查阅正确 |

## 五、实训报告

### 1. 填表

完成实训后，将所得数据填入表 5-11 中。

表 5-11　　试验结果表

| 接种量 | 管号 | 初发酵反应结果 | 复发酵反应结果 | 最后结论 + 或 - | 阳性管数统计 |
|---|---|---|---|---|---|
| 1 | 1 | | | | |
| | 2 | | | | |
| | 3 | | | | |
| 0.1 | 1 | | | | |
| | 2 | | | | |
| | 3 | | | | |
| 0.01 | 1 | | | | |
| | 2 | | | | |
| | 3 | | | | |

注：+ 表示阳性；- 表示阴性

## 2. 完成实训报告表

根据证实大肠菌群的阳性管数，查 MPN 检索表（表 5-13）报告每 100mL（g）大肠菌群的最可能数，填写实训报告表，如表 5-12 所示。

表 5-12　　乳粉中大肠杆菌计数实训报告表

| | | |
|---|---|---|
| 实训内容 | 乳粉中大肠菌群（MPN）数检验 | |
| 实训任务 | 对给定奶粉中大肠菌群（MPN）数检验 | |
| 实训要求 | ①熟练掌握大肠菌群测定技术<br>②学会大肠菌群阳性判定的方法<br>③学会 MPN 表的查阅 | |
| 实训引导 | ①何谓大肠菌群，它包括哪些微生物类群？<br>②大肠菌群一般采用什么方法测定，其原理是什么？<br>③稀释培养测数法（MPN）的一般测定步骤有哪些？<br>④大肠菌群阳性判断是根据大肠菌群哪些特征来判断的？<br>⑤叙述大肠菌群测定程序。 | |
| 实训方案 | 仪器、设备 | |
| | 试剂及其他 | |
| | 实训要求工作条件 | |
| | 操作步骤及注意事项 | |
| 实训评价 | 小组评价： | 教师评价： |

表 5-13　　大肠菌群最可能数（MPN）检索表

| 阳性管数 | | | MPN | 95% 可信限 | |
| --- | --- | --- | --- | --- | --- |
| 0.10 | 0.01 | 0.001 | | 下限 | 上限 |
| 0 | 0 | 0 | <3.0 | — | 9.5 |
| 0 | 0 | 1 | 3.0 | 0.15 | 9.6 |
| 0 | 1 | 0 | 3.0 | 0.15 | 11 |
| 0 | 1 | 1 | 6.1 | 1.2 | 18 |
| 0 | 2 | 0 | 6.2 | 1.2 | 18 |
| 0 | 3 | 0 | 9.4 | 3.6 | 38 |
| 1 | 0 | 0 | 3.6 | 0.17 | 18 |
| 1 | 0 | 1 | 7.2 | 1.3 | 18 |
| 1 | 0 | 2 | 11 | 3.6 | 38 |
| 1 | 1 | 0 | 7.4 | 1.3 | 20 |
| 1 | 1 | 1 | 11 | 3.6 | 38 |
| 1 | 2 | 0 | 11 | 3.6 | 42 |
| 1 | 2 | 1 | 15 | 4.5 | 42 |
| 1 | 3 | 0 | 16 | 4.5 | 42 |
| 2 | 0 | 0 | 9.2 | 1.4 | 38 |
| 2 | 0 | 1 | 14 | 3.6 | 42 |
| 2 | 0 | 2 | 20 | 4.5 | 42 |
| 2 | 1 | 0 | 15 | 3.7 | 42 |
| 2 | 1 | 1 | 20 | 4.5 | 42 |
| 2 | 1 | 2 | 27 | 8.7 | 94 |
| 2 | 2 | 0 | 21 | 4.5 | 42 |

续表

| 阳性管数 | | | MPN | 95% 可信限 | |
|---|---|---|---|---|---|
| 0.10 | 0.01 | 0.001 | | 下限 | 上限 |
| 2 | 2 | 1 | 28 | 8.7 | 94 |
| 2 | 2 | 2 | 35 | 8.7 | 94 |
| 2 | 3 | 0 | 29 | 8.7 | 94 |
| 2 | 3 | 1 | 36 | 8.7 | 94 |
| 3 | 0 | 0 | 23 | 4.6 | 94 |
| 3 | 0 | 1 | 38 | 8.7 | 110 |
| 3 | 0 | 2 | 64 | 17 | 180 |
| 3 | 1 | 0 | 43 | 9 | 180 |
| 3 | 1 | 1 | 75 | 17 | 180 |
| 3 | 1 | 2 | 120 | 37 | 420 |
| 3 | 1 | 3 | 160 | 40 | 420 |
| 3 | 2 | 0 | 93 | 18 | 420 |
| 3 | 2 | 1 | 150 | 37 | 420 |
| 3 | 2 | 2 | 210 | 40 | 430 |
| 3 | 2 | 3 | 290 | 90 | 1000 |
| 3 | 3 | 0 | 240 | 42 | 1000 |
| 3 | 3 | 1 | 460 | 90 | 2000 |
| 3 | 3 | 2 | 1100 | 180 | 4100 |
| 3 | 3 | 3 | >1100 | 420 | — |

注：（1）本表采用 3 个稀释度［0.1mL（g）、0.01mL（g）、0.001mL（g）］，每稀释度接种 3 管。

（2）表内所列检样量如改用 1mL（g）、0.1mL（g）、0.01mL（g）、时，表内的数字应相应降低 10 倍，如改用 0.01mL（g）、0.001mL（g）、0.0001mL（g）时，则表内数字应相应增加 10 倍。其余可类推。

**【知识小结】**

食品生产过程中常进行微生物检测，以判断生产是否正常进行或产品是否合格，酵母细胞数测定是啤酒发酵中常测定的指标，菌落总数、大肠菌群等是食品合格的重要指标。

**【知识链接】**

## 知识链接一　微生物生长的测定方法

对微生物生长情况的测定，对不同的微生物种类和不同的生长状态，有着不同的指标。通常对于处于旺盛期的单细胞微生物，既可测定细胞数目，又可测定细胞质量作指标；对于多细胞微生物（尤其是丝状真菌），则常以菌丝生长的长度或菌丝的质量为生长指标。由于考虑的角度不同，形成许多微生物生长的测定方法：有的方法直接测定细胞的数目和质量；有的方法通过细胞的组分变化和代谢活动等间接测定细胞的生长。

一、群体生长计数法

1. 显微计数法

详见酵母菌细胞数、出芽率、死亡率的测定。

2. 比浊法（比色法）

细菌培养物在其生长过程中，由于原生质含量的增加，会引起培养物浑浊度的增高。当光线通过微生物菌悬液时，由于菌体的散射及吸收作用使光线的透过量降低。在一定浓度范围内，悬液中细胞的数量与透光量呈反比，与光密度呈正比。通常利用分光光度计选择450 ~ 650nm的某一波长进行比色测定，具体使用的浓度仍需由该菌经过最大吸收波长及稳定性而确定。该法除受菌体浓度影响外，还受细胞大小、形态、培养液成分的影响，因而需制作标准曲线。

光电比浊计计数法的优点是简单、快捷，可以连续测定，使用于发酵生产过程中监测菌体生长情况。采用本法应注意培养基的成分和产物不能在选用的波长下有吸收作用，若含其他固体物质或有色素产物，一般不用此法。

3. 平板菌落计数法

详见细菌总数测定。

4. 干重测定法

干重法即测定单位体积的培养物中菌体的干重量。该法要求培养物中没有除菌体外的固体颗粒，对单细胞及多细胞均适用，尤其是测定菌丝体的常用方法，一般是将培养液离心或过滤后，用清水洗涤1 ~ 5次，以除去培养基成分。然后置于干燥箱中100 ~ 105℃烘干或置于真空干燥箱60 ~ 80℃烘干，也可用红外线烘干，恒重后称重。若是固体培养的培养物，可先加热熔化琼脂或明胶等物质，然后过滤出菌体。以细菌为例，一个细胞质量一般为 $10^{-12} \sim 10^{-13}$g，1mg 干细菌约含（4 ~ 5）$\times 10^{9}$ 个菌体细胞。本法适用于菌体浓度较高，并且不含其他不溶性杂质的样品。

5. 电子计数器法

电子计数器法是用电子的细胞计数器（图 5-6）计算细胞数目，又称电阻法。在计数器中放有电解质及两个电极，将电极一端放入一个带微孔小管内，当接通电源后，从该小管上部抽真空，则使含有菌体的电解质从小孔进入管内，当细胞通过小孔时，则电阻会增大，电阻增大会引起脉冲变化，该脉冲则记录在电子标尺装置上，每个细胞通过时均被记录下来。因计数器吸入样品体积是已知的，因而可计算出菌体的浓度。另外，菌体的大小与电阻的大小成正比，因此，脉冲的强度也反映了细胞的大小。计数器配有不同大小的微孔，可测定各种大小不同的细胞。此方法简单、快捷，但需配置该设备，并且它不能测定含有颗粒杂质的菌液，对链状菌和丝状菌无效。

6. 稀释培养测数法

详见大肠菌群的测定。

7. 膜过滤法

薄膜过滤计数法，适用于测定量大但含菌数少的样品，例如水、空气等。水等样品通过微孔薄膜（如硝化纤维素薄膜）过滤后，将黏附有细菌的膜放在培养基表面或浸透了培养液的支持物表面，进行培养，然后计数菌落来推算样品中的含菌量。

二、间接估算法

1. 通过测定细胞组分的含量进行估算

每种微生物细胞中核酸和蛋白质的含量占一定比例，因而可推算出细胞的含量。但菌体在不同的生长时期，组分的比例会有变化，其中 RNA 变化较大。

（1）测定 DNA 的含量　DNA 在各种细胞中，在各时期含量较为稳定，它也不会因加入营养物而发生变化。该方法较烦琐，费用高，但在某些情况下有其独特作用，如测定固定化载体的细胞。

（2）测定蛋白质的含量　当菌体除去水分后，40% ~ 50% 为蛋白质。目前对蛋白质含量的测定方法较为成熟，如双缩脲法、福林试剂法或凯氏定氮法等均可使用，使用此法，要避

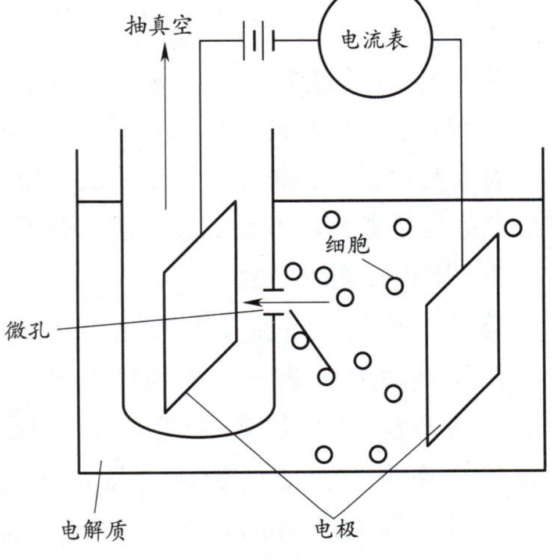


图 5-6　细胞电子计数器测定细胞数量的示意图

免培养物中含氮物的干扰。

（3）测定ATP的含量　ATP是细胞中贮存能量的化学形式，它在各种微生物细胞中含量也较为稳定，一般是在$10^{-6}$mol/L数量级。细菌细胞的ATP含量为每克细胞干重含有1mgATP。ATP只存在于活细胞中，因细胞死亡后ATP会分解，因此它可以快速、灵敏地反映活菌量。

ATP测定可以利用荧光素酶催化的生物发光反应：在氧气和ATP参与下，荧光素被氧化后释放出光子，光的强度与ATP含量成正比。此测定可用分光光度计或液闪仪等特殊仪器测定，该法可检测到ATP浓度为$10^{-12}$g/L，所以所需样品可很少。

$$\text{荧光素}+O_2+ATP \longrightarrow \text{氧化荧光素}+ADP+\text{光}$$

2. 从培养基中某营养物的消耗量来估算

通过测定培养基中基本营养物的消耗量来估算出菌体的生长情况。所选用营养物是不可用于合成代谢产物的营养物质，如磷酸盐。也可用测碳源和氧的消耗量来估算。

3. 从菌体代谢产物来估算

在有氧发酵中，$CO_2$是其代谢产物，因此测定$CO_2$的数量可估算细胞生长情况。目前全自动发酵罐中，已采用红外线气体分析仪来测定$CO_2$的含量。

4. 从发酵液的黏度来估算

在发酵过程中，发酵液的黏度随着菌体的生长及代谢产物的形成而显著增加，因而可测定发酵液的黏度来估算。当发酵过程中感染杂菌，或菌体裂解时，则影响测定结果。

5. 从发酵的放热量来估算

在微生物的生长过程中放出热量是一种普通现象，发热的能量平衡可用式（5–5）来表示：

$$Q_{\text{积累}}=Q_{\text{发酵}}+Q_{\text{搅拌}}+Q_{\text{蒸发}}+Q_{\text{空气}}+Q_{\text{散热}} \quad (5–5)$$

其中$Q_{\text{空气}}$可忽略不算，通过动力学热量法可测出$Q_{\text{积累}}$。

6. 从发酵液的酸碱度来估算

在发酵过程中，微生物的生长及代谢产物的不断产生，会使体系的pH发生一定的变化，如氨盐或硝酸盐被利用，再如产生谷氨酸、柠檬酸等代谢产物都会使pH改变。

7. 菌丝长度测定法

菌丝长度测定法主要对丝状真菌生长长度的测定，一般是在固体培养基上进行。最简单的方法是将真菌接种在平皿的中央，定时测定菌落的直径或面积。对生长快的真菌，每隔24h测定一次，对生长缓慢的真菌可数天测定一次，直到菌落覆盖整个平皿为止。由此可绘制出生长曲线。该法的缺点是没有反映菌丝的纵向生长，即对菌落的厚度和深入培养基内的菌丝计算，另外接种量也会影响结果。

另一种计算真菌生长速度的方法是U形管培养法（图5–7）。在U形管的底部铺设一层培养基，将被测菌接种在U形管的一端，按一定的间隔时间测定菌丝的长度。这种方法的优点是方便简单，生长较快的菌丝可以有足够的时间进行测量，不易污染，缺点是通气不良。

8. 细胞堆积体积测定法

将细胞悬液装入毛细沉淀管内（图5–8），在一定的条件下离心，根据堆积体积计算含菌量，也可以将菌悬液直接装入常用的刻度离心管内，用一定转速与时间进行离心，用所得的沉淀体积推算出细胞的质量。此法快速、简单，但培养液不能有其他的固体颗粒，否则误差较大。

图5–7　计算丝状真菌的U形管图

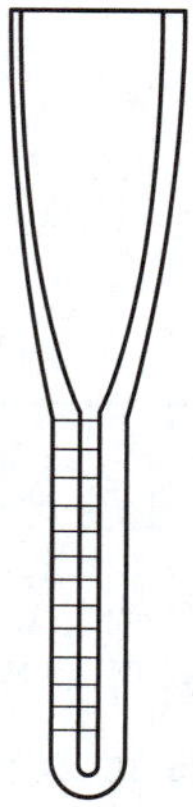

图5–8　测定堆积体积离心管

## 知识链接二　引起食品腐败的主要微生物

食品腐败变质是食品、微生物和环境条件三者综合作用的结果。即使微生物在食品上存在，如果没有其进行代谢作用的基质和适宜的外界环境条件，也不能进行大量的生长繁殖，食品也不会腐败变质。

一、食品的性质

食品供给人类以营养，绝大多数食品也可供给微生物以营养。可以说，绝大多数食品都是微生物的天然培养基。由于微生物把食品中的某些成分分解，因而引起食品的腐败。但是，由于食品的性质不同，引起食品腐败的微生物也不同。

（一）食品中营养成分的组成

食品中的基本营养物质，除含有一定量的水分以外，主要由蛋白质、碳水化合物、脂肪、无机盐类和维生素等物质所组成。食品的原料，来自动物或植物，不同原料的食品所含有的蛋白质、碳水化合物和脂肪三种主要成分的含量有着明显的差别，如表5–14所示。

表 5-14　　食品原料营养物质组成的比较

| 食品原料 | 占有机物的含量 /% | | |
| --- | --- | --- | --- |
| | 蛋白质 | 碳水化合物 | 脂肪 |
| 水果 | 2 ~ 8 | 85 ~ 97 | 0 ~ 3 |
| 蔬菜 | 15 ~ 30 | 50 ~ 85 | 0 ~ 5 |
| 鱼 | 70 ~ 95 | 少量 | 5 ~ 30 |
| 禽 | 50 ~ 70 | 少量 | 30 ~ 50 |
| 蛋 | 51 | 3 | 46 |
| 肉 | 35 ~ 50 | 少量 | 50 ~ 65 |
| 乳 | 29 | 38 | 31 |

（二）微生物对营养成分的选择

食品在自然环境下很容易被微生物污染。但是，微生物能否在食品上生长，还要看它能否利用食品中营养物质（蛋白质、脂肪、糖类等）来满足自身生命活动的需要。不同的微生物对营养物质的需要（通过分解，获得能量）是有选择性的。

1. 分解蛋白质的微生物

引起蛋白质分解而使食品腐败变质的微生物主要是细菌，其次是霉菌和酵母菌。细菌具有分解蛋白质的能力，并适宜于在含水量高的环境中生长繁殖。但是，在细菌中能够分泌胞外酶的仅只有少数几种。凡是能够分泌胞外酶的细菌，它们分解蛋白质的能力都特别强，如芽孢菌属、假单胞菌属、变形杆菌属和梭状芽孢杆菌属等。

此外，在大肠菌群、产气杆菌，产碱杆菌等菌属中，某些菌株也和食品的腐败有着密切的关系。它们在以蛋白质为主要成分的食物中能够良好地生长，即使没有糖分存在的情况下，也能够生长。

按照食品的种类来区分，引起食品变质的细菌，在鱼、贝类中主要是水中球菌、假单胞菌、黄色杆菌、无色杆菌和赛氏杆菌；在畜肉中主要是土壤中的好氧细菌和厌氧芽孢杆菌、变形杆菌等；在经过加热杀菌后的食品中主要是空气中的好氧芽孢杆菌、球状细菌等。

2. 分解碳水化合物的微生物

能够分解碳水化合物的微生物主要是酵母菌，其次为霉菌和细菌。蔗糖含量高的食品，不适宜于生长细菌，而酵母菌则能够生长。另外，酵母菌还具能利用有机酸，如果汁、蜂蜜、果酱、果胶和酱油等常因酵母菌的污染而引起变质。

能够分解碳水化合物的细菌只是少数，主要是芽孢杆菌属、八叠球菌属和梭状芽孢杆菌属中的一部分菌种。芽孢杆菌属分解淀粉的能力较强；八叠球菌属和梭状芽孢杆菌属分解纤维素和半纤维素的能力较强；欧氏植病杆菌属、芽孢杆菌属和梭状芽孢杆菌属的某些菌种，分解果胶的能力较强。因这些细菌可以分泌果胶酶，在果胶酶的作用下，果胶质被分解，使蔬菜、果实的组织软化、腐烂。

大多数的霉菌，都有利用简单碳水化合物的能力。几乎全部霉菌都有分解淀粉的能力。但能够分解纤维素和果胶质的霉菌并不多，能够分解果胶质的霉菌主要有活性强的曲霉属、青霉属、毛霉属和镰刀霉属的许多种。霉菌还具有利用某些简单有机酸或醇的能力。

3. 分解脂肪的微生物

能够分解脂肪的微生物主要是霉菌，其次是细菌和酵母菌。在含水量较多的食品中，由于细菌能够生长，霉菌就更有机会生长。因此，能够分解脂肪的霉菌很多，在食品中常见的有黄曲霉、黑曲霉、烟曲霉、灰绿曲霉、类地青霉、代氏根霉、无根根霉、解脂毛霉、瓜哇毛霉、白地霉和芽枝霉属等。

对蛋白质分解力强的好氧细菌，大多数也是脂肪分解菌。细菌中能分解脂肪的菌种不多，常见的有假单胞菌属中的荧光假单胞菌，该菌分解脂肪的能力特别强。再有是黄色杆菌、无色杆菌、产碱杆菌属、赛氏杆菌属、小球菌属、葡萄球菌属和芽孢杆菌属中的许多种，都具有分解脂肪的特性。

能分解脂肪的酵母菌不多，常见的有解脂假丝酵母。这种酵母对糖不发酵，但分解脂肪和蛋白质的能力却很强。因此，在乳制品和肉类食品中脂肪酸败时，也应考虑是否因酵母菌引起的。

由此可见，在自然界中，没有一种腐生性的微生物可以在各种不同成分的食品上生长，同时也没有一种食品能适宜于所有微生物生长。细菌、酵母菌、霉菌三大类群的微生物，对不同营养物质的分解作用，均显示出一定的选择性，如表 5–15 所示。

**表 5–15　微生物对营养物质分解作用的选择**

| 食物性质 | 具有显著分解能力的微生物类群 | 举例菌种 |
|---|---|---|
| 蛋白质 | 细菌 | 变形杆菌 |
| | 酵母菌 | 沙门柏干酪酵母 |
| 碳水化合物 | 酵母菌 | 啤酒酵母 |
| | 霉菌 | 黑曲霉 |
| 脂肪 | 霉菌 | 黄曲霉 |
| | 细菌（少数） | 荧光假单胞杆菌 |

二、环境条件

微生物生长要求的环境条件很多，而且是综合的环境条件，即在各种条件都适宜时才能大量生长繁殖，温度、湿度、通气是主要的环境条件。

（一）食品中微生物活动的类群与温度

根据微生物生长的适应温度，可分成嗜热微生物、嗜冷微生物和嗜温微生物三大生理类群，每一类微生物都具有一定的适应生长的温度，在这三类微生物不同的生长温度之间，可找到一个共同的温度范围，它是三类生理群微生物所共同能适应生长的温度，就是在 25 ~ 30℃。在这温度下，不论是嗜热、嗜冷或嗜温的微生物都有生长的可能，并且这温度范围与嗜温微生物的最适生长温度相接近，又可看到这温度之间也是绝大多数细菌、酵母和霉菌能够较良好生长的温度范围。因此，在 25 ~ 30℃，各种微生物都有可能使食品引起变质。若温度高于或低于这共同能生长的温度时，微生物能适应活动的主要类群就有了改变。如表 5–16 所示。

**表 5–16　　不同温度中微生物活动的主要类群**

| 低温 <10℃ | 中温 25 ~ 30℃ | 高温 >40℃ |
|---|---|---|
| 霉菌 | 霉菌 | |
| 酵母（少数） | 酵母 | 细菌（少数） |
| 细菌（少数） | 细菌 | |

（二）食品中微生物生长的类群和氧的关系

在有氧的环境中才能生长的微生物（好氧微生物）有霉菌、产膜酵母、醋酸杆菌属、无色杆菌属、黄杆菌属、短杆菌属中的部分菌种、芽孢杆菌属、八叠球菌属和小球菌属中的大部分菌种；在有氧和缺氧的环境中都能生长的微生物（兼性厌氧微生物）有大多数的酵母、细菌中的葡萄球菌属、埃希氏菌属、变形杆菌属、沙门氏菌属、志贺氏菌属等肠道杆菌，以及芽孢杆菌属中的部分菌种；在缺氧的环境中，才能生长的微生物（厌氧微生物）有梭状芽孢菌属、拟杆菌属。

食品在有氧的环境中，因微生物的繁殖而引起变质，其速度较快；在缺氧环境中由厌氧微生物引起变质，其速度较缓慢。多数兼性厌氧微生物在食品中繁殖的速度，在有氧时也比缺氧时要快得多。因此引起食品变质出现的时间也短，有些好氧微生物在含氧量少的环境中也能进行生长繁殖，但速度缓慢。

食品贮存于含有高浓度二氧化碳的环境中，可防止好氧细菌和霉菌所引起的食品变质。但乳酸菌和酵母等，对二氧化碳有较大的耐受力。在大气中含有 10% 的二氧化碳可以抑制水果蔬菜在贮藏中的霉变。在果汁瓶装时，充入二氧化碳，对酵母的抑制作用却很差。在酿造制曲过程中，由于曲霉的呼吸作用，可以产生二氧化碳，假使二氧化碳不迅速地扩散而在曲周围环境中积累至一定浓度时，将会显著抑制曲霉的繁殖及酶的产生，故制曲时必须进行适当的通风。

# 项目六 微生物代谢及在食品中的应用

## 学习目标

①了解微生物代谢。
②学会用较简单的代谢试验鉴别微生物的能力。
③培养学生利用微生物进行食品生产的能力。
④培养学生控制微生物生长的能力。

## 思政目标

培养学生职业素养，具备诚信、严谨、敬业、专注的工匠精神。

细菌和其他生物一样，具有一定的化学组成和物理性状。细菌在新陈代谢过程中进行着各种生物化学反应，因细菌的种类不同，催化这些反应的酶类及其活性也都有所差异，代谢过程中所产生的代谢产物也各不相同。为此，利用生物化学的方法测定细菌在新陈代谢过程中所产生的代谢产物，以鉴定细菌的种类，称为细菌的生化反应。

**案例**

大肠埃希氏菌通常被称为大肠杆菌，是 Escherich 在 1885 年发现的，一些特殊血清型的大肠杆菌对人和动物有病原性，尤其对婴儿和幼畜（禽），常引起严重腹泻和败血症。大肠杆菌为革兰氏阴性短杆菌，大小 0.5μm ×（1 ~ 3）μm。周生鞭毛，能运动，无芽孢。能发酵多种糖类产酸、产气，是人和动物肠道中的正常栖居菌，婴儿出生后即随哺乳进入肠道，与人终身相伴，几乎占粪便干重的 1/3。国家规定，每毫升饮用水中的菌落总数小于 100，每 100mL 水中不得检出总大肠菌群。

请问：

①大肠杆菌和其他肠道致病菌有何区别？

②如何利用其生化反应与其他肠道致病菌进行区别？

## 实训一 细菌的生理生化实验

（V.P. 反应、甲基红试验、吲哚试验、糖发酵试验）

### 一、实训目的

①了解细菌鉴定中常用的主要生理生化反应试验法及其原理。

②比较 4 种菌的 V.P. 反应（Voges-Prokauer 反应或称乙酰甲基甲醇试验）结果。

③比较 4 种菌的甲基红反应结果。

④比较 4 种菌的吲哚反应结果。

⑤学习如何使用杜氏小管进行糖发酵试验，并比较 3 种菌的糖发酵试验结果。

### 二、实训原理

> 考点提示：细菌各生化反应结果判定

由于各种微生物体内的酶系统不同，新陈代谢的类型不同，因此对各种物质利用后产生的代谢产物也不同，所以可以利用微生物的生化反应来测定微生物的代谢产物，来鉴别在形态上不易区分的微生物，如大肠杆菌和产气肠杆菌的鉴别和区分常采用测定生化反应的方法。

**1. 吲哚试验**

吲哚试验是用来检测吲哚的产生。有些细菌能产生色氨酸酶，分解蛋白胨中的色氨酸产生吲哚和丙酮酸。吲哚本身没颜色，不能直接看见，但吲哚与对二甲基氨基苯甲醛结合，形成红色的玫瑰吲哚。并非所有微生物都具有分解色氨酸产生吲哚的能力，因此吲哚试验可以作为一个生物化学检测的指标。

**2. 甲基红试验**

甲基红试验是用来检测由葡萄糖产生的有机酸（如甲酸、乙酸、乳酸等）能力的。当细菌代谢糖产生酸时，培养基就会变酸，使加入培养基的甲基红指示剂由橘黄色（pH6.3）变为红色（pH4.2），即甲基红反应。尽管所有的肠道微生物都能发酵葡萄糖产生有机酸，但这个试验在区分大肠杆菌和产气肠杆菌上仍然是有价值的。这两个细菌在培养早期均产生有机酸，但大肠杆菌在培养后期仍能维持酸性 pH4，而产气肠杆菌则转化有机酸为非酸性末端产物，如乙酸、丙酮酸等，使 pH 升至大约 6。

**3. 伏 – 普（V.P.）试验（乙酰甲基甲醇实验）**

V.P. 试验是用测定某些细菌利用葡萄糖产生非酸性或中性末端产物能力的实验，如丙酮酸。丙酮酸进行缩合、脱羧生成乙酰甲基甲醇，此化合物在碱性条件下能被空气中的氧气氧化成二乙酰。二乙酰与蛋白胨中精氨酸的胍基作用，生成红色化合物，即伏 – 普反应阳性；不产生红色化合物者为阴性反应。有时为了使反应更为明显，可加入少量含胍基的化合物，如肌酸等。

**4. 糖发酵试验**

糖发酵试验可根据细菌分解利用糖能力的差异表现出是否产酸产气作为鉴定菌种的依据。是否产酸，可在糖发酵培养基中加入指示剂溴甲酚紫（即 B.C.P 指示剂，其 pH 在 5.2 以下呈黄色，pH 在 6.8 以上呈紫色），经培养后根据指示剂的颜色变化来判断是否产气，可在发酵培养基中放入倒置杜氏小管观察。

## 三、实训材料及仪器

**1. 菌种**

大肠杆菌、产气肠杆菌、普通变形菌、枯草芽孢杆菌的斜面菌种。

**2. 药品**

葡萄糖蛋白胨水培养基（见附录二）5 支、蛋白胨水培养基 5 支、糖发酵培养基（葡萄糖、乳糖或蔗糖）各 4 支、40%NaOH 溶液、肌酸、甲基红试剂、吲哚试剂、乙醚、1.6% 溴甲酚紫指示剂。

**3. 实训环境与实验器具**

超净工作台、恒温培养箱、高压蒸汽灭菌锅、试管、移液管、杜氏小管。

## 四、实训方法、步骤及要求

技能要求：标准、严谨

### （一）V.P. 反应的步骤及要求

具体内容如表 6–1 所示。

**表 6-1　　V.P. 反应的步骤及要求**

| 操作步骤 | | 操作要点 | 评价标准 |
|---|---|---|---|
| 准备工作 | | ①进行环境消毒<br>②将培养基、接种工具和其他用品全部放在实验台上摆好<br>③取 5 支装有葡萄糖蛋白胨水培养基的试管，分别标记大肠杆菌、产气肠杆菌、普通变形菌、枯草芽孢杆菌和空白对照，并标上操作者、接种时间等。<br>④接种人员也先用肥皂或 2% 来苏尔洗手，擦干后再用 70% ~ 75% 酒精擦拭双手 | 工具准备齐全摆放合理 |
| 接种 | 点酒精灯 | 无 | 无 |
| | 拿试管 | 将含斜面大肠杆菌菌种和葡萄糖蛋白胨水培养基的试管握左手中，使中指位于两试管之间，管内斜面向上，两试管口平齐 | 拿法正确 |
| | 松棉塞 | 右手将棉塞拧转松动以利接种时拔出 | 操作正确 |
| | 拿接种环 | | 拿法正确 |
| | 烧接种环 | 将接种针垂直地放在火焰上灼烧至端部发红，其他可能进入试管的部分也应通过火焰灼烧，以彻底灭菌 | 操作正确<br>灭菌彻底 |
| | 拔棉塞 | 用右手的小指、无名指及掌心在火焰旁同时拔出两支试管的棉塞 | 操作正确<br>无菌区内 |
| | 管口过火 | 使管口在火焰上转动灼烧可能存在的杂菌 | 操作正确 |
| | 取菌 | 将烧过的接种针伸入菌种管内，先接触管内斜面上端的培养基或管壁，令其冷却以免烫死菌种，然后轻轻接触菌体取出少许，取出 | 操作正确<br>不污染<br>无菌区内 |
| | 接种 | 迅速深入葡萄糖蛋白胨水培养基中，搅拌几下，将接种环上的大肠杆菌洗入培养基中 | 不污染<br>无菌区内 |
| | 管口过火 | 抽出接种针，将管口灭菌 | 操作正确 |
| | 棉塞过火 | 棉塞迅速通过火焰 2 ~ 3 次 | 操作正确 |
| | 塞棉塞 | 在火焰旁将棉塞塞上。塞棉塞时不要用试管去迎棉塞，以免试管在移动时吸入不洁空气 | 操作正确 |
| | 烧接种环 | 将接种针垂直地放在火焰上灼烧至端部发红 | 操作正确 |
| | 依照此方法，将其他菌种接种到以上相应试管中，空白对照不接菌 | | |
| | 灭酒精灯 | 无 | 无 |
| 培养 | | 置 37℃恒温箱中，培养 24 ~ 48h | 操作正确 |

续表

| 操作步骤 | 操作要点 | 评价标准 |
| --- | --- | --- |
| 观察、记录 | 取出以上试管，振荡 2min。另取 5 支空试管，相应标记菌名，分别加入 3 ~ 5mL 以上对应管中的培养液，再加入 40%NaOH 溶液 10 ~ 20 滴，并用牙签挑入约 0.5 ~ 1mg 微量肌酸，振荡试管，以使空气中的氧溶入，放在 37℃恒温箱中保温 15 ~ 30min。培养液呈红色，记录为 V.P. 试验阳性反应（用“+”表示）；若不呈红色，则记录为 V.P. 试验阴性反应（用“–”表示）。填表 | 观察仔细 |

### （二）甲基红试验

于 V. P. 试验留下的培养液中，各加入 2 ~ 3 滴甲基红指示剂，注意沿管壁加入，仔细观察培养液上层，若培养液上层变成红色，即为阳性反应，若仍呈黄色，则为阴性反应，分别用“+”或“–”表示。

### （三）吲哚试验

**1. 试管标记**

取装有蛋白胨水培养基的试管 5 支，分别标记大肠杆菌、产气肠杆菌、普通变形菌、枯草芽孢杆菌和空白对照。

**2. 接种培养**

以无菌操作分别接种少量菌苔到以上相应试管中，第 5 管作空白对照不接种，置 37℃恒温箱中培养 24 ~ 48h。

**3. 观察记录**

在培养基中加入乙醚 1 ~ 2mL，经充分振荡使吲哚萃取至乙醚中，静置片刻后乙醚层浮于培养液的上面，此时沿管壁缓慢加入 5 ~ 10 滴吲哚试剂（加入吲哚试剂后切勿摇动试管，以防破坏乙醚层影响结果观察），如有吲哚存在，乙醚层呈现玫瑰红色，此为吲哚试验阳性反应，否则为阴性反应，阳性用“+”，阴性用“–”表示。

### （四）糖发酵试验

**1. 试管标记**

取分别装有葡萄糖、蔗糖和乳糖发酵培养液试管各 4 支，每种糖发酵试管中均分别标记大肠杆菌、产气肠杆菌、普通变形菌和空白对照。

**2. 接种培养**

以无菌操作分别接种少量菌苔至以上各相应试管中，每种糖发酵培养液的空白对照均不接菌。将装有培养液的杜氏小管倒置放入试管中置 37℃恒温箱中培养，分别再培养 24h、48h 和 72h 观察结果。

**3. 观察记录**

与对照管比较，若接种培养液保持原有颜色，其反应结果为阴性，表明该菌不能利用该种糖，记录用“-”表示；如培养液呈黄色，反应结果为阳性，表明该菌能分解该种糖产酸，记录用“+”表示。培养液中的杜氏小管内有气泡为阳性反应，表明该菌分解糖能产酸并产气，记录用“⊕”示；如杜氏小管内没有气泡为阴性反应，记录用“⊙”表示（产气判断如图 6-1 所示）。

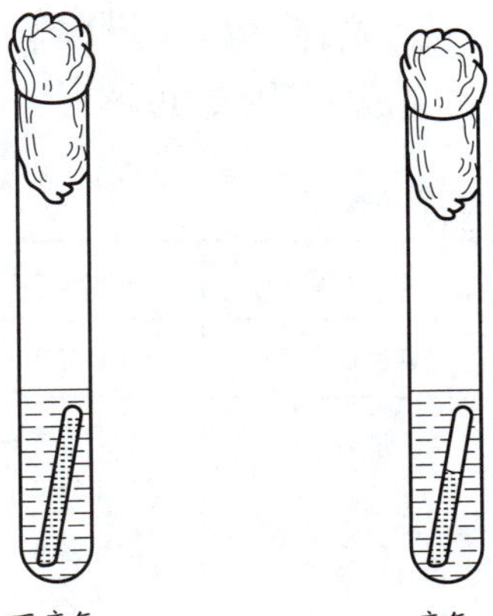


图 6-1　糖发酵试验

**（五）注意事项**

① V.P. 反应中加入 NaOH 溶液和肌酸后要反复振荡试管，使空气中氧溶入培养液中。

②甲基红试验中，不要过多滴加甲基红指示剂，以免出现假阳性反应。

③吲哚试验中宜选用色氨酸含量高的蛋白胨（用胰蛋白酶水解酪素，得到的蛋白胨中色氨酸含量较高）配制蛋白胨水培养基，否则将影响产吲哚的阳性率；在加入吲哚试剂后切勿摇动试管，以免破坏乙醚层而影响结果。

④在糖发酵试验的培养管中装入倒置杜氏小管时，注意防止小管内有残留气泡。灭菌时适当延长煮沸时间可除去管内气泡。

## 五、实训报告

**1. 细菌生理生化反应试验测定结果**

完成实训后，将所得结果填入表 6-2 中。

**表 6-2　　细菌生理生化反应试验测定结果**

| 试验项目 | V.P 反应 | 甲基红试验 | 吲哚试验 | 糖发酵试验 | | |
|---|---|---|---|---|---|---|
| | | | | 葡萄糖 | 乳糖 | 蔗糖 |
| 大肠杆菌 | | | | | | |
| 产气肠杆菌 | | | | | | |
| 普通变形菌 | | | | | | |
| 枯草芽孢杆菌 | | | | | | |
| 空白对照 | | | | | | |

**2. 实训报告**

完成实训后，可填写实训报告表，如表 6–3 所示。

**表 6–3　　细菌生理生化反应实训报告**

| | | |
|---|---|---|
| 实训内容 | 细菌的生理生化反应 | |
| 实训任务 | 用给定菌种进行生理生化反应 | |
| 实训要求 | ①了解细菌鉴定中常用的主要生理生化反应试验法及其原理<br>②比较 4 种菌的 V.P. 反应（Voges–Prokauer 反应或称乙酰甲基甲醇试验）结果<br>③比较 4 种菌的甲基红反应结果<br>④比较 4 种菌的吲哚反应结果<br>⑤学习如何使用杜氏小管进行糖发酵试验，并比较 3 种菌的糖发酵试验结果 | |
| 实训引导 | ①以上生理生化反应能用于鉴别细菌，其原理是什么？<br>②细菌生理生化反应试验中为什么要设有空白对照？<br>③现分离到一株肠道细菌，试结合本实验学到的知识，设计一个试验方案进行鉴别 | |
| 实训方案 | 仪器、设备 | |
| | 试剂及其他 | |
| | 实训要求工作条件 | |
| | 操作步骤及注意事项 | |
| 实训评价 | 小组评价： | 教师评价： |

## 实训二　酸乳制作

### 一、实训目的

①了解酸乳制作常用发酵剂菌种。
②学会酸乳制作。

考点提示：酸乳制作工艺流程

### 二、实训原理

酸乳是指以牛乳为原料，添加适量砂糖，经杀菌冷却，加入乳酸菌经保温发酵而制成的乳制品。酸乳有凝固型酸乳和搅拌型酸乳，每一类又可添加水果、食用香精、食用色素等做成不同风味的酸乳。

#### （一）凝固型酸乳

乳酸菌在乳中生长繁殖，分解乳糖产酸，导致乳的 pH 下降，使乳酪蛋白在等电点附近处形成沉淀凝集物，乳变成了冻胶状态，所以这种产品称为凝固型酸乳；为保持产品的冻胶状态，在发酵培养和贮藏运输期间必须使半成品或成品静置不动，所以这类酸乳又称静置型酸乳；为了同样目的，在加工过程中是先灌装后发酵，所以属于后发酵型酸乳。其工艺流程如下：

原料鲜乳→净化→脂肪含量标准化→配料（↑蔗糖、脱脂乳粉）→过滤→预热→均质→杀菌→冷却→接种→分装→发酵→冷却→后熟→成品

**1. 原料要求**

（1）鲜牛乳　必须是新鲜优质乳，不含初乳；酸度不超过 18°T；细菌总数量不得多于 50 万个 /mL；不含抗生素；乳中无昆虫杂质等异物；色泽呈乳白色或稍微带黄色；具有新鲜牛乳固有的滋味和香味，无其他异味。

（2）乳粉　必须使用优质鲜乳制得的低温型乳粉，抗生素试验阴性，理化及细菌学指标符合国家标准。

（3）蔗糖　优质白砂糖，各项指标符合国家标准。

（4）稳定剂　在正常情况下不需要加稳定剂，只有在乳固形物含量低，酸乳胶体不稳定时使用，一般使用明胶、果胶和琼脂，使用量应控制在 0.1% ~ 0.5% 为宜。

**2. 预处理、配料**

原料乳需首先进行过滤，然后经净化机净化、最后根据制作酸乳的种类进行标准化。

配料主要是加糖和乳粉。加糖的目的是使酸乳成为一种酸甜可口的制品，同时提高黏度，有利于酸乳的凝固性，一般加入 4% ~ 8%。方法是将原料乳加热到 50℃左右，加入白砂糖加热搅拌溶解，待 65℃时，通过砂布滤除杂质后使用。

加乳粉可提高乳固形物含量，利于形成酸乳的良好组织状态，乳粉的添加量一般为 2%。

**3. 预热、均质**

通常酸乳不需均质，但均质能改善产品质量。通过均质有以下作用：①在培养发酵过程中，乳脂肪不会上浮，可形成均匀分散状态；②可提高酸乳的硬度和黏度；③使凝固物更稳定；④产品色泽较白，其风味比未均质乳制作的酸乳更温和可口；⑤提高酸乳的消化性。

均质一般采用（8.0 ~ 10.0）$\times 10^6$Pa，55 ~ 65℃条件。如果乳固形物较低时，常采用 $2.10\times 10^7$Pa，65 ~ 75℃进行均质。

**4. 杀菌、冷却**

杀菌目的：①杀灭存在于原料乳中的致病菌及其他杂菌，确保乳酸菌的正常生长繁殖；②钝化酶的活性；③钝化原料乳中对发酵菌有抑制作用的天然抑制剂；④提高乳中蛋白质的水合力。

杀菌方式一般为90℃、5min或85℃、20min，也有采用135℃、2 ~ 3s的超高温瞬间灭菌法。

经灭菌处理后的原料乳，迅速冷却到43 ~ 45℃，待接种。

**5. 接种**

接种就是向原料液中加入发酵剂，酸乳生产通常采用的接种量是在1% ~ 4%，接种量的多少要充分考虑发酵时的培养时间和温度、发酵剂的产酸能力、产品的冷却速度、原料液组成等因素。一般来说，制作天然酸乳或加糖酸乳，发酵剂的接种量是2%，嗜热链球菌与保加利亚乳杆菌之比是1∶1。

接种时将发酵剂充分搅拌，完全破坏凝乳状态，并用灭菌纱布过滤，使菌体从凝块中游离分散出来。然后用处理好的原料乳或灭菌水进行稀释，最后倒入乳缸中搅匀，使菌体能与杀菌冷却乳充分接触，同时要保持所需温度。

**6. 灌装**

接种后经过充分搅拌的原料液要立即灌装到小容器中。目前主要有瓷缸、玻璃瓶、塑料杯、纸制盒等。灌装时重量要准确、场所要洁净、速度要快、时间要短。使原料液温度在灌装中下降不大，基本能维持在40℃左右。

**7. 发酵**

发酵是在发酵室内进行，发酵室内有加热装置，并且要有良好的绝热保温层。发酵温度采用41 ~ 42℃。如果发酵温度比这一温度低，则嗜热链球菌比保加利亚乳杆菌发育旺盛，酸味不足，酸乳硬度较小，时间较长。如果发酵温度比这一温度高，则保加利亚乳杆菌比嗜热链球菌发育旺盛，酸乳酸度较大，达到规定酸度的时间较短，香味成分不足。发酵时间3h。发酵终点的酸度一般到65 ~ 70°T，即可终止发酵。

**8. 冷却**

发酵结束，在将酸乳移放进冷藏室进行贮存和后熟处理之前，应将酸乳从发酵室取出，用冷风迅速将其冷却到10℃以下，使酸乳中的乳酸菌停止生长，防止酸乳酸度过高而影响口感。

**9. 冷藏和后熟**

经冷却处理的酸乳，在2 ~ 5℃的冷藏室中保存。低温保存有以下优点：①保存期间，酸乳的酸度上升极少；②因为牛乳凝固时会产生收缩力，导致乳清析出，在低温时这种收缩力比较弱，所以乳清不容易从酸乳中分离出来；③在低温下，酸乳逐渐形成白玉般的组织状态，结构非常细腻；④在低温保存过程中，香味物质逐渐形成，使酸乳具有较浓的香味。

## （二）搅拌型酸乳

搅拌型酸乳，是指先在发酵罐中通过乳酸菌的作用，将经过标准化处理的牛乳发酵至乳凝，然后再用搅拌器破乳，使凝乳粒子保持在 0.01 ~ 0.04mm 大小的一种酸乳。产品呈半流动状态的粥糊状，易使用吸管吸食。因为这类产品是在罐装前进行发酵，所以属前发酵型。又因为这类产品经过搅拌成了粥糊状，黏度较大，呈半流动状态，所以又称作软质酸乳或液体酸乳。

搅拌型酸乳的种类很多，根据是否加糖分为不加糖酸乳和加糖酸乳。根据添加的其他风味物质不同，加糖酸乳又分水果型和香料型两种。根据水果的种类不同，又分为橘子、柠檬、樱桃、菠萝、草莓等多种酸乳。根据香料不同，又可分为可可、咖啡等多种酸乳。搅拌型酸乳的工艺过程如下：

蔗糖 ↓ 配料；脱脂乳粉 ↑ 配料

原料鲜乳 → 处理 → 配料 → 过滤 → 预热 → 高压均质 → 杀菌 → 冷却 →

接种 → 发酵 → 破乳 → 冷却 → 分装 → 后熟 → 成品

**1. 原料乳的处理**

生产搅拌型酸乳的原料要求和原料处理与凝固型酸乳的制作相同。

**2. 均质**

将原料乳预热到 55 ~ 65℃，然后在 16 ~ 18MPa 压力下将乳均质，均质处理，除了分散脂肪，防止脂肪分层、上浮外，还对提高蛋白质水合力有一定作用，这对增加搅拌型酸乳的稠度和稳定性起到一定的效果。

**3. 灭菌**

均质后的乳加热至 90℃，保温 5min 或在 135℃下加热 2 ~ 3s，经灭菌处理后的原料乳，迅速冷却到 43 ~ 45℃，待接种。

**4. 接种**

向上述待接种的牛乳培养基中加入发酵剂。接种量为 2% ~ 3%，嗜热链球菌和保加利亚乳杆菌两者接种比例为 1 : 1 或 2 : 1。

**5. 发酵**

接种后立即进行发酵，发酵温度为 40 ~ 43℃。当发酵乳 pH 达到 4.7 ~ 5.0 时，终止发酵，一般发酵时间为 3 ~ 6h。如果终止发酵时的 pH 在 5.3 以上，当对这种酸乳进行破乳时，就容易引起乳清分离。

**6. 破乳**

发酵结束，将酸乳降温至 38℃，进行搅拌。若使用宽叶轮搅拌器，则要求转速为 1 ～ 2r/min，搅拌时间为 4 ～ 8min，使凝乳粒子的直径达到 0.01 ～ 0.4mm。如果搅拌激烈，不仅会降低酸乳的黏度（较大的凝乳颗粒有增稠性，而细小的凝乳颗粒无增稠作用），而且会出现分层现象。这是由于混入大量空气，使凝乳层下在形成了乳清层。为了提高搅拌型酸乳的稳定性，除了使用均质技术外，有时还在均质处理前往原料乳中添加一定量的稳定剂。

**7. 冷却**

破乳后，用泵将酸乳送入冷却器，冷却至 10℃以下。

**8. 分装和冷藏**

将冷却后的酸乳用灌装机在无菌室内分装到销售用的塑料小容器中，加盖后置于 0 ～ 5℃下冷藏。

## （三）饮料型酸乳

饮料型酸乳是将凝固型酸乳均质处理后，使凝乳充分分散，凝乳粒子直径在 0.01mm 以下的酸乳。这种酸乳的特点是与牛乳相似，呈液体状。其工艺过程如下：

凝固型酸乳 → 混合 → 均质 → 分装 → 冷却 → 冷藏

（混合后加入：稳定剂溶液 ↑）

**1. 凝固型酸乳的制备**

详见凝固型酸乳的制作方法。

**2. 混合**

为了防止饮料型酸乳产生分层现象，一般在凝固型酸乳中加入稳定剂，然后再用均质机破乳。目前在酸乳中使用得较多的是低甲氧基果胶（LM 果胶），一般加入量为 0.3%。使用时先将 LM 果胶用水溶解，经灭菌后冷却到接近酸乳的温度（15 ～ 20℃），然后加入酸乳中，搅匀。

**3. 均质**

在 10MPa 压力下，将上述酸乳进行均质处理。

**4. 分装**

均质后的酸乳液，灌装到销售用的小容器中后，迅速冷却到 10℃以下。

**5. 冷藏**

饮料型酸乳含有活乳酸菌，因此应置于 0 ～ 5℃下冷藏。

## （四）果汁酸乳

果汁酸乳是在凝固型酸乳中添加果汁和稳定剂后，再经均质处理制成的。工艺过程如下：

低酸味凝固型酸乳 → 混合 → 均质 → 分装 → 冷却 → 冷藏
（混合 ↑ 果汁、稳定剂）

**1. 低酸味凝固型酸乳的制备**

果汁（露）的添加会增加酸乳的酸味，因此在接种时，将嗜热链球菌与保加利亚乳杆菌两者的比例改变成 10∶1，目的是减少保加利亚乳杆菌产生的 D（－）－乳酸，这样可避免产品酸味过强。制备低酸味凝固型酸乳的其他操作步骤，与一般凝固型酸乳的制法相同。

**2. 混合**

将酸乳和灭菌后冷却到 15 ～ 20℃的果汁（露）按 4∶1 混合，同时加入适量灭过菌的稳定剂水溶液，搅拌均匀。

**3. 均质**

在 10MPa 压力下，将上述酸乳进行均质处理。

**4. 分装**

将经均质处理过的果汁酸乳液灌装到销售用的小容器中，迅速将其冷却到 10℃以下。

**5. 冷藏**

冷却后的酸乳，置于 0 ～ 5℃的冷藏室中冷藏。

## 三、实训材料及仪器

**1. 菌种**

嗜热链球菌发酵剂、保加利亚乳杆菌发酵剂。

**2. 原辅料**

新鲜牛乳、脱脂乳、稳定剂、白砂糖等。

**3. 器皿**

冰箱、酸乳瓶、温度计、不锈钢锅、不锈钢盆、灭菌锅、天然气灶、恒温箱等。

## 四、实训方法、步骤及要求

具体内容如表 6–4 所示。

技能要求：安全、健康

## 五、实训报告

完成实训后，可填写实训报告表，如表 6–5 所示。

**表 6–4　　凝固型酸乳制作步骤及要求**

| 操作步骤 | | 操作要点 | 评价标准 |
|---|---|---|---|
| 原辅料准备 | | 鲜牛乳 | 称量准确 |
| | | 乳粉 | 称量准确 |
| | | 蔗糖 | 称量准确 |
| | | 稳定剂 | 称量准确 |
| 预处理 | | 原料乳需首先进行过滤，然后经净化机净化 | 操作正确 |
| 配料 | 加糖 | 原料乳加热到 50℃左右，加入白砂糖加热搅拌溶解，待 65℃时，通过砂布滤除杂质后使用。添加量 4% ~ 8% | 操作正确 |
| | 加乳粉 | 乳粉的添加量一般为 2%。 | 操作正确 |
| 预热、均质 | | 通常酸乳不需均质，但均质能改善产品质量。均质一般采用（8.0 ~ 10.0）× $10^6$Pa，55 ~ 65℃条件。如果乳固形物较低时，常采用 2.10 × $10^7$Pa、65 ~ 75℃过行均质 | 操作正确 |
| 杀菌 | | 杀菌方式一般为 90℃，5min 或 85℃，20min，也有采用 135℃，2 ~ 3s 的超高温瞬间灭菌法 | 操作正确 |
| 冷却 | | 经灭菌处理后的原料乳，迅速冷却到 43 ~ 45℃，待接种 | 操作正确 |
| 接种 | | 将嗜热链球菌发酵剂充分搅拌，完全破坏凝乳状态，接入冷却好的乳中，接种量是 1% ~ 2% | 操作正确 |
| | | 将保加利亚乳杆菌发酵剂充分搅拌，完全破坏凝乳状态，接入冷却好的乳中，接种量与嗜热链球菌相等 | 操作正确 |
| | | 搅拌均匀 | 操作正确 |
| 灌装 | | 接种后经过充分搅拌的原料液要立即灌装到小容器中 | 操作正确 |
| 发酵 | | 发酵温度采用 41 ~ 42℃，发酵时间 3h。发酵终点的酸度一般到 65 ~ 70°T，即可终止发酵 | 操作正确 |
| 冷却 | | 发酵结束，在将酸乳移放进冷藏室进行贮存和后熟处理之前，应将酸乳从发酵室取出，用冷风迅速将其冷却到 10℃以下，使酸乳中的乳酸菌停止生长，防止酸乳酸度过高而影响口感 | 操作正确 |
| 冷藏和后熟 | | 经冷却处理的酸乳，在 2 ~ 5℃的冷藏室中保存 | 操作正确 |

表 6–5 酸乳制作实训报告

| | | |
|---|---|---|
| 实训内容 | 酸乳制作 | |
| 实训任务 | 用给定发酵剂（菌种）制作凝固型酸乳 | |
| 实训要求 | ①学会酸乳发酵剂制作<br>②学会酸乳制作 | |
| 实训引导 | ①何谓酸乳？<br>②何谓发酵剂，酸乳发酵剂菌种常见的有哪些？<br>③液态发酵剂怎样制备？<br>④简述凝固型酸乳制作过程。<br>⑤简述搅拌型酸乳制作过程。<br>⑥简述饮料型酸乳制作过程。<br>⑦简述果汁型酸乳制作过程。<br>⑧对比不同种类酸乳的制作方法有什么区别？<br>⑨制作酸乳的主要菌种是什么？培养条件是什么？ | |
| 实训方案 | 仪器、设备 | |
| | 试剂及其他 | |
| | 实训要求工作条件 | |
| | 操作步骤及注意事项 | |
| 实训评价 | 小组评价： | 教师评价： |

## 实训三 酵母菌扩大培养及乙醇发酵

### 一、实训目的

①熟悉酵母菌的扩大培养技术。

②掌握淀粉质原料制造乙醇的技术。

### 二、实训原理

> 考点提示：酵母菌扩大培养工艺流程

在无氧的条件下，酵母菌利用己糖生成乙醇和 $CO_2$ 的作用，称为乙醇发酵，其总反应式为：$C_6H_{12}O_6 \rightarrow 2C_2H_5OH+2CO_2$。

目前乙醇发酵所采用的微生物主要是酵母菌。生产上所使用的酵母菌原菌一般是固体斜面试管菌种，由于其酵母数太少，不付生产之需，所以必须将固体斜面试管菌种进行若干次的扩大培养，以获得含有足够数量酵母的酵母培养物（称发酵剂，通常是液体培养物，也可以是固体培养物），以供乙醇发酵制用，故称为酒母。具体扩大培养的次数，视乙醇发酵液的多少和每次扩大培养的扩大倍数决定。

在实际生产中，酵母菌的一般扩大培养工艺流程是：固体斜面试管原菌→固体斜面试管活化菌种→液体试管培养→小三角瓶培养→大三角瓶培养→卡氏罐培养→小酒母罐培养→大酒母罐培养。传统的酵母扩大培养采用10倍扩大培养法。

本实训由于所用的发酵仪器为三角瓶，故采用的扩大培养流程如下：

固体斜面试管原菌→固体斜面试管活化菌种→液体试管培养→小三角瓶培养→大三角瓶发酵

酵母菌的厌氧乙醇发酵是生产乙醇和各种酒的基础，因此学会乙醇酵母的扩大培养技术及其乙醇发酵方法是微生物学的一项重要任务和基本功。

另外，通过测定发酵过程中$CO_2$生成量和最终产物乙醇的生成量，可以测定酵母的发酵能力。

## 三、实训材料及仪器

**1. 菌种**

南阳酵母（1308）或K字酵母菌。

**2. 实训用材料**

麦芽（或大米与麸皮）、玉米粉（甘薯粉、木薯粉）、细菌淀粉酶、糖化酶、琼脂。

**3. 仪器设备**

接种环、酒精灯、试管、三角瓶、烧杯、恒温水浴锅、恒温培养箱、蒸馏装置（套）、酒精计（套）、血球计数板、显微镜。

**4. 药品**

美蓝染液。

## 四、实训方法、步骤及要求

技能要求：严谨、敬业

### （一）酵母菌扩大培养

**1. 培养基的制备**

酵母菌扩大培养中的试管和三角瓶培养基通常采用麦芽汁或米曲汁，其制备方法如下：

（1）麦芽汁的制备方法　将干麦芽磨碎，加入3.5倍的65℃的热水，在58～60℃的温度下糖化3～4h，以碘液检查糖化完全后，将其煮沸、过滤，将滤液浓度调到13° Bx。

（2）米曲汁的制备方法　将大米与5%的麦麸混匀，加入3 ~ 4倍量的水，在常压下蒸煮1h，做成稀饭。待冷至60℃时，按每1g大米原料用250 ~ 300U的糖化酶计算，加入糖化酶，保温58 ~ 60℃，在不时搅拌的情况下糖化3 ~ 4h，以碘液检查糖化完全后，将其煮沸、过滤，将滤液浓度调到13° Bx。

此法如配料中为加入麦麸，则可在滤液中添加硫酸铵和磷酸氢二钾各0.1%及硫酸镁0.05%，以补充营养成分。

将上述制备好的麦芽汁或米曲汁进行分装灭菌：

①试管斜面培养基：将浓度为13°　Bx的麦芽汁或米曲汁100mL，加入2%琼脂，融化后分装试管，置121℃蒸汽灭菌30min，取出后趁热制成斜面，放冷，斜面长度为试管长度的1/2 ~ 3/5。

②液体试管培养基：用硫酸将浓度为13° Bx麦芽汁或米曲汁的pH调节至4 ~ 4.4，分装试管，每试管5mL，置121℃灭菌30min。

③三角瓶扩大培养基：用硫酸将浓度为13° Bx麦芽汁或米曲汁的pH调节至4 ~ 4.4分装于容量为150mL三角瓶中，每瓶装50mL，置121℃灭菌30min。

**2. 接种与扩大培养**

（1）菌种活化　将斜面试管原菌移接于固体斜面试管，于28 ~ 30℃培养48h。待斜面上长出白色菌苔，即培养成熟。

（2）将上述培养好的斜面活化酵母菌在无菌条件下，用接种环自斜面挑取一环酵母菌，接入装有5mL麦芽汁液体试管，摇匀后，置28 ~ 30℃恒温培养24h左右。待液面冒出大量$CO_2$，即培养成熟。

（3）将上述液体试管酵母全部接入三角瓶中（每支试管接一个三角瓶），在28 ~ 30℃条件下恒温培养至对数期末（15 ~ 20h），待液面冒出大量$CO_2$泡（味），即培养成熟。

**3. 酵母菌的质量检查**

酵母菌质量好坏，直接影响到酒精生产。镜检时要求形态健壮、整齐，细胞内原生质稠密，无空泡，无杂菌，细胞数（$0.8\times10^8$）~（$1.0\times10^8$）个/mL，出芽率20% ~ 30%，死亡率< 1%。

### （二）乙醇发酵

**1. 糖化醪的制备**

按玉米粉（甘薯粉、木薯粉）的3.5倍量的加水比，用50 ~ 55℃的温水与淀粉原料搅拌混合，添加原料量0.1%的细菌淀粉酶，于电炉上加热并不断搅拌，升温至90 ~ 93℃，保持5min，进行液化，继续加热煮沸1h，使淀粉充分糊化和液化，并适量补充水分。

将上述蒸煮醪冷却至60 ~ 62℃，添加180U/g原料的糖化酶，用硫酸将醪液的pH调节至4 ~ 4.5，在水浴锅上保温糖化30min，而后分装于1000mL的三角瓶中，每瓶装糖化醪 500mL。

糖化醪的质量要求：糖度 15° Bx，还原糖 6% ~ 9%，pH4 ~ 4.5。

**2. 糖化醪的发酵**

将上述培养成熟的小三角瓶酵母种子全部接入大三角瓶中（每个小三角瓶接一个大三角瓶），用橡胶塞封口，在 28 ~ 30℃条件下发酵 68 ~ 72h。

**3. $CO_2$ 生成量的测定**

测定乙醇发酵中 $CO_2$ 生成量的装置如图 6-2 所示，其测定方法如下：

（1）发酵前，将三角瓶外壁擦干，置于 1/100g 的受皿天平上称重，记下质量为 $m_1$。

（2）发酵完毕后，将三角瓶轻轻摇动，使 $CO_2$ 尽量逸出。在同一架受皿天平上再称重，记下质量为 $m_2$。

（3）$CO_2$ 生成量 $=m_1-m_2$。

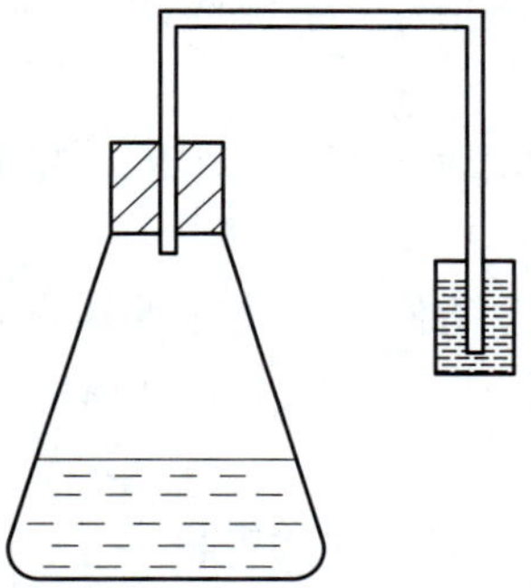

图 6-2 乙醇发酵测定 $CO_2$ 生成量的装置

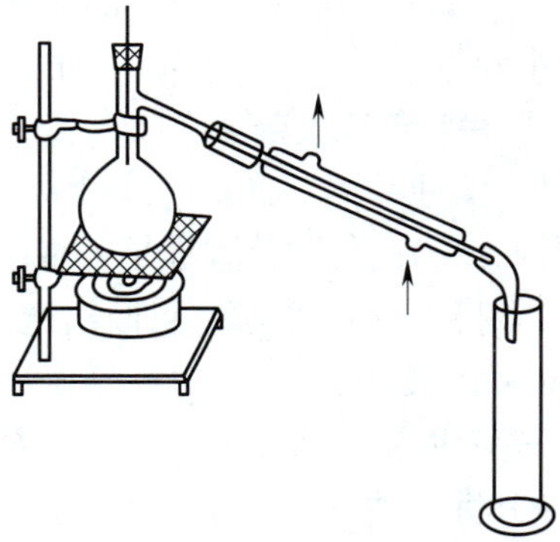

图 6-3 乙醇发酵醪蒸馏乙醇装置

**4. 酒精度的测定**

（1）按图 6-3 所示安装好蒸馏装置。

（2）准确量取 100mL 发酵成熟醪，倒入 500mL 蒸馏瓶中，并加入等量的蒸馏水。蒸馏瓶用插有温度计的胶塞塞紧，连接好冷凝管并勿使漏气。用电炉加热，同时接通冷却水，馏出液收集于 100mL 容器瓶中（如无容量瓶也可直接用 100mL 量筒收集）。待馏出液达到刻度时，立即停止收集（注意：不能超过刻度），倒入量筒中，稍加搅动，使之均匀，将酒精计与温度计同时置入量筒，测定酒精度与温度。

（3）根据测得的酒精度与温度，查换算表，换算成 20℃时的酒精度。

## 五、实训报告

**1. 实训结果**

完成实训后，将所得数据结果填入空格中。

（1）镜检酒母时看到的酵母形态：________；有无杂菌：____________；酵母

数________亿个 /mL，出芽率________%，死亡率________%。

（2）发酵试验中测得的 $CO_2$ 生成量______________g。

（3）蒸馏液的酒精度为________%，温度为________℃。换算成标准温度 20℃后的酒精度为____________________%。

**2. 实训报告**

完成实训后，可填写实训报告表，如表 6–6 所示。

**表 6–6　　酵母菌扩大培养及乙醇发酵实训报告**

| | | | | | |
|---|---|---|---|---|---|
| 实训内容 | 酵母菌扩大培养及乙醇发酵 | | | | |
| 姓名 | | 班级 | | 专业 | |
| 学号 | | 合作者 | | | |
| 实训时间 | | 实训地点 | | | |
| 参考学时 | | 参考文献 | | | |
| 实训任务 | 用给定菌种进行扩大培养及乙醇发酵 | | | | |
| 实训目的 | ①学会菌种扩大培养所需培养基的制备。<br>②学会菌种活化及扩大培养操作。<br>③学会乙醇发酵及酒精度测定操作。<br>④培养学生自学能力（分析问题、解决问题能力）。<br>⑤培养学生协作能力、沟通能力、表达能力、动手能力。<br>⑥培养学生对工作的责任心。 | | | | |
| 实训要求 | ①熟悉酵母菌的扩大培养技术。<br>②掌握淀粉质原料制造乙醇的技术。 | | | | |
| 实训引导 | ①试以 $CO_2$ 生成量为纵坐标，发酵时间为横坐标绘制发酵速率曲线。<br>②当乙醇发酵终了时，发酵醪的 pH 有什么变化？为什么？ | | | | |
| 实训方案 | 仪器、设备 | | | | |
| | 试剂及其他 | | | | |
| | 实训要求工作条件 | | | | |
| | 操作步骤及注意事项 | | | | |
| 实训评价 | 小组评价： | | 教师评价： | | |

## 【知识小结】

微生物时时刻刻都进行着代谢，同一微生物代谢环境条件不同代谢途径和能力往往不同，不同的微生物代谢途径和产物也会不同，这些往往都是鉴别微生物的依据。

利用微生物生长代谢可以生产食品，酸乳制作、酒类生产、柠檬酸发酵、食用菌栽培等都是典型利用微生物生产食品的实例。

## 【知识链接】

### 知识链接一　微生物的代谢概论

微生物同其他生物一样都是具有生命的，新陈代谢作用贯穿于它们生命活动的始终，新陈代谢作用包括合成代谢（同化作用）和分解代谢（异化作用）。新陈代谢作用是微生物最基本的生命过程，也是其他一切生命现象的基础。

一、微生物代谢的定义

广义的代谢是指生命体进行的一切化学反应。微生物代谢是微生物活细胞中各种生化反应的总称，分为物质代谢和能量代谢。物质代谢包括分解代谢和合成代谢，能量代谢包括产能代谢和耗能代谢。

分解代谢又称异化作用，是指复杂的有机物大分子物质通过分解代谢酶系的催化降解成简单小分子物质、腺苷三磷酸（ATP）形式的能量和还原力（或称还原当量，一般用［H］来表示）的作用，为产能过程。合成代谢又称同化作用，与分解代谢正好相反，是指在合成代谢酶系的催化下，细胞利用小分子物质、ATP 形式的能量和［H］形式的还原力一起合成复杂大分子的过程，并在这个过程中消耗能量。分解代谢与合成代谢的含义及其间的关系可简单地表示为：

$$\begin{matrix}\text{复杂分子}\\ \text{（有机物）}\end{matrix}\ \underset{\text{合成代谢酶系}}{\overset{\text{分解代谢酶系}}{\rightleftharpoons}}\ \text{简单分子}+\text{ATP}+[\text{H}]$$

在代谢过程中，微生物通过分解作用产生化学能，光合微生物还可将光能转化成化学能，这些能量除用于微生物的合成代谢外，还用于微生物的运动和运输，另有部分能量以光或热的形式释放到环境中去。

无论是分解代谢还是合成代谢，代谢途径都是由一系列连续的酶促反应构成的，前一步反应的产物是后续反应的底物。细胞通过各种方式有效地调节相关的酶促反应，来保证整个代谢途径的协调性与完整性，从而使细胞的生命活动得以正常进行。

某些微生物在代谢过程中，除了产生其生命活动所必需的初级代谢产物和能量外，还会产生一些次级代谢产物。这些物质除有利于微生物生存，还与人类生产生活密切相关。

二、微生物代谢的特点

微生物的代谢与其他生物有许多相同之处和相异之处。微生物代谢的特点是代谢旺盛，代谢类型多样，代谢调节的严格性和灵活性，自我调节能力强，易于人工控制，从而使微生物在自然界物质循环和生态系统中起着十分重要的作用。

## 知识链接二　微生物对自然界有机物质的分解

自然界几乎不存在微生物不能分解的有机物。无论是由单糖、氨基酸和核苷酸单体聚合而成的大分子聚合物（多糖、蛋白质及核酸），还是非单体聚合物（烃、脂类及芳香簇与杂环化合物），均能被相应微生物分解与利用。

一、纤维素的分解

纤维素是植物细胞壁的重要成分，在植物体内含量达 15% ~ 50%，每年进入土壤的有机质大约有 50% 是纤维素成分，纤维素由葡萄糖通过 $\beta$ -1,4 糖苷键聚合而成，相对分子质量多在 100 万以上，天然纤维分子不溶于水。

分解纤维素的微生物有：细菌、放线菌、真菌。其中分解能力较强的微生物主要是真菌，如木霉、根霉、黑曲霉及青霉等，由于霉菌产纤维酶的能力较强，培养简单，一般作为纤维素酶生产菌。

分解纤维素的酶有两类：细胞表面酶和外酶。纤维素在微生物分泌的纤维素酶的作用下将纤维素分解成纤维二糖，纤维二糖在纤维二糖酶的作用下水解成葡萄糖。纤维素酶也是由许多密切相关酶组成的酶系。该酶系由酶Ⅰ（E1）、酶Ⅱ（E2）和酶Ⅲ（E3）3 种类型的酶组成。E1 是内断型葡聚糖水解酶，可以任意水解纤维素分子内部的 $\beta$ -1,4 糖苷键，产物为寡糖；E2 为外断型葡聚糖水解酶，从纤维素分子的非还原性末端开始，逐步水解纤维素为纤维二糖；E3 为 $\beta$ - 葡萄糖苷酶，能将纤维二糖水解为葡萄糖。E1 和 E2 的酶活力受纤维二糖与葡萄糖反馈抑制，E3 活力受葡萄糖反馈抑制。在适宜条件下，纤维素在 E1、E2 及 E3 的联合作用下完全水解，产生大量葡萄糖，纤维素酶的作用模式如下所示。

$$\text{天然纤维素} \xrightarrow{E_1} \text{水合非结晶纤维素} \xrightarrow{E_2} \text{纤维二糖} + \text{葡萄糖}$$

$$\downarrow E_3$$

$$\text{葡萄糖}$$

二、淀粉的分解和糖发酵

淀粉在植物种子中含量很高，分为直链淀粉与支链淀粉两种。直链淀粉是由 250 ~ 300 个葡萄糖分子通过 $\alpha$ -1,4 糖苷键连接而成的线性大分子聚合物，相对分子质量约 60000，通常卷曲为螺旋形。支链淀粉是由 1300 个以上的葡糖通过 $\alpha$ -1,4 和 $\alpha$ -1,6 糖苷键连接而成的大分子聚合物，相对分子质量大于 20 万。

许多微生物在生长过程中能合成分解淀粉的酶，并将这些酶分泌到细胞外部。

能将淀粉分解成葡萄糖与双糖的酶称为淀粉酶。淀粉酶是一系列与淀粉分解有关酶的总称，这些酶以不同方式联合作用，催化淀粉转化为葡萄糖。淀粉酶包括 α–淀粉酶、β–淀粉酶、糖化酶与异淀粉酶 4 种类型。

1. α–淀粉酶

α–淀粉酶又称液化型淀粉酶。在适宜条件下，该酶能从淀粉分子内部不规则切断 α–1,4 糖苷键，但不能切断 α–1,6 及邻近 α–1,6 糖苷键的 α–1,4 糖苷键，难于切断淀粉分子两端的 α–1,4 糖苷键。因此，α–淀粉酶催化直链淀粉分解的产物为寡糖与麦芽糖的混合物，催化支链淀粉分解的产物为带有 α–1,6 糖苷键的糊精、麦芽糖和葡萄糖。该酶作用于淀粉的产物（还原糖）在光学构型上为 α 型，故称之 α–淀粉酶；该酶作用时淀粉溶液的黏度下降迅速，故又称该酶为液化型淀粉酶；α–淀粉酶的作用点为淀粉分子内部的 α–1,4 糖苷键，故又称之为内断型淀分酶。α–淀粉酶在动物、植物及微生物体内均有分布。因此常利用曲霉或细菌（枯草杆菌）发酵生产淀粉酶，葡萄糖就可用淀粉酶水解淀粉制取。

2. β–淀粉酶

β–淀粉酶作用于淀粉的 α–1,4 糖苷键，从淀粉分子非还原性末端开始，以麦芽糖为单位切断 α–1,4 糖苷键，不能切断 α–1,6 糖苷键，也不能越过 α–1,6 糖苷键去切断分子中间的 α–1,4 糖苷键，故该酶作用于淀粉的产物为麦芽糖，带分支侧链的寡糖及界限糊精。该酶催化淀粉降解形成的产物麦芽糖在光学构型上为 β–型，故称之 β–淀粉酶；该酶不能从淀粉分子内部水解 α–1,4 糖苷键，只能从淀粉分子非还原性末端切开 α–1,4 糖苷键，故称之外断型淀粉酶。β–淀粉酶广泛存在于植物与霉菌中，细菌中少见。

3. 糖化酶与异淀粉酶

糖化酶从淀粉分子的非还原性末端以葡萄糖为单位水解 α–1,4 糖苷键，产物为葡萄糖；不能水解 α–1,6 糖苷键。异淀粉酶能水解 α–1,6 糖苷键。微生物产生的淀粉酶中，细菌产生的主要是 α–淀粉酶，霉菌产生的主要为异淀粉酶。

目前，工业上已将微生物的淀粉酶制剂用于棉织物淀粉脱浆、葡萄糖的生产和制曲酿酒等。

三、果胶质的分解

果胶质是构成植物细胞间质的组分，含量虽然不多，但也是植物的重要组成部分，果胶质由半乳糖醛酸单体聚合而成。聚合态半乳糖醛酸称为果胶酸，果胶酸羧基甲基化的产物称果胶，果胶又分为可溶性果胶与不溶性果胶（又称原果胶）。

果胶质能被多种细菌和真菌分解。细菌中的厌氧蚀果胶梭菌（*Clostridium pectinovorum*）和费新尼亚梭菌（*Clostridium felsineum*），如好氧浸麻芽孢杆菌

（*Bacillus macerans*）等均能分解果胶质。果胶分解过程如下：

$$原果胶（不溶解）\xrightarrow{果胶酶}可溶性果胶$$

$$可溶性果胶+H_2O\xrightarrow{果胶甲基酯酶}果胶酸+甲醇$$

$$果胶酸+H_2O\xrightarrow{聚半乳糖醛酸酶}半乳糖醛酸$$

产物半乳糖醛酸在好氧条件下彻底氧化，在厌氧条件下产生丁酸、乳酸、乙酸、醇类、$CO_2$、$H_2$。

麻纤维脱胶就是利用果胶分解酶完成的。麻类植物纤维的化学成分为纤维素，存在于茎秆的韧皮部内，纤维素与果胶类物质结合在一起。麻纤维脱胶就是利用果胶分解微生物有分解果胶能力而不分解纤维素的特点，将果胶分解掉，使纤维完好地脱离出来。

四、木质素和芳香族化合物的分解

木质素是植物木质化组织的重要成分，禾本科秸秆含木质素20%左右，木质素的化学结构不十分清楚。据现有研究，木质素是由以苯环为核心带有丙烷支链的一种或多种芳香族化合物（苯丙烷、松柏醇等）氧化缩合而成的，是难分解的物质，一般不彻底分解，而是形成中间产物积累。

能分解木质素的微生物主要是担子菌纲的一些种类，如干朽菌（*Merulius*）、多孔菌（*Polyporus*）及伞菌（*Agaricus*）等属的一些种。木质素在土壤中分解缓慢，好氧条件下的分解速度较快。真菌分解木质素的能力较细菌强。

植物体内的单宁、芳香油是由一些芳香族化合物组成的。单宁等物质在土壤中分解缓慢，产物为结构简单的苯、酚和芳香酸等。在好氧条件下，芳香族化合物在微生物的进一步作用下不断分解，最终形成$CO_2$。

五、蛋白质和氨基酸的分解

1. 蛋白质的分解

蛋白质是许多氨基酸通过肽键连接而成的大分子聚合物，不能直接进入微生物细胞。在蛋白酶与肽酶作用下，蛋白质水解为肽及氨基酸，氨基酸直接进入细胞后参与细胞内的一系列脱羧、脱氨等复杂的生化反应。氨基酸主要作为微生物生长的氮源，在碳、能源不足时也可用作碳源与能源物质。

蛋白酶是一种胞外酶。不同的蛋白质需要不同的蛋白酶催化才能降解。如明胶、酪蛋白、胶原蛋白和角蛋白分别由明胶蛋白酶、酪蛋白酶、胶原蛋白酶及角蛋白酶水解。微生物不同，分解利用蛋白质的能力不同。真菌分解蛋白质的能力较细菌强，且能利用天然蛋白质。大多数细菌不能利用天然蛋白质，只能利用某些变性蛋白及蛋白胨、肽等蛋白质的降解产物，这与大多数细菌能合成肽酶有关。

蛋白质也是人类的重要营养物质。蛋白质被蛋白酶及肽酶降解后得到的含有多种氨基酸的混合物，也是一种容易被人们直接吸收利用的营养物质。混合氨基酸注射液，可作为危重病人的营养物质。人类日常食用的调味品酱油，就是大豆蛋白在米曲霉分泌的蛋白酶作用下分解而成的混合氨基酸溶液。酱油的鲜味是由其中的谷氨酸钠产生的。

微生物分解蛋白质可以分为两个阶段：

第一个阶段：蛋白质$\xrightarrow{\text{蛋白质酶}}$多肽$\xrightarrow{\text{肽酶}}$氨基酸

第二个阶段：在酶的作用下，使氨基酸进一步分解。

2. 氨基酸的分解

氨基酸通常是被微生物直接用于合成细胞物质，但在厌氧与缺少碳源的条件下，也能被某些细菌用作能源和碳源。微生物分解利用氨基酸主要是通过脱氨作用和脱羧作用。

（1）脱氨作用　脱氨的方式主要有氧化脱氨基（如大肠杆菌）、还原脱氨基（如梭状芽孢杆菌）、水解脱氨基（如酵母菌）、氧化－还原脱氨基（如某些梭菌）4种。

①氧化脱氨基作用（普遍存在于动、植物中）：在有氧作用下，氨基酸进行氧化脱氨作用，产物是$\alpha$－酮酸和氨（每消耗1分子氧，产生2分子$\alpha$－酮酸和2分子氨）。

$$\underset{\text{丙氨酸}}{CH_3CHNH_2COOH+1/2O_2} \xrightarrow{\text{氨基酸氧化酶}} \underset{\text{丙酮酸}}{CH_3COCOOH}+NH_3$$

②还原脱氨基：在无氧条件下，氨基酸在氢化酶的参与下以还原方式脱氨生成有机酸和氨。

$$\underset{\text{天冬氨酸}}{HOOCCH_2CHNH_2COOH} \xrightarrow{\text{氢化酶}} \underset{\text{丁烯二酸}}{HOOCCH{=}CHCOOH}+NH_3$$

③水解脱氨基：在无氧条件下，氨基酸在水解酶的参与下被水解生成羟酸和氨。

$$\underset{\text{丙氨酸}}{CH_3CHNH_2COOH+H_2O} \xrightarrow{\text{水解酶}} \underset{\text{乳酸}}{CH_3CHOHCOOH}+NH_3$$

羟酸脱羧生成一元醇，或氨基酸在水解过程中同时伴随有脱羧过程，生成一元醇、氨和$CO_2$。

$$\underset{\text{丙氨酸}}{CH_3CHNH_2COOH+H_2O} \longrightarrow \underset{\text{乙醇}}{CH_3CH_2OH}+CO_2+NH_3$$

有些微生物如大肠杆菌、变形杆菌等使色氨酸水解脱氨基生成吲哚、丙酮酸和氨，当吲哚与对二甲基氨基苯甲醛试剂反应则生成红色的玫瑰吲哚。

大肠杆菌、枯草杆菌、酵母菌等能水解胱氨酸或半胱氨酸生成硫化氢，在培养基中加入硫酸亚铁或醋酸铅等重金属盐，接种细菌经培养后则出现黑色的硫化铁或硫化铅，为硫化氢反应阳性。这两个反应常用于细菌的鉴定。

④氧化－还原脱氨基反应：当培养基中的碳源物质与能源物质缺乏时，某些梭菌在厌氧条件下通过此反应获得能量。在这一反应中，一种氨基酸作为供氢体氧化脱氨，另一种氨基酸作为受氢体还原脱氨，生成相应的有机酸、$\alpha$－酮酸、$NH_3$，并放出能量。根据实验表明，作供氢体的氨基酸有丙氨酸、异亮氨酸、亮氨酸、缬氨酸等，作受氢体的有甘氨酸、脯氨酸和鸟氨酸等。

（2）氨基酸的脱羧基作用　氨基酸脱羧多见于腐败细菌和真菌中。不同氨基酸在相应氨基酸脱羧酶的作用下，催化氨基酸脱羧生成有机胺和 $CO_2$：

$$R\text{-}CHNH_2COOH \xrightarrow{\text{氨基酸脱羧酶}} R\text{-}CH_2NH_2+CO_2$$

氨基酸脱羧酶具有高度专一性，几乎是一种脱羧酶只分解一种氨基酸。利用这一特性可以通过微量测压计测定放出 $CO_2$ 的量分析某一氨基酸的含量和测定脱羧酶的活力。如味精厂测定谷氨酸脱羧酶催化谷氨酸脱羧反应所产生的 $CO_2$ 量计算谷氨酸含量。

六、有机农药的分解

农药在土壤中的降解包括光化学降解、化学降解和微生物降解等。农药进入土壤后，土壤微生物也会利用这些有机农药为能源，通过脱卤、脱烃、氧化、还原、环裂解和缩合等作用进行降解作用，使各种有机农药彻底分解成 $CO_2$，最后消失。

土壤中脱氨的微生物种类很多，好氧微生物如大芽孢杆菌、枯草杆菌，厌氧微生物如腐败梭菌。此外还有细菌、放线菌、真菌。

## 知识链接三　细菌的应用

一、乳酸菌

（一）乳酸菌的种类

乳酸菌不是分类学上的名词，是一类能利用发酵性糖类（主要指葡萄糖）产生大量乳酸的细菌的通称。目前已发现的乳酸菌在细菌分类学上划分至少有 18 个属，这些属包括：乳杆菌属、肉食杆菌属、双歧杆菌属、链球菌属、肠球菌属、乳球菌属、明串珠菌属、片球菌属、气球菌属、奇异菌属、漫游球菌属、李斯特氏菌属、芽孢乳杆菌属、芽孢杆菌属中的少数种、环丝菌属、丹毒丝菌属、孪生菌属和糖球菌属等。

根据葡萄糖代谢最终产物的不同，将乳酸菌分成同型乳酸菌和异型乳酸菌两类。同型乳酸菌以乳酸作为主要或唯一的发酵产物，异型乳酸菌是指能利用己糖产生乳酸、$CO_2$ 和乙醇的一类乳酸菌。

（二）乳酸菌在食品中的应用

乳酸菌发酵制成的产品称乳酸发酵食品。乳酸菌发酵产生的乳酸酸味柔和，可作为酸味剂，有助于消化；产生的其他有机酸与醇、醛、酮结合能改善风味；

有机酸还能防止食品腐败变质；产生的氨基酸、维生素、无机盐，提高了食品的营养价值；产生的生物活性物质，能增强人体的免疫能力。

1. 乳酸菌在发酵乳制品中的应用

发酵乳制品指以乳为原料经过微生物（主要是乳酸菌）发酵作用后制成的具有特殊风味、较高营养价值和一定保健功能的乳制品。

（1）酸乳　经乳酸菌发酵的乳类称为酸乳。各种动物乳都可用于酸乳的制作，以酸牛乳在世界范围内最为普遍。

①菌种选择：现在大多数国家都是应用保加利亚乳杆菌（*L.bulgaricus*）和嗜热链球菌（*St.thermophilus*）混合发酵剂生产酸牛乳。只有少数国家，如英国和德国只用保加利亚乳杆菌，而澳大利亚用嗜热链球菌和嗜酸乳杆菌（*L.acidophilus*）。

②发酵剂制备：发酵剂制备的工艺流程：菌种活化→母发酵剂→中间发酵剂→工作发酵剂。一般来说，菌种传代2～3次后，保加利亚乳杆菌42℃时3～5h凝乳，嗜热链球菌42℃时6～8h凝乳，即活化完毕。活化菌种接种量1%，42℃培养，凝乳后即为母发酵剂；利用母发酵剂接种量1%，42℃培养，凝乳后制成中间发酵剂；利用中间发酵剂接种量1%～3%，42℃培养，凝乳后制成工作发酵剂。

③酸乳的生产：传统的酸乳即凝固型酸牛乳，其生产是以新鲜牛乳为主要原料，经过净化、标准化调制、均质、杀菌、接种发酵剂、分装后，通过乳酸菌的发酵作用，将乳糖分解为乳酸，使乳的pH下降，酪蛋白凝固，同时产生醇、醛、酮等风味物质，再经冷藏和后熟制成乳凝状的酸牛乳。

生产的工艺流程：鲜乳→净化→标准化→均质→杀菌→冷却→接种→分装→发酵→冷却→冷藏后熟→成品。

发酵过程中，乳糖在乳糖酶的作用下，分解为葡萄糖和半乳糖，再被进一步转化为乳酸，乳酸不仅是人类的生理性酸，也是酸乳的重要风味物质；蛋白质在蛋白酶的作用下分解为各种氨基酸，其中含有大量赖氨酸、苏氨酸、甲硫氨酸等人体必需氨基酸；还可形成乙醛、丁二酮、丙酮、双乙酰、乙醇、挥发性脂肪酸等风味成分。

（2）干酪　干酪是由优质的鲜乳经过消毒后，加入凝乳酶或微生物菌种，使乳液凝块，脱去乳清，压成块状，然后利用乳酸菌将乳中的糖（乳糖）发酵成乳酸，逐渐“成熟”而制成。

①菌种：发酵剂菌种大多是乳酸菌，也有的利用丙酸菌和霉菌。多数乳酸菌发酵剂为多菌混合发酵剂，可将干酪生产的乳酸菌分为嗜温菌和嗜热菌。

②干酪的生产：干酪品种不同，风味、颜色、质地等特性不同，其生产工艺也不尽相同，但都包括几个共同的操作过程，即凝固、酸化、脱水（脱水收缩、凝乳沥干、压榨）、加盐和干酪的成熟。

工艺流程：原料乳预处理（检验、净化、标准化等）→杀菌→冷却→添加发

酵剂、色素、$CaCl_2$和凝乳酶→静置凝乳→凝块切割→搅拌→加温、排出乳清→压榨成型→盐渍→发酵成熟→成熟干酪

2. 乳酸菌在肉制品中的应用

乳酸菌在多种肉制品中都可应用，但目前还是以香肠为主。乳酸发酵香肠是高档西式肉制品，在欧美占有一定消费市场，而我国只有少数厂家生产。

发酵香肠通常作为干制品或半干制品生产。传统发酵是自然风干发酵，没有冷藏条件，将生鲜肉切碎后，混上盐和调味品，灌入兽皮或肠衣中，并给以良好的条件，可保存较长时间而肉不腐败。当前用作发酵剂的菌种主要是乳杆菌属和片球菌属中的一些种，也有的用微球菌、链球菌和霉菌。一般混合菌种比单一菌种具有较好的风味。

工艺流程：原料肉→绞碎→斩拌（添加辅料和接种发酵剂）→灌肠→发酵→成熟→成品。

乳酸菌发酵肉制品中的糖类，主要生成乳酸，还有乙酸和其他挥发性脂肪酸和乙醇等；蛋白质对产品的风味、质地和颜色等有重要作用，但乳酸菌不分解蛋白质；脂类物质的水解和氧化对产品的独特风味也有一定的作用。

3. 乳酸菌在果蔬制品中的应用

（1）乳酸菌发酵蔬菜　乳酸菌发酵蔬菜是将洗净的蔬菜放于容器中并加入配料，使乳酸菌利用蔬菜中的可溶性养分，进行乳酸发酵。许多种类的新鲜蔬菜都可生产泡菜，例如利用卷心菜制作泡菜，其发酵剂是卷心菜中自然存在的混合菌群。当盐含量达2.25%～2.5%时，可以抑制革兰氏阴性菌的生长，但对乳酸杆菌和乳酸球菌的生长有利。肠膜状明串珠菌和植物乳杆菌是两种最适合的乳酸菌，前者的代时较短，个体生命强。当酸度提高到0.7%～1.0%时，球菌通常会失去活性。泡菜生产的最后阶段受植物乳杆菌和短乳杆菌的作用，啤酒片球菌和粪肠球菌也参与发酵。在发酵末期，乳酸含量达1.0%～1.3%，pH在3.1～3.7，既可防腐，又可改善产品风味。乳酸菌只利用蔬菜的可溶性物质和部分盐水浸出物作为它们的养料，不破坏植物细胞的组织，不分解蛋白质和氨基酸，可提高营养价值。

（2）乳酸菌发酵蔬菜汁　蔬菜汁是从新鲜的蔬菜中用压榨或其他方法制取的汁液。一般说来，乳酸菌可以发酵各种果蔬汁。例如番茄汁的制备，需挑选新鲜、红皮、成熟度一致的番茄，清洗后在90～95℃热水中热烫3min，使外皮软裂，杀死番茄表面上的微生物和虫卵。然后榨汁，胶体磨均质5min后，用碳酸钠调pH6.4左右，加热至90～95℃，灭菌20min，速降冷却至40℃，即可接种，发酵剂采用嗜热链球菌和保加利亚乳杆菌比例为1∶1的混合菌种。发酵后的蔬菜汁，其营养成分和风味物质都有所增加。

（3）乳酸菌发酵橄榄　橄榄的发酵是通过绿橄榄中存在的自然菌群实现的。由各种细菌、酵母和霉菌组成。橄榄发酵过程除了速度较慢以外，与泡菜发酵很

相似。在发酵的中间阶段，乳酸菌成为主导菌。肠膜状明串珠菌和啤酒片球菌是最先成为主导菌的菌种，接着的是乳酸杆菌，而其中植物乳杆菌和短乳杆菌又最为重要。

橄榄发酵过程：根据橄榄的种类，将绿橄榄用 1.6% ~ 2.0% 碱液处理，温度 21 ~ 25℃，时间 4 ~ 7h，以除去苦涩物质。再浸泡、漂洗以完全除去碱液。然后将绿橄榄置于橡木桶内进行盐腌。接种植物乳杆菌，发酵 6 ~ 10 个月，最终 pH 为 3.8 ~ 4.0，相当于含 1% 的乳酸。

目前乳酸菌活菌制剂主要用于防治腹泻、痢疾、肠炎、肝硬化、阴道炎、便秘、消化功能紊乱、高血压、皮肤病和泌尿系统等疾病。

乳酸菌也是健康畜禽肠道中的有益菌群，能抑制病原微生物的生长，增强畜禽的抵抗能力，所以近年来乳酸菌在饲料中的应用也逐渐广泛。

二、醋酸菌

（一）醋酸菌的主要种类

醋酸菌的形态为短杆或长杆细胞，单独、成对或排列成链状，不形成芽孢。幼龄菌 $G^-$，老龄不稳定。好氧。喜欢在含糖和酵母膏的培养基上生长。最适生长温度为 30℃左右，最适 pH 为 5.4 ~ 6.3。其特点是：氧化酒精生成醋酸的能力强，能继续氧化醋酸生成 $CO_2$ 和 $H_2O$，而氧化葡萄糖生成葡萄糖酸的能力弱，不要求维生素，能同化主要有机酸；用于酿醋生产的醋酸菌大多属于醋酸杆菌属。

（二）食醋的生产

食醋一般是利用醋酸杆菌进行好氧发酵酿制而成。如以淀粉质为原料，需要霉菌和酵母菌的参与；如以糖类物质为原料，需加入酵母菌；如以乙醇类物质为原料，只需醋酸杆菌即可。在此以淀粉质为原料介绍传统食醋的生产。

粉碎的粮食原料，经过处理后，首先接种糖化剂菌种（霉菌）和酒母菌种（酵母菌），先使淀粉糖化分解为可发酵性糖类，然后通过酵母菌的酒精发酵，使可发酵糖类转化为酒精；再接种醋母菌种（醋酸菌），将酒精氧化为醋酸；最后，经过加盐、淋醋、陈酿、过滤、煎醋（杀菌）等工艺制成成品食醋。

工艺流程：粮食（碎米、高粱等）→粉碎→浸泡→加热→液化→冷却→接种糖化剂、酒母淀粉糖化、酒精发酵 → 接种醋母 → 醋酸发酵 → 加盐 → 淋醋 → 陈酿 → 澄清煎醋（杀菌）→ 成品。

食醋的成分除了醋酸以外，还含有其他组分，它们可以增加其香味和风味，这些组分与发酵过程中所用的原料有关。食醋的酸味主要由醋酸形成；如果使用红曲做糖化剂，则红曲霉色素使食醋呈红色；发酵过程中发生的美拉德反应和褐变反应赋予食醋颜色；产生的各种有机酸和醇类结合生成酯类，使食醋具有香味；蛋白质水解产生的氨基酸构成了食醋的鲜味。

三、谷氨酸生产菌

（一）谷氨酸生产菌的种类

能进行谷氨酸发酵的细菌主要有：棒杆菌属、短杆菌属、节杆菌属、微杆菌属等属中的一些种。常用的菌种有：谷氨酸棒状杆菌、黄色短杆菌、双歧短杆菌等。目前我国使用的生产菌种主要是：北京棒杆菌、钝齿棒杆菌和黄色短杆菌等。

谷氨酸生产菌中除了芽孢杆菌外，其他属种均有共同特点：$G^+$，菌体球形，短杆状至棒状，无鞭毛，不运动，不形成芽孢，需生长因子，在通气条件下发酵谷氨酸。

（二）谷氨酸的生产

1. 淀粉水解糖的制备

发酵法生产谷氨酸的原料有淀粉质（玉米、小麦、甘薯、大米等）和糖蜜（甘蔗、甜菜等）以及氮源（尿素或氨水）。利用淀粉作原料时，因大部分谷氨酸生产菌不具备糖化能力，因此需要先将淀粉糖化，糖化方法有酸解法、酶解法、酸酶法和酶酸法，目前我国大多采用酶解法进行淀粉糖化。

2. 谷氨酸发酵

培养谷氨酸生产菌常用的碳源是淀粉水解糖和糖蜜，常用的氮源是尿素和氨水，碳氮比为100∶25，其中80%的氮源用于合成谷氨酸，3%～5%合成菌体，其余的用于调节发酵液的pH和产生氮气。还要加入一些无机盐，如$K^+$、$Mg^{2+}$、$Fe^{2+}$、$Mn^{2+}$等阳离子和$PO_4^{3-}$、$SO_4^{2-}$、$Cl^-$等阴离子，但用量很小。此外，谷氨酸生产菌还须生长因子，一般添加一定量的玉米浆、麸皮、水解液、糖蜜等。

根据生产要求，需通气培养。若通气量过大，则菌体大量繁殖，糖的消耗量也大；通气量过小，则菌生长不良，乳酸积累。因此只有适量通气才能提高谷氨酸的产量。

发酵前期是谷氨酸生产菌大量繁殖阶段，菌体生长的最适温度是30～32℃，pH控制在7.5～8.0；发酵后期是谷氨酸大量积累阶段，温度为34～36℃，pH在7.0～7.6。

谷氨酸的合成途径包括糖酵解（EMP）、己糖磷酸支路（HMP）、三羧酸循环（TCA）、乙醛酸循环、Wood-Werkman反应等。谷氨酸生产菌把糖分解成有机酸、含氮物质分解成$NH_4^+$，进一步合成谷氨酸积累在发酵液中。

发酵液中糖的转化率达到50%～60%时，即过滤或离心除去菌体，滤液浓缩酸化，使发酵液中的L-谷氨酸沉淀下来，然后再纯化结晶，制得较纯的L-谷氨酸，最后与纯碱（$Na_2CO_3$）作用形成味精。

3. 工艺流程

淀粉质原料→水解糖化→中和→脱色→过滤→添加氮源、无机盐和生长因子→接种→谷氨酸发酵→提取谷氨酸→加碱→除铁脱色→浓缩→干燥→成品味精。

## 知识链接四　酵母菌的应用

一、常见酵母

（一）啤酒酵母

啤酒酵母属于典型的上面酵母，又称爱丁堡酵母。广泛应用于啤酒、白酒酿造和面包制作。

1. 啤酒酵母的形态特征

细胞呈圆形或短卵圆形，大小为（3 ~ 7）μm×（5 ~ 10）μm，通常聚集在一起，不运动。单倍体细胞或双倍体细胞都能以多边出芽方式进行无性繁殖，能形成有规则的假菌丝（芽簇），但无真菌丝。有性繁殖为 2 个单倍体细胞同宗或异宗接合或双倍体细胞直接进行减数分裂形成 1 ~ 4 个子囊孢子。细胞形态往往受培养条件的影响，但恢复原有的培养条件，细胞形态即可恢复原状。

2. 啤酒酵母的培养特征

麦芽汁固体培养，菌落呈乳白色，不透明，有光泽，表面光滑湿润，边缘略呈锯齿状，随培养时间延长，菌落颜色变暗，失去光泽。麦芽汁液体培养，表面产生泡沫，液体变浑，培养后期菌体悬浮在液面上形成酵母泡盖，因此而称上面酵母。

3. 啤酒酵母的生理生化特性

化能异养型，能发酵葡萄糖、果糖、半乳糖、蔗糖、麦芽糖和麦芽三糖以及 1/3 的棉籽糖，不发酵蜜二糖、乳糖和甘油醛，也不发酵淀粉、纤维素等多糖。不分解蛋白质，可同化氨基酸和氨态氮，不同化硝酸盐。需要 B 族维生素和 P、S、Ca、Mg、K、Fe 等无机元素。兼性厌氧，有氧条件下，将可发酵性糖类通过有氧呼吸作用彻底氧化为 $CO_2$ 和 $H_2O$，释放大量能量供细胞生长；无氧条件下，使可发酵性糖类通过发酵作用（EMP 途径）生成酒精和 $CO_2$，释放较少能量供细胞生长。最适生长温度 25℃，发酵最适温度 10 ~ 25℃，最适发酵 pH 为 4.5 ~ 6.5，真正发酵度达 60% ~ 65%。

（二）卡尔酵母

卡尔酵母属于典型的下面酵母，又称卡尔斯伯酵母或嘉士伯酵母。常用于啤酒酿造、药物提取以及维生素测定的菌种。

1. 卡尔酵母的形态特征

细胞呈椭圆形，大小为（3 ~ 5）μm×（7 ~ 10）μm，通常分散，独立存在，不运动。单倍体细胞或双倍体细胞大多都以单端出芽方式进行无性繁殖，能形成不规则的假菌丝，但无真菌丝。采用特殊方法培养才能进行有性生殖形成子囊孢子。

2. 卡尔酵母的培养特征

麦芽汁固体培养，菌落呈乳白色，不透明，有光泽，表面光滑湿润，边缘整齐，随培养时间延长，菌落颜色变暗，失去光泽。麦芽汁液体培养，表面产生泡沫，液体变浑，培养后期菌体沉降于容器底部，因此又称下面酵母。

3. 卡尔酵母的生理生化特点

化能异养型，能发酵葡萄糖、果糖，半乳糖、蔗糖、麦芽糖、蜜二糖、麦芽三糖和甘油醛以及全部的棉籽糖，不发酵乳糖以及淀粉、纤维素等多糖。不分解蛋白质，不还原硝酸盐，可同化氨基酸和氨态氮。需要B族维生素以及P、S、Ca、Mg、K、Fe等无机离子。兼性厌氧，有氧条件下，将可发酵性糖类通过有氧呼吸作用彻底氧化为$CO_2$和$H_2O$，释放大量能量供菌体繁殖，无氧条件下，使可发酵性糖类通过发酵作用（EMP途径）生成酒精和$CO_2$，释放较少能量供细胞繁殖。最适生长温度25℃，啤酒发酵最适温度5 ~ 10℃。最适发酵pH为4.5 ~ 6.5，真正发酵度为55% ~ 60%。

二、啤酒酿造

啤酒酿造是以大麦、水为主要原料，以大米或其他未发芽的谷物、酒花为辅助原料。大麦经过发芽产生多种水解酶类制成麦芽，麦芽和未发芽的谷物原料再经过糖化，借助麦芽本身多种水解酶类将淀粉和蛋白质等大分子物质分解为可溶性糖类、糊精以及氨基酸、肽、胨等低分子物质制成麦芽汁，麦芽汁通过酵母菌的发酵作用生成酒精和$CO_2$以及多种营养和风味物质，最后经过过滤、包装、杀菌等工艺制成$CO_2$含量丰富、酒精含量仅3% ~ 6%、富含多种营养成分、酒花芳香、苦味爽口的饮料酒，即成品啤酒。

1. 啤酒发酵优良酵母的要求

啤酒酵母应具有以下优良性状：①生长繁殖力强，发酵活力高。②代谢产物能够赋予啤酒良好的风味。③聚凝性强，沉降速度快，发酵结束易与发酵液分离，便于菌体回收。

2. 啤酒酵母的扩大培养

啤酒酵母的扩大培养工艺流程：

斜面原种→活化（接5mL麦汁，25℃，1 ~ 2d）→2个100mL富氏瓶（扩培比1/10，25℃ 1 ~ 2d）→2个1000mL巴氏瓶（扩培比1/10，25℃，1 ~ 2d）→2个10L卡氏罐（扩培比1/10，25℃ 1 ~ 2d）→200L汉森式种母罐（扩培比1/10，125℃ 1 ~ 2d）→2t扩大罐（扩培比1/10，10℃ 1 ~ 2d）→10t繁殖槽（扩培比1/10，8℃ 1 ~ 2d）→主发酵。

其技术要点如下：

（1）温度控制　培养初期，采用酵母菌最适生长温度25℃培养，之后每扩大培养1次，温度均有所降低，使酵母菌逐步适应低温发酵的要求。

（2）接种时间　每次扩大培养均采用对数生长期的种子液接种，一般泡沫达到最高将要回落时为对数生长期。

（3）注意及时通风供氧　从斜面原种至卡氏罐为实验室扩大培养阶段，应注意每天定时摇动容器，达到供氧目的，从汉森罐至酵母繁殖槽为生产现场扩大培养阶段，应定时通入无菌压缩空气供氧。

3. 啤酒酿造工艺

啤酒酿造工艺流程如下：

原料大麦→清选→分级→浸渍→发芽→干燥→麦芽及辅料粉碎→糖化→过滤→麦汁煮沸→麦汁沉淀→麦汁冷却→接种→酵母繁殖→主发酵→后发酵→过滤→包装→杀菌→贴标→成品。

其生产技术要点如下：

（1）麦芽制造　麦芽制造的目的是使大麦产生各种水解酶并使胚乳细胞适当溶解，便于糖化时淀粉和蛋白质等大分子物质的分解；另外，麦芽经过干燥处理产生特有的色、香、味。大麦经过清选、分级后，进入浸麦槽进行浸麦，一般淡色麦芽的浸麦度达到43% ~ 45%时进入发芽箱发芽。淡色麦芽的发芽温度为15℃，发芽6 ~ 8d后，当根芽为麦粒的1 ~ 1.5倍、叶芽为麦粒的3/4倍时，发芽结束进行干燥。干燥期间，控制温度逐渐升高，麦芽的含水量合理下降，制造淡色麦芽时，当麦层温度达75℃时进入焙焦阶段。焙焦温度85℃，2.5 ~ 3.0h后，完成麦芽的干燥。干燥后经过除根处理即得成品麦芽。

（2）糖化与麦芽汁制造　麦芽汁制造俗称糖化。将粉碎的麦芽和未发芽的谷物原料与温水混合，借助麦芽各种水解酶将淀粉和蛋白质等不溶性的大分子物质分解为可溶性的糖类、糊精、氨基酸、肽、胨等低分子物质，为酵母菌的繁殖和发酵提供必需的营养物质。糖化方法分为浸出糖化法和煮出糖化法。目前国内外制造谈色啤酒色普遍采用双醪二次煮出糖化法：将粉碎的辅助原料和部分麦芽粉放入糊化锅与50℃温水混合，保温15min，煮沸30min，使辅料糊化，同时，另一部分麦芽粉放入糖化锅与50℃温水混合，保温30 ~ 90min，进行蛋白质分解，然后将这两部分糖化醪液在糖化锅内混合，63 ~ 70℃保温糖化。待碘液反应完成，取部分糖化醪液在糊化锅内进行第二次煮沸，再打回糖化锅，使糖化醪升温至75 ~ 78℃，继续糖化30min。然后过滤即为原麦芽汁。在原麦芽汁中添加0.1%酒花，煮沸1.5h，促进酒花有效物质的浸出和蛋白质凝固、析出。麦芽汁煮沸后，沉淀30 ~ 60min，除去酒花糟粕和蛋白质凝固物，冷却至接种温度6 ~ 8℃，完成糖化和麦芽汁制造。

（3）接种与酵母增殖　冷却麦芽汁入酵母繁殖槽，接种6代以内回收的酵母泥0.5%（或扩大培养的种子液），控制品温6 ~ 8℃，好氧培养12 ~ 24h，待起发后入发酵池（罐）进行主发酵。

（4）主发酵　主发酵也称前发酵，可分为4个时期：入发酵池（罐）后4 ~ 5h，酵母菌产生的$CO_2$使麦芽汁饱和，在麦芽汁表面出现白色、乳脂状气泡，称为起泡期。此时不需人工降温，保持2 ~ 3d。随着发酵的进行，酵母菌厌氧代谢旺盛，使泡沫层加厚，温度升高，发酵进入高泡期。此时需开动冰水人工降温，最高发酵温度不超过9℃，保持2 ~ 3d。发酵5 ~ 6d后，泡沫开始回缩，颜色变深，称为落泡期。此时需开动冰水逐渐降温，维持2d。发酵7 ~ 8d后，泡沫消退，形成泡盖（由酒花树脂、蛋白质多酚复合物、泡沫和死酵母构成），称为泡盖形成期。此时应急剧降温至4 ~ 5℃，使酵母沉降，并打捞泡盖、回收酵母，结束主发酵。在主发酵过程中，酵母菌通过旺盛的厌氧代谢，使大部分可发酵性糖转化为酒精和$CO_2$，同时形成主要的代谢产物和风味物质。

（5）后发酵　后发酵的主要作用是使残糖继续发酵，促进$CO_2$在酒液中饱和，同时利用酵母内酶还原双乙酰，并且利用$CO_2$排除酒液中的生青味物质（双乙酰、$H_2S$、乙醛），使啤酒成熟。后发酵前期：4 ~ 5℃敞口发酵3 ~ 5d，还原双乙酰，排出生青物质，后期：0 ~ 2℃、0.05 ~ 0.1MPa加压发酵，饱和$CO_2$，时间为1 ~ 3个月。

（6）后处理　后发酵结束，酒液经过过滤、装瓶、热杀菌（60℃、30min）处理，称为熟啤酒，而不经过热杀菌的啤酒称为鲜啤酒。

## 三、面包加工

面包是一种营养丰富、组织蓬松、易于消化的方便食品。它以面粉、糖、水为主要原料，利用面粉中淀粉酶水解淀粉生成的糖类物质，经过酵母菌的发酵作用产生醇、醛、酸类物质和$CO_2$，同时环境中的一部分乳酸菌参与发酵作用形成醇、酸类物质，这些发酵产物构成了面包特有的风味，在高温焙烤过程中，$CO_2$受热膨胀使面包形成多孔的海绵结构和松软的质地。

面包的种类很多，主要分为主食面包和点心面包。点心面包又根据配料不同，分为果子面包、鸡蛋面包、牛乳面包、蛋黄面包和维生素面包等。

### 1. 菌种及发酵剂类型

早期面包制造主要利用自然发酵法生产，而现代面包制造大多采用纯种发酵剂发酵生产。面包发酵剂菌种是啤酒酵母，应选择发酵力强、风味良好、耐热、耐酒精的酵母菌株。面包发酵剂类型有压榨酵母和活性干酵母两种。压榨酵母又称鲜酵母，是酵母菌经液体深层通气培养后再经压榨而制成。发酵活力高，使用方便，但不耐贮藏。活性干酵母是压榨酵母经低温干燥或喷雾干燥或真空干燥而制成。便于贮藏和运输，但活性有所减弱，需经活化后使用。国内以前大多使用压榨酵母，现在活性干酵母的应用越来越多。

### 2. 活性干酵母面包发酵剂的制备

活性干酵母面包发酵剂的制备工艺流程如下：

糖蜜→澄清处理→添加氮源、磷源→灭菌→发酵培养基→接入种子液→液体深层通气培养→冷却→酵母分离→洗涤→压榨成形→干燥→成品。

其技术要点如下：

（1）发酵培养基的制备　糖蜜经过热酸或热碱处理，除去杂质，使之澄清。补充3% ~ 5%硫酸铵（氮源）和0.6%磷酸铵（磷源），pH调至4.5，灭菌后制成发酵培养基。

（2）接种与培养　将发酵培养基打入发酵罐，接入扩大培养的酵母种子液20% ~ 25%，进行液体深层通气培养。培养温度25 ~ 30℃，pH控制在4.2 ~ 4.8，通风量120 ~ 160$m^3$/（$m^3$·min）培养基，采用每小时流加糖液的方法培养12h左右，使残糖降至0.1 ~ 0.2g/100mL，终止培养。

（3）酵母分离、压榨和干燥　培养后的发酵液经冷却降温，送入酵母分离机进行离心分离。得到的湿菌体用冷水洗涤后压榨成形，使压榨酵母的含水量达65% ~ 70%。最后采用30℃低温将压榨酵母烘干至含水量6% ~ 8%制成活性干酵母。

3. 面包生产工艺

面包生产工艺分为一次发酵法和两次发酵法，目前我国面包生产多采用两次发酵法，其生产工艺流程如下：

配料→第一次发酵→面团→配料和面→第二次发酵→切块→揉搓→成形→放盘→醒皮→烘烤→冷却→包装→成品。

其生产技术要点如下：

（1）配料　将一定量面粉与1%酵母活化液、60%水混合均匀，进行第一次发酵。

（2）第一次发酵　温度27 ~ 29℃，相对湿度75% ~ 80%，发酵4h，形成面团。

（3）配料和面　在第一次发酵后的面团中添加面粉30% ~ 70%、砂糖5% ~ 6%、食盐0.5%、油脂2% ~ 3%、水60%，再次和成面团，进行第二次发酵。

（4）第二次发酵　温度30℃，相对湿度75% ~ 80%，发酵1h。

（5）整形　将第二次发酵后的面团进行切块、揉搓、装模成形，称为整形。整形后放入盘中开始醒皮。

（6）醒皮　温度38 ~ 40℃，相对湿度85%，醒皮1h。

（7）烘烤　初期控制上火温度120℃，下火温度250 ~ 260℃，保持2 ~ 3min；中期控制温度270℃；后期控制上火温度180 ~ 200℃、下火温度140 ~ 160℃，烘烤时间视品种而定。

（8）冷却、包装　烘烤后冷却至室温，然后包装制成成品。

# 附　　录

## 附录一　微生物实验室安全基本知识

微生物实验室是一个独特的工作环境，工作人员受到意外感染的报道却并不鲜见，其原因主要是对潜在的生物危害认识不足、防范意识不强、不合理的物理隔离和防护、人为过失和不规范的检验操作。与此同时，随着应用微生物学的不断发展，微生物产业规模日益增大，一些原先被认为是非病原性且有工业价值的微生物的孢子和有关产物所散发的气溶胶，会使产业人员发生不同程度的过敏症状，甚至影响到周围环境，造成难以挽回的损失。微实验室生物危害的受害者不仅限于实验者本人，同时还要殃及周围同事。事实上，被感染者本人也是一种生物危害，作为带菌者，也可能污染其他菌株、生物剂，同时是生物危害的传播者，这种现象必须引起高度重视。由此可见，微生物学实验室的生物危害值得高度警惕，其危害程度远远超过一般公害。

微生物实验室的生物安全问题自20世纪80年代开始引起了世界各国的高度关注。世界各国和相关组织机构纷纷出台涉及实验室建设规范、生物安全标准、评价体系、标准操作规范、生物安全管理规范、废弃物处理、实验动物饲养、安全防护、安全培训的标准化和规范化体系，从而从制度上消除实验室生物安全隐患。为了消除实验室生物安全隐患，应注意到以下几点。

### （一）规范食品微生物安全操作技术

安全操作技术如下：①样品容器可以是玻璃的，但最好是塑料制品；②运输样品时，应使用两层容器避免泄漏或溢出；③对于危害等级二级及以上的生物因子，样品必须在生物安全柜内打开，接收及打开样品的人员必须经过训练并采取安全的措施；④应采用机械移液器，禁止用口移，注射器不能用于吸取液体；⑤在接触危害等级二级生物因子后，移液器吸头应完全浸没在次氯酸或者其他消毒液中，然后再丢弃；⑥在微生物操作中释放的大颗粒物质很容易在工作台台面及手上附着，应该戴一次性手套，最好每小时更换一次，实验中避免接触口、眼及脸部；⑦鉴定可疑微生物时，个人防护设备应与生物安全柜及其他设施同时使用；⑧工作结束，必须使用有效的消毒剂处理工作区域。

### （二）重视废弃物的处理

所有包含微生物及病毒的培养基为了防止泄漏和扩散，必须放在生物医疗废物盒内经去污染、灭菌后才能丢弃；所有污染的非可燃的废物（玻璃或者锐利器具）在丢弃前必须在生物医疗废物盒内；所有的液体废物在排入干净的下水道前必须经过消毒处理；碎玻璃放入生物医疗废物盒之前、必须放在纸板容器或其他的防止穿透的容器内；其他的锐利器具、所有的针头及注射器组合要放在抗穿透的容器内丢弃，针头不能折弯、摘下或者打碎，锐利器具的容器应放在生物医疗废物盒中。

### （三）意外事故的处置及控制溢出

**1. 处理意外事故的方案**

在操作及保存二类、三类及四类危害微生物的实验室，一份详细的处理意外事故的方案是必需的。紧急情况下的程序要与所有的人员沟通。实验室管理层、上一级安全管理层护卫、医院及救护电话都应张贴在所有的电话附近。应配备医疗箱、担架及灭火器材。

**2. 生物安全柜内的溢出事件**

若在生物安全柜内发生溢出事件，为了防止微生物外溢，应立即启动去污染程序：①使用有效的消毒剂擦洗墙壁、工作台面及设备；②用消毒剂充满工作台面、排水盘、盆子，并停留 20min；③用海绵将多余的消毒剂擦去。

# 附录二 实验常用培养基及制备

## （一）糖发酵管

### 1. 成分

| | | | |
|---|---|---|---|
| 牛肉膏 | 5g | 蛋白胨 | 10g |
| 氯化钠 | 3g | 磷酸氢二钠（$Na_2HPO_4 \cdot 12H_2O$） | 2g |
| 0.2% 溴麝香草酚蓝溶液 | 12mL | | |
| 蒸馏水 | 1000mL | pH7.4 | |

### 2. 制法

（1）葡萄糖发酵管按上述成分配好后，按 0.5% 加入葡萄糖，分装于有一个倒置小管的小试管内，121℃高压灭菌 15min。

（2）其他各种糖发酵管可按上述成分配好后，分装每瓶 100mL，121℃高压灭菌 15min。另将各种糖类分别配好 10% 溶液，同时高压灭菌。将 5mL 糖溶液加入于 100mL 培养基内，以无菌操作分装小试管。

注：蔗糖不纯，加热后会自行水解者，应采用过滤法除菌。

### 3. 试验方法

从琼脂斜面上挑取小量培养物接种，于（36 ± 1）℃培养，一般观察 2 ~ 3d，迟缓反应需观察 14 ~ 30d。

## （二）ONPG 培养基

### 1. 成分

| | |
|---|---|
| 邻硝基酚 β-D- 半乳糖苷（ONPG）<br>（*O*-Nitrophenyl-β-D-galactopyranosaid） | 60mg |
| 0.01mol/L 磷酸钠缓冲液（pH7.5） | 10mL |
| 1% 蛋白胨水（pH7.5） | 30mL |

### 2. 制法

将 ONPG 溶于缓冲液内，加入蛋白胨水，以过滤法除菌，分装于 10mm × 75mm 试管，每管 0.5mL，用橡皮塞塞紧。

### 3. 试验方法

自琼脂斜面上挑取培养物一满环接种，于（36 ± 1）℃培养 1 ~ 3h 和 24h 观察结果。如果 β - 半乳糖苷酶产生，则于 1 ~ 3h 变色，如无此酶则 24h 不变色。

## （三）缓冲葡萄糖蛋白胨水（MR 和 VP 试验用）

**1. 成分**

| | | | |
|---|---|---|---|
| 磷酸氢二钾 | 5g | 葡萄糖 | 5g |
| 多胨 | 7g | 蒸馏水 | 1000mL |

pH7.0

**2. 制法**

溶化后校正 pH，分装试管，每管 1mL，121℃高压灭菌 15min。

**3. 甲基红（MR）试验**

自琼脂斜面挑取少量培养物接种于本培养基中，于（36 ± 1）℃培养 2 ~ 5d，哈夫尼亚菌则应在 22 ~ 25℃培养。滴加甲基红试剂一滴，立即观察结果。鲜红色为阳性，黄色为阴性。

甲基红试剂配法：10mg 甲基红溶于 30mL95% 乙醇中，然后加入 20mL 蒸馏水。

**4. VP 试验**

用琼脂培养物接种于本培养基中，于（36 ± 1）℃培养 2 ~ 4d。哈夫尼亚菌则应在 22 ~ 25℃培养。加入 6%$\alpha$ – 萘酚 – 酒精溶液 0.5mL 和 40% 氢氧化钾溶液 0.2mL，充分振摇试管，观察结果。阳性反应立刻或于数分钟内出现红色，如为阴性，应放在（36 ± 1）℃下培养 4h 再进行观察。

## （四）西蒙氏柠檬酸盐培养基

**1. 成分**

| | | | |
|---|---|---|---|
| 氯化钠 | 5g | 硫酸镁（$MgSO_4 \cdot 7H_2O$） | 0.2g |
| 磷酸二氢铵 | 1g | 磷酸氢二钾 | 1g |
| 柠檬酸钠 | 5g | 琼脂 | 20g |
| 蒸馏水 | 1000mL | 0.2% 溴麝香草酚蓝溶液 | 40mL |

pH6.8

**2. 制法**

先将盐类溶解于水内，校正 pH，再加琼脂，加热溶化。然后加入指示剂，混合均匀后分装试管，121℃高压灭菌 15min。放成斜面。

**3. 试验方法**

挑取少量琼脂培养物接种，于（36 ± 1）℃培养 4d，每天观察结果。阳性者斜面上有菌落生长，培养基从绿色转为蓝色。

## （五）丙二酸钠培养基

**1. 成分**

| | | | |
|---|---|---|---|
| 酵母浸膏 | 1g | 硫酸铵 | 2g |

| | | | |
|---|---|---|---|
| 磷酸氢二钾 | 0.6g | 磷酸二氢钾 | 0.4g |
| 氯化钠 | 2g | 丙二酸钠 | 3g |
| 0.2% 溴麝香草酚蓝溶液 | 12mL | 蒸馏水 | 1000mL |

pH6.8

**2. 制法**

先将酵母浸膏和盐类溶解于水、校正 pH 后再加入指示剂，分装试管，121℃高压灭菌 15min。

**3. 试验方法**

用新鲜的琼脂培养物接种，于（36 ± 1）℃培养 48h，观察结果。阳性者由绿色变为蓝色。

## （六）葡萄糖铵培养基

**1. 成分**

| | | | |
|---|---|---|---|
| 氯化钠 | 5g | 硫酸镁（$MgSO_4 \cdot 7H_2O$） | 0.2g |
| 磷酸二氢铵 | 1g | 磷酸氢二钾 | 1g |
| 葡萄糖 | 2g | 琼脂 | 20g |
| 0.2% 溴麝香草酚蓝溶液 | 40mL | 蒸馏水 | 1000mL |

pH6.8

**2. 制法**

先将盐类和糖溶解于水内，校正 pH，再加琼脂，加热溶化，然后加入指示剂，混合均匀后分装试管，121℃高压灭菌 15min，放成斜面。

**3. 试验方法**

用接种针轻轻触及培养物的表面，在盐水管内做成极稀的悬液，肉眼观察不见浑浊，以每一接种环内含菌数在 20 ~ 100 为宜。将接种环灭菌后挑取菌液接种，同时再以同法接种普通斜面一支作为对照。于（36 ± 1）℃培养 24h，阳性者葡萄糖铵斜面上有正常大小的菌落生长；阴性者不生长，但在对照培养基上生长良好。如在葡萄糖铵斜面生长极端小的菌落可视为阴性结果。

注：容器使用前应用清洁液浸泡。再用清水、蒸馏水冲洗干净，并用新棉花作成棉塞，干热灭菌后使用。如果操作时不注意，有杂质污染时，易造成假阳性的结果。

## （七）氨基酸脱羧酶试验培养基

**1. 成分**

| | | | |
|---|---|---|---|
| 蛋白胨 | 5g | 酵母浸膏 | 3g |
| 葡萄糖 | 1g | 蒸馏水 | 1000mL |
| 1.6% 溴甲酚紫 – 乙醇溶液 | 1mL | | |

L– 氨基酸或 D、L– 氨基酸（0.5 或 1g）/100mL

pH6.8

**2. 制法**

除氨基酸以外的成分加热溶解后，分装每瓶100mL，分别加入各种氨基酸：赖氨酸、精氨酸和鸟氨酸。L-氨基酸按0.5%加入DL-氨基酸按1%加入，再行校正pH至6.8，对照培养基不加氨基酸。分装于灭菌的小试管内，每管0.5mL，上面滴加一层液体石蜡，115℃高压灭菌10min。

**3. 试验方法**

从琼脂斜面上挑取培养物接种，于（36±1）℃培养18～24h，观察结果。氨基酸脱羧酶阳性者由于产碱，培养基应呈紫色。阴性者无碱性产物，但因葡萄糖产酸而使培养基变为黄色。对照管应为黄色。

## （八）蛋白胨水（靛基质试验用）

**1. 成分**

| | | | |
|---|---|---|---|
| 蛋白胨（或胰蛋白胨） | 20g | 氯化钠 | 5g |
| 蒸馏水 | 1000mL | pH7.4 | |

**2. 制法**

按上述分成配制，分装小试管，121℃高压灭菌15min。

**3. 靛基质试剂**

（1）柯凡克试剂　将5g对二甲氨基苯甲醛溶解于75mL戊醇中，然后缓慢加入浓盐酸25mL。

（2）欧－波试剂　将1g对二甲氨基苯甲醛溶解于95mL95%酒精内，然后缓慢加入浓盐酸20mL。

**4. 试验方法**

挑取小量培养物接种，在（36±1）培养1～2d，必要时可培养4～5d。加入柯凡克试剂约0.5mL，轻摇试管，阳性者于试剂层呈深红色；或加入欧－波试剂约0.5mL，沿管壁流下，覆盖于培养液表面，阳性者于液面接触处呈玫瑰红色。

注：蛋白胨中应含有丰富的色氨酸。每批蛋白胨买来后，应先用已知菌种鉴定后方可使用。

## （九）尿素琼脂

**1. 成分**

| | | | |
|---|---|---|---|
| 蛋白胨 | 1g | 氯化钠 | 5g |
| 葡萄糖 | 1g | 磷酸二氢钾 | 2g |
| 0.4%酚红溶液 | 3mL | 琼脂 | 20g |
| 蒸馏水 | 1000mL | 20%尿素溶液 | 100mL |

pH7.2±0.1

**2. 制法**

先将除尿素和琼脂以外的成分配好，并校正 pH，然后加入琼脂，加热溶化并分装烧瓶。121℃高压灭菌 15min。冷至 50 ~ 50℃，加入经除菌过滤的尿素溶液。尿素的最终浓度为 2%，最终 pH 应为 7.2 ± 0.1。分装于灭菌试管内，放成斜面备用。

**3. 试验方法**

挑取琼脂培养物接种，在（36 ± 1）℃培养 24h，观察结果。尿素酶阳性者由于产碱而使培养基变为红色。

## （十）氰化钾（KCN）培养基

**1. 成分**

| | | | |
|---|---|---|---|
| 蛋白胨 | 10g | 氯化钠 | 5g |
| 磷酸二氢钾 | 0.225g | 磷酸氢二钠 | 5.64g |
| 蒸馏水 | 1000mL | 0.5% 氰化钾溶液 | 20mL |

pH7.6

**2. 制法**

将除氰化钾以外的成分配好后分装烧瓶，121℃高压灭菌 15min，放在冰箱内使其充分冷却。每 100mL 培养基加入 0.5% 氰化钾溶液 20mL（最后浓度为 1∶1000），分装于 12 × 100mm 灭菌试管，每管约 4mL，立刻用灭菌橡皮塞塞紧，放在 4℃冰箱内，至少可保存 2 个月。同时，将不加氰化钾的培养基作为对照培养基，分装试管备用。

**3. 试验方法**

将琼脂培养物接种于蛋白胨水内成为稀释菌液，挑取 1 环接种于氰化钾（KCN）培养基，并另挑取 1 环接种于对照培养基。在（36 ± 1）℃培养 1 ~ 2d，观察结果。如有细菌生长即为阳性（不抑制），经 2d 细菌不生长为阴性（抑制）。

注：氰化钾是剧毒药物，使用时应小心，切勿沾染，以免中毒。夏天分装培养应在冰箱内进行。试验失败的主要原因是封口不严，氰化钾逐渐分解，产生氢氰酸气体逸出，以致药物浓度降低，细菌生长，因而造成假阳性反应。试验时对每一环节都要特别注意。

## （十一）肉浸液肉汤

**1. 成分**

| | | | |
|---|---|---|---|
| 绞碎牛肉 | 500g | 氯化钠 | 5g |
| 蛋白胨 | 10g | 磷酸氢二钾 | 2g |
| 蒸馏水 | 1000mL | | |

**2. 制法**

将去筋膜无油脂牛肉绞碎之500g加蒸馏水1000mL，混合后放冰箱过夜，除去液面之浮油，隔水煮沸0.5h，使肉渣完全凝结成块，用绒布过滤，并挤压收集全部滤液，加水补足原量。加入蛋白胨、氯化钠和磷酸盐，溶解后校正pH7.4 ~ 7.6煮沸并过滤，分装烧瓶，121℃高压灭菌30min。

### （十二）血琼脂

**1. 成分**

琼脂　100mL

脱纤维羊血（或兔血）　5 ~ 10mL

pH7.4 ~ 7.6

**2. 制法**

加热溶化琼脂，冷至50℃，以灭菌手续加入脱纤维羊血，摇匀，倾注平板。也可分装灭菌试管，置成斜面，也可用其他营养丰富的基础培养基配制血琼脂。

### （十三）营养琼脂

**1. 成分**

| | | | |
|---|---|---|---|
| 蛋白胨 | 10g | 牛肉膏 | 3g |
| 氯化钠 | 5g | 琼脂 | 15 ~ 20g |
| 蒸馏水 | 1000mL | | |

**2. 制法**

将除琼脂以外的各种成分溶解于蒸馏水内，加入15%氢氧化钠溶液约2mL，校正pH至7.2 ~ 7.4。加入琼脂，加热煮沸，使琼脂溶化。分装烧瓶，121℃高压灭菌15min。

注：此培养基可供一般细菌培养之用，可倾注平板或制成斜面。如用于菌落计数，琼脂量为1.5%；如做成平板或斜面，则应为2%。

### （十四）营养肉汤

**1. 成分**

| | | | |
|---|---|---|---|
| 蛋白胨 | 10g | 牛肉膏 | 3g |
| 氯化钠 | 5g | 蒸馏水 | 1000mL |

pH7.4

**2. 制法**

按上述成分混合，溶解后校正pH，分装烧瓶，每瓶225mL，121℃高压灭菌15min。

## （十五）肉膏蛋白胨

**1. 成分**

| | | | |
|---|---|---|---|
| 蛋白胨 | 10g | 牛肉膏 | 5g |
| 氯化钠 | 5g | 蒸馏水 | 1000mL |

pH7.2

**2. 制法**

0.1MPa 灭菌 20min。如配制固体培养基，需加琼脂 15 ~ 20g；如配制半固体培养基，则加琼脂 7 ~ 8g。

## （十六）乳糖胆盐发酵管

**1. 成分**

| | | | |
|---|---|---|---|
| 蛋白胨 | 20g | 猪胆盐（或牛、羊胆盐） | 5g |
| 乳糖 | 10g | 0.04% 溴甲酚紫水液 | 25mL |
| 蒸馏水 | 1000mL | pH7.4 | |

**2. 制法** 将蛋白胨、胆盐及乳糖溶于水中，校正 pH，加入指示剂，分装每管 10mL，并放入一个小倒管，115℃高压灭菌 15min。

注：双料乳糖胆盐发酵管除蒸馏水外，其他成分加倍。

## （十七）乳糖发酵管

**1. 成分**

| | | | |
|---|---|---|---|
| 蛋白胨 | 20g | 乳糖 | 10g |
| 0.04% 溴甲酚紫水溶液 | 25mL | 蒸馏水 | 1000mL |

pH7.4

**2. 制法**

将蛋白胨及乳糖溶于水中，校正 pH，加入指示剂后，按检验要求分装 30mL、10mL 或 3mL，并放入一个小倒管，115℃高压灭菌 15min。

注：①双料乳糖发酵管除蒸馏水外，其他成分加倍。

② 30mL 和 10mL 乳糖发酵管专供酱油及酱类检验用，3mL 乳糖发酵管供大肠菌群证实试验用。

## （十八）缓冲蛋白胨水（BP）

**1. 成分**

| | | | |
|---|---|---|---|
| 蛋白胨 | 10g | 氯化钠 | 5g |
| 磷酸氢二钠（$Na_2HPO_4 \cdot 12H_2O$） | 9g | 磷酸二氢钾 | 1.5g |
| 蒸馏水 | 1000mL | pH7.2 | |

**2. 制法**

按上述成分配好后以大烧瓶装，121℃高压灭菌 15min。临用时无菌分装每瓶 225mL。

注：本培养基供沙门氏菌前增菌用。

### （十九）氯化镁孔雀绿增菌法（MM）

**1. 甲液**

| | | | |
|---|---|---|---|
| 胰蛋白胨 | 5g | 氯化钠 | 8g |
| 磷酸二氢钾 | 1.6g | 蒸馏水 | 1000mL |

**2. 乙液**

| | | | |
|---|---|---|---|
| 氯化镁（化学纯） | 40g | 蒸馏水 | 100mL |

**3. 丙液**

0.4% 孔雀绿水溶液。

**4. 制法**

分别按上述成分配好后，121℃高压灭菌 15min 备用。临用时取甲液 90mL、乙液 9mL、丙液 0.9mL，以无菌操作混合即可。

注：本培养基也称 Rappaport10（$R_{10}$）增菌液

### （二十）四硫黄酸钠煌绿增菌液（TTB）

**1. 基础培养基**

| | | | |
|---|---|---|---|
| 多胨或示胨 | 5g | 胆盐 | 1g |
| 碳酸钙 | 10g | 硫代硫酸钠 | 30g |
| 蒸馏水 | 1000mL | | |

**2. 碘溶液**

| | | | |
|---|---|---|---|
| 碘 | 6g | 碘化钾 | 5g |
| 蒸馏水 | 20mL | | |

**3. 制法**

将基础培养基的成分加入蒸馏水中，加热溶解，分装每瓶 100mL。分装时应随时振摇，使其中的碳酸钙混匀。121℃高压灭菌 15min 备用。临用时每 100mL 基础培养基中加入碘溶液 2mL、0.1% 煌绿溶液 1mL。

### （二十一）亚硒酸盐胱氨酸增菌液（SC）

**1. 成分**

| | | | |
|---|---|---|---|
| 蛋白胨 | 5g | 乳糖 | 4g |
| 亚硒酸氢钠 | 4g | 磷酸氢二钠 | 5.5g |
| 磷酸二氢钾 | 4.5g | L- 胱氨酸 | 0.01g |
| 蒸馏水 | 1000mL | | |

**2. 1%L- 胱氨酸 - 氢氧化钠溶液的配法**

称取 L- 胱氨酸 0.1g（或 DL- 胱氨酸 0.2g），加 1mol/L 氢氧化钠 1.5mL，使溶解，再加入蒸馏水 8.5mL 即成。

**3. 制法**

将除亚硒酸氢钠和 L- 胱氨酸以外的各成分溶解于 900mL 蒸馏水中，加热煮沸，俟冷备用。另将亚硒酸氢钠溶解于 100mL 蒸馏水中，加热煮沸，俟冷，以无菌操作与上液混合后，再加入 1%L- 胱氨酸 - 氢氧化钠溶液 1mL。按每瓶 100mL 分装于灭菌瓶中，pH 应为 7.0 ± 0.1。

## （二十二）GB 增菌液

**1. 成分**

| | | | |
|---|---|---|---|
| 胰蛋白胨 | 20g | 葡萄糖 | 1g |
| 甘露醇 | 2g | 柠檬酸钠 | 5g |
| 去氧胆酸钠 | 0.5g | 磷酸氢二钾 | 4g |
| 磷酸二氢钾 | 1.5g | 氯化钠 | 5g |
| 蒸馏水 | 1000mL | pH7.0 | |

**2. 制法**

按上述成分配好，加热使溶解，校正 pH。分装每瓶 225mL，115℃高压灭菌 15min。

## （二十三）亚硫酸铋琼脂（BS）

**1. 成分**

| | | | |
|---|---|---|---|
| 蛋白胨 | 10g | 牛肉膏 | 5g |
| 葡萄糖 | 5g | 硫酸亚铁 | 0.3g |
| 磷酸氢二钠 | 4g | 煌绿 | 0.025g |
| 柠檬酸铋铵 | 2g | 亚硫酸钠 | 6g |
| 琼脂 | 18 ~ 20g | 蒸馏水 | 1000mL |

pH7.5

**2. 制法**

（1）将前面 5 种成分溶解于 300mL 蒸馏水中。

（2）将柠檬酸铋铵和亚硫酸钠另用 50mL 蒸馏水溶解。

（3）将琼脂于 600mL 蒸馏水中煮沸溶解，冷至 80℃。

（4）将以上三液合并，补充蒸馏水至 1000mL，校正 pH，加 0.5% 煌绿水溶液 5mL，摇匀。冷至 50 ~ 55℃，倾注平皿。

注：此培养基不需高压灭菌。制备过程不宜过分加热，以免降低其选择性。应在临用前一天制备，贮存于室温暗处。超过 48h 不宜使用。

### （二十四）DHL 琼脂（Deoxycholate Hydrogen Sulfide Lactose Agar）

**1. 成分**

| | | | |
|---|---|---|---|
| 蛋白胨 | 20g | 牛肉膏 | 3g |
| 乳糖 | 10g | 蔗糖 | 10g |
| 去氧胆酸钠 | 1g | 硫代硫酸钠 | 2.3g |
| 柠檬酸钠 | 1g | 柠檬酸铁铵 | 1g |
| 中性红 | 0.03g | 琼脂 | 18 ~ 20g |
| 蒸馏水 | 1000mL | pH7.3 | |

**2. 制法**

将除中性红和琼脂以外的成分溶解于 400mL 蒸馏水中，校正 pH，再将琼脂于 600mL 蒸馏水中煮沸溶解，两液合并，并加入 0.5% 中性红水溶解 6mL，待冷至 50 ~ 55℃，倾注平板。

### （二十五）HE 琼脂（Hektoen Enteric Agar）

**1. 成分**

| | | | |
|---|---|---|---|
| 示胨 | 12g | 牛肉膏 | 3g |
| 乳糖 | 12g | 蔗糖 | 12g |
| 水杨素 | 2g | 胆盐 | 20g |
| 氯化钠 | 5g | 琼脂 | 18 ~ 20g |
| 蒸馏水 | 1000mL | 0.4% 溴麝香草酚蓝溶液 | 16mL |
| Andrade 指示剂 | 20mL | 甲液 | 20mL |
| 乙液 | 20mL | pH7.5 | |

**2. 制法**

将前面七种成分溶解于 400mL 蒸馏水内作为基础液；将琼脂加入 600mL 蒸馏水内，加热溶解。加入甲液和乙液于基础液，校正 pH。再加入指示剂，并与琼脂液合并，待冷至 50 ~ 55℃，倾注平板。

注：①此培养基不可高压灭菌。

②甲液的配制：

硫代硫酸钠 34g　　柠檬酸铁铵 4g　　蒸馏水 100mL

③乙液的配制：

去氧胆酸钠 10g　　蒸馏水 100g

④Andrade 指示剂：

酸性复红 0.5g　　1mol/L 氢氧化钠溶解 16mL 蒸馏水 100mL

将复红溶解于蒸馏水中，加入氢氧化钠溶液 . 数小时后如复红褪色不全，再加氢氧化钠溶液 1 ~ 2mL

## （二十六）SS 琼脂

### 1. 基础培养基

| | | | |
|---|---|---|---|
| 牛肉膏 | 5g | 示胨 | 5g |
| 三号胆盐 | 3.5g | 琼脂 | 17g |
| 蒸馏水 | 1000mL | | |

将牛肉膏、示胨和胆盐溶解于400mL蒸馏水中，将琼脂加入于600mL蒸馏水中，煮沸使其溶解，再将二液混合，121℃高压灭菌15min，保存备用。

### 2. 完全培养基

| | | | |
|---|---|---|---|
| 基础培养基 | 1000mL | 乳糖 | 10g |
| 柠檬酸钠 | 8.5g | 硫代硫酸钠 | 8.5g |
| 10%柠檬酸溶液 | 10mL | 1%中性红溶液 | 2.5mL |
| 0.1%煌绿溶液 | 0.33mL | | |

加热溶化基础培养基，按比例加入上述染料以外之各成分，充分混合均匀，校正至pH7.0，加入中性红和煌绿溶液，倾注平板。

注：①制好的培养基宜当日使用，或保存于冰箱内于48h内使用。

②煌绿溶液配好后应在10d以内使用。

③可以购用SS琼脂的干燥培养基。

## （二十七）麦康凯琼脂

### 1. 成分

| | | | |
|---|---|---|---|
| 蛋白胨 | 17g | 示胨 | 3g |
| 猪胆盐（或牛、羊胆盐） | 5g | 氯化钠 | 5g |
| 琼脂 | 17g | 蒸馏水 | 1000mL |
| 乳糖 | 10g | 0.01%结晶紫水溶液 | 10mL |
| 0.5%中性红水溶液 | 5mL | | |

### 2. 制法

（1）将蛋白胨、示胨、胆盐和氯化钠溶解于400mL蒸馏水中，校正至pH7.2。将琼脂加入于600mL蒸馏水中，加热溶解。将两液合并，分装于烧瓶内，121℃高压灭菌15min备用。

（2）临用时加热溶化琼脂，趁热加入乳糖。冷至50～55℃时，加入结晶紫和中性红水溶液，摇匀后倾注平板。

注：结晶紫及水中性红水溶液配好后须高压灭菌。

### （二十八）伊红美蓝琼脂（EMB）

**1. 成分**

| | | | |
|---|---|---|---|
| 蛋白胨 | 10g | 乳糖 | 10g |
| 磷酸氢二钾 | 2g | 琼脂 | 17g |
| 2% 伊红 Y 溶液 | 20mL | 0.65% 美蓝溶液 | 10mL |
| 蒸馏水 | 1000mL | pH7.1 | |

**2. 制法**

将蛋白胨、磷酸盐和琼脂溶解于蒸馏水中，校正 pH，分装于烧瓶内，121℃高压灭菌 15min 备用。临用时加入乳糖并加热溶化琼脂，冷至 50 ~ 55℃，加入伊红和美蓝溶液，摇匀，倾注平板。

### （二十九）三糖铁琼脂（TSI）

**1. 成分**

| | | | |
|---|---|---|---|
| 蛋白胨 | 20g | 牛肉膏 | 5g |
| 乳糖 | 10g | 蔗糖 | 10g |
| 葡萄糖 | 1g | 氯化钠 | 5g |
| 硫酸亚铁铵［$Fe(NH_4)_2(SO_4)_2 \cdot 6H_2O$］ | | | 0.2g |
| 硫代硫酸钠 | 0.2g | | |
| 琼脂 | 12g | 酚红 | 0.025g |
| 蒸馏水 | 1000mL | pH7.4 | |

**2. 制法**

将除琼脂和酚红以外的各成分溶解于蒸馏水中，校正 pH。加入琼脂，加热煮沸，以溶化琼脂。加入 0.2% 酚红水溶液 12.5mL，摇匀。分装试管，装量宜多些，以便得到较高的底层。121℃高压灭菌 15min。放置高层斜面备用。

### （三十）三糖铁琼脂（换用方法）

**1. 成分**

| | | | |
|---|---|---|---|
| 蛋白胨 | 15g | 示胨 | 5g |
| 牛肉膏 | 3g | 酵母膏 | 3g |
| 乳糖 | 10g | 蔗糖 | 10g |
| 葡萄糖 | 1g | 氯化钠 | 5g |
| 硫酸亚铁 | 0.2g | 硫代硫酸钠 | 0.3g |
| 蒸馏水 | 1000mL | 酚红 | 0.025g |

pH7.4

**2. 制法**

将除琼脂和酚红以外的各成分溶解于蒸馏水中，校正 pH。加入琼脂，加热煮沸，以溶化琼脂。加入 0.2% 酚红水溶液 12.5mL，摇匀。分装试管，装量宜多些，以便得到较高的底层。121℃高压灭菌 15min，放置高层斜面备用。

## （三十一）半固体琼脂

**1. 成分**

| | | | |
|---|---|---|---|
| 蛋白胨 | 1g | 牛肉膏 | 0.3g |
| 氯化钠 | 0.5g | 琼脂 | 0.35 ~ 0.4g |
| 蒸馏水 | 100mL | pH7.4 | |

**2. 制法**

按以上成分配好，煮沸使溶解，并校正 pH。分装小试管。121℃高压灭菌 15min。直立凝固备用。

注：供动力观察、菌种保存、H 抗原位相变异试验等用。

## （三十二）Elek 氏培养基（毒素测定用）

**1. 成分**

| | | | |
|---|---|---|---|
| 示胨 | 20g | 麦芽糖 | 3g |
| 乳糖 | 0.7g | 氯化钠 | 5g |
| 琼脂 | 15g | 40% 氢氧化钠溶液 | 1.5mL |
| 蒸馏水 | 1000mL | pH7.8 | |

**2. 制法**

用 500mL 蒸馏水溶解除琼脂以外的成分，煮沸，用滤纸过滤。用 1mol/L 氢氧化钠校正 pH，用另外 500mL 蒸馏水加热溶解琼脂。将两液混合，分装试管 10mL 或 20mL。121℃高压灭菌 15min。临用时加热溶化琼脂倾注平板。

## （三十三）氯化钠蔗糖琼脂

**1. 成分**

| | | | |
|---|---|---|---|
| 蛋白胨 | 10g | 牛肉膏 | 10g |
| 氯化钠 | 50g | 蔗糖 | 10g |
| 琼脂 | 18g | 0.2% 溴麝香草酚蓝溶液 | 20mL |
| 蒸馏水 | 100mL | pH7.8 | |

**2. 制法**

将牛肉膏、蛋白胨及氯化钠溶解于蒸馏水中，校正 pH。加入琼脂，加热溶解，过滤。加入指示剂，分装烧瓶 100mL。121℃高压灭菌 15min 备用。临用前在

100mL 培养基内加入蔗糖 1g，加热溶化并冷至 50℃，倾注平板。

### （三十四）嗜盐菌选择性琼脂

**1. 成分**

| | | | |
|---|---|---|---|
| 蛋白胨 | 20g | 氯化钠 | 40g |
| 琼脂 | 17g | 0.01% 结晶紫溶液 | 5mL |
| 蒸馏水 | 1000mL | pH8.7 | |

**2. 制法**

除结晶紫和琼脂外，其他按上述成分配好，校正 pH。加入琼脂加热溶解。再加入结晶紫溶液，分装烧瓶，每瓶 100mL。

### （三十五）3.5% 氯化钠三糖铁琼脂

**1. 成分**

| | | | |
|---|---|---|---|
| 三糖铁琼脂 | 1000mL | 氯化钠 | 30g |

**2. 制法**

按本附录（二十四）或（二十五）配制三糖铁琼脂，再加入氯化钠 30g，分装试管，121℃高压灭菌 15min。放置高层斜面，备用。

### （三十六）氯化钠血琼脂

**1. 成分**

| | | | |
|---|---|---|---|
| 酵母膏 | 3g | 蛋白胨 | 10g |
| 氯化钠 | 70g | 磷酸氢二钠 | 5g |
| 甘露醇 | 10g | 结晶紫 | 0.001g |
| 琼脂 | 15g | 蒸馏水 | 1000mL |

**2. 制法**

调 pH8.0 加热 30min（不必高压），待冷至 45℃左右时，加入新鲜人或兔血（5% ~ 10%）混合均匀，倾注平皿。

### （三十七）嗜盐性试验培养基

**1. 成分**

| | | | |
|---|---|---|---|
| 蛋白胨 | 2g | 氯化钠 | 按不同量加（见制法） |
| 蒸馏水 | 100mL | pH7.7 | |

**2. 制法**

配制 2% 蛋白胨水，校正 pH，共配制 5 瓶，每瓶 100mL。每瓶分别加入不同量的氯化钠：①不加；② 3g；③ 7g；④ 9g；⑤ 11g。待溶解后分装试管。121℃高压灭菌 15min。

## （三十八）Baird-Parker 氏培养基

**1. 成分**

| | | | |
|---|---|---|---|
| 胰蛋白胨 | 10g | 牛肉膏 | 5g |
| 酵母膏 | 1g | 丙酮酸钠 | 10g |
| 甘氨酸 | 12g | 氯化锂（$LiCl \cdot 6H_2O$） | 5g |
| 琼脂 | 20g | 蒸馏水 | 950mL |

pH7.0 ± 0.2

**2. 增菌剂的配法**

30% 卵黄盐水 50mL 与除菌过滤的 1% 亚碲酸钾溶液 10mL 混合，保存于冰箱内。

**3. 制法**

将各成分加到蒸馏水中，加热煮沸至完全溶解。冷至 25℃，校正 pH。分装每瓶 95mL，121℃高压灭菌 15min。临用时加热溶化琼脂，冷至 50℃，每 95mL 加入预热至 50℃的卵黄亚碲酸钾增菌剂 5mL，摇匀后倾注平板。培养基应是致密不透明的。使用前在冰箱储存不得超过 48h。

## （三十九）7.5% 氯化钠肉汤

**1. 成分**

| | | | |
|---|---|---|---|
| 蛋白胨 | 10g | 牛肉膏 | 3g |
| 氯化钠 | 75g | 蒸馏水 | 1000mL |

pH7.4

**2. 制法**

将上述成分加热溶解，校正 pH，分装试管，121℃高压灭菌 15min。

## （四十）匹克氏肉汤

**1. 成分**

| | | | |
|---|---|---|---|
| 含 1% 胰蛋白胨的牛心浸液 | 200mL | 1∶25000 结晶紫盐水溶液 | 10mL |
| 1∶800 三氮化钠溶液 | 10mL | 脱纤维兔血（或羊血） | 10mL |

**2. 制法**

将上述已灭菌的各种成分，用无菌操作依次混合，分装于无菌试管内，每管约 2mL，保存在冰箱内备用。

## （四十一）3. 8% 柠檬酸钠溶液

**1. 成分**

| | | | |
|---|---|---|---|
| 柠檬酸钠 | 3.8g | 蒸馏水 | 100mL |

**2. 制法**

取柠檬酸钠 3.8g，加蒸馏水到 100mL，溶解后过滤，装瓶，121℃高压灭菌 15min。

注：兔（人）血浆：取 3.8% 柠檬酸钠溶液 1 份加兔（或人）全血 4 份，混好静置之，则血球下降，即可得血浆进行试验。

### （四十二）察氏培养基

**1. 成分**

| | | | |
|---|---|---|---|
| 硝酸钠 | 3g | 磷酸氢二钾 | 1g |
| 硫酸镁（$MgSO_4 \cdot 7H_2O$） | 0.5g | 氯化钾 | 0.5g |
| 硫酸亚铁 | 0.01g | 蔗糖 | 30g |
| 琼脂 | 20g | 蒸馏水 | 1000mL |

**2. 制法**

加热溶解，分装后 121℃灭菌 20min。

**3. 用途**

青霉、曲霉鉴定及保存菌种用。

### （四十三）高盐察氏培养基

**1. 成分**

| | | | |
|---|---|---|---|
| 硝酸钠 | 2g | 磷酸二氢钾 | 1g |
| 硫酸镁（$MgSO_4 \cdot 7H_2O$） | 0.5g | 氯化钾 | 0.5g |
| 硫酸亚铁 | 0.01g | 氯化钠 | 60g |
| 蔗糖 | 30g | 琼脂 | 20g |
| 蒸馏水 | 1000mL | | |

**2. 制法**

加热溶解，分装后，115℃高压灭菌 30min。必要时，可酌量增加琼脂。

**3. 用途**

分离霉菌用。

### （四十四）马铃薯葡萄糖琼脂（PDA）

**1. 成分**

| | | | |
|---|---|---|---|
| 马铃薯（去皮切块） | 300g | 葡萄糖 | 20g |
| 琼脂 | 20g | 蒸馏水 | 1000mL |

**2. 制法**

将马铃薯去皮切块，加 1000mL 蒸馏水，煮沸 10 ~ 20min。用纱布过滤，补加蒸馏水至 1000mL。加入葡萄糖和琼脂，加热溶化，分装，121℃高压灭菌 20min。

**3. 用途**

分离培养霉菌。

## （四十五）马铃薯琼脂

**1. 成分**

| | | | |
|---|---|---|---|
| 马铃薯（去皮切块） | 200g | 琼脂 | 20g |
| 蒸馏水 | 1000mL | | |

**2. 制法**

同马铃薯葡萄糖琼脂。

**3. 用途**

鉴定霉菌用。

## （四十六）孟加拉红培养基

**1. 成分**

| | | | |
|---|---|---|---|
| 蛋白胨 | 5g | 葡萄糖 | 10g |
| 磷酸二氢钾 | 1g | 硫酸镁（$MgSO_4 \cdot 7H_2O$） | 0.5g |
| 琼脂 | 20g | 1/3000 孟加拉红溶液 | 100mL |
| 蒸馏水 | 1000mL | 氯霉素 | 0.1g |

**2. 制法**

上述各成分加入蒸馏水中溶解后，再加孟加拉红溶液。另用少量乙醇溶解氯霉素，加入培养基中，分装后，121℃灭菌 20min。

**3. 用途**

分离霉菌及酵母。

## （四十七）胰酪胨大豆肉汤

**1. 成分**

| | | | |
|---|---|---|---|
| 胰酪胨（或胰蛋白胨） | 17g | 植物蛋白胨（或大豆蛋白胨） | 3g |
| 氯化钠 | 100g | 磷酸氢二钾 | 2.5g |
| 葡萄糖 | 2.5g | 蒸馏水 | 1000mL |

**2. 制法**

将上述成分混合，加热并轻轻搅拌至溶解，分装后 121℃高压灭菌 15min，最终 pH（7.3 ± 0.2）。

## （四十八）肠毒素产毒培养基

**1. 成分**

| | | | |
|---|---|---|---|
| 蛋白胨 | 20g | 胰消化酪蛋白 | 200mg（氨基酸） |

| | | | |
|---|---|---|---|
| 磷酸氢二钾 | 1g | 氯化钙 | 0.1g |
| 硫酸镁 | 0.2g | 烟酸 | 0.01g |
| 蒸馏水 | 1000mL | 琼脂 10 ~ 12g（固体透析养用） | |
| pH | 7.2 ~ 7.4 | | |

**2. 制法**

除琼脂外所有成分混于水中，溶解后调 pH7.2 ~ 7.4；如用固体透析培养法再加入琼脂，加热溶解。121℃高压灭菌 30min。

### （四十九）WS 琼脂

**1. 成分**

| | | | |
|---|---|---|---|
| 示胨 | 12g | 牛肉膏 | 3g |
| 氯化钠 | 5g | 蔗糖 | 12g |
| 乳糖 | 12g | 十二烷基硫酸钠 | 12g |
| 琼脂 | 15g | Andrade 指示剂 | 20mL |
| 甲液 | 20mL | 蒸馏水 | 1000mL |
| 0.4% 溴麝香草酚蓝溶液 | | 16mL | pH7.0 |

**2. 制法**

除指示剂和甲液外，将其他成分加热溶解，不需消毒，校正 pH 后加入指示剂和甲液，倾注平板，应呈草绿色。

注：①供沙门氏菌分离。

② Andrade 指示剂和甲液的配制均见 HE 琼脂。

### （五十）5% 乳糖发酵管

**1. 成分**

| | | | |
|---|---|---|---|
| 蛋白胨 | 0.2g | 蒸馏水 | 100mL |
| 乳糖 | 5g | 氯化钠 | 0.5g |
| 2% 溴麝香草酚蓝水溶液 | | 1.2mL | pH7.4 |

**2. 制法**

将除乳糖以外的各成分溶解于 50mL 蒸馏水内，校正 pH。将乳糖溶解于另外 50mL 蒸馏水内，分别以 121℃高压灭菌 15min，将 2 液混合，以无菌操作分装于灭菌小试管内。

注：在此培养基内，大部分乳糖迟发酵的细菌可于 1d 内发酵。

### （五十一）改良 Y 培养基

**1. 成分**

| | | | |
|---|---|---|---|
| 蛋白胨 | 15g | 氯化钠 | 5g |
| 乳糖 | 10g | 草酸钠 | 2g |
| 去氧胆酸钠 | 6g | 三号胆盐 | 5g |
| 丙酮酸钠 | 2g | 孟加拉红 | 40mg |
| 水解酪蛋白 | 5g | 琼脂 | 17g |
| 蒸馏水 | 1000mL | | |

**2. 制法**

将上述成分混合，于 121℃高压灭菌 15min，待冷至 45℃左右时，倾注平皿。最终 pH（7.4 ± 0.1）。

### （五十二）高氏一号培养基

**1. 成分**

| | | | |
|---|---|---|---|
| 可溶性淀粉 | 20g | 硝酸钾 | 1g |
| 硫酸镁 | 0.5g | 氯化钠 | 0.5g |
| 磷酸氢二钾 | 0.5g | 硫酸亚铁 | 0.01g |
| 琼脂 | 15 ~ 20g | 蒸馏水 | 1000mL |

pH7.2 ~ 7.4

**2. 制法**

将上述成分混合，于 0.10MPa 灭菌 20min，备用。

### （五十三）麦芽汁培养基

大麦芽 1kg 加水 3L，保温 60℃，使自然糖化，至无淀粉反应止。过滤。加 2 ~ 3 个鸡蛋清（有助于麦芽汁澄清），搅匀，煮沸，再过滤，加水至 10 ~ 15° Bx，如制固体培养基，加入 2% 的琼脂，121℃灭菌 20min。

### （五十四）甘油精氨酸的培养基

**1. 成分**

| | | | |
|---|---|---|---|
| 甘油 | 20.0g | L- 精氨酸 | 2.5g |
| 氯化钠 | 1.0g | 硫酸 $FeSO_4 \cdot 7H_2O$ | 0.1g |
| 碳酸钙 | 0.1g | 硫酸镁 $MgSO_4 \cdot 7H_2O$ | 0.1g |
| 琼脂 | 20.0g | 蒸馏水 | 1000ml |

**2. 制法**

将上述成分混合，于0.10MPa灭菌20min，备用。如有真菌污染，可再加海松素50.0ug。

### （五十五）淀粉酪朊培养基

**1. 成分**

| | | | |
|---|---|---|---|
| 可溶性淀粉 | 10.0g | 酪朊 | 0.3g |
| 硝酸钾 | 2.0g | 磷酸氢二钾 | 2.0g |
| 氯化钠 | 2.0g | 硫酸镁（$MgSO_4 \cdot 7H_2O$） | 0.05g |
| 碳酸钙 | 0.02g | 硫亚铁（$FeSO_4 \cdot 7H_2O$） | 0.01g |
| 琼脂 | 20.0g | 蒸馏水 | 1000ml |

**2. 制法**

将上述成分混合，于0.10MPa灭菌20min，备用。培养基中的可溶性淀粉，也可改用甘油。

### （五十六）大豆粉葡萄糖培养基

**1. 成分**

| | | | |
|---|---|---|---|
| 大豆粉 | 5.0g | 葡萄糖 | 5.0g |
| 碳酸钙 | 0.4g | 琼脂 | 17.0g |
| 蒸馏水 | 1000mL | | |

**2. 制法**

所有成分先用蒸汽处理（121℃）20min，上清液中加琼胶，酸度用1mol/L的NaOH调节到pH7.9 ~ 8.1。

### （五十七）豆芽汁培养基

**1. 成分**

| | | | |
|---|---|---|---|
| 黄豆芽 | 100g | 蔗糖（或葡萄糖） | 50g |
| 蒸馏水 | 1000mL | pH | 自然 |

**2. 制法**

称新鲜豆芽100g，放入烧杯中，加入蒸馏水1000mL，煮沸约30min用纱布过滤，用水补足原量，再加入蔗糖（或葡萄糖）50g，煮沸溶化，121℃灭菌20min。

### （五十八）LB（Luria-Bertani）培养基

**1. 成分**

| | | | |
|---|---|---|---|
| 胰蛋白胨 | 10g | 氯化钠 | 2.0g |
| 酵母提取物 | 5g | 双蒸馏水 | 1000mL |

| | |
|---|---|
| pH | 7.0 |

**2. 制法**

121℃灭菌 30min。

### （五十九）嗜热耐酸菌琼脂培养基

**1. 成分**

| | | | |
|---|---|---|---|
| 酵母浸膏 | 5g | 磷酸氢二钾 | 4g |
| 蛋白胨 | 5g | 琼脂 | 15g |
| 葡萄糖 | 5g | 蒸馏水 | 1000mL |
| pH | 5.0 | | |

**2. 制法**

将各种成分放入蒸馏水中，加热煮沸使琼脂溶解，分装三角瓶或试管，121℃高压灭菌 15min。

### （六十）平酸菌培养基

**1. 成分**

| | | | |
|---|---|---|---|
| 蛋白胨 | 5g | 牛肉膏 | 5g |
| 蔗糖 | 5g | 1.6% 溴甲酚紫 | 2mL |
| 葡萄糖 | 5g | 氯化钠 | 5g |
| 蒸馏水 | 1000mL | pH | 7.2 |

**2. 制法**

除溴甲酚紫以外，将上述药品称于烧杯中，先加入少量水，加热溶解后，加够水分，调 pH，煮沸后加入溴甲酚紫，搅拌均匀，用滤纸过滤后，分装于内有导管的试管内，115℃高压灭菌 20min。

### （六十一）石蕊乳培养基

**1. 成分**

| | | | |
|---|---|---|---|
| 脱脂牛乳 | 100mL | 石蕊 | 0.75g |
| 蒸馏水 | 1000mL | | |

**2. 制法**

在蒸馏水中溶解各成分，分装于试管，与 121℃高压灭菌 15min。

# 附录三 常用染液配制

## （一）普通染色法常用染液

### 1. 齐氏石炭酸复红染液

| | | | |
|---|---|---|---|
| A 液：碱性复红 | 0.3g | 95% 乙醇 | 10mL |
| B 液：石炭酸 | 5.0g | 蒸馏水 | 95mL |

将 A、B 二液混合摇匀过滤。

### 2. 吕氏美蓝液

| | |
|---|---|
| A 液：美蓝（甲烯蓝、次甲基蓝、亚甲蓝）含染料 90% | 0.3g |
| 95% 乙醇 | 30mL |
| B 液：氢氧化钾（0.01% 质量分数） | 100mL |

将 A、B 二液混合摇匀使用。

### 3. 草酸铵结晶紫液

| | | | |
|---|---|---|---|
| A 液：结晶紫（含染料 90% 以上） | 2.0g | 95% 乙醇 | 20mL |
| B 液：草酸铵 | 0.8g | 蒸馏水 | 80mL |

将 A、B 二液充分溶解后混合静置 24h 过滤使用。

## （二）革兰氏染液

### 1. 草酸铵结晶紫液（配方同上）

### 2. 革氏碘液

| | | | |
|---|---|---|---|
| 碘 | 1g | 碘化钾 | 2g |
| 蒸馏水 | 300mL | | |

配制时，先将碘化钾溶于 5 ~ 10mL 水中，再加入碘 1g，使其溶解后，加水至 300mL。

### 3. 95% 乙醇

### 4. 番红溶液

| | | | |
|---|---|---|---|
| 2.5% 番红的乙醇溶液 | 10mL | 蒸馏水 | 100mL |

混合过滤。

## （三）芽孢染色液

### 1. 孔雀绿染色液

| | | | |
|---|---|---|---|
| 孔雀绿 | 7.6g | 蒸馏水 | 100mL |

此为孔雀绿饱和水溶液。配制时尽量溶解，过滤使用。

**2. 齐氏石炭酸复红染液（同前）**

### （四）荚膜染色液（黑墨水染色法）

| | |
|---|---|
| 6% 葡萄糖水溶液 | 绘图墨汁或黑色素或苯胺黑 |
| 无水乙醇 | 结晶紫染液 |

### （五）鞭毛染色液

**1. 利夫森氏（Leifson）染色液**

| | | | |
|---|---|---|---|
| A 液：氯化钠 | 1.5g | 蒸馏水 | 100mL |
| B 液：单宁酸（鞣酸） | 3g | 蒸馏水 | 100mg |
| C 液：碱性复红 | 1.2g | 95% 乙醇 | 200mL |

临时前将 A、B、C 三种染液等量混合。

分别保存的染液可在冰箱保存几个月，室温保存几个星期仍可有效。但混合染液应立即使用。

**2. 银染法**

| | | | |
|---|---|---|---|
| A 液：单宁酸 | 5g | 氯化铁 | 1.5g |
| 15% 福尔马林 | 2.0mL | 1% 氢氧化钠 | 1.0mL |
| 蒸馏水 | 100mL | | |
| B 液：硝酸银 | 2g | 蒸馏水 | 100mL |

氢氧化铵（几滴）

配制方法：硝酸银溶解后取出 10mL 备用，向 90mL 硝酸银溶液中滴加氢氧化氨溶液，形成浓厚的沉淀，再继续滴加入氢氧化氨溶液到刚溶解沉淀成为澄清溶液为止。再将备用的硝酸银溶液慢慢滴入，出现薄雾，轻轻摇动后，薄雾状沉淀消失；再滴加硝酸银溶液，直到摇动后，仍呈现轻微而稳定的薄雾状沉淀为止。雾重银盐沉淀，不宜使用。

### （六）液泡染液

0.1% 中性红水溶液（用自来水配制）

### （七）脂肪粒染液

| | | |
|---|---|---|
| 0.5% 苏丹黑液 | 二甲苯 | 0.5% 番红水溶液 |

### （八）肝糖粒染液

碘液：碘化钾 3g 溶于 100mL 蒸馏水中，加入 1g 碘，完全溶解后备用（瓶盖请盖紧）。

### （九）乳酸石炭酸溶液（观察霉菌形态用）

| | | | |
|---|---|---|---|
| 石炭酸 | 20g | 乳酸（相对密度 1.2） | 20g |
| 甘油（相对密度 1.25） | 40g | 蒸馏水 | 20mL |

配制时先将石炭酸放入水中加热溶解，然后慢慢加入乳酸及甘油。

### （十）氨基黑染色剂（琼脂凝胶对流免疫电泳用）

| | | | |
|---|---|---|---|
| 氨基黑 10B | 6g | 甲酸 | 450mL |
| 冰醋酸 | 100mL | 蒸馏水 | 444mL |

混匀放冰箱备用。

### （十一）脱色液（琼脂凝胶对流免疫电泳用）

| | | | |
|---|---|---|---|
| 冰醋酸 | 7mL | 蒸馏水 | 93mL |

混匀放冰箱备用。

## 附录四 常用缓冲溶液的配制

### （一）20% 氨性氯化铵缓冲液（pH9.8）

称取 20g 氯化铵（$NH_4Cl$，AR），溶解于浓氨水（$NH_3 \cdot H_2O$），用浓氨水定容至 100mL，此液 pH9.8，贮存于具橡皮塞的瓶中，在冰箱内保存备用。

### （二）100mmol/L Tris-HCl 缓冲液（pH7.6）

三羟甲基氨基甲烷（Tris），相对分子质量 =121.4，先配制成 0.2mol/L Tris-HCl 缓冲液，同时用无菌蒸馏水稀释 1 倍。

称取 24.28g 三羟甲基氨基甲烷，加入 37.5mL 0.1mol/L HCl，加蒸馏水稀释，并定容至 1000mL，0.056MPa 灭菌 20min。

### （三）0.05mol/L 巴比妥缓冲液（pH8.6）

称取 1.84g 巴比妥酸，置于 56 ~ 60℃水中溶化，然后加入 10.3g 巴比妥钠，加蒸馏水定容至 1000mL，即为 0.05mol/L pH8.6 巴比妥缓冲液。

或按下法配制：将 1g 氢氧化钠溶于 50mL 加热至沸的蒸馏水中，得到 0.5mol/L 氢氧化钠溶液。称取 5.52g 巴比妥酸，溶解于上述 0.5mol/L 氢氧化钠溶液中，待全部溶解后，冷却，用蒸馏水稀释定容至 500mL，用 pH 计校下 pH 为 8.6 即可。

### （四）0.1mol/L 磷酸缓冲液（pH6.0、pH7.0）

磷酸氢二钾相对分子质量 =174.18，0.1mol/L 溶液为 17.4g/L，称取 17.4g 磷酸二氢钾，溶解于蒸馏水中，定容至 1000mL。

磷酸二氢钾相对分子质量 =136.09，0.1mol/L 溶液为 13.6g/L，称取 13.6g 磷酸二氢钾，溶解于蒸馏水中，定容至 1000mL（附表 1）。

**附表 1　0.1mol/L 磷酸缓冲液**

| pH | 0.1mol/L 磷酸氢二钾 /mL | 0.1mol/L 磷酸二氢钾 /mL |
|---|---|---|
| 6.0 | 13.2 | 86.8 |
| 7.0 | 61.5 | 38.5 |

### （五）0.2mol/L 磷酸缓冲液（pH5.8 ~ 8.0）

磷酸氢二钠（$Na_2HPO_4 \cdot 2H_2O$）相对分子质量 =178.05，0.2mol/L 溶液含

35.61g/L，称取 35.61g 磷酸氢二钠溶解于蒸馏水中，定容至 1000mL。

磷酸氢二钠（$NaH_2PO_4 \cdot H_2O$）相对于分子质量 =138.01，0.2mol/L 溶液含 27.6g/L，称取 27.6g 磷酸氢二钠，溶解于蒸馏水中，定容至 1000mL（附表 2）。

**附表 2　0.2mol/L 磷酸缓冲液**

| pH | 0.2mol/L 磷酸氢二钠 /mL | 0.2mol/L 磷酸氢二钠 /mL |
|---|---|---|
| 5.8 | 8.0 | 92.0 |
| 6.0 | 12.3 | 87.7 |
| 6.2 | 18.5 | 81.5 |
| 6.4 | 26.5 | 73.5 |
| 6.6 | 37.5 | 62.5 |
| 6.8 | 49.0 | 51.0 |
| 7.0 | 61.0 | 39.0 |
| 7.2 | 72.0 | 28.0 |
| 7.4 | 81.0 | 19.0 |
| 7.6 | 87.0 | 13.0 |
| 7.8 | 91.5 | 8.5 |
| 8.0 | 94.7 | 5.2 |

### （六）1/15mol/L 磷酸缓冲液（pH6.0）

1/15mol/L 磷酸氢二钠: 1/15mol/L $KH_2PO_4$=1mL：9mL

先配制 1/15mol/L 磷酸氢二钠：

磷酸氢二钠（$Na_2HPO_4 \cdot 2H_2O$）的相对分子质量 =178.05；配制 1/15mol/L 溶液应称取 11.876g 磷酸氢二钠，用蒸馏水定容至 1000mL。

再配制 1/15mol/L 磷酸二氢钾：

磷酸二氢钾的相对分子质量为 136.09；配制 1/15mol/L 溶液应称取 9.078g 磷酸二氢钾，用蒸馏水定容至 1000mL。

然后按比例配制即可。

## （七）0.1mol/L 碳酸钠－碳酸氢钠缓冲液［pH9.16 ~ 9.90（20℃）］

碳酸钠（$Na_2CO_3 \cdot 10H_2O$）的相对分子质量 =286.19，配制 0.1mol/L 溶液应称取 28.62g 碳酸钠溶解于蒸馏水中，定容至 1000mL。

碳酸氢钠的相对于分子质量 =84.01 配制 0.1mol/L 溶液应称取 84.01g 碳酸氢钠，溶解于蒸馏水中，定容至 1000mL（附表 3）。

**附表 3　　0.1mol/L 碳酸钠－碳酸氢钠缓冲液**

| pH | | 0.1mol/L 碳酸钠 /mL | 0.1mol/L 碳酸氢钠 /mL |
|---|---|---|---|
| 20℃ | 37℃ | | |
| 9.16 | 8.77 | 1 | 9 |
| 9.40 | 9.12 | 2 | 8 |
| 9.51 | 9.40 | 3 | 7 |
| 9.78 | 9.50 | 4 | 6 |
| 9.90 | 9.72 | 5 | 5 |

注：有钙、镁离子存在时不能使用。

# 附录五 常用指示剂和试剂配制

## （一）指示剂

**1. 麝香草酚蓝或百里酚蓝**

变色范围：pH1.2 ～ 2.8，颜色由红变黄。常用浓度为 0.04%。

配制时称 0.1g 指示剂溶于 100mL 20% 乙醇中。

**2. 溴酚蓝**

变色范围：pH3.0 ～ 4.6，颜色由黄变蓝。常用浓度为 0.04%。

配制时称 0.1g 指示剂，加 14.9mL 0.01mol/L 氢氧化钠，加蒸馏水至 250mL，或称 0.1g 指示剂溶于 100mL 20% 乙醇中。

**3. 溴甲酚绿**

变色范围；pH3.8 ～ 5.4，颜色由黄变蓝。常用浓度为 0.04%。

配制时称 0.1g 指示剂，加 14.3mL 0.01moL 氢氧化钠，加蒸馏水至 250mL。

**4. 甲基红**

变色范围；pH4.2 ～ 6.3，颜色由红变黄。常用浓度为 0.04%。

配制时称 0.1g 指示剂，加 150mL 95% 乙醇溶解，再加蒸馏水至 250mL。

**5. 石蕊**

变色范围：pH5.0 ～ 8.0，颜色由红变蓝。常用浓度为 0.5% ～ 1.0%。

配制时称 0.5 ～ 1.0g 指示剂溶于 100mL 蒸馏水中。

**6. 溴甲酚紫**

变色范围：pH5.2 ～ 6.8，颜色由黄变紫。常用浓度为 0.04%。

配制时称 0.1g 指示剂，加 18.5mL 0.01mol/L 氢氧化钠，加蒸馏水至 250mL。

**7. 溴麝香草酚蓝或溴百里酚蓝**

变色范围：pH6.0 ～ 7.6，颜色由黄变蓝。常用浓度为 0.04%。

配制时称 0.1g 指示剂，加 16mL 0.01mol/L 氢氧化钠，加蒸馏水至 250mL。或称 0.1g 指示剂溶于 100mL 20% 乙醇中。

**8. 0.05% 溴麝香草酚蓝溶液（氨基氮测定用）**

称 0.05g 溴麝香草酚蓝，溶于 100mL 20% 乙醇中。

**9. 酚红**

变色范围：pH6.8 ～ 8.48，颜色由黄变红。常用浓度为 0.02%。

配制时称 0.1g 指示剂，加 28.2mL 0.01mol/L 氢氧化钠，加蒸馏水至 500mL。

**10. 中性红**

变色范围：pH6.8 ～ 8.0，颜色由红变黄。常用浓度为 0.04%。

配制时称 0.1g 指示剂，加 70mL 乙醇，加蒸馏水至 250mL。

**11. 酚酞**

变色范围：pH8.2 ~ 10.0，颜色由无色变红色。常用浓度为0.1%。

配制时称0.1g指示剂，加100mL 60%乙醇中。

**12. 0.5%酚酞溶液（氨基氮测定用）**

称0.5g酚酞，溶于100mL 60%乙醇中。

**13. 甲基橙**

变色范围：pH3.1 ~ 4.4，颜色由红色变橙黄色。常用浓度为0.04%。

称0.1g甲基橙，加3mL 0.1mol/L氢氧化钠，加蒸馏水至250mL。

## （二）常用试剂

**1. 甲基红试验试剂（MR试剂）**

| | | | |
|---|---|---|---|
| 甲基红 | 0.1g | 95%乙醇 | 300mL |
| 蒸馏水 | 200mL | | |

**2. 乙酰甲基甲醇试验试剂（VP试剂）**

Ⅰ液：5%α－萘酚乙醇溶液

称取5gα－萘酚，用无水乙醇溶液定容至100mL。

Ⅱ液：40%氢氧化钾溶液

称取4g氢氧化钾，蒸馏水溶解定于100mL。

**3. 吲哚试剂**

| | | | |
|---|---|---|---|
| 对二甲基氨基苯甲醛 | 2g | 95%乙醇 | 190mL |
| 浓盐酸 | 40mL | | |

**4. 2%伊红溶液**

称取2g伊红Y，加蒸馏水至100mL，0.1MPa灭菌20min，然后将2mL 2%伊红溶液在无菌条件下加入100mL无菌肉膏蛋白胨培养基中，摇匀放凉即可；或将配制好的2%伊红溶液直接加入肉膏蛋白胨培养基中，然后再行灭菌也可。

**5. 0.5%美蓝溶液**

称取0.5g美蓝，加蒸馏水至100mL，0.1MPa灭菌20min，然后将1mL美蓝溶液在无菌条件下加入无菌肉膏蛋白胨培养基中，摇匀放冷即可；或将配制好的0.5%美蓝溶液直接加入肉膏蛋白胨培养基中，然后再行灭菌也可。

**6. 0.1%孟加拉红溶液**

称100mg孟加拉红，加蒸馏水至100mL，然后取0.33mL 0.1%孟加拉红溶液直接加入100mL马丁培养基中，摇匀灭菌。

**7. 乙醇稀释法**

由95%乙醇配制75%乙醇。

如果将两种浓度的乙醇配制成某种浓度乙醇溶液时，可用十字交叉法。

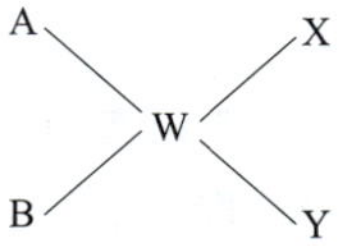


A：被稀释的乙醇浓度（%）

B：用来稀释 A 的乙醇浓度（%），如用水时，B=0

W：要求稀释成的乙醇浓度（%）

Y：（A–W）取 B 液所用体积

X：（W–B）取 A 液所用体积

或采用直接稀释法，如用工业或医用 95% 乙醇配制成 75% 乙醇，则可取 75mL 95% 乙醇加入 20mL 蒸馏水即可。

**8．10%$FeCl_3$ 溶液**

称取氯化铁（$FeCl_3 \cdot 6H_2O$）10g，溶于蒸馏水中，定容至 100mL。

**9．0.05% 溴麝香草酚蓝溶液**

称 0.05g 溴麝香草酚蓝，溶于 100mL 20% 乙醇中。

**10．0.2% 柠檬酸钠溶液（清除细菌表面沾染噬菌体用）**

柠檬酸钠（$Na_3C_6H_3O_7 \cdot 11H_2O$）　0.2g　蒸馏水　100mL

称取柠檬酸钠 0.2g 溶于蒸馏水中，定容至 10mL，0.1MPa 灭菌 20min，4℃贮存。

**11．0.85% 生理盐水**

称取氯化钠 0.85g，溶解于 100mL 蒸馏水，0.1MPa 灭菌 20min。

**12．1mol/L 盐酸**

用酸滴定管按附表 4 量取浓盐酸配成所需浓度的盐酸，如配制 1mol/L 盐酸，量取含量为 38% 的浓盐酸，然后，以蒸馏水稀释定容至 1000mL，小心摇匀即可。

**附表 4　　盐酸配制法**

| 项目 | 相对密度 1.19 | 相对密度 1.16 |
| --- | --- | --- |
| 体积分数 | 38 | 32 |
| 加浓 HCl/mL | 82.5 | 98.3 |
| 加蒸馏水 /mL | 917.5 | 901.7 |

**13．0.100mol/L 盐酸**

取浓盐酸（相对密度 1.19，AR），8.25mL，加蒸馏水稀释定容至 1000mL。此溶液约为 0.1mol/L，需进一步标定（若用恒沸盐酸配制可不标定）。

取 3 ~ 5g 无水碳酸钠（$Na_2CO_3$，AR），平铺在直径约 5cm 扁形称量瓶底部，110℃烘烤 2h，置干燥器中冷却至室温，称取 2 份干燥的碳酸钠（每份重 0.13 ~ 0.15g，精确称取小数点四位），溶于约 50mL 蒸馏水中，加甲基橙的指示剂 2 滴，用待标定的盐酸溶液滴定至橙红色，按下式计算盐酸溶液特质的量浓度。

$$N=\frac{g}{V\times 0.053}$$

$N$：盐酸注摩尔浓度；

$g$：$Na_2CO_3$ 的质量，以 g 计；

$V$：滴定所消耗盐酸液的体积（mL）。

两次滴定结果平均值作为盐酸液的摩尔浓度，若两次滴定结果误差超过 0.2%，需要重新标定。

**14. 1mol/L 氢氧化钠溶液**

称取 40g 氢氧化钠，溶于蒸馏水稀释定容至 1000mL。用邻苯二钾酸氢钾进行标定。

**15. 40% 氢氧化钠溶液**

称取 40g 干燥的氢氧化钠，逐渐加入蒸馏水使之溶解，最后定容至 100mL。

**16. 2% 磷钨酸溶液**

称取 0.2g 磷钨酸（TPA），溶于重蒸馏水前配制。

**17. 无菌液体石蜡**

取医用液体石蜡油装入锥形瓶中，装量不超过锥形瓶总体积的 1/4，塞上棉塞，外包扎牛皮纸，0.1MPa 灭菌 3min，连续灭菌 2 次，再置 105 ~ 110℃干燥箱中烘烤 2h 或在 40℃温箱中放置 2 周，除去石蜡油中的水分，经无菌检查后备用。

**18. 无菌甘油**

取丙三醇（甘油，AR）装入锥形瓶中，装量不宜超过锥形瓶体积的 1/4，塞上棉塞，外包扎牛皮纸，0.1MPa 灭菌 30min，取出后置 40℃恒温箱中 2 周，蒸发除去甘油中的水分，经无菌检查后备用。

# 附录六 实训报告样式

实训报告样式如附表5所示。

**附表5　　实训报告**

<table>
<tr><td>实训内容</td><td colspan="5">细菌形态观察</td></tr>
<tr><td>姓名</td><td></td><td>班级</td><td></td><td>专业</td><td></td></tr>
<tr><td>学号</td><td></td><td>合作者</td><td colspan="3"></td></tr>
<tr><td>实训时间</td><td></td><td>实训地点</td><td colspan="3">微生物实训室</td></tr>
<tr><td>参考学时</td><td></td><td>参考文献</td><td colspan="3"></td></tr>
<tr><td>实训任务</td><td colspan="5">对细菌进行个体和群体形态观察</td></tr>
<tr><td>实训目的</td><td colspan="5">①进一步熟悉显微镜的使用<br>②熟悉食品中常见细菌的大小、形态和排列方式<br>③认识细菌特殊结构（荚膜、鞭毛、芽孢）<br>④培养学生自学能力（分析问题、解决问题能力）<br>⑤培养学生协作能力、沟通能力、表达能力、动手能力<br>⑥培养学生对工作的责任心</td></tr>
<tr><td>工作要求</td><td colspan="5">①能熟练使用显微镜<br>②学会观察、绘制和描述细菌的个体形态和排列方式<br>③学会观察、绘制和描述细菌的群体形态<br>④认识并绘制细菌特殊结构（荚膜、鞭毛、芽孢）</td></tr>
<tr><td>实训流程</td><td colspan="5">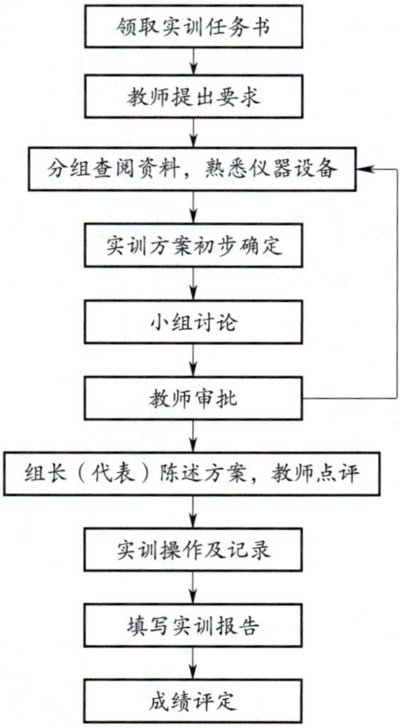</td></tr>
</table>

续表

| | | |
|---|---|---|
| 实训方案 | 仪器、设备 | |
| | 试剂及其他 | |
| | 实训要求工作条件 | |
| | 操作步骤及注意事项 | |
| 实训记录 | | |
| 实训报告、结论 | ①绘制观察到的细菌的形态和排列<br>②描述几种细菌的菌落特征，并进行比较<br>③绘制伤寒杆菌鞭毛、肺炎双球菌荚膜、破伤风梭菌芽孢图 | |
| 讨论（成功与不足及改进方法） | | |
| 思考题 | ①哪些微生物被称为细菌？<br>②细菌的正常形态有哪些？<br>③常见的球菌有几种排列方式？<br>④杆菌有哪些种类，常见排列方式有哪些？<br>⑤螺旋菌有哪几种？<br>⑥何谓细菌的异常形态？依生理机能的不同，异常形态如何分类？<br>⑦何谓菌落和菌苔？<br>⑧一般从哪些方面描述菌落特征？<br>⑨细菌的菌落特征是怎样的？<br>⑩何谓鞭毛？其主要作用是什么？<br>⑪鞭毛菌可分为哪几类？<br>⑫何谓荚膜？分为几种形式？<br>⑬荚膜的生理作用是什么？.<br>⑭何谓芽孢？芽孢有哪些作用？<br>⑮研究芽孢有何意义？ | |
| 成绩评定 | 评定等级：<br>教师签字：　　　　年　月　日 | |

# 参考文献


［1］ 蔡凤．微生物学［M］．2版．北京：科学出版社，2009.

［2］ 陈三风，刘德虎．现代微生物遗传学［M］．北京：化学工业出版社，2003.

［3］ 贾洪锋．食品微生物［M］．重庆：重庆大学出版社，2015.

［4］ 何庆国，贾英民．食品微生物学［M］．北京：高等教育出版社，2002.

［5］ 潘春梅．微生物技术［M］．北京：化学工业出版社，2010.

［6］ 张利平．微生物学［M］．北京：科学出版社，2012.

［7］ 黄秀梨，辛明秀．微生物学［M］．3版．北京：高等教育出版社，2009.

［8］ 叶磊，杨学敏．微生物检测技术［M］北京：化学工业出版社，2009.

［9］ 焦瑞身．微生物工程［M］．北京：化学工业出版社，2003.

［10］ 廖湘萍．微生物学基础［M］．北京：高等教育出版社，2002.

［11］ 刘志恒．现代微生物学［M］．北京：科学出版社，2002.

［12］ 杨玉红，陈淑范．食品微生物学［M］．武汉：武汉理工大学出版社，2011.

［13］ 吴柏春，熊元林．微生物学［M］．2版．武汉：华中师范大学出版社，2007.

［14］ 王伟东．微生物学［M］．北京：中国农业大学出版社，2015.

［15］ 杨革．微学实验教程［M］．2版．北京：科学出版社，2010.

［16］ 施巧琴，吴松刚．工业微生物育种学（第二版）［M］．北京：科学出版社，2003.

［17］ 杜连祥，路福平．微生物学实验技术［M］．北京：中国轻工业出版社，2015.

［18］ 江汉湖．食品微生物学［M］．2版．北京：中国农业出版社，2005.

［19］ 边传周，王慧杰．微生物学［M］．北京：中国轻工业出版社，2005.

［20］ 牛天贵．食品微生物学实验技术［M］．北京：中国农业大学出版社，2002.

［21］ 唐晓芬．HACCP食品安全管理体系的建立与实施［M］．北京：中国计量出版社，2003.